Tensor Algebra and Representation Theory
A Second Course in Linear Algebra

テンソル代数と表現論
線型代数続論

IKEDA Takeshi
池田 岳

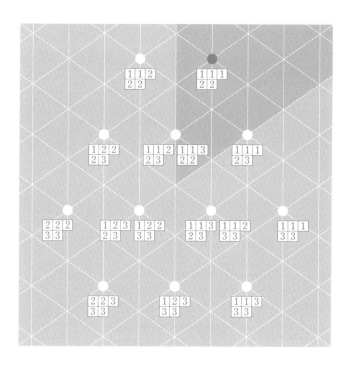

東京大学出版会

Tensor Algebra and Representation Theory:
A Second Course in Linear Algebra

Takeshi IKEDA

University of Tokyo Press, 2022
ISBN978-4-13-062929-4

はじめに

　線型代数学は微分積分学と並んで，大学の初年度から学ぶ理工系学問の基礎である．微分・積分は高校でも習うので，新入生諸君の目には，線型代数学の方がより新しいものとして映るようである．線型代数学を学ぶ経験を通して，高校での勉強とは一味違う，学問らしい話の進め方に，はじめて触れるのではないだろうか．

　線型代数学の一般的な課程を学んだ読者が，さらなる飛躍に向かうきっかけを見つけることを願って本書を書いた．線型空間というのは「のぺーっ」としていて簡単そうに見えるし，行列もただ数字が長方形に並んだだけのものである．にもかかわらず，数学の世界を歩いていると，行列というものの懐の深さと，それが表現する世界の多様さに改めて目を開かされることが多々ある．そんな経験を読者と共有したいと思う．

　さて，選んだ題材は，大きく一括りにすると，表現論と呼ばれる分野の基礎である．最初にとりあげるジョルダン標準形の理論は，1つの線型変換をうまく表現することを目的としている．〈表現〉と〈作用〉はほぼ同義語であるから，1つの線型変換が線型空間に作用するというのが基本設定であるといえる．そんな簡単なことわかっていると思うだろうか？　読んでみて，あれ？意外に深いな，と感じてもらえたなら，順調な滑り出しである．テンソル代数の章では，作用される側，つまり線型空間のヴァリエーションを増やす．その後，群の表現論というテーマを提示する．

　今度は，群が線型空間に作用するというのが基本設定である．あつかう群は，線型代数における隠れた主役ともいえる対称群と一般線型群である．これらの既約表現をとらえ，その指標を決定することが目標である．

　群の表現，特にその指標を調べるという問題はフロベニウス（F. G. Frobenius, 1849-1917）が最初に提起した．彼は，有限群の場合に指標の基礎理論を完成させ，さらに対称群の既約指標をすべて決定した．本書ではその道筋をシューア（I. Schur, 1875-1941）やワイル（H. Weyl, 1885-1955）らの

貢献をふまえて現代流にたどる.

　本書を読む前提として，行列の対角化の理論を含む線型代数学の基礎は仮定する.理工系の学部ならば1年間もしくは1年半の線型代数学の授業で学ぶ内容であろう.本書の姉妹篇『行列と行列式の基礎』（近刊予定）で学ぶことができるが，もちろん他の本で学んでもよい.第4章以降には群論と環論の用語が登場するが，聞いたことがないからといっておそれる必要はない.学んでいくうちに，群や環の具体例は初歩的な線型代数の議論のなかにすでに豊富に現れていることに気がつくはずである.それらを統一的な視点から眺めることに徐々に慣れていけばよい.付録 B には，本書に現れる代数学の基礎概念の定義と具体例をまとめたので必要に応じて参照してほしい.

　それぞれの章の内容と特徴について述べる.

　第 1, 2 章で解説するジョルダン標準形は，対角化不可能な行列の標準化に関する理論である.与えられた1つの線型変換を理解するということに関しては最終的な結果であるといえる.商空間の概念を導入し，巾零行列の標準形の証明に利用している.第 3 章では，第 1, 2 章の応用として定数係数線型常微分方程式について述べた.

　第 4 章は種々の線型変換が飛び交う舞台を設定することを目的として，いわゆるテンソル代数の基礎を解説している.幾何学，物理学，情報理論や確率論などでも使われることが多い，多重線型代数学とも呼ばれる内容である.需要があると思われるが手軽な解説が（[5], [7], [12] などを除いて）あまりないのが現状である.

　第 5 章は有限群の表現論の基礎について解説した.表現論は物理学や化学にも広く応用される，線型空間論の自然な一般化である.線型空間が次元という不変量だけで分類できるのに対して，有限群の表現空間は指標という量によって分類ができる.読者は，線型代数学がいかに有効に使われるかを実感するであろう.この章の内容は標準的であって，[1], [11] などでも学ぶことができる.

　以上の3つの部分，つまり (i) 第 1, 2, 3 章，(ii) 第 4 章，(iii) 第 5 章はそれぞれまったく独立に読むことができる.第 6 章は第 5 章の特論として対称群の既約表現に関して概要を述べている.第 7 章は本書の1つの眼目である

シューア・ワイル双対性を扱っている．対称群と一般線型群の表現を結びつける見事な結果である．この章を読むためには，第4章から第6章までをすべて読む必要がある．その他に，第1章で扱う直和と直交射影子系の概念は頻繁に用いる．

　第8章では対称群と一般線型群の既約指標を決定する．その結果として，第6章で結果だけ述べる事項（既約表現の次元の公式など）についても証明を与える．鍵となるフロベニウスの特性写像はシューア・ワイル双対性を背景として導入した．この見方は新しいものではないが，この点を強調することで指標の決定に至る証明の筋道がわかりやすくなる．また，対称関数についての8.3節は，独立して読んでも十分に面白い．

　第9章では一般線型群の既約表現であるワイル表現をリー環の表現とみなして調べる．半単純リー環に対する最高ウェイト表現の理論を概観することを目的としている．

　本書の使い方として，まず大学の授業「線型代数続論」の教科書として
　(1) 第1, 2, 3章のジョルダン標準形と線型常微分方程式への応用
　(2) 第4章テンソル代数から第7章のシューア・ワイル双対性まで
　　（ただし，第6章の証明の一部と誘導表現の節を除く）
ならば，いずれも半年間のコース用に使用可能である．また，第4章「テンソル代数」，第5章「有限群の表現論」，あるいは上述の8.3節「対称関数」は，それぞれ独立した短期間の集中ゼミなどに適している．卒業研究などのじっくりとしたゼミならば第4章から第8章までをぜひ読み通してほしい．すべてが有機的につながって既約指標の決定に向かっていく．その後，第9章を読めば，さらに広い視野が開け，読者の探究の足掛かりになるであろう．

　本文では，線型空間は原則的に複素数体上のものとしている．任意の体の上で成立することや，標数に制限がある場合などもあるので，該当箇所で適宜注意する．

読み方のヒント

　数学の勉強には時間がかかる．スポーツの動作や楽器の演奏に習熟する過程と似ていて，繰り返しのトレーニングが必要である．機械的な反復練習ではなく，目的をしぼった練習が効果的であることも似ている．演習問題としては「問」，「課題」，「問題」がある．演習問題は，それを解くことそのものが目的ではない．解く経験を通して，数学の内容が自らの一部になることが望ましい．「問」と「問題」にはヒントまたは解答例を付けた．「問」は比較的やさしい．なお「問」と「問題」の結果は，後の命題の証明で用いる場合がある．「問題」のなかには，本文の流れにはおさまり切れないが，触れておく方がよいと思われる発展的な事項をとり挙げているものもある．

　「課題」は，たとえ時間がかかっても，自力で解答することを強く勧める．もしも手が動かなかったら，該当する箇所を読み返して基礎概念の定義を復習してほしい．「課題」の解答例は付けなかったが，先の方を読み進めると解答のヒントもしくは答えが現れる場合もあるので，推理小説のように注意深く読んで該当箇所を見つけてほしい．

　定理や命題については，それらが意味するところ，あるいは現象としての内容を正確に把握することに十分な時間を割くのがよい．そのためには，例について検討することが助けになる．意味がわからないままで証明を読むのは時間の無駄である．そのためもあって，定理を述べた後にすぐに証明を述べないで，具体例や系（定理から導かれることがら）を先に述べている箇所がかなりある．定理としたものは，ごく一部の例外を除いて証明を与えているので，定理の意味を念頭において読み進めてほしい．

　数学というものは，証明を完全に理解したときに，初めて本当に理解できるものである．だからといって，証明がわからないから一歩も進まないというのも硬直しすぎた考えである．わからないことがらを忘れずに心に留め，わからないことと共に日々を過ごすくらいの余裕も必要である．1週間考えてもわからなかったことでも，諦めないで繰り返し考えることでわかるようになる．一度，そういう経験をすれば，同じくらいのことはもっと短い時間でわかるようになるものである．この特徴も，スポーツ，楽器演奏などと同じで，スランプを経て，あるときに飛躍的に能力が向上したように感じる．このように，数学

の勉強は時間がかかるのである.

記号

集合など

$A := B$ という記法は,既知のもの B を新しい記号 A により表すことを意味する.有限集合 A の元の個数を $|A|$ と表す.見やすさのため $\#A$ と書くこともある.二項係数は $\binom{n}{k}$ のように書く.δ_{ij} はクロネッカーのデルタである.$i = j$ のとき $\delta_{ij} = 1$ であり,そうでないとき $\delta_{ij} = 0$ である.複素数全体がなす集合(複素数体)を $\mathbb{C}$ と書く.0 でない複素数全体がなす群(かけ算を演算とする)を $\mathbb{C}^{\times}$ と書く.実数全体の集合を $\mathbb{R}$ で表す.整数全体の集合(環)を $\mathbb{Z}$ で表す.0 以上の整数全体の集合を $\mathbb{N}$ で表す.

線型代数

線型空間(2.1 節)は特に断らない限り,複素数体 $\mathbb{C}$ 上のものを考える.線型空間 V の次元を $\dim V$ と表す.正方行列 A に対して,その行列式を $\det(A)$ あるいは $|A|$ により表す.

零ベクトル $\mathbf{0}$ とスカラーの 0 は原則として記号の上で区別するが,零空間 $\{\mathbf{0}\}$ を単に 0 と書くこともある.ベクトルを小文字のボールド体で $\boldsymbol{a}, \boldsymbol{v}$ のように書くことが多いが,そうでない場合もある.$\mathbb{C}^n$ の**標準基底**(standard basis)を $\boldsymbol{e}_1, \ldots, \boldsymbol{e}_n$ と書く.ここで $\boldsymbol{e}_i$ $(1 \le i \le n)$ (**基本ベクトル**)は i 番目の成分が 1 で,その他が 0 である $\mathbb{C}^n$ の元である.

線型空間 V, W に対して,V から W への線型写像全体の集合を $\mathrm{Hom}(V, W)$ と書く.$\mathrm{Hom}(V, W)$ 自体が線型空間の構造を持つ.また $\mathrm{End}(V) = \mathrm{Hom}(V, V)$ と書く.$\mathrm{End}(V)$ は線型空間であるだけでなく積の構造を持つ,いわゆる環である(このように $\mathbb{C}$ 上の線型空間と環の構造を合わせ持つ代数系を $\mathbb{C}$ 代数と呼ぶ).$f \in \mathrm{Hom}(V, W)$ の核空間を $\mathrm{Ker}(f)$,像空間を $\mathrm{Im}(f)$ と書く.$f \in \mathrm{Hom}(V, W)$ に対して $\mathrm{rank}(f) = \dim \mathrm{Im}(f)$ を f の階数 (rank) という.(m, n) 型行列 A に対して,A が与える $\mathrm{Hom}(\mathbb{C}^n, \mathbb{C}^m)$ の元の階数を $\mathrm{rank}(A)$ と書く.V を線型空間とするとき,$\boldsymbol{v}_1, \ldots, \boldsymbol{v}_m \in V$ に対して

$$\langle \boldsymbol{v}_1, \dots, \boldsymbol{v}_m \rangle = \left\{ \sum_{i=1}^{m} c_i \boldsymbol{v}_i \mid c_i \in \mathbb{C},\ 1 \le i \le m \right\}$$

を $\boldsymbol{v}_1, \dots, \boldsymbol{v}_m \in V$ が**生成する**（張る）部分空間という．$\mathrm{Span}\{\boldsymbol{v}_1, \dots, \boldsymbol{v}_m\}$ という記号を用いる場合もある（本書では用いない）．n 次の**単位行列**を E_n と書く．n を明示しないで単に E と書くこともある．

謝辞

　本書が，いくぶんかでも読みやすいものになっているならば，これまで私の講義を聴いてさまざまな質問をしてくれた学生諸君に負うところが大きい．阿部紀行，岡田聡一，落合啓之，内藤聡，八木蓮汰，山口航平の各氏は原稿の誤りを指摘するのみならず，改善のための議論に貴重な時間を割いてくださった．有益な改善意見を伝えてくださった方々は，井上玲，岩尾慎介，榎本直也，尾田友輝，角田真一朗，楫元，斉藤義久，佐垣大輔，佐久間紀佳，柴田大樹，下元数馬，庄司俊明，髙崎金久，武部尚志，谷口隆，鉄川源太，当山直，中島啓，成田宏秋，西山亨，野海正俊，野田知宏，長谷川浩司，古田大輔，松村朝雄，柳田伸太郎，簗取智紀，安福智明，劉曄，ほかにも大勢おられる．また，東京大学出版会の丹内利香氏には企画から編集の細かい作業に至るまでたいへんお世話になった．

　ここに心からの感謝の意を表したい．

　本書を堀田良之先生の 80 歳の誕生日に捧げる．

2022 年 立春

池田 岳

目 次

第1章　広義固有空間

　対角化できない行列をどのように扱うかについて，次の章にかけて議論する．まずは，対角化可能性の意味を確認する．固有空間分解について復習し，最小多項式を用いた対角化可能性の判定法を述べる．多項式の理論を用いて，広義固有空間分解およびジョルダン分解の存在と一意性を証明する．

　1.1 節では，まず複素正方行列の固有値，固有ベクトルの概念を確認する．固有値の重複度と固有空間の次元を比較することによって行列の対角化可能性を理解することができる．また，対角化可能な行列 A に対して，$\mathbb{C}^n$ を A の固有空間の直和として分解できることを述べる．1.2 節では行列の最小多項式を導入する．主な結論は，行列の対角化可能性とその最小多項式に重根がないことが同値であることである．1.3 節では広義固有空間を導入する．基本事項として直和分解と射影子の関係について述べた後，広義固有空間分解の証明を与える．そのとき，1 変数多項式（環）の性質が用いられる．1.4 節では，巾零行列の基本的な性質をまず述べる．ジョルダン分解によれば，対角化不可能な行列の探究は，その巾零部分を調べることに帰着できる．

1.1　対角化可能な行列

　行列の対角化について，記号を確認しながら復習する．

　この章では n 次の複素正方行列 A について考える．$\alpha \in \mathbb{C}$ が A の**固有値**（eigenvalue）であるとは，$\mathbf{0}$ でないベクトル $\boldsymbol{v} \in \mathbb{C}^n$ が存在して

$$A\boldsymbol{v} = \alpha\boldsymbol{v} \tag{1.1}$$

が成り立つことをいう．このとき $\boldsymbol{v}$ は固有値 α を持つ A の**固有ベクトル**（eigenvector）であるという．$\boldsymbol{v} \in \mathbb{C}^n$ に対する上の等式は $(\alpha E - A)\boldsymbol{v} = \boldsymbol{0}$ と書き換えられるので，α が A の固有値ならば，核空間 $\mathrm{Ker}(\alpha E - A)$ は固有値 α を持つ A の固有ベクトルのすべてと $\boldsymbol{0}$ とからなる．α が A の固有値であるとき

$$W(\alpha) := \mathrm{Ker}(\alpha E - A)$$

を固有値 α の**固有空間**（eigenspace）と呼ぶ．

　複素数 α が A の固有値であるための条件は $\mathrm{Ker}(\alpha E - A) \neq \{\boldsymbol{0}\}$ であるので

$$\det(\alpha E - A) = 0$$

と同値[*1]である．変数 t に関して

$$\phi_A(t) := \det(tE - A)$$

と定めると，$\phi_A(t)$ は n 次の多項式であり，これを A の**特性多項式**[*2]（characteristic polynomial）と呼ぶ．以上のことから，$\alpha \in \mathbb{C}$ が A の固有値であることと α が A の特性多項式の根[*3]であること，すなわち $\phi_A(\alpha) = 0$ が成り立つことは同値である．

　A の特性多項式の相異なる根が $\alpha_1, \ldots, \alpha_s \in \mathbb{C}$ であるとする．これらは A の相異なる固有値の全体である．このとき特性多項式は

$$\phi_A(t) = (t - \alpha_1)^{k_1} \cdots (t - \alpha_s)^{k_s} \tag{1.2}$$

と因数分解[*4]される．このように定まる正の整数 k_i を A の固有値 α_i の**重複度**

[*1]　正方行列 A に対して $\mathrm{Ker}(A) \neq 0$ は $\det(A) = 0$ と同値である．

[*2]　固有多項式と呼ぶこともある．

[*3]　t の多項式 $f(t)$ に対して $f(\alpha) = 0$ をみたす数 α は $f(t)$ の根（root）であるという．方程式 $f(t) = 0$ の解のことである．

[*4]　複素数体 $\mathbb{C}$ を係数とする，定数でない任意の多項式（1 変数）は複素係数の 1 次式の積に分解する．この事実は「代数学の基本定理」と呼ばれる．本章，および次章における行列や線型空間として $\mathbb{C}$ 上のものを考えるのはそのためである．必ずしも複素数体である必要はなく，代数的閉体（B.7 節参照）ならばよい．なお，代数的閉体でない体（実数体 $\mathbb{R}$ など）上の行列であ

と呼ぶ. ここまでが本章の基本設定である.

A が **対角化可能** (diagonalizable) であるとする. つまり, ある正則行列 P が存在して $P^{-1}AP$ が対角行列になるとする. このとき「正則行列 P は A を対角化する」という. (i,i) 成分が $c_i \in \mathbb{C}$ $(1 \leq i \leq n)$ である対角行列を $\mathrm{diag}(c_1, \ldots, c_n)$ と書く. P の第 i 列ベクトルを $\boldsymbol{v}_i \in \mathbb{C}^n$ と書くとき $P = (\boldsymbol{v}_1, \ldots, \boldsymbol{v}_n)$ となる. このとき, 行列の等式 $P^{-1}AP = \mathrm{diag}(c_1, \ldots, c_n)$ は $AP = P\,\mathrm{diag}(c_1, \ldots, c_n)$ と書き換えられるから, 各列ベクトルを比較することにより, ベクトルの等式

$$A\boldsymbol{v}_i = c_i\boldsymbol{v}_i \quad (1 \leq i \leq n)$$

が得られる. これは P の第 i 列ベクトル $\boldsymbol{v}_i$ が A の固有値 c_i の固有ベクトルであることを意味する (P は正則なので $\boldsymbol{v}_i \neq \boldsymbol{0}$). P は正則行列なので列ベクトルたち $\boldsymbol{v}_1, \ldots, \boldsymbol{v}_n$ は $\mathbb{C}^n$ の基底をなす. したがって, A の固有ベクトルからなる $\mathbb{C}^n$ の基底が存在することがわかった.

逆に A の固有ベクトルからなる $\mathbb{C}^n$ の基底 $\boldsymbol{v}_1, \ldots, \boldsymbol{v}_n$ が存在するとする. $\boldsymbol{v}_i$ の固有値を c_i とし, $P = (\boldsymbol{v}_1, \ldots, \boldsymbol{v}_n)$ とおくとき, これは正則行列であって,

$$
\begin{aligned}
AP &= (A\boldsymbol{v}_1, \ldots, A\boldsymbol{v}_n) \\
&= (c_1\boldsymbol{v}_1, \ldots, c_n\boldsymbol{v}_n) \\
&= (\boldsymbol{v}_1, \ldots, \boldsymbol{v}_n)
\begin{pmatrix}
c_1 & & & \\
& c_2 & & \\
& & \ddots & \\
& & & c_n
\end{pmatrix} \\
&= P \cdot \mathrm{diag}(c_1, \ldots, c_n)
\end{aligned}
$$

となる. 両辺に左から P^{-1} をかけて $P^{-1}AP = \mathrm{diag}(c_1, \ldots, c_n)$ となる. つまり正則行列 P は A を対角化している. 以上のことから次が成り立つ.

っても特性多項式が 1 次式の積に分解するということさえ成り立っていれば, 本章, および次章の内容は問題なく成立する.

定理 1.1.1　A が対角化可能であることは，A の固有ベクトルからなる $\mathbb{C}^n$ の基底が存在することと同値である.

A が P により対角化されたとして $P^{-1}AP = \mathrm{diag}(c_1, \ldots, c_n)$ のとき

$$\phi_A(t) = \phi_{P^{-1}AP}(t) = (t - c_1) \cdots (t - c_n)$$

が成り立つ. ここで $\phi_{P^{-1}AP}(t) = \phi_A(t)$ が成り立つ（行列式の乗法性からわかる）ことを用いた. よって，等式 (1.2) と見比べると，各 $1 \leq i \leq s$ に対して，$c_1, \ldots, c_n$ のなかには α_i が k_i 個あることがわかる. つまり，対角成分として現れた数たち $c_1, \ldots, c_n \in \mathbb{C}$ は，重複（度）を込めて $\phi_A(t)$ の根と一致する. 以上より次が成り立つ.

定理 1.1.2　A が対角化可能であるとすると，次が成り立つ.

(1) A を対角化する正則行列 P の列ベクトルはすべて A の固有ベクトルであり，固有値 α_i のものが k_i 個ある（k_i は α_i の重複度）.

(2) A を対角化して得られる対角行列の対角成分たちは重複を込めて特性多項式の根と一致する.

対角化不可能な行列が存在することを素朴に確かめることを問としておく.

問 1.1　$\begin{pmatrix} 0 & 1 \\ 0 & 0 \end{pmatrix}$ を対角化する正則行列 P があると仮定して矛盾を導け.

一般に，A の固有値 α_i の重複度 k_i と固有空間 $W(\alpha_i)$ の次元 $\dim W(\alpha_i)$ に対し，以下の不等式が成立する. 線型空間の次元については A.2 節を参照せよ.

命題 1.1.3　次が成り立つ：

$$\dim W(\alpha_i) \leq k_i \quad (1 \leq i \leq s). \tag{1.3}$$

証明　$W(\alpha_i)$ の基底 $\boldsymbol{v}_1, \ldots, \boldsymbol{v}_m$ をとり $\boldsymbol{v}_1, \ldots, \boldsymbol{v}_m, \boldsymbol{v}_{m+1}, \ldots, \boldsymbol{v}_n$ が $\mathbb{C}^n$ の基底となるように $n - m$ 個のベクトル $\boldsymbol{v}_{m+1}, \ldots, \boldsymbol{v}_n \in \mathbb{C}^n$ を追加する（命題 A.2.5 参照）. $P = (\boldsymbol{v}_1, \ldots, \boldsymbol{v}_m, \boldsymbol{v}_{m+1}, \ldots, \boldsymbol{v}_n)$ とするとき，

$$AP = (A\boldsymbol{v}_1, \ldots, A\boldsymbol{v}_m, A\boldsymbol{v}_{m+1}, \ldots, A\boldsymbol{v}_n)$$

$$= (\alpha_i\boldsymbol{v}_1, \ldots, \alpha_i\boldsymbol{v}_m, A\boldsymbol{v}_{m+1}, \ldots, A\boldsymbol{v}_n)$$

$$= (\boldsymbol{v}_1, \ldots, \boldsymbol{v}_m, \boldsymbol{v}_{m+1}, \ldots, \boldsymbol{v}_n) \begin{pmatrix} \alpha_i E_m & B \\ O & C \end{pmatrix}$$

$$= P \begin{pmatrix} \alpha_i E_m & B \\ O & C \end{pmatrix}$$

となる．E_m は m 次の単位行列であり，B, C はそれぞれ $(m, n-m), (n-m, n-m)$ 型の行列である．このとき

$$\phi_A(t) = \phi_{P^{-1}AP}(t) = \phi_{\alpha_i E_m}(t)\phi_C(t) = (t - \alpha_i)^m \phi_C(t)$$

である．よって固有値 α_i の重複度は $m = \dim W(\alpha_i)$ 以上である．　□

固有ベクトルの基本的な性質として次がある．

定理 1.1.4　相異なる固有値を持つ固有ベクトルの集まりは線型独立である．

証明　相異なる固有値を持つ k 個の固有ベクトルの集まりが線型独立であることを k に関する帰納法で示す．$k = 1$ のとき，1 つの固有ベクトル $\boldsymbol{v}_1$ は定義から $\boldsymbol{0}$ でないので線型独立である．$k \geq 2$ として $k-1$ 個のベクトルの場合は主張が成り立つと仮定する．相異なる固有値を持つ k 個の固有ベクトル $\boldsymbol{v}_1, \ldots, \boldsymbol{v}_k$ に対する線型関係式

$$c_1\boldsymbol{v}_1 + \cdots + c_k\boldsymbol{v}_k = \boldsymbol{0} \tag{1.4}$$

を考える．$\boldsymbol{v}_i$ の固有値は α_i であるとする．両辺に左から A をかけて

$$c_1\alpha_1\boldsymbol{v}_1 + \cdots + c_k\alpha_k\boldsymbol{v}_k = \boldsymbol{0}.$$

これから，元の線型関係式 (1.4) の α_k 倍を引くと

$$c_1(\alpha_1 - \alpha_k)\boldsymbol{v}_1 + \cdots + c_{k-1}(\alpha_{k-1} - \alpha_k)\boldsymbol{v}_{k-1} = \boldsymbol{0}.$$

帰納法の仮定より $\boldsymbol{v}_1, \ldots, \boldsymbol{v}_{k-1}$ は線型独立なので

$$c_1(\alpha_1 - \alpha_k) = \cdots = c_{k-1}(\alpha_{k-1} - \alpha_k) = 0$$

となる. 固有値 $\alpha_1, \ldots, \alpha_k$ は相異なるので $c_1 = \cdots = c_{k-1} = 0$ がしたがう. このとき $c_k \boldsymbol{v}_k = \boldsymbol{0}$ なので $\boldsymbol{v}_k \neq \boldsymbol{0}$ から $c_k = 0$ である. $\qquad\square$

部分空間の直和

ここで, 未習の読者のために, 部分空間の直和について説明しておく. 線型空間*5V と, その部分空間 $V_1, \ldots, V_k$ が与えられたときに,

$$\boldsymbol{v} = \boldsymbol{v}_1 + \cdots + \boldsymbol{v}_k \quad (\boldsymbol{v}_i \in V_i, \, 1 \le i \le k) \tag{1.5}$$

と表されるベクトル $\boldsymbol{v}$ 全体がなす集合を $\sum_{i=1}^{k} V_i$ と書き $V_1, \ldots, V_k$ の**和空間 (あるいは和)** と呼ぶ. $\sum_{i=1}^{k} V_i$ は V の部分空間である. 条件

$$\boldsymbol{v}_1 + \cdots + \boldsymbol{v}_k = \boldsymbol{0} \quad (\boldsymbol{v}_i \in V_i, \, 1 \le i \le k) \Longrightarrow \boldsymbol{v}_1 = \cdots = \boldsymbol{v}_k = \boldsymbol{0} \tag{1.6}$$

を考える. この条件が成り立つ場合は, $\boldsymbol{v} \in \sum_{i=1}^{k} V_i$ を (1.5) の形に書くときの $\boldsymbol{v}_i$ たちは $\boldsymbol{v}$ により一意的に定まる. 条件 (1.6) が成り立つとき, $\sum_{i=1}^{k} V_i$ は**直和** (direct sum) であるといい, 記号 $\bigoplus_{i=1}^{k} V_i$ を用いる. $\bigoplus_{i=1}^{k} V_i$ は空間としては $\sum_{i=1}^{k} V_i$ と同じものだが (1.6) が成り立っているという意味を込めた記号である.

命題 1.1.5 線型空間 V と, その部分空間 $V_1, \ldots, V_k$ に対して, $W = \sum_{i=1}^{k} V_i$ とおく. 次は同値である.

(1) $W = \bigoplus_{i=1}^{k} V_i$.

(2) $\dim W = \sum_{i=1}^{k} \dim V_i$.

また, $W = \bigoplus_{i=1}^{k} V_i$ が成り立つとき, 各 V_i の基底を選んで, それらをすべて集めたベクトルの集まりは W の基底をなす.

証明 各 $1 \le i \le k$ に対して, $\dim V_i = d_i$ とし V_i の基底 $\{\boldsymbol{v}_1^{(i)}, \ldots, \boldsymbol{v}_{d_i}^{(i)}\}$ をとる. 和空間 $W = \sum_{i=1}^{k} V_i$ は明らかに

---

*5 「ベクトル空間」と同義. 線型空間の公理に慣れていない読者は 2.1 節を参照されたい.

$$\mathcal{B} := \{\boldsymbol{v}_1^{(1)}, \dots, \boldsymbol{v}_{d_1}^{(1)}, \boldsymbol{v}_1^{(2)}, \dots, \boldsymbol{v}_{d_2}^{(2)}, \dots, \boldsymbol{v}_1^{(k)}, \dots, \boldsymbol{v}_{d_k}^{(k)}\}$$

により生成される.

まず後半の主張と前半の (1) $\implies$ (2) を示す. $W = \bigoplus_{i=1}^{k} V_i$ と仮定して $\mathcal{B}$ が線型独立であることを示す. $\sum_{i,j} c_{ij} \boldsymbol{v}_j^{(i)} = \boldsymbol{0}$ とすると $\boldsymbol{w}_i = \sum_{j=1}^{d_i} c_{ij} \boldsymbol{v}_j^{(i)}$ $\in V_i$ とおくとき $\sum_{i=1}^{k} \boldsymbol{w}_i = \boldsymbol{0}$ なので W が V_i たちの直和であることから $\boldsymbol{w}_i = \boldsymbol{0}$ $(1 \le i \le k)$ となる. $\{\boldsymbol{v}_1^{(i)}, \dots, \boldsymbol{v}_{d_i}^{(i)}\}$ は線型独立なので $c_{ij} = 0$ $(1 \le j \le d_i)$ がしたがう. したがって $\mathcal{B}$ は W の基底である (後半の主張). よって $\dim W = \sum_{i=1}^{k} d_i = \sum_{i=1}^{k} \dim W_i$ が成り立つ.

前半の (2) $\implies$ (1) を示す. $\dim W = \sum_{i=1}^{k} \dim V_i$ を仮定する. $\mathcal{B}$ は W を生成し, かつ元の個数が $\dim W$ と等しいので W の基底をなす (定理 A.2.3). $\boldsymbol{v}_1 + \dots + \boldsymbol{v}_k = \boldsymbol{0}$ $(\boldsymbol{v}_i \in V_i, \ 1 \le i \le k)$ とする. $\boldsymbol{v}_i = \sum_j c_{ij} \boldsymbol{v}_j^{(i)}$ と書くと $\sum_{i,j} c_{ij} \boldsymbol{v}_j^{(i)} = \boldsymbol{0}$ なので $\mathcal{B}$ の線型独立性より $c_{ij} = 0$ $(1 \le i \le k, \ 1 \le j \le d_i)$ がしたがう. よって $\boldsymbol{v}_i = \boldsymbol{0}$ $(1 \le i \le k)$ である. $\square$

直和分解 $W = \bigoplus_{i=1}^{k} V_i$ があるとき, 命題の後半のように各 V_i の基底を集めてできる W の基底のことを**直和分解に即した基底**と呼ぶ.

固有空間分解

命題 1.1.6 A を正方行列とし $\alpha_1, \dots, \alpha_s$ を A の相異なる固有値とする. 固有空間たちの和空間 $\sum_{i=1}^{s} W(\alpha_i)$ は直和である.

証明 $\boldsymbol{v}_1 + \dots + \boldsymbol{v}_s = \boldsymbol{0}$ $(\boldsymbol{v}_i \in W(\alpha_i), \ 1 \le i \le s)$ とする. もしも $\boldsymbol{v}_1, \dots, \boldsymbol{v}_s$ のなかに $\boldsymbol{0}$ でないものが存在すると, 定理 1.1.4 に反する. $\square$

A が対角化可能であることの判定条件として次がある.

定理 1.1.7 A を正方行列とし $\alpha_1, \dots, \alpha_s$ を A の相異なる固有値とする. また α_i の重複度を k_i とする. 次は同値である.

(1) A は対角化可能である.

(2) $\dim W(\alpha_i) = k_i$ $(1 \le i \le s)$.

(3) $\mathbb{C}^n = W(\alpha_1) \oplus \dots \oplus W(\alpha_s)$.

証明　(1) $\implies$ (2)：A が対角化可能であるとし，A を対角化する正則行列 P を選ぶ．P の列ベクトルのうちには $W(\alpha_i)$ に属すものが k_i 個ある（定理 1.1.2 (1)）．また，それらは線型独立である（P は正則）．よって $\dim W(\alpha_i) \geq k_i$ が成り立つ．逆向きの不等式 (1.3) と合わせて $\dim W(\alpha_i) = k_i$ がしたがう．

(2) $\implies$ (3)：$\dim W(\alpha_i) = k_i$ ($1 \leq i \leq s$) とする．$\sum_{i=1}^{s} W(\alpha_i)$ は直和（命題 1.1.6）なので命題 1.1.5 の前半よりその次元は $\sum_{i=1}^{s} k_i = n$ である．$\bigoplus_{i=1}^{s} W(\alpha_i)$ は n 次元空間 $\mathbb{C}^n$ のなかの n 次元部分空間なので $\bigoplus_{i=1}^{s} W(\alpha_i) = \mathbb{C}^n$ が成り立つ（定理 A.2.4）．

(3) $\implies$ (1)：$\bigoplus_{i=1}^{s} W(\alpha_i) = \mathbb{C}^n$ とする．各 $W(\alpha_i)$ の基底を選ぶ（固有値 α_i の固有ベクトルからなる）．それらのベクトルをすべて集めると $\mathbb{C}^n$ の基底になる（命題 1.1.5 の後半）．よって A は対角化可能である（定理 1.1.1）．　□

定理 1.1.7 (3) の直和分解を，対角化可能な行列 A に関する**固有空間分解** (eigenspace decomposition) と呼ぶ．A が対角化不可能である場合にも直和空間 $\bigoplus_{i=1}^{s} W(\alpha_i)$ は $\mathbb{C}^n$ に含まれるが，全体には一致しない．

1.2　最小多項式

A を複素正方行列とする．変数 t に関する複素係数多項式 $f(t) = \sum_{i=0}^{d} a_i t^i$ を考える．$f(t)$ に $t = A$ を代入することができる．$f(A) = \sum_{i=0}^{d} a_i A^i$ とするのである．ただし $A^0 = E$（単位行列）である．明らかに $f(A)$ は A と可換である．このことは以下の議論でよく使う．

命題 1.2.1　A を正方行列とする．複素係数の零でない多項式 $f(t)$ であって $f(A) = O$ をみたすものが存在する．

証明　n 次正方行列全体の集合 $M_n(\mathbb{C})$ は n^2 次元の線型空間なので $(n^2 + 1)$ 個の元たち $E, A, A^2, \ldots, A^{n^2}$ は線型従属である．つまり非自明な線型関係式 $\sum_{i=0}^{n^2} a_i A^i = O$ が存在する．$f(t) = \sum_{i=0}^{n^2} a_i t^i$ とおけば $f(A) = O$ が成り立つ．　□

複素係数の零でない多項式 $f(t)$ であって $f(A) = O$ をみたすもののうち，

次数が最小で，最高次の係数が 1 であるものを A の**最小多項式**（minimal polynomial）という．ケーリー・ハミルトンの定理*6によれば $\phi_A(A) = O$ が成り立つから最小多項式は n 次以下であることがわかる．

命題 1.2.2　$f(A) = O$ をみたす多項式 $f(t)$ は A の最小多項式で割り切れる．

証明　$g(t)$ を A の最小多項式とする．$f(t)$ を $g(t)$ で割って

$$f(t) = q(t)g(t) + r(t)$$

とする．ここに $r(t)$ は恒等的に 0 であるか，または $g(t)$ よりも低次の多項式である．このとき

$$r(A) = f(A) - q(A)g(A) = O$$

である．$r(t)$ が恒等的に 0 でないと $g(t)$ が最小多項式であることに反する．よって $r(t) = 0$ である．　　　　　　　　　　　　　　　　　　□

系 1.2.3　正方行列 A に対して最小多項式は一意的に定まる．

証明　A が零行列でないとして，$g_1(t), g_2(t)$ が A の最小多項式であるとすると，$g_2(A) = O$ なので，命題 1.2.2 により $g_2(t)$ は $g_1(t)$ により割り切れる．$g_1(t)$ と $g_2(t)$ の次数は一致するから $g_2(t)$ は $g_1(t)$ の定数倍である．最高次の係数はともに 1 だから $g_1(t) = g_2(t)$ がしたがう．　　　　　　　　□

以下，A の最小多項式を $\psi_A(t)$ と書く．

命題 1.2.4　最小多項式 $\psi_A(t)$ の根は重複度を無視すれば，特性多項式 $\phi_A(t)$ の根と一致する．したがって $\psi_A(t) = (t - \alpha_1)^{l_1} \cdots (t - \alpha_s)^{l_s}$ $(1 \leq l_i \leq k_i)$ と書ける（k_i は固有値 α_i の重複度）．

証明　ケーリー・ハミルトンの定理より $\phi_A(A) = O$ であるから，$\phi_A(t)$ は $\psi_A(t)$ で割り切れる（命題 1.2.2）．したがって $\psi_A(t)$ の根はすべて $\phi_A(t)$ の根

---

*6　1 つの証明として問 2.2 参照．

である．逆に α が $\phi_A(t)$ の根ならば，α を固有値に持つ固有ベクトル $\boldsymbol{v}$ が存在する．$\psi_A(A)\boldsymbol{v} = \psi_A(\alpha)\boldsymbol{v} = \boldsymbol{0}$ なので $\boldsymbol{v} \neq \boldsymbol{0}$ から $\psi_A(\alpha) = 0$ を得る．　　□

例 1.2.5　$A = \begin{pmatrix} 1 & 1 & 0 \\ 0 & 1 & 0 \\ 0 & 0 & 1 \end{pmatrix}$ のとき $\phi_A(t) = (t-1)^3$ である．よって $\psi_A(t) =$ $(t-1)^l$ $(1 \leq l \leq 3)$ の形であるが $A - E \neq O$，$(A - E)^2 = O$ なので $\psi_A(t) = (t-1)^2$ である．　　■

定理 1.2.6　A を複素正方行列とする．次は同値である．

(1) A は対角化可能である．

(2) 最小多項式 $\psi_A(t)$ は重根を持たない．

証明　相異なる固有値を $\alpha_1, \ldots, \alpha_s$，それらの重複度を $k_1, \ldots, k_s$ とする．

(1) $\Longrightarrow$ (2)：P を正則行列とするとき $P^{-1}AP$ と A の最小多項式は一致する*7ので，A が初めから対角行列であるとしてかまわない．そこで

$$A = \mathrm{diag}(\underbrace{\alpha_1, \ldots, \alpha_1}_{k_1 \text{ 個}}, \ldots, \underbrace{\alpha_s, \ldots, \alpha_s}_{k_s \text{ 個}})$$

とする．$1 \leq j \leq s$ に対して，$(A - \alpha_1 E) \cdots (A - \alpha_j E)$ は $(k_1, \ldots, k_s)$ 型のブロック対角型（A.1 節）の行列であり，左上から j 個のブロックが零になる．よって特に $(A - \alpha_1 E) \cdots (A - \alpha_s E) = O$ である．つまり $g(t) = (t - \alpha_1) \cdots (t - \alpha_s)$ とおくとき $g(A) = O$ が成り立つ．よって命題 1.2.2 により $\psi_A(t)$ は $g(t)$ を割り切る．ゆえに $\psi_A(t)$ は重根を持たない．

(2) $\Longrightarrow$ (1)：$\psi_A(t)$ が重根を持たなければ命題 1.2.4 より $\psi_A(t) = (t - \alpha_1) \cdots (t - \alpha_s)$ である．したがって

$$(A - \alpha_1 E) \cdots (A - \alpha_s E) = O$$

が成り立つ．核空間の次元に関する不等式（下の補題 1.2.7 参照）より

---

*7　任意の多項式 $f(t)$ について $P^{-1}f(A)P = f(P^{-1}AP)$ が成り立つことからわかる．

$$n \le \sum_{i=1}^{s} \dim W(\alpha_i) \tag{1.7}$$

がしたがう．よって，命題 1.1.3 と合わせて

$$n \le \sum_{i=1}^{s} \dim W(\alpha_j) \le \sum_{i=1}^{s} k_i = n.$$

したがって $\sum_{i=1}^{s} \dim W(\alpha_i) = \sum_{i=1}^{s} k_i$ である．再び $\dim W(\alpha_i) \le k_i$（命題 1.1.3）に注意すると，すべての $1 \le i \le s$ について $\dim W(\alpha_i) = k_i$ でなければならないことがわかる．よって A は対角化可能である（定理 1.1.7）.　□

補題 1.2.7　行列 $A_1, \ldots, A_k$（正方行列とは限らない）に対して積 $A_1 \cdots A_k$ が定義できる[*8]ならば

$$\dim \mathrm{Ker}(A_1 \cdots A_k) \le \sum_{i=1}^{k} \dim \mathrm{Ker}(A_i).$$

証明　まず $k = 2$ のときを示す．$A_1 = A, A_2 = B$ とおこう．B が与える線型写像を f_B と書くとき $g_B = f_B|_{\mathrm{Ker}(AB)}$ を考える．線型写像 g_B に次元定理[*9]を適用すると

$$\dim \mathrm{Ker}(AB) = \mathrm{rank}(g_B) + \dim \mathrm{Ker}(g_B).$$

ここで，$\mathrm{Ker}(B) \subset \mathrm{Ker}(AB)$ であるから $\mathrm{Ker}(g_B) = \mathrm{Ker}(B)$ が成り立つ．また $\mathrm{Im}(g_B) \subset \mathrm{Ker}(A)$ である．実際，$\boldsymbol{v} \in \mathrm{Im}(g_B)$ を $\boldsymbol{v} = g_B(\boldsymbol{u}) = B\boldsymbol{u}$（$\boldsymbol{u} \in \mathrm{Ker}(AB)$）と書くとき，$A\boldsymbol{v} = AB\boldsymbol{u} = \boldsymbol{0}$ となる．よって $\mathrm{rank}(g_B) = \dim \mathrm{Im}(g_B) \le \dim \mathrm{Ker}(A)$ である．以上により

$$\dim \mathrm{Ker}(AB) \le \dim \mathrm{Ker}(A) + \dim \mathrm{Ker}(B)$$

[*8]　行列 A, B に対して A の列の数と B の行の数が一致するときに積 AB が定義できる．

[*9]　V, W を有限次元線型空間，$f : V \to W$ を線型写像とするとき $\dim V = \mathrm{rank}(f) + \dim \mathrm{Ker}(f)$ が成り立つ．この結果を線型写像 f に対する**次元定理**という．なお，次元定理と呼ばれる定理は他にもある．

を得る．一般の場合は k に関する帰納法によりしたがう． ☐

課題 1.1 $A^m = E$ となる自然数 m が存在するとき，A は対角化可能であることを示せ．

ヒント：定理 1.2.6 を用いる．

1.3　広義固有空間分解

引き続き，A を n 次正方行列とし $\alpha_1, \ldots, \alpha_s$ を相異なる固有値とする．

A が対角化可能でないときは $\sum_{i=1}^{s} \dim W(\alpha_i) < n$ なので固有空間分解は成り立たない．端的にいえば，固有ベクトルが足りないのである．そこで，固有空間にベクトルを追加してもう少し大きい空間を考える．

α が A の固有値であるとき

$$\widetilde{W}(\alpha) := \{ \boldsymbol{v} \in \mathbb{C}^n \mid (\alpha E - A)^l \boldsymbol{v} = \boldsymbol{0} \text{ となる } l \geq 1 \text{ がある} \}$$

とおく．$\widetilde{W}(\alpha)$ は固有空間 $W(\alpha)$ を含む $\mathbb{C}^n$ の部分空間である．これを固有値 α の **広義固有空間**（generalized eigenspace）と呼ぶ．

$W \subset \mathbb{C}^n$ を部分空間とする．W が A **不変な部分空間**であるとは

$$\boldsymbol{v} \in W \implies A\boldsymbol{v} \in W$$

が成り立つことをいう．W が A 不変な部分空間ならば A を左からかける写像は W の線型変換を与える．これを A **が** W **に引き起こす線型変換**と呼ぶ．

命題 1.3.1 $\alpha \in \mathbb{C}$ が正方行列 A の固有値であるとする．次が成り立つ．

(1) $\widetilde{W}(\alpha)$ は A 不変な部分空間である．

(2) A が $\widetilde{W}(\alpha)$ に引き起こす線型変換の固有値は α のみである．

証明　(1) A の多項式として表される線型変換が A と交換可能であることからわかる．$\boldsymbol{v} \in \widetilde{W}(\alpha)$ とする．$(\alpha E - A)^l \boldsymbol{v} = 0$ となる $l \geq 1$ がある．このとき $(\alpha E - A)^l A\boldsymbol{v} = A(\alpha E - A)^l \boldsymbol{v} = \boldsymbol{0}$ であるから $A\boldsymbol{v} \in \widetilde{W}(\alpha)$ が成り立つ．

(2) $\boldsymbol{v} \in \widetilde{W}(\alpha)$ とし，$A\boldsymbol{v} = \beta \boldsymbol{v}$ $(\beta \in \mathbb{C})$ が成り立つとする．$(\alpha E - A)^l \boldsymbol{v} = 0$ となる $l \geq 1$ がある．このとき $(\alpha E - A)^l \boldsymbol{v} = (\alpha - \beta)^l \boldsymbol{v}$ なので $\boldsymbol{v} \neq \boldsymbol{0}$ なら

ば $\beta = \alpha$ である. □

定理 1.3.2 （広義固有空間分解）　次の直和分解が成り立つ:

$$\mathbb{C}^n = \widetilde{W}(\alpha_1) \oplus \cdots \oplus \widetilde{W}(\alpha_s).$$

また, 固有値 α_i の重複度を k_i とするとき

$$\dim \widetilde{W}(\alpha_i) = k_i.$$

この定理における直和分解を**広義固有空間分解** （generalized eigenspace decomposition）と呼ぶ.

例 1.3.3　$A = \begin{pmatrix} 1 & 1 & 0 \\ 0 & 1 & 0 \\ 0 & 0 & 2 \end{pmatrix}$ について $\phi_A(t) = (t-1)^2(t-2)$ であって $W(1) = \langle e_1 \rangle$, $W(2) = \langle e_3 \rangle$ が成り立つ（e_1, e_2, e_3 は $\mathbb{C}^3$ の標準基底である）. 固有値 1 について $\dim W(1)$ が重複度の 2 未満なので A は対角化できない. $\widetilde{W}(1)$ を調べるため

$$E - A = \begin{pmatrix} 0 & -1 & 0 \\ 0 & 0 & 0 \\ 0 & 0 & -1 \end{pmatrix}, \quad (E-A)^l = \begin{pmatrix} 0 & 0 & 0 \\ 0 & 0 & 0 \\ 0 & 0 & (-1)^l \end{pmatrix} (l \geq 2)$$

であるから $\widetilde{W}(1) = \langle e_1, e_2 \rangle$ が確かめられる. また

$$(2E - A)^l = \begin{pmatrix} 1 & -l & 0 \\ 0 & 1 & 0 \\ 0 & 0 & 0 \end{pmatrix} (l \geq 1)$$

なので $\widetilde{W}(2) = W(2) = \langle e_3 \rangle$ である. 直和分解 $\mathbb{C}^3 = \widetilde{W}(1) \oplus \widetilde{W}(2)$ の成立が確認できる. ∎

線型空間の直和分解と射影子との関係について述べる. 直和分解 $V = \bigoplus_{i=1}^k V_i$ が成り立つとき, 任意の $v \in V$ を $v = \sum_{i=1}^k v_i$ $(v_i \in V_i)$ と表し, $P_i(v) = v_i$ とすることで V の線型変換 P_i $(1 \leq i \leq k)$ が定められる. これを

V_i への **射影**あるいは **射影子**（projection）と呼ぶ．明らかに $\mathrm{Im}(P_i) = V_i$ が成り立つ．

例 1.3.4 例 1.3.3 の直和分解 $\mathbb{C}^3 = \widetilde{W}(1) \oplus \widetilde{W}(2)$ において各直和成分への射影（を表す行列）を P_1, P_2 とすると

$$P_1 = \begin{pmatrix} 1 & 0 & 0 \\ 0 & 1 & 0 \\ 0 & 0 & 0 \end{pmatrix}, \quad P_2 = \begin{pmatrix} 0 & 0 & 0 \\ 0 & 0 & 0 \\ 0 & 0 & 1 \end{pmatrix}$$

である． ∎

逆に，射影子となるべき線型変換の集まり $P_1, \ldots, P_k$ を与えて，直和分解を構成することができる．

定理 1.3.5 （直和分解と射影子系） 線型空間 V の線型変換 $P_1, \ldots, P_k$ が
(i) $P_i^2 = P_i \quad (1 \le i \le k)$,
(ii) $i \ne j$ ならば $P_i P_j = O$,
(iii) $P_1 + \cdots + P_k = \mathrm{Id}_V$
をみたすとする． $V_i := \mathrm{Im}(P_i)$ とすると次の直和分解が成り立つ：

$$V = V_1 \oplus \cdots \oplus V_k.$$

証明 $\boldsymbol{v} \in V$ に対して $\boldsymbol{v}_i = P_i \boldsymbol{v} \in \mathrm{Im}(P_i) = V_i$ とおく．このとき (iii) より

$$\begin{aligned} \boldsymbol{v}_1 + \cdots + \boldsymbol{v}_k &= P_1 \boldsymbol{v} + \cdots + P_k \boldsymbol{v} \\ &= (P_1 + \cdots + P_k)\boldsymbol{v} \\ &= \mathrm{Id}_V(\boldsymbol{v}) \\ &= \boldsymbol{v} \end{aligned}$$

が成り立つ．よって $V = \sum_{i=1}^{k} V_i$ である．

$\sum_{i=1}^{k} V_i$ が直和であること，つまり，$\boldsymbol{u}_1 + \cdots + \boldsymbol{u}_k = \boldsymbol{0}$ をみたす $\boldsymbol{u}_i \in V_i \, (1 \le i \le k)$ に対して，$\boldsymbol{u}_i = \boldsymbol{0} \, (1 \le i \le k)$ を示す．$\boldsymbol{u}_i = P_i \boldsymbol{w}_i \, (1 \le i \le k)$ と書く．このとき (i) より

$$P_i \, \boldsymbol{u}_i = P_i (P_i \, \boldsymbol{w}_i) = P_i^2 \, \boldsymbol{w}_i = P_i \, \boldsymbol{w}_i = \boldsymbol{u}_i.$$

また $j \neq i$ ならば (ii) より

$$P_i \, \boldsymbol{u}_j = P_i (P_j \, \boldsymbol{w}_j) = P_i P_j \, \boldsymbol{w}_j = O \, \boldsymbol{w}_j = \boldsymbol{0}$$

である．よって $\boldsymbol{u}_1 + \cdots + \boldsymbol{u}_k = \boldsymbol{0}$ の両辺に P_i を施せば $\boldsymbol{u}_i = \boldsymbol{0}$ が得られる．
□

　この定理の条件 (i), (ii) をみたす線型変換の集まりを**互いに直交する**[*10]**射影子系**と呼ぶことにする．さらに (iii) もみたすとき互いに直交する**完全な**射影子系と呼ぼう．

問 1.2　定理 1.3.5 の (ii), (iii) から (i) が導かれることを示せ．

　広義固有空間分解（定理 1.3.2）を与える互いに直交する完全な射影子系を構成するために，1 変数多項式の性質を用いる．

命題 1.3.6　1 変数の（0 でない）多項式の集まり $f_1(t), \ldots, f_s(t)$ が共通因子を持たなければ

$$h_1(t) f_1(t) + \cdots + h_s(t) f_s(t) = 1$$

をみたす多項式 $h_1(t), \ldots, h_s(t)$ が存在する．

注意 1.3.7　ここでいう共通因子とは $f_1(t), \ldots, f_s(t)$ のすべてを割り切る定数でない多項式を意味する．

証明　多項式の集合

$$I = \{ h_1(t) f_1(t) + \cdots + h_s(t) f_s(t) \mid h_1(t), \ldots, h_s(t) \text{ は多項式} \}$$

を考える．I は次の性質[*11]を持つ：

(1) $g_1(t), g_2(t) \in I$ ならば $g_1(t) + g_2(t) \in I$,

(2) $g(t) \in I$ とし $a(t)$ を任意の多項式とするとき $a(t) g(t) \in I$.

---

*10　内積の定まった空間における直交という用語とは別な概念である．

*11　環論の言葉では I はイデアル（ideal）であるという（B.6 節）．

I に含まれる 0 でない多項式のうち，次数が最小のもの $h(t)$ を 1 つとる．I に含まれる任意の多項式 $f(t)$ が $h(t)$ で割り切れることを示そう．割り算をして $f(t) = q(t)h(t) + r(t)$ とする．$q(t), r(t)$ は多項式であり，$r(t)$ は恒等的に（多項式として）0 であるか，または $h(t)$ よりも低次の多項式である．(1), (2) から $r(t) = f(t) - q(t)h(t) \in I$ がしたがう．$r(t)$ が 0 でなければ $h(t)$ の選び方に矛盾する．よって $r(t) = 0$ である．

$f_1(t), \ldots, f_s(t)$ は I に属すからすべて $h(t)$ で割り切れる．よって仮定より $h(t)$ は定数 $(\neq 0)$ である（そうでなければ $h(t)$ は $f_1(t), \ldots, f_s(t)$ の共通因子であることになる）．$h(t) = c \ (c \neq 0)$ とする．$1 = c^{-1} \cdot h(t) \in I$ なので

$$1 = h_1(t)f_1(t) + \cdots + h_s(t)f_s(t)$$

となる多項式 $h_1(t), \ldots, h_s(t)$ が存在する． □

例 1.3.8　$f_1(t) = t - 2$, $f_2(t) = (t-1)^2$ とすると，これらには共通因子がない．命題 1.3.6 の $h_1(t), h_2(t)$ を求めるためには割り算（一般にはユークリッド互除法）を用いることができる．$f_2(t)$ を $f_1(t)$ で割ると $f_2(t) = t \cdot f_1(t) + 1$ となる．したがって $h_1(t) = -t$, $h_2(t) = 1$ とすればよい． ■

証明　（定理 1.3.2）　特性多項式を $\phi_A(t) = \prod_{i=1}^{s}(t - \alpha_i)^{k_i}$ （$\alpha_1, \ldots, \alpha_s$ は相異なる）と書いておく．$f_i(t) = \phi_A(t)/(t - \alpha_i)^{k_i} = \prod_{1 \leq j \leq s, j \neq i}(t - \alpha_j)^{k_j}$ とおくとき命題 1.3.6 が適用できるので

$$h_1(t)f_1(t) + \cdots + h_s(t)f_s(t) = 1 \tag{1.8}$$

となる多項式 $h_i(t) \ (1 \leq i \leq s)$ が存在する．ここで

$$P_i = h_i(A)f_i(A) \quad (1 \leq i \leq s)$$

とおく．$P_1, \ldots, P_s$ が互いに直交する完全な射影子系（定理 1.3.5 およびその直後参照）の条件 (i), (ii), (iii) をみたすことをみる．(ii), (iii) を示せば十分である（問 1.2）．まず (1.8) に $t = A$ を代入して (iii) が得られる．次に (ii) を示す．$i \neq j$ とすると $f_i(t)f_j(t)$ は $\phi_A(t)$ で割り切れるからケーリー・ハミルトンの定理より $f_i(A)f_j(A) = O$ である．よって

$$P_i P_j = h_i(A)f_i(A)h_j(A)f_j(A) = h_i(A)h_j(A)f_i(A)f_j(A) = O$$

がしたがう．よって，定理 1.3.5 より直和分解

$$V = \operatorname{Im}(P_1) \oplus \cdots \oplus \operatorname{Im}(P_s)$$

が得られる．

$\operatorname{Im}(P_i) \subset \widetilde{W}(\alpha_i)$ を示す．$\boldsymbol{v} \in \operatorname{Im}(P_i)$ として $\boldsymbol{v} = P_i\,\boldsymbol{u}$ $(\boldsymbol{u} \in V)$ とする．$(t - \alpha_i)^{k_i} f_i(t) = \phi_A(t)$ なので

$$(A - \alpha_i E)^{k_i}\boldsymbol{v} = (A - \alpha_i E)^{k_i} h_i(A)f_i(A)\,\boldsymbol{u} = h_i(A)\phi_A(A)\,\boldsymbol{u} = \boldsymbol{0},$$

したがって $\boldsymbol{v} \in \widetilde{W}(\alpha_i)$ である．次に，$\operatorname{Im}(P_i) \supset \widetilde{W}(\alpha_i)$ を示す．$\boldsymbol{v} \in \widetilde{W}(\alpha_i)$ とする．このとき $(A-\alpha_i E)^l\boldsymbol{v} = \boldsymbol{0}$ となる $l \geq 1$ がある．$(t-\alpha_i)^l$ と $h_i(t)f_i(t)$ には共通因子がない．実際，もしも $h_i(t)f_i(t)$ が $t - \alpha_i$ で割り切れるとすると，$j \neq i$ のとき $f_j(t)$ は $t - \alpha_i$ で割り切れるから，等式 (1.8) から 1 が $t - \alpha_i$ で割り切れることになっておかしい．よって，命題 1.3.6 から

$$a(t)(t - \alpha_i)^l + b(t)h_i(t)f_i(t) = 1$$

をみたす多項式 $a(t), b(t)$ がある．$t = A$ を代入して $a(A)(A - \alpha_i E)^l + b(A)P_i = E$．このとき，$(A - \alpha_i E)^l\,\boldsymbol{v} = \boldsymbol{0}$ なので

$$\boldsymbol{v} = \Big(a(A)(A - \alpha_i E)^l + b(A)P_i\Big)\boldsymbol{v} = b(A)P_i\,\boldsymbol{v} = P_i\,b(A)\,\boldsymbol{v} \in \operatorname{Im}(P_i)$$

が成り立つ．ここで，A の多項式である P_i が $b(A)$ と可換であることを用いた．よって $\operatorname{Im}(P_i) = \widetilde{W}(\alpha_i)$ である．

次元の等式 $\dim \widetilde{W}(\alpha_i) = k_i$ を示そう．直和分解

$$V = \widetilde{W}(\alpha_1) \oplus \cdots \oplus \widetilde{W}(\alpha_s)$$

において各 $\widetilde{W}(\alpha_i)$ は A 不変な部分空間なので，直和分解に即した $V = \mathbb{C}^n$ の基底を選べば A の表現行列は

$$\begin{pmatrix} A_1 & & & \\ & A_2 & & \\ & & \ddots & \\ & & & A_s \end{pmatrix} \tag{1.9}$$

とブロック対角型（A.1 節）になる（空白の部分は成分が 0）．ここで A_i は A によって $\widetilde{W}(\alpha_i)$ に引き起こされる線型変換を表す行列である．A_i の固有値は α_i のみ (命題 1.3.1 (2)) なので $k_i' = \dim \widetilde{W}(\alpha_i)$ とおくとき $\phi_{A_i}(t) = (t - \alpha_i)^{k_i'}$ である．ブロック対角型の行列の形 (1.9) から $\phi_A(t) = \phi_{A_1}(t) \cdots \phi_{A_s}(t)$ $= (t - \alpha_1)^{k_1'} \cdots (t - \alpha_s)^{k_s'}$ なので $k_i' = k_i$ $(1 \leq i \leq s)$ である．よって $\dim \widetilde{W}(\alpha_i) = k_i' = k_i$ が成り立つ． $\qquad\square$

課題 1.2　$A = \begin{pmatrix} 1 & 1 & 1 \\ 0 & 1 & 1 \\ 0 & 0 & 2 \end{pmatrix}$ に対して

(1) 広義固有空間分解を与える直交射影子系を求めよ．

(2) 各広義固有空間の基底を求めよ．

(3) (2) で得られた基底をまとめて $V = \mathbb{C}^3$ の基底を作り，その基底を用いて A を変換して得られる行列を求めよ．

ヒント：(1) 定理 1.3.2 の証明の中で射影子の作り方を説明している．その方法の通りに計算を実行せよ．(2) $\widetilde{W}(\alpha_i) = \operatorname{Im}(P_i)$ である．像空間の基底の求め方を復習せよ．

1.4　ジョルダン分解

広義固有空間分解を基礎として，対角化不可能な行列の理解を深めよう．正方行列 A であって，ある自然数 $l \geq 1$ に対して $A^l = O$ となるものを**巾零行列**と呼ぶ．

例 1.4.1　対角成分がすべて 0 である n 次の上三角行列 A は $A^n = O$ をみたすことが直接計算によりわかる．よって A は巾零行列である．特に次の形の n 次正方行列

$$J_n := \begin{pmatrix} 0 & 1 & 0 & \cdots & 0 \\ 0 & 0 & 1 & \cdots & 0 \\ \vdots & \vdots & \ddots & \ddots & \vdots \\ 0 & 0 & \cdots & \ddots & 1 \\ 0 & 0 & \cdots & \cdots & 0 \end{pmatrix}$$

は巾零行列である. これをサイズ n の**巾零ジョルダン細胞**と呼ぶ.   ■

命題 1.4.2 巾零行列の固有値は 0 のみである. 逆に, 固有値が 0 のみの行列は巾零である.

証明 A を巾零行列とし, $\boldsymbol{v}$ をひとつの固有ベクトル, α を $\boldsymbol{v}$ の固有値とする. $A^l = O$ となる $l \geq 1$ がある. このとき $\boldsymbol{0} = O\boldsymbol{v} = A^l\boldsymbol{v} = \alpha^l\boldsymbol{v}$ が成り立つ. $\boldsymbol{v} \neq \boldsymbol{0}$ なので $\alpha^l = 0$, したがって $\alpha = 0$ である.

固有値が 0 のみの n 次正方行列 A は特性多項式が t^n なのでケーリー・ハミルトンの定理より $A^n = O$ が成り立つ[*12]. よって A は巾零である.   □

A が巾零行列であるとき, 基底変換によって A から得られる行列も巾零である. このことは命題 1.4.2 からもしたがうが, 直接示すこともできる. P を正則行列として $B = P^{-1}AP$ とすると $B^l = P^{-1}A^lP$ となるからである.

問 1.3 零でない巾零行列は対角化不可能であることを示せ.

問 1.4 A, B を可換な巾零行列とする. $A \pm B$ も巾零であることを示せ.

問 1.5 A を巾零行列とする. $E - A$ は正則行列であることを示せ.

問 1.6 A を n 次の巾零行列とする. $A^l = O$ となる最小の $l \geq 1$ をとる.

(1) $\boldsymbol{v} \in \mathbb{C}^n$ を $A^{l-1}\boldsymbol{v} \neq \boldsymbol{0}$ となるようにとるとき $A^{l-1}\boldsymbol{v}, \ldots, A\boldsymbol{v}, \boldsymbol{v}$ が線型独立であることを示せ.

(2) 部分空間 $W = \langle A^{l-1}\boldsymbol{v}, \ldots, A\boldsymbol{v}, \boldsymbol{v} \rangle$ が A 不変であることを示せ.

(3) A が W 上に引き起こす線型変換を基底 $A^{l-1}\boldsymbol{v}, \ldots, A\boldsymbol{v}, \boldsymbol{v}$ を用いて行列

[*12] ケーリー・ハミルトンの定理を用いない $A^n = O$ の証明については注意 1.4.3, 注意 2.1.17 参照.

表示せよ.

注意 1.4.3 A を n 次の巾零行列とするとき, $l \geq 1$ および W を問 1.6 のようにとる. $\dim W = l \leq n$ なので $A^n = O$ が (ケーリー・ハミルトンの定理を用いなくても) したがう.

定理 1.4.4 (ジョルダン分解) A を n 次正方行列とする. 対角化可能な行列 S と巾零行列 N であって

$$A = S + N, \quad SN = NS$$

をみたすものが一意的に存在する. また, S および N は A の多項式である.

　定理のような形に A を表示することを**ジョルダン分解**と呼ぶ. S, N をそれぞれ A の**半単純部分** (semisimple part), **巾零部分** (nilpotent part) と呼ぶ. ジョルダン分解はリー環および線型代数群の基礎理論において重要な役割を果たす ([6], [18], [23], [29] 参照).

例 1.4.5 $A = \begin{pmatrix} \alpha & 1 \\ 0 & \alpha \end{pmatrix}$ とする. これは対角化不可能な行列である. ジョルダン分解は

$$S = \begin{pmatrix} \alpha & 0 \\ 0 & \alpha \end{pmatrix}, \quad N = \begin{pmatrix} 0 & 1 \\ 0 & 0 \end{pmatrix}$$

により与えられる. 固有値は α のみであり, $W(\alpha) = \mathbb{C}\,\boldsymbol{e}_1$, $\widetilde{W}(\alpha) = \mathbb{C}^2$ である. ∎

問 1.7 A が対角化可能ならば, 巾零部分が O であることを示せ.

証明 (定理 1.4.4, ジョルダン分解の存在) 広義固有空間分解の証明を振り返ると比較的簡単にできる (一意性についてはもう少し議論が必要). 定理 1.3.2 の証明で用いた記号をそのまま使う. まず半単純部分 S は

$$S = \alpha_1 P_1 + \cdots + \alpha_s P_s$$

とすればよい. 広義固有空間分解に即した基底を選べば S は

$$S' = \begin{pmatrix} \alpha_1 E_{k_1} & & & \\ & \alpha_2 E_{k_2} & & \\ & & \ddots & \\ & & & \alpha_s E_{\alpha_s} \end{pmatrix}$$

に変換される．S' は対角行列なので S は対角化可能である．$N = A - S$ とおけば N は同じ基底を用いてブロック対角型の行列

$$N' = \begin{pmatrix} N_1 & & & \\ & N_2 & & \\ & & \ddots & \\ & & & N_s \end{pmatrix}, \quad N_i = A_i - \alpha_i E_{k_i}$$

に変換される．ここで A_i は A が $\widetilde{W}(\alpha_i)$ に引き起こす線型変換の表現行列である．A_i は α_i のみを固有値として持つ（命題 1.3.1 (2)）ので $N_i = A_i - \alpha_i E_{k_i}$ は固有値 0 のみを持つ．よって N_i は巾零行列である（命題 1.4.2）．このことから N' が巾零であることがしたがう．ゆえに N は巾零である．また $S = \sum_{i=1}^{s} \alpha_i h_i(A) f_i(A)$, $N = A - \sum_{i=1}^{s} \alpha_i h_i(A) f_i(A)$ は A の多項式である（最後の主張）．これより可換性 $SN = NS$ がしたがう． $\qquad\square$

ジョルダン分解の一意性の証明には，それ自体が重要な次の事実を用いる．

定理 1.4.6　（同時対角化）　A, B を 2 つの可換な対角化可能行列とすれば，それらは同時に対角化される．つまり，ある正則行列 P があり $P^{-1} A P$, $P^{-1} B P$ がともに対角行列になる．したがって特に $A \pm B$ も対角化可能である．

証明　A の相異なる固有値を $\alpha_1, \ldots, \alpha_s$ とし，A に関する固有空間分解

$$\mathbb{C}^n = W(\alpha_1) \oplus \cdots \oplus W(\alpha_s)$$

を考える．各固有空間 $W(\alpha_i)$ は B 不変である．実際，$\boldsymbol{v} \in W(\alpha_i)$ とすれば

$$A(B\,\boldsymbol{v}) = B(A\,\boldsymbol{v}) = B(\alpha_i\boldsymbol{v}) = \alpha_i B\,\boldsymbol{v}$$

となるから $B\,\boldsymbol{v} \in W(\alpha_i)$ である. 固有空間分解に即して基底をとれば A, B はそれぞれ

$$A' = \begin{pmatrix} \alpha_1 E_{k_1} & & & \\ & \alpha_2 E_{k_2} & & \\ & & \ddots & \\ & & & \alpha_s E_{k_s} \end{pmatrix}, \quad B' = \begin{pmatrix} B_1 & & & \\ & B_2 & & \\ & & \ddots & \\ & & & B_s \end{pmatrix}$$

という形になる. B_i は B が $W(\alpha_i)$ に引き起こす線型変換を表す k_i 次の正方行列である. 任意の多項式 $f(t)$ に対して

$$f(B') = \begin{pmatrix} f(B_1) & & & \\ & f(B_2) & & \\ & & \ddots & \\ & & & f(B_s) \end{pmatrix}$$

が成り立つ. よって $f(B') = O$ ならば $f(B_i) = O \; (1 \le i \le s)$ が成り立つ. 特に $f = \psi_B \, (= \psi_{B'})$ とすることにより, $\psi_B(B_i) = O$ がしたがうので ψ_B は ψ_{B_i} で割り切れる. $\psi_B(t)$ は重根を持たないので $\psi_{B_i}(t)$ は重根を持たない. よって定理 1.2.6 より B_i は対角化可能である. よって各 $W(\alpha_i)$ の基底を変換すれば B_i は対角行列に変換される. その際, A' は変化しないから A, B が同時に対角化される. □

証明 （定理 1.4.4 の後半, ジョルダン分解の一意性） S', N' が S, N と同様の条件をみたすとする. $S + N = S' + N'$ より $S - S' = N' - N$ となる. 仮定より S', N' は可換であるから, これらは $A = S' + N'$ と可換である. S, N は A の多項式であるから, S', N' は S, N のいずれとも可換である. したがって $S - S' = N' - N$ は定理 1.4.6, 問 1.4 より対角化可能かつ巾零である. そのような行列は零行列しかないので $S' = S, N' = N$ が成り立つ. □

課題 1.3　$A = \begin{pmatrix} -1 & 1 & -1 & 0 \\ 0 & 0 & 1 & 0 \\ 1 & 0 & 1 & -1 \\ 0 & 1 & 0 & -1 \end{pmatrix}$ のジョルダン分解を求めよ.

章末問題

問題 1.1（乗法的ジョルダン分解）　A を正則行列とする. $A = SU = US$ をみたす正則かつ対角化可能な行列 S と巾単行列 U が一意的に存在することを示せ. 正方行列 U は $E - U$ が巾零行列であるとき**巾単行列**（unipotent matrix）と呼ばれる.

問題 1.2　A を n 次正則行列とする. $m \geq 1$ に対して A^m が対角化可能ならば A も対角化可能であることを次のようにして示せ.
　(1) $A = SU$ を乗法的ジョルダン分解とする. $A^m = S^m U^m$ は A^m の乗法的ジョルダン分解を与えることを示せ.
　(2) 乗法的ジョルダン分解の一意性を用いて $U^m = E$ を示し, さらに $U = E$ を導け.

問題 1.3　$A_1, \ldots, A_k$ は対角化可能で互いに可換な n 次正方行列とする. これらは同時に対角化可能であることを示せ.

問題 1.4　n 次正方行列 A, B と $c \in \mathbb{C}$ に対して, 以下が成り立つとする.
　(i)　$[A, B] = cB$, ただし $[A, B] = AB - BA$ （行列の交換子）とする.
　(ii)　A, B の両方に関して不変な部分空間は 0 と $\mathbb{C}^n$ しかない.
このとき A が対角化可能であることを以下のようにして示せ.
　(1) $\alpha \in \mathbb{C}$ に対して $V(\alpha) = \mathrm{Ker}(\alpha E - A)$ とする. $\boldsymbol{v} \in V(\alpha)$ ならば $B\boldsymbol{v} \in V(\alpha + c)$ が成り立つことを示せ.
　(2) A のすべての固有空間の和を U とする. $U \neq \mathbb{C}^n$ と仮定して矛盾を導け.

第2章　ジョルダン標準形

対角化不可能な行列をできるだけ簡単な形に変換することを考えよう．まず，巾零行列の場合のジョルダン標準形について，商空間の概念を用いて解説する．広義固有空間分解に基づいて，一般の行列のジョルダン標準形を議論する．ジョルダン標準形の理論によって，与えられた1つの線型変換を理解する枠組みが完成する．

2.1節では，線型空間に対する商の概念を説明する．2.2節では，商空間の概念を用いて巾零行列の標準形を議論する．2.3節では一般の行列のジョルダン標準形について議論する．また，ジョルダン標準形の一意性を証明する．

2.1　商線型空間

線型空間の商の概念を説明する．その前に，線型空間（ベクトル空間）の公理的な取り扱いについて復習しておこう．

集合 V 上に和と呼ばれる二項演算 $V \times V \to V$ が与えられているとする．$(a, b) \in V \times V$ に対応する元を $a + b \in V$ と書く．この演算は次の条件をみたすとする（a, b などは V の元である）．

(1-i) $(a + b) + c = a + (b + c)$（結合法則），

(1-ii) $a + b = b + a$（可換性），

(1-iii) $\mathbf{0}$ と書かれる特別な元（**零元**と呼ぶ）が存在して $a + \mathbf{0} = \mathbf{0} + a = a$,

(1-iv) 任意の $a \in V$ に対して $-a$ と書かれる元（マイナス a と呼ぶ）が存在し $a + (-a) = (-a) + a = \mathbf{0}$.

さらに，スカラー倍と呼ばれる写像 $\mathbb{C} \times V \to V$ が与えられているとする．$(c, \boldsymbol{v}) \in \mathbb{C} \times V$ に対応する V の元を $c \cdot \boldsymbol{v}$ と書き，$\boldsymbol{v}$ の c 倍という．次の条件が成り立つとする（$\boldsymbol{a}, \boldsymbol{b} \in V, c, c' \in \mathbb{C}$ とする）．

(2-i) $(c\,c') \cdot \boldsymbol{a} = c \cdot (c' \cdot \boldsymbol{a})$,

(2-ii) $1 \cdot \boldsymbol{a} = \boldsymbol{a}$,

(2-iii) $c \cdot (\boldsymbol{a} + \boldsymbol{b}) = c \cdot \boldsymbol{a} + c \cdot \boldsymbol{b}$,

(2-iv) $(c + c') \cdot \boldsymbol{a} = c \cdot \boldsymbol{a} + c' \cdot \boldsymbol{a}$.

このとき，V は（和とスカラー倍の構造を込みで）$\mathbb{C}$ **上の線型空間**であるという．和とスカラー倍をあわせて**ベクトル演算**と呼ぶ．

もちろん $V = \mathbb{C}^n$ が持つ構造を抽象化することで得られる概念である．次のようなことも公理から証明するべきことである（$\boldsymbol{a} \in V, c \in \mathbb{C}$ とする）．

(1) $0 \cdot \boldsymbol{a} = \boldsymbol{0}$, (2) $c \cdot \boldsymbol{0} = \boldsymbol{0}$, (3) $(-c) \cdot \boldsymbol{a} = -(c \cdot \boldsymbol{a})$, 特に $(-1) \cdot \boldsymbol{a} = -\boldsymbol{a}$.

結合法則が成り立つことから $(\boldsymbol{v}_1 + \boldsymbol{v}_2) + \boldsymbol{v}_3 = \boldsymbol{v}_1 + (\boldsymbol{v}_2 + \boldsymbol{v}_3)$ を単に $\boldsymbol{v}_1 + \boldsymbol{v}_2 + \boldsymbol{v}_3$ と書いてもよい．さらに，V の任意個の元の和 $\boldsymbol{v}_1 + \cdots + \boldsymbol{v}_s$ や線型結合

$$c_1 \boldsymbol{v}_1 + \cdots + c_s \boldsymbol{v}_s$$

が矛盾なく定義できる．また，$\boldsymbol{u} + (-\boldsymbol{v})$ を $\boldsymbol{u} - \boldsymbol{v}$ と書く．

部分空間の定義，ベクトルの集合の線型独立性や線型写像およびその核空間や像空間などの概念，さらに線型同型の概念や次元についても，公理に基づく抽象的な設定で定義できる．

例 2.1.1　(m, n) 型行列全体の集合 $M_{m,n}(\mathbb{C})$ は行列単位 E_{ij} $(1 \leq i \leq m, 1 \leq j \leq n)$ を基底に持つ線型空間である．よって $M_{m,n}(\mathbb{C})$ の次元は mn である．■

例 2.1.2　V, W を線型空間とすると線型写像の集合 $\mathrm{Hom}(V, W)$ は自然な線型空間の構造を持つ．ベクトル演算の定義を与え，すべての公理が成立することの証明を書き下してみることを薦める．V, W が有限次元で，それぞれの次元が n, m であるとすると，V, W の基底を選ぶことにより $\mathrm{Hom}(V, W)$ は $M_{m,n}(\mathbb{C})$ と同一視される．■

例 2.1.3（多項式の空間）　変数 t に関する多項式全体の集合を $\mathbb{C}[t]$ と書く．任意の $n \geq 1$ に対して $1, t, t^2, \ldots, t^{n-1}$ は線型独立なのでこれは無限次元の線型空間である．n 次以下の多項式全体は $(n+1)$ 次元の部分空間である．　■

例 2.1.4（X 上の関数の空間）　X を有限集合とする．X 上の $\mathbb{C}$ 値関数全体のなす集合 $\mathrm{Map}(X, \mathbb{C})$ は線型空間をなす．$x \in X$ に対して $\delta_x(y) = \delta_{xy}$ $(y \in X)$ と定めると，$\{\delta_x \mid x \in X\}$ は $\mathrm{Map}(X, \mathbb{C})$ の基底をなす．よって $\dim \mathrm{Map}(X, \mathbb{C}) = \#X$ である．　■

　要するに，初学の段階で出会う通常の線型空間と同じ扱いができるような，ベクトルの集まりとしてあたり前のことばかりが成り立つ場を設定しているのである．このような抽象化を行う利点が鮮明になるのは商線型空間を考えるときであろう．

　商線型空間の概念を導入しよう．V を線型空間，W をその部分空間とする．$\boldsymbol{v}, \boldsymbol{v}' \in V$ に対して

$$\boldsymbol{v} - \boldsymbol{v}' \in W$$

が成り立つとき $\boldsymbol{v} \equiv \boldsymbol{v}' \bmod W$ と書き，$\boldsymbol{v}$ と $\boldsymbol{v}'$ は W を**法として合同である**という．より簡潔に $\boldsymbol{v} \equiv_W \boldsymbol{v}'$ という表記も用いることにする．このとき

(i) 任意の $\boldsymbol{v} \in V$ に対して $\boldsymbol{v} \equiv_W \boldsymbol{v}$,

(ii) $\boldsymbol{u} \equiv_W \boldsymbol{v}$ ならば $\boldsymbol{v} \equiv_W \boldsymbol{u}$,

(iii) $\boldsymbol{u} \equiv_W \boldsymbol{v}$ かつ $\boldsymbol{v} \equiv_W \boldsymbol{w}$ ならば $\boldsymbol{u} \equiv_W \boldsymbol{w}$

が成り立つ．$\equiv_W$ が等号 $=$ と同じ基本的な性質[*1]を持っていることを示している．

例 2.1.5　$V = \mathbb{C}^3$, $W = \langle \boldsymbol{e}_3 \rangle$ とする．このとき，例えば

[*1] 整数の合同関係に類似していると気が付く読者も多いと思う．一般に，集合の上の**同値関係**（equivalence relation）という概念がある．整数の合同も $\equiv_W$ も同値関係の例である．本書を読み進める上で，同値関係の一般的な知識をあらかじめ習得している必要はないが，慣れてきた段階で習得するとよいだろう．なお，命題が同値という用語と同値関係は異なる概念である．本書に現れる同値関係の例として群における共役（pp.121-122）がある．

$$\begin{pmatrix} 1 \\ -2 \\ 5 \end{pmatrix} \equiv \begin{pmatrix} 1 \\ -2 \\ -3 \end{pmatrix} \mod W$$

が成り立つ. このように, 第1成分, 第2成分が一致していることが W を法として合同であるということである. つまり $\mod W$ は第3成分の違いを無視するという意味である. ■

　商空間（商集合, あるいは剰余集合）の概念は $\equiv_W$ が真の等号 $=$ になるような集合を設定することで生じる. $\boldsymbol{v} \in V$ に対して

$$[\boldsymbol{v}] = \{\, \boldsymbol{v}' \in V \mid \boldsymbol{v}' \equiv_W \boldsymbol{v} \,\}$$

を $\boldsymbol{v}$ によって代表される（W を法とする）**剰余類** と呼ぶ. $[\boldsymbol{v}]$ は W を $\boldsymbol{v}$ だけ平行移動して得られる V の部分集合

$$\boldsymbol{v} + W := \{\, \boldsymbol{v} + \boldsymbol{w} \mid \boldsymbol{w} \in W \,\}$$

と一致する. W を法とする剰余類 $[\boldsymbol{v}]$ を表すとき, W を明示して

$$\boldsymbol{v} \mod W$$

と書く場合もある.

例 2.1.6　$V = \mathbb{C}^2$, $W = \langle \boldsymbol{e}_2 \rangle$ とする. W を法とする剰余類とは, $\boldsymbol{e}_2$ と平行な（座標平面において垂直な）直線 $\boldsymbol{v} + \mathbb{C}\,\boldsymbol{e}_2$ のことである. ■

命題 2.1.7　(1) 2つの剰余類が共通元を持てば集合として完全に一致する.

　(2) V の任意の元 $\boldsymbol{v}$ はただ1つの剰余類に属す.

　(3) $[\boldsymbol{u}] = [\boldsymbol{v}] \iff \boldsymbol{u} \equiv \boldsymbol{v} \mod W$.

証明　(1) $[\boldsymbol{u}] \cap [\boldsymbol{v}] \neq \emptyset$ と仮定する. $\boldsymbol{a} \in [\boldsymbol{u}] \cap [\boldsymbol{v}]$ とすると, $\boldsymbol{a} \equiv_W \boldsymbol{u}$, $\boldsymbol{a} \equiv_W \boldsymbol{v}$ である. $\boldsymbol{a} \equiv_W \boldsymbol{u}$ より $\boldsymbol{u} \equiv_W \boldsymbol{a}$ がしたがうので, $\boldsymbol{a} \equiv_W \boldsymbol{v}$ と合わせて $\boldsymbol{u} \equiv_W \boldsymbol{v}$ である. $\boldsymbol{x} \in [\boldsymbol{u}]$ を任意にとるとき $\boldsymbol{x} \equiv_W \boldsymbol{u}$ である. $\boldsymbol{u} \equiv_W \boldsymbol{v}$ と合わせて $\boldsymbol{x} \equiv_W \boldsymbol{v}$ すなわち $\boldsymbol{x} \in [\boldsymbol{v}]$ である. よって $[\boldsymbol{u}] \subset [\boldsymbol{v}]$ である. 同様に $[\boldsymbol{v}] \subset [\boldsymbol{u}]$ も成り立つから $[\boldsymbol{u}] = [\boldsymbol{v}]$ である.

(2) $\boldsymbol{u} \in [\boldsymbol{u}]$ は (i) により保証されている. (1) により, $\boldsymbol{u}$ は $[\boldsymbol{u}]$ 以外の剰余類に属すことはない.

(3) $\boldsymbol{u} \equiv_W \boldsymbol{v}$ とする. $\boldsymbol{u} \in [\boldsymbol{u}] \cap [\boldsymbol{v}]$ なので (1) より $[\boldsymbol{u}] = [\boldsymbol{v}]$ が成り立つ. 逆に $[\boldsymbol{u}] = [\boldsymbol{v}]$ とすると $\boldsymbol{u} \in [\boldsymbol{u}] = [\boldsymbol{v}]$ なので $\boldsymbol{u} \equiv_W \boldsymbol{v}$ である. □

注意 2.1.8 この命題は一般の同値関係でもまったく同様に成立する. 例えば命題 5.4.16 と比較してみよ.

W を法とする剰余類全体がなす集合を V/W で表す. これを**商線型空間** (quotient linear space) という. $[\boldsymbol{u}], [\boldsymbol{v}] \in V/W$ のとき

$$[\boldsymbol{u}] + [\boldsymbol{v}] := [\boldsymbol{u} + \boldsymbol{v}] \in V/W$$

と定めよう. ただしここで

$$[\boldsymbol{u}'] = [\boldsymbol{u}], \, [\boldsymbol{v}'] = [\boldsymbol{v}] \implies [\boldsymbol{u}' + \boldsymbol{v}'] = [\boldsymbol{u} + \boldsymbol{v}]$$

が成り立ってくれないと困る. 実際に $[\boldsymbol{u}'] = [\boldsymbol{u}]$, $[\boldsymbol{v}'] = [\boldsymbol{v}]$ とすると $\boldsymbol{u}' \equiv_W \boldsymbol{u}$, $\boldsymbol{v}' \equiv_W \boldsymbol{v}$ すなわち $\boldsymbol{u}' - \boldsymbol{u}, \boldsymbol{v}' - \boldsymbol{v} \in W$ なので

$$(\boldsymbol{u}' + \boldsymbol{v}') - (\boldsymbol{u} + \boldsymbol{v}) = (\boldsymbol{u}' - \boldsymbol{u}) + (\boldsymbol{v}' - \boldsymbol{v}) \in W.$$

すなわち $\boldsymbol{u}' + \boldsymbol{v}' \equiv_W \boldsymbol{u} + \boldsymbol{v}$ が成り立つ. よって $[\boldsymbol{u}' + \boldsymbol{v}'] = [\boldsymbol{u} + \boldsymbol{v}]$ である. 以下のような図が理解の助けになるだろう.

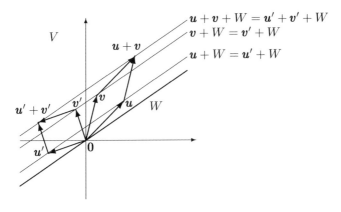

二項演算 $V/W \times V/W \to V/W$ が定義できたので, これを和として, さら

にスカラー倍を

$$c[\boldsymbol{v}] = [c\,\boldsymbol{v}] \quad (c \in \mathbb{C},\ \boldsymbol{v} \in V)$$

により定める．やはり，これがきちんと定義になっているかどうか，つまり $[\boldsymbol{v}] = [\boldsymbol{v}']$ のときに $[c\,\boldsymbol{v}] = [c\,\boldsymbol{v}']$ が成り立つかどうかのチェックが必要である．チェックそのものは簡単である．$[\boldsymbol{v}] = [\boldsymbol{v}']$ ならば，定義から $\boldsymbol{v} - \boldsymbol{v}' \in W$ である．W がスカラー倍で閉じていることから $c(\boldsymbol{v} - \boldsymbol{v}') = c\,\boldsymbol{v} - c\,\boldsymbol{v}' \in W$ となり OK である．なぜこのようなチェックをする必要があるのか，慣れないと飲み込みにくいかもしれないが，このように「ちゃんと定義できている」（英語では well-defined という）ことのチェックは商集合を扱うときに欠かせない．

定理 2.1.9 V を線型空間，W をその部分空間とする．商集合 V/W は自然な線型空間の構造を持つ．

証明 ベクトル演算が定義できてしまえば，線型空間の公理を確認することは機械的にできる．零元は $[\boldsymbol{0}]$，$[\boldsymbol{v}]$ のマイナス元は $[-\boldsymbol{v}]$（これも well-defined である）とすればよい．例えば (1-i) は

$$([\boldsymbol{a}] + [\boldsymbol{b}]) + [\boldsymbol{c}] = [\boldsymbol{a} + \boldsymbol{b}] + [\boldsymbol{c}] = [(\boldsymbol{a} + \boldsymbol{b}) + \boldsymbol{c}]$$
$$= [\boldsymbol{a} + (\boldsymbol{b} + \boldsymbol{c})] = [\boldsymbol{a}] + [\boldsymbol{b} + \boldsymbol{c}]$$
$$= [\boldsymbol{a}] + ([\boldsymbol{b}] + [\boldsymbol{c}])$$

と確かめられる．他の公理を確かめることは読者に任せる． $\square$

商空間における線型独立性について次のことは基本的である．

命題 2.1.10 V を有限次元の線型空間，W をその部分空間，$\boldsymbol{u}_1, \ldots, \boldsymbol{u}_m$ を W の基底とする．このとき $\boldsymbol{a}_1, \ldots, \boldsymbol{a}_n \in V$ に対して次は同値である．

(1) $[\boldsymbol{a}_1], \ldots, [\boldsymbol{a}_n] \in V/W$ が線型独立．

(2) $\boldsymbol{a}_1, \ldots, \boldsymbol{a}_n, \boldsymbol{u}_1, \ldots, \boldsymbol{u}_m$ が線型独立．

証明 (1) $\Longrightarrow$ (2): $\sum_i c_i \boldsymbol{a}_i + \sum_j d_j \boldsymbol{u}_j = \boldsymbol{0}$ $(c_i, d_j \in \mathbb{C})$ とする．$\sum_i c_i \boldsymbol{a}_i = -\sum_j d_j \boldsymbol{u}_j \in W$ なので $\sum_i c_i [\boldsymbol{a}_i] = [\boldsymbol{0}]$ である．仮定から $c_1 = \cdots = c_n = 0$

となる. このとき $\sum_j d_j \boldsymbol{u}_j = \boldsymbol{0}$ より $d_1 = \cdots = d_m = 0$ がしたがう.

(2) $\Longrightarrow$ (1): $\sum_i c_i [\boldsymbol{a}_i] = [\boldsymbol{0}]$ $(c_i \in \mathbb{C})$ とする. $\sum_i c_i [\boldsymbol{a}_i] = [\sum_i c_i \boldsymbol{a}_i]$ であるから $\sum_i c_i \boldsymbol{a}_i \in W$ が成り立つ. よって $\sum_i c_i \boldsymbol{a}_i = \sum_j d_j \boldsymbol{u}_j$ $(d_j \in \mathbb{C})$ と書ける. $\sum_i c_i \boldsymbol{a}_i - \sum_j d_j \boldsymbol{u}_j = \boldsymbol{0}$ より $c_i = d_j = 0$ がしたがう. □

定理 2.1.11 V が有限次元の線型空間, W をその部分空間とするとき

$$\dim(V/W) = \dim V - \dim W.$$

証明 $\dim V = n$, $\dim W = m$ $(\leq n)$ とする. V の基底 $\{\boldsymbol{v}_1, \ldots, \boldsymbol{v}_n\}$ を $\{\boldsymbol{v}_1, \ldots, \boldsymbol{v}_m\}$ が W の基底になるようにとる (命題 A.2.5). このとき $[\boldsymbol{v}_{m+1}]$, $\ldots, [\boldsymbol{v}_n]$ が V/W の基底になることを示せばよい. $\boldsymbol{v} \in V$ を任意にとるとき $\boldsymbol{v} = \sum_{i=1}^n c_i \boldsymbol{v}_i$ と書く. このとき

$$\boldsymbol{v} - (c_{m+1}\boldsymbol{v}_{m+1} + \cdots + c_n \boldsymbol{v}_n) = \sum_{i=1}^m c_i \boldsymbol{v}_i \in W$$

なので

$$\boldsymbol{v} \equiv c_{m+1}\boldsymbol{v}_{m+1} + \cdots + c_n \boldsymbol{v}_n \mod W.$$

このとき $[\boldsymbol{v}] = c_{m+1}[\boldsymbol{v}_{m+1}] + \cdots + c_n[\boldsymbol{v}_n]$ なので $[\boldsymbol{v}_{m+1}], \ldots, [\boldsymbol{v}_n]$ が V/W を生成することがわかった. $[\boldsymbol{v}_{m+1}], \ldots, [\boldsymbol{v}_n]$ が線型独立であることは命題 2.1.10 よりわかる. □

問 2.1 V を有限次元の線型空間, その部分空間の増大列 $\{\boldsymbol{0}\} = W_0 \subset W_1 \subset \cdots \subset W_m = V$ を考える.

(1) $\sum_{i=1}^m \dim W_i/W_{i-1} = \dim V$ が成り立つことを示せ.

(2) $d_i = \dim W_i/W_{i-1}$ とおき $\boldsymbol{v}_1^{(i)}, \ldots, \boldsymbol{v}_{d_i}^{(i)} \in W_i$ を W_i/W_{i-1} における像 $[\boldsymbol{v}_1^{(i)}], \ldots, [\boldsymbol{v}_{d_i}^{(i)}]$ が W_i/W_{i-1} の基底になるようにとる. このとき $\boldsymbol{v}_k^{(i)}$ $(1 \leq i \leq m, 1 \leq k \leq d_i)$ は V の基底をなすことを示せ.

V を線型空間とし f を V の線型変換とする. V の部分空間 W が f **不変**であるとは

$$f(\boldsymbol{w}) \in W \quad (\text{すべての } \boldsymbol{w} \in W)$$

が成り立つことをいう. $\boldsymbol{v}_1, \ldots, \boldsymbol{v}_m$ が W の基底になるような V の基底 $\boldsymbol{v}_1, \ldots, \boldsymbol{v}_n$ をとるとき f の表現行列は

$$\begin{pmatrix} * & \cdots & * & * & \cdots & * \\ \vdots & \ddots & \vdots & \vdots & & \vdots \\ * & \cdots & * & * & \cdots & * \\ 0 & \cdots & 0 & * & \cdots & * \\ \vdots & & \vdots & \vdots & \ddots & \vdots \\ 0 & \cdots & 0 & * & \cdots & * \end{pmatrix} = \begin{pmatrix} A & B \\ O & C \end{pmatrix}$$

の形になる. A, B, C はそれぞれ $(m, m), (m, n-m), (n-m, n-m)$ 型の行列である. 左下のブロックにある $(n-m, m)$ 型の行列は W の f 不変性から零行列 O になる. 行列 A は f が W に引き起こす線型変換（あるいは f の W への制限）$f|_W$ を表現している. 行列 C の意味は以下の命題によりわかる.

命題 2.1.12（商空間に引き起こされる線型変換）　f を線型空間 V の線型変換とし, W を f 不変な部分空間とする. V/W の線型変換 $\overline{f}$ であって, $\boldsymbol{v} \in V$ に対して

$$\overline{f}([\boldsymbol{v}]) = [f(\boldsymbol{v})] \in V/W$$

が成り立つものがある.

証明　$\boldsymbol{v} \equiv \boldsymbol{v}' \bmod W$ のとき $f(\boldsymbol{v} - \boldsymbol{v}') \in W$ となるから $[f(\boldsymbol{v})] = [f(\boldsymbol{v}')]$ が成り立つ. したがって $\overline{f}$ は well-defined である. $\overline{f}$ の線型性は明らかである. □

　$\overline{f}$ のことを f が商空間 V/W **に引き起こす線型変換**と呼ぶ. $\overline{f}$ を V/W の基底 $[\boldsymbol{v}_{m+1}], \ldots, [\boldsymbol{v}_n]$ によって表現すると行列 C が得られることがわかるであろう.

定理 2.1.13　（準同型定理）　V, W を線型空間とする. f を V から W への線型写像とするとき線型写像

$$\overline{f}: V/\mathrm{Ker}(f) \to \mathrm{Im}(f), \quad [\boldsymbol{v}] \mapsto f(\boldsymbol{v})$$

が定義できる. $\overline{f}$ は線型同型である.

証明 $\overline{f}$ が定義できること (well-defined) を示す. $\boldsymbol{v}, \boldsymbol{v}' \in V$ に対して $[\boldsymbol{v}] = [\boldsymbol{v}']$ とする. このとき $\boldsymbol{v} - \boldsymbol{v}' \in \mathrm{Ker}(f)$ である. このとき $\boldsymbol{0} = f(\boldsymbol{v} - \boldsymbol{v}') = f(\boldsymbol{v}) - f(\boldsymbol{v}')$ なので $f(\boldsymbol{v}) = f(\boldsymbol{v}')$ が成り立つ.

$\overline{f}$ は線型写像である. 実際,

$$\overline{f}([\boldsymbol{u}] + [\boldsymbol{v}]) = \overline{f}([\boldsymbol{u} + \boldsymbol{v}]) = f(\boldsymbol{u} + \boldsymbol{v}) = f(\boldsymbol{u}) + f(\boldsymbol{v}) = \overline{f}([\boldsymbol{u}]) + \overline{f}([\boldsymbol{v}])$$

および

$$\overline{f}(c[\boldsymbol{u}]) = \overline{f}([c\,\boldsymbol{u}]) = f(c\,\boldsymbol{u}) = cf(\boldsymbol{u}) = c\overline{f}([\boldsymbol{u}])$$

が成り立つ.

$\overline{f}$ は明らかに全射である. 単射性を示すために $\mathrm{Ker}(\overline{f})$ を調べる:

$$[\boldsymbol{v}] \in \mathrm{Ker}(\overline{f}) \Longleftrightarrow \overline{f}([\boldsymbol{v}]) = f(\boldsymbol{v}) = \boldsymbol{0}$$
$$\Longleftrightarrow \boldsymbol{v} \in \mathrm{Ker}(f)$$
$$\Longleftrightarrow [\boldsymbol{v}] = [\boldsymbol{0}]$$

なので $\mathrm{Ker}(\overline{f}) = \{[\boldsymbol{0}]\}$ である. よって $\overline{f}$ は単射である. 以上により $\overline{f}$ が線型同型であることが示せた. □

注意 2.1.14 群, 環, 環上の加群などの代数系に応じて, 演算を保つ写像が考えられる. それらを**準同型写像** (homomorphism) と呼ぶ. その意味では, 線型写像は線型空間における準同型写像である. 各代数系に対して, 商 (剰余) の概念が定義できて, 定理 2.1.13 と類似する「準同型定理」が成立する.

商空間の概念は, 例えば次のような議論をするときに便利である.

定理 2.1.15 (行列の三角化) f を線型空間 V の線型変換とする. V の基底をうまくとると f の表現行列が上三角行列[*2]になるようにできる. 特に正方行列 A に対して, 正則行列 P であって $P^{-1}AP$ が上三角行列になるものが

[*2] 正方行列 $A = (a_{ij})$ が $a_{ij} = 0$ $(i > j)$ をみたすとき**上三角行列** (upper-triangular matrix) であるという.

存在する．また，三角化された行列 $P^{-1}AP$ の対角成分は重複を込めて A の固有値と一致する．

証明 $n = \dim V$ に関する帰納法で示す．$n = 1$ のとき示すべきことは自明に成り立つので，$n \geq 2$ として $(n-1)$ 次元の場合は定理の主張が成立すると仮定する．$\boldsymbol{v}_1$ を f の固有ベクトルとする[*3]．$\langle \boldsymbol{v}_1 \rangle$ は f 不変なので f は商空間 $V/\langle \boldsymbol{v}_1 \rangle$ の線型変換 $\bar{f}$ を引き起こす．帰納法の仮定から $V/\langle \boldsymbol{v}_1 \rangle \cong \mathbb{C}^{n-1}$ の基底をうまくとると $\bar{f}$ の表現行列が上三角型になる．そのような基底を $[\boldsymbol{v}_2], \ldots, [\boldsymbol{v}_n]$ $(\boldsymbol{v}_2, \ldots, \boldsymbol{v}_n \in V)$ と書くとき $\bar{f}([\boldsymbol{v}_j]) = [f(\boldsymbol{v}_j)] \in \langle [\boldsymbol{v}_2], \ldots, [\boldsymbol{v}_j] \rangle$ $(2 \leq j \leq n)$ が成り立つ．このことは

$$f(\boldsymbol{v}_j) \equiv c_{2j}\boldsymbol{v}_2 + c_{3j}\boldsymbol{v}_3 + \cdots + c_{jj}\boldsymbol{v}_j \mod \langle \boldsymbol{v}_1 \rangle \quad (2 \leq j \leq n)$$

をみたすスカラー c_{ij} $(2 \leq i \leq j)$ が存在することを意味する．よって

$$f(\boldsymbol{v}_j) = c_{1j}\boldsymbol{v}_1 + c_{2j}\boldsymbol{v}_2 + \cdots + c_{jj}\boldsymbol{v}_j \quad (2 \leq i \leq n) \tag{2.1}$$

をみたす c_{1i} が存在する．$i > j$ ならば $c_{ij} = 0$ とおく．$f(\boldsymbol{v}_1) = c_{11}\boldsymbol{v}_1$ $(c_{11}$ は $\boldsymbol{v}_1$ の固有値$)$ と合わせれば f を $\boldsymbol{v}_1, \ldots, \boldsymbol{v}_n$ で表現したときの行列 (c_{ij}) が上三角行列になっている．固有値に関する主張は，定理 1.1.2 の直前の説明と同様に特性多項式を用いればしたがう． $\square$

注意 2.1.16 証明で構成した基底 $\boldsymbol{v}_1, \ldots, \boldsymbol{v}_n$ を用いて $V_i = \langle \boldsymbol{v}_1, \ldots, \boldsymbol{v}_i \rangle$ とおくと f 不変な部分空間の増大列 $0 \subset V_1 \subset \cdots \subset V_i \subset \cdots \subset V_n = V$ が得られる．一般に，線型空間の増大列のことを旗（flag）と呼ぶ．旗の幾何学とリー群・リー環の表現論は深く関係している（ボレル・ヴェイユの定理など）．

注意 2.1.17 A を n 次の巾零行列とし A を三角化する正則行列 P をとる．A の固有値は 0 のみ（命題 1.4.2）であることから $P^{-1}AP$ は対角成分が 0 の上三角行列である．行列の計算により $(P^{-1}AP)^n = O$ がわかる．よって $A^n = O$ である（注意 1.4.3 参照）．

問 2.2 （ケーリー・ハミルトンの定理） A を n 次正方行列とし，$\phi_A(x) = \det(xE - A)$ を A の特性多項式とするとき，$\phi_A(A) = O$ が成り立つことを以下のようにして示せ．

(1) A を上三角型に変換する $\mathbb{C}^n$ の基底 $\boldsymbol{v}_1, \ldots, \boldsymbol{v}_n$（定理 2.1.15）をとる．

[*3] 複素数体上（代数的閉体）の線型変換なので固有値および固有ベクトルは存在する．

$\boldsymbol{v}_i$ の固有値を α_i とする. $W_i = \langle \boldsymbol{v}_1, \ldots, \boldsymbol{v}_i \rangle$ $(1 \leq i \leq n)$, $W_0 = \{\boldsymbol{0}\}$ とおくとき $(A - \alpha_i E)W_i \subset W_{i-1}$ $(1 \leq i \leq n)$ を示せ.

(2) $\phi_A(A) = (A - \alpha_1 E) \cdots (A - \alpha_n E) = O$ を示せ.

2.2 巾零行列の標準形

N を n 次の巾零行列とする. 基底変換によって N を簡単な形に変換することを考える. A, B を 複素 n 次正方行列とする. 正則行列 P が存在して $B = P^{-1}AP$ が成り立つとき A と B は**相似**(similar)であるという. m 次の巾零ジョルダン細胞を J_m とする（例 1.4.1 参照）.

定理 2.2.1 任意の n 次巾零行列 N はジョルダン細胞をブロック対角型に並べた形の行列

$$\begin{pmatrix} J_{\lambda_1} & & & \\ & J_{\lambda_2} & & \\ & & \ddots & \\ & & & J_{\lambda_l} \end{pmatrix} \quad (\lambda_1 \geq \cdots \geq \lambda_l \geq 1, \sum_{i=1}^{l} \lambda_i = n)$$

と相似になる. 自然数列 $\lambda_1, \ldots, \lambda_l$ は N に対して一意的である.

定理における行列の形を，与えられた巾零行列の**ジョルダン標準形**（Jordan normal form）と呼ぶ.

$N^k = O$ となる最小の自然数 k はまず大切な量である. N の最小多項式はこのとき t^k であるからである. 固有空間 $W(0) = \operatorname{Ker} N$ は重要だが，N をもっと詳しく調べるために，次のような部分空間の増大列を考えよう:

$$\{\boldsymbol{0}\} \subset \operatorname{Ker} N \subset \operatorname{Ker} N^2 \subset \cdots \subset \operatorname{Ker} N^{k-1} \subset \operatorname{Ker} N^k = \mathbb{C}^n.$$

N を（左から）乗ずることにより $\operatorname{Ker} N^{i+1}$ の元は $\operatorname{Ker} N^i$ のなかに写される. これから，$1 \leq i \leq k-1$ に対して，線型写像

$$\eta_i : \operatorname{Ker} N^{i+1} / \operatorname{Ker} N^i \to \operatorname{Ker} N^i / \operatorname{Ker} N^{i-1}$$

が引き起こされる. ただし $\operatorname{Ker} N^0 = \{\boldsymbol{0}\}$ である. つまり η_i を

$$\boldsymbol{v} \bmod \operatorname{Ker} N^i \mapsto N \boldsymbol{v} \bmod \operatorname{Ker} N^{i-1} \quad (\boldsymbol{v} \in \operatorname{Ker} N^{i+1})$$

により定めるのである. その際に, 写像が代表の選び方によらずに定まることに注意する必要がある. 実際 $\boldsymbol{v}, \boldsymbol{v}' \in \operatorname{Ker} N^{i+1}$ が $\boldsymbol{v} \equiv \boldsymbol{v}' \bmod \operatorname{Ker} N^i$ をみたすならば, $\boldsymbol{v} - \boldsymbol{v}' \in \operatorname{Ker} N^i$ つまり $N^i(\boldsymbol{v} - \boldsymbol{v}') = \boldsymbol{0}$ である. これは $N^{i-1}(N\boldsymbol{v} - N\boldsymbol{v}') = \boldsymbol{0}$, すなわち $N\boldsymbol{v} \equiv N\boldsymbol{v}' \bmod \operatorname{Ker} N^{i-1}$ を意味する. このようにして, 線型写像の列

$$\operatorname{Ker} N \xleftarrow{\eta_1} \operatorname{Ker} N^2/\operatorname{Ker} N \xleftarrow{\eta_2} \cdots$$
$$\cdots \xleftarrow{\eta_{i-1}} \operatorname{Ker} N^i/\operatorname{Ker} N^{i-1} \xleftarrow{\eta_i} \operatorname{Ker} N^{i+1}/\operatorname{Ker} N^i \xleftarrow{\eta_{i+1}} \cdots$$
$$\cdots \xleftarrow{\eta_{k-2}} \operatorname{Ker} N^{k-1}/\operatorname{Ker} N^{k-2} \xleftarrow{\eta_{k-1}} \mathbb{C}^n/\operatorname{Ker} N^{k-1}$$

が得られた.

命題 2.2.2 $1 \leq i \leq k$ に対して

$$r_i = \dim\left(\operatorname{Ker} N^i/\operatorname{Ker} N^{i-1}\right) \tag{2.2}$$

とおくとき $r_1 \geq r_2 \geq \cdots \geq r_k \geq 1$, $\sum_{i=1}^{k} r_i = n$ が成り立つ.

証明 η_i $(1 \leq i \leq k-1)$ が単射であることを示す. これから $r_{i+1} \leq r_i$ がしたがう. $\operatorname{Ker}(\eta_i) = \{[\boldsymbol{0}]\}$ を示そう. そこで $\eta_i([\boldsymbol{v}]) = [\boldsymbol{0}]$ とする. ここで $\boldsymbol{v} \in \operatorname{Ker} N^{i+1}$ として, $[\boldsymbol{v}] = \boldsymbol{v} \bmod \operatorname{Ker} N^i$ と書いた. $\eta_i([\boldsymbol{v}]) = [\boldsymbol{0}]$ は $N\boldsymbol{v} \in \operatorname{Ker} N^{i-1}$ を意味する. このとき $N^i\boldsymbol{v} = N^{i-1}(N\boldsymbol{v}) = \boldsymbol{0}$ である. つまり $\boldsymbol{v} \in \operatorname{Ker} N^i$ なので $[\boldsymbol{v}] = [\boldsymbol{0}]$ である.

$N^{k-1} \neq O$ であるから $\operatorname{Ker} N^{k-1} \neq \mathbb{C}^n = \operatorname{Ker} N^k$ である. よって $r_k \geq 1$ がわかる. また $\sum_{i=1}^{k} r_i = n$ は問 2.1 (1) よりしたがう. $\square$

N から (2.2) で定まる自然数列 $r_1, \ldots, r_k$ に対して $l = r_1$ とおき

$$\lambda_i = \max\{j \mid r_j \geq i\} \quad (1 \leq i \leq l) \tag{2.3}$$

とする.

例 2.2.3   数 λ_i の意味は以下のように理解すればよい. $(r_1, r_2, r_3, r_4) = (3, 3, 2, 1)$ とするとき, 正方形を集めてできる図形

を考える．左から j 列目（縦の並び）に r_j 個の正方形を上に詰めて配置するのである．このとき上から i 行目の正方形の個数が λ_i になる．$(\lambda_1, \lambda_2, \lambda_3)$ $= (4, 3, 2)$ である． ∎

　ここで現れたような正方形の箱の配置のことを**ヤング図形**（Young diagram）と呼ぶ．対称群の表現論（第 6 章で解説する）を研究するなかでヤング (A. Young, 1873-1940) が用いたことでこのように呼ばれる．

証明（定理 2.2.1. 巾零ジョルダン標準形に変換できること）$\boldsymbol{a}_1, \ldots, \boldsymbol{a}_{r_k} \in \mathbb{C}^n$ を $[\boldsymbol{a}_1], \ldots, [\boldsymbol{a}_{r_k}]$ が $\mathbb{C}^n / \operatorname{Ker} N^{k-1}$ の基底になるようにとる．η_{k-1} は単射なので $[\boldsymbol{a}_1], \ldots, [\boldsymbol{a}_{r_k}]$ の像 $[N\boldsymbol{a}_1], \ldots, [N\boldsymbol{a}_{r_k}] \in \operatorname{Ker} N^{k-1} / \operatorname{Ker} N^{k-2}$ は線型独立である．よって $r_{k-1} - r_k$ 個のベクトル $\boldsymbol{a}_{r_k+1}, \ldots, \boldsymbol{a}_{r_{k-1}} \in \operatorname{Ker} N^{k-1}$ を（必要ならば）選んで，合計 r_{k-1} 個のベクトル

$$[N\boldsymbol{a}_1], \ldots, [N\boldsymbol{a}_{r_k}], [\boldsymbol{a}_{r_k+1}], \ldots, [\boldsymbol{a}_{r_{k-1}}]$$

が $\operatorname{Ker} N^{k-1} / \operatorname{Ker} N^{k-2}$ の基底になるようにできる．η_{k-2} は単射なので，これらの像 $[N^2\boldsymbol{a}_1], \ldots, [N^2\boldsymbol{a}_{r_k}], [N\boldsymbol{a}_{r_k+1}], \ldots, [N\boldsymbol{a}_{r_{k-1}}] \in \operatorname{Ker} N^{k-2} / \operatorname{Ker} N^{k-3}$ は線型独立である．$r_{k-2} - r_{k-1}$ 個のベクトル $\boldsymbol{a}_{r_{k-1}+1}, \ldots, \boldsymbol{a}_{r_{k-2}} \in \operatorname{Ker} N^{k-2}$ を（必要ならば）選んで，r_{k-2} 個のベクトル

$$[N^2\boldsymbol{a}_1], \ldots, [N^2\boldsymbol{a}_{r_k}], [N\boldsymbol{a}_{r_k+1}], \ldots, [N\boldsymbol{a}_{r_{k-1}}], [\boldsymbol{a}_{r_{k-1}+1}], \ldots, [\boldsymbol{a}_{r_{k-2}}]$$

が $\operatorname{Ker} N^{k-2} / \operatorname{Ker} N^{k-3}$ の基底になるようにできる．このように続けて，最後に $\boldsymbol{a}_{r_2+1}, \ldots, \boldsymbol{a}_{r_1} \in \operatorname{Ker} N$ を選んで

$$N^{k-1}\boldsymbol{a}_1, \ldots, N^{k-1}\boldsymbol{a}_{r_k}, N^{k-2}\boldsymbol{a}_{r_k+1}, \ldots, N^{k-2}\boldsymbol{a}_{r_{k-1}}, \ldots, \boldsymbol{a}_{r_2+1}, \ldots, \boldsymbol{a}_{r_1}$$

が $\operatorname{Ker} N$ の基底になるようにできる．以上のようにして構成したベクトルの集合を以下のようなダイアグラムに配置してみる．

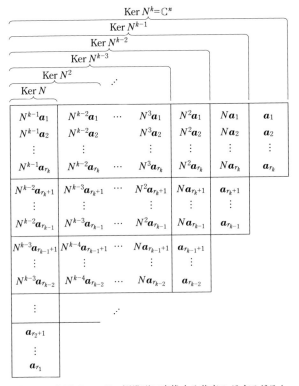

図 2.1 巾零ジョルダン標準形に変換する基底のダイアグラム

　この図に現れるベクトルたちは $\mathbb{C}^n$ の基底をなす（問 2.1 (2) 参照）．図 2.1 の第 i 行にベクトルは λ_i 個ある．それらが生成する部分空間を W_i とすると W_i は N 不変である．実際，図 2.1 の箱にあるベクトルに N をかけると左隣の箱のベクトルになるか，もしくは $\mathbf{0}$ になる（第 1 列のベクトルは $\operatorname{Ker} N$ の元であることに注意）．直和分解 $\mathbb{C}^n = \bigoplus_{i=1}^{l} W_i$ に合わせて N の表現行列はブロック対角型になり W_i に対応するブロックは J_{λ_i} になる．　　　　□

証明　（定理 2.2.1 ジョルダン標準形の一意性）　巾零行列 N を正則行列 P で変換してジョルダン標準形

$$J = \begin{pmatrix} J_{\lambda_1} & & & \\ & J_{\lambda_2} & & \\ & & \ddots & \\ & & & J_{\lambda_l} \end{pmatrix} \quad (\lambda_1 \geq \cdots \geq \lambda_l \geq 1)$$

になったとする. 自然数列 $\lambda_1, \ldots, \lambda_l$ は P の選び方にはよらず一定であることを示す.

　最大のジョルダン細胞のサイズ λ_1 は N の最小多項式の次数 k と等しい. また, ジョルダン細胞の個数 l は固有空間 $\mathrm{Ker}\, N$ の次元と等しい. このような値は, N と相似な任意の行列に対して一定の値であるという意味で**相似不変量**であるといわれる. N が A と相似ならば A は巾零であって N^i と A^i も相似なので $\mathrm{Ker}\, N^i \cong \mathrm{Ker}\, A^i$ である. したがって, 自然数 $\dim \mathrm{Ker}\, N^i$ や, それから定まる $r_1, \ldots, r_k$ も N と A とで共通している. したがって $r_1, \ldots, r_k$ から (2.3) によって定めた $\lambda_1, \ldots, \lambda_l$ は巾零行列に対する相似不変量である. このことは, 巾零行列のジョルダン標準形が一意的であることを意味する. $\square$

　n 次の巾零行列のジョルダン標準形は

$$\lambda_1 + \cdots + \lambda_l = n, \quad \lambda_1 \geq \cdots \geq \lambda_l \geq 1$$

をみたす自然数の列 $(\lambda_1, \ldots, \lambda_l)$ で表される. このような量を n **の分割** (partition) と呼ぶ. n の分割を箱の総数が n のヤング図形と同一視すると便利なことが多い.

例 2.2.4　3 の分割は $(1,1,1), (2,1), (3)$ の 3 通りがある. 対応するヤング図形は

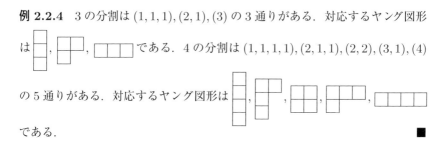

である. 4 の分割は $(1,1,1,1), (2,1,1), (2,2), (3,1), (4)$ の 5 通りがある. 対応するヤング図形は, , , , である. である. ■

課題 2.1 行列 $N = \begin{pmatrix} -3 & 4 & -4 & 3 \\ 1 & -1 & 1 & -1 \\ 2 & -2 & 2 & -2 \\ -2 & 3 & -3 & 2 \end{pmatrix}$ は巾零である.

(1) $1 \le i \le 4$ に対して $\dim \mathrm{Ker}(N^i)$ を求めよ.

(2) ジョルダン標準形（4 の分割）を求めよ.

2.3 一般の行列のジョルダン標準形

A を複素 n 次正方行列とし，相異なる固有値を $\alpha_1, \ldots, \alpha_s$ とする．広義固有空間分解（定理 1.3.2）

$$\mathbb{C}^n = \widetilde{W}(\alpha_1) \oplus \cdots \oplus \widetilde{W}(\alpha_s)$$

を考える．$k_i = \dim \widetilde{W}(\alpha_i)$ は α_i の重複度である．各 $\widetilde{W}(\alpha_i)$ は A 不変な部分空間であるから，直和分解に即した $\mathbb{C}^n$ の基底を選ぶと A は

$$\begin{pmatrix} A_1 & & & \\ & A_2 & & \\ & & \ddots & \\ & & & A_s \end{pmatrix} \tag{2.4}$$

とブロック対角型の行列に変換される．k_i 次正方行列 A_i は A 不変部分空間 $\widetilde{W}(\alpha_i)$ の上に A によって引き起こされる線型変換を表現している．以下，上記 (2.4) のようなブロック対角型の行列を $A_1 \oplus \cdots \oplus A_s$（行列の直和）と書くこともある．

各 $\widetilde{W}(\alpha_i)$ の基底をさらに取り替えて A_i を簡単な形に変換しよう．$N_i := A_i - \alpha_i E_{k_i}$ は巾零行列である（定理 1.4.4 の証明の前半参照）．よって，$\widetilde{W}(\alpha_i)$ の基底を取り替えることにより N_i は巾零ジョルダン標準形 $J_{\lambda_1^{(i)}} \oplus \cdots \oplus J_{\lambda_{l_i}^{(i)}}$ に変換できる（定理 2.2.1）．ここで $(\lambda_j^{(i)})_{j=1}^{l_i}$ は k_i の分割である．複素数 α と自然数 m に対して

$$J_m(\alpha) := \alpha E_m + J_m$$

をおき，これを固有値が α で大きさが m の**ジョルダン細胞**と呼ぶ．$A_i = N_i + \alpha_i E_{k_i}$ は $J_{\lambda_1^{(i)}}(\alpha_i) \oplus \cdots \oplus J_{\lambda_{l_i}^{(i)}}(\alpha_i)$ に変換される．よって A はジョルダン細胞の直和

$$\bigoplus_{i=1}^{s} \bigoplus_{j=1}^{l_i} J_{\lambda_j^{(i)}}(\alpha_i) \tag{2.5}$$

に変換される．このような行列を**ジョルダン標準形**と呼ぶ．固有値の順序を変更しても標準形としては同じであると考える．以上をまとめて，以下の結果（一意性の主張を除いて）が得られた．

定理 2.3.1 A を複素 n 次正方行列とする．ある正則行列によって A はジョルダン標準形に変換される．また A のジョルダン標準形は一意的である．

一意性の証明は本節の最後に与える．

問 2.3 正方行列 A を変換行列 P によってジョルダン標準形に変換したとき，各ジョルダン細胞 $J_m(\alpha_i)$ をスカラー行列 $\alpha_i E_m$ および J_m で置き換えて得られる行列をそれぞれ S_0, N_0 とし $S = PS_0P^{-1}$，$N = PN_0P^{-1}$ とおく．$A = S + N$ は A のジョルダン分解であることを示せ．

ジョルダン標準形の計算

手計算でジョルダン標準形を求めるのはかなり骨が折れる．広義固有空間分解ができることを前提とすれば，正方行列 A の固有値が 1 つだけのときに計算できればよい．そこで A の特性多項式を $(x-\alpha)^n$ とする．$N = A - \alpha E$ は巾零行列であって，N のジョルダン細胞 $J_m = J_m(0)$ に A のジョルダン細胞 $J_m(\alpha)$ が対応するので，結局は，巾零行列の場合に計算ができればよい．

巾零行列 N の場合，固有空間の次元はジョルダン細胞の個数と一致すること，および $N^k = O$ となる最小の自然数 k は最大のジョルダン細胞のサイズと一致することに注意しておこう．

例 2.3.2　$N = \begin{pmatrix} 1 & -1 \\ 1 & -1 \end{pmatrix}$ は巾零行列である. $N \neq O$, $N^2 = O$ なのでジョ

ルダン標準形は $J_2 = \begin{pmatrix} 0 & 1 \\ 0 & 0 \end{pmatrix}$ であることがわかる. 固有空間 $\mathrm{Ker}(N)$ は 1 次

元で $\begin{pmatrix} 1 \\ 1 \end{pmatrix}$ により生成される. 基底の構造を表すダイアグラム（図 2.1 参照）

は $\boxed{\;N\boldsymbol{a}\;\mid\;\boldsymbol{a}\;}$ である. $\boldsymbol{a} \in \mathrm{Ker}(N^2) = \mathbb{C}^2$ は $[\boldsymbol{a}] \in \mathrm{Ker}(N^2)/\mathrm{Ker}(N)$ が $[\boldsymbol{0}]$

でないように選ぶ. $\mathrm{Ker}(N)$ に属さないベクトル, 例えば $\boldsymbol{a} = \begin{pmatrix} 1 \\ 0 \end{pmatrix}$ を選べば

よい. このとき $N\boldsymbol{a} = \begin{pmatrix} 1 \\ 1 \end{pmatrix} \in \mathrm{Ker}(N)$ が確認できる.

$$N(N\boldsymbol{a}, \boldsymbol{a}) = (\boldsymbol{0}, N\boldsymbol{a}) = (N\boldsymbol{a}, \boldsymbol{a}) \begin{pmatrix} 0 & 1 \\ 0 & 0 \end{pmatrix}$$

なので $P = (N\boldsymbol{a}, \boldsymbol{a}) = \begin{pmatrix} 1 & 1 \\ 1 & 0 \end{pmatrix}$ とおけば $P^{-1}NP = J_2$ となる. ∎

　3 次の場合は

$$J_1 \oplus J_1 \oplus J_1, \quad J_2 \oplus J_1, \quad J_3$$

の 3 通りの可能性がある. 最小多項式はそれぞれ t, t^2, t^3 なので, この場合
は, 最小多項式だけでジョルダン標準形が判別できる.

例 2.3.3　$N = \begin{pmatrix} 1 & 1 & 1 \\ 1 & 1 & 1 \\ -2 & -2 & -2 \end{pmatrix}$ のとき $N^2 = O$ なので最小多項式は t^2 で

あり, ジョルダン標準形は $J_2 \oplus J_1$ であるとわかる. 基底の構造を示すダイ

アグラムは $\boxed{\begin{array}{c|c} N\boldsymbol{a} & \boldsymbol{a} \\ \hline \boldsymbol{b} & \end{array}}$ である. $\mathrm{Ker}(N)$ の基底として $\begin{pmatrix} -1 \\ 1 \\ 0 \end{pmatrix}$, $\begin{pmatrix} -1 \\ 0 \\ 1 \end{pmatrix}$ がと

れる. $\boldsymbol{a} \in \mathrm{Ker}(N^2) = \mathbb{C}^3$ を $[\boldsymbol{a}] \in \mathrm{Ker}(N^2)/\mathrm{Ker}(N)$ が $[\boldsymbol{0}]$ でないように選

ぶ. $\boldsymbol{a} = \begin{pmatrix} 1 \\ 0 \\ 0 \end{pmatrix}$ ととると $N\boldsymbol{a} = \begin{pmatrix} 1 \\ 1 \\ -2 \end{pmatrix}$ となる. $\boldsymbol{b} \in \mathrm{Ker}(N)$ は $N\boldsymbol{a}, \boldsymbol{b}$ が線

型独立であるようにとればよいから $\boldsymbol{b} = \begin{pmatrix} -1 \\ 1 \\ 0 \end{pmatrix}$ でよい. $P = (N\boldsymbol{a}, \boldsymbol{a}, \boldsymbol{b}) =$

$\begin{pmatrix} 1 & 1 & -1 \\ 1 & 0 & 1 \\ -2 & 0 & 0 \end{pmatrix}$ とおけば $P^{-1}NP = \begin{pmatrix} 0 & 1 & 0 \\ 0 & 0 & 0 \\ 0 & 0 & 0 \end{pmatrix} = J_2 \oplus J_1$ となる.

4次の場合は

$$J_1 \oplus J_1 \oplus J_1 \oplus J_1, \quad J_2 \oplus J_1 \oplus J_1, \quad J_2 \oplus J_2, \quad J_3 \oplus J_1, \quad J_4$$

の5通りの可能性がある. 最小多項式はそれぞれ t, t^2, t^2, t^3, t^4 なので $J_2 \oplus J_1 \oplus J_1$ と $J_2 \oplus J_2$ は最小多項式だけでは区別できない. ∎

例 2.3.4 $N = \begin{pmatrix} 0 & 1 & 1 & -1 \\ 0 & 1 & 1 & -1 \\ 0 & 0 & 0 & 0 \\ 0 & 1 & 1 & -1 \end{pmatrix}$ の場合, 最小多項式は t^2 である. $\mathrm{Ker}(N)$

は3次元なのでジョルダン標準形は $J_2 \oplus J_1 \oplus J_1$ であることがわかる.

$N\boldsymbol{a}_1$	$\boldsymbol{a}_1$
$\boldsymbol{a}_2$	
$\boldsymbol{a}_3$	

というダイアグラムを見て $\boldsymbol{a}_1, \boldsymbol{a}_2, \boldsymbol{a}_3$ を求めよう. $\boldsymbol{a}_1$ は $\mathrm{Ker}(N)$

に属さないベクトルをとればいいから $\boldsymbol{e}_2$ でよい. $\mathrm{Ker}(N)$ の基底として $\begin{pmatrix} 1 \\ 0 \\ 0 \\ 0 \end{pmatrix}$,

$\begin{pmatrix} 0 \\ -1 \\ 1 \\ 0 \end{pmatrix}$, $\begin{pmatrix} 0 \\ 1 \\ 0 \\ 1 \end{pmatrix}$ がとれる. $N\boldsymbol{a}_1 = \begin{pmatrix} 1 \\ 1 \\ 0 \\ 1 \end{pmatrix}$ であることを見て $\boldsymbol{a}_2 = \begin{pmatrix} 1 \\ 0 \\ 0 \\ 0 \end{pmatrix}$, $\boldsymbol{a}_3 =$

$\begin{pmatrix} 0 \\ -1 \\ 1 \\ 0 \end{pmatrix}$ とすると $N\boldsymbol{a}_1, \boldsymbol{a}_2, \boldsymbol{a}_3$ が線型独立であることが確かめられる. $P =$

$(N\boldsymbol{a}_1, \boldsymbol{a}_1, \boldsymbol{a}_2, \boldsymbol{a}_3)$ とおけば $P^{-1}NP = J_2 \oplus J_1 \oplus J_1$ となる. ■

例 2.3.5 $N = \begin{pmatrix} -1 & 0 & 0 & 1 \\ 0 & 1 & 1 & 0 \\ 0 & -1 & -1 & 0 \\ -1 & 0 & 0 & 1 \end{pmatrix}$ の場合, やはり最小多項式は t^2 であ

る. $\mathrm{Ker}(N)$ は 2 次元なのでジョルダン標準形は $J_2 \oplus J_2$ である求める基底,

構造は $\begin{array}{|c|c|} \hline N\boldsymbol{a}_1 & \boldsymbol{a}_1 \\ \hline N\boldsymbol{a}_2 & \boldsymbol{a}_2 \\ \hline \end{array}$ と表される. $\boldsymbol{a}_1, \boldsymbol{a}_2$ を $[\boldsymbol{a}_1], [\boldsymbol{a}_2] \in \mathrm{Ker}\, N^2/\mathrm{Ker}\, N$ が線

型独立であるようにとる. $\mathrm{Ker}(N)$ の基底として $\boldsymbol{u}_1 = \begin{pmatrix} 0 \\ -1 \\ 1 \\ 0 \end{pmatrix}$, $\boldsymbol{u}_2 = \begin{pmatrix} 1 \\ 0 \\ 0 \\ 1 \end{pmatrix}$

がとれる. $\boldsymbol{a}_1, \boldsymbol{a}_2$ は $\mathrm{Ker}(N)$ に属さないもので線型独立なものが候補である

が, その条件をみたすだけでは十分ではない. 例えば $\boldsymbol{a}_1 = \boldsymbol{e}_1, \boldsymbol{a}_2 = \boldsymbol{e}_2$ と

してみるとき $\boldsymbol{a}_1, \boldsymbol{a}_2, \boldsymbol{u}_1, \boldsymbol{u}_2$ が線型独立であることを確かめられるので命題

2.1.10 により $[\boldsymbol{a}_1], [\boldsymbol{a}_2] \in \mathrm{Ker}\, N^2/\mathrm{Ker}\, N$ は線型独立である. $\boldsymbol{a}_1 = \boldsymbol{e}_1, \boldsymbol{a}_2 = \boldsymbol{e}_4$ などとすると $[\boldsymbol{a}_1], [\boldsymbol{a}_2] \in \mathrm{Ker}\, N^2/\mathrm{Ker}\, N$ は線型従属になるので注意が必要

である. $P = (N\boldsymbol{a}_1, \boldsymbol{a}_1, N\boldsymbol{a}_2, \boldsymbol{a}_2)$ とすると $P^{-1}NP = J_2 \oplus J_2$ となる. ■

課題 2.2 次の巾零行列のジョルダン標準形と変換行列 P を求めよ.

$$(1)\ \begin{pmatrix} 0 & -1 & -1 & -1 \\ 0 & -1 & -1 & -1 \\ 0 & 2 & 2 & 2 \\ 0 & -1 & -1 & -1 \end{pmatrix}, \quad (2)\ \begin{pmatrix} -1 & 1 & -2 & 0 \\ 1 & 1 & 0 & 2 \\ 1 & 0 & 1 & 1 \\ 0 & -1 & 1 & -1 \end{pmatrix},$$

$$(3) \begin{pmatrix} 0 & 1 & 0 & -1 & -1 & 0 & 1 \\ 0 & 0 & 1 & 1 & 1 & 0 & -1 \\ 0 & 0 & 0 & 0 & -1 & 0 & 1 \\ 0 & 0 & 0 & 0 & 1 & 0 & -1 \\ 0 & 0 & 0 & 0 & 0 & 1 & 1 \\ 0 & 0 & 0 & 0 & 0 & 0 & 0 \\ 0 & 0 & 0 & 0 & 0 & 0 & 0 \end{pmatrix}.$$

問 2.4 A を正方行列とし $\alpha_1, \ldots, \alpha_s$ をその相異なる固有値とする. 最小多項式を $\psi_A(t) = \prod_{i=1}^{s}(t - \alpha_i)^{l_i}$ と因数分解する. $1 \leq i \leq s$ について, l_i は A のジョルダン標準形に現れるジョルダン細胞 $J_k(\alpha_i)$ のサイズ k の最大値と一致することを示せ.

ジョルダン標準形の一意性

正方行列 A, B のジョルダン標準形が一致すれば A と B が相似であることは明らかである. 逆が成り立つことを示そう. 巾零の場合は解決済みである.

定理 2.3.6 2つの正方行列が相似ならばジョルダン標準形は一致する. 特に, 与えられた行列のジョルダン標準形は一意的である.

証明 A と B が相似であるとする. このとき $A \sim B$ と書くことにする. A と B の特性多項式は一致するから, 固有値の集合 $\{\alpha_1, \ldots, \alpha_s\}$ と各固有値 α_i の重複度 k_i は A と B とで共通している. 各 $1 \leq i \leq s$ について k_i の分割 $(\lambda_j^{(i)})_{j=1}^{l_i}$ と $(\tilde{\lambda}_j^{(i)})_{j=1}^{\tilde{l}_i}$ とがあって $A \sim \bigoplus_{i,j} J_{\lambda_j^{(i)}}(\alpha_i)$ かつ $B \sim \bigoplus_{i,j} J_{\tilde{\lambda}_j^{(i)}}(\alpha_i)$ と仮定する. このとき $(\lambda_j^{(i)})_{j=1}^{l_i}$ と $(\tilde{\lambda}_j^{(i)})_{j=1}^{\tilde{l}_i}$ が一致することを示す. $A \sim B$ という仮定から $\bigoplus_{i,j} J_{\lambda_j^{(i)}}(\alpha_i) \sim \bigoplus_{i,j} J_{\tilde{\lambda}_j^{(i)}}(\alpha_i)$ が導かれるから, はじめから $A = \bigoplus_{i,j} J_{\lambda_j^{(i)}}(\alpha_i)$, $B = \bigoplus_{i,j} J_{\tilde{\lambda}_j^{(i)}}(\alpha_i)$ としてよい.

$P^{-1}AP = B$ となる正則行列を $P = (\boldsymbol{u}_1^{(1)}, \ldots, \boldsymbol{u}_{k_1}^{(1)}, \ldots, \boldsymbol{u}_1^{(s)}, \ldots, \boldsymbol{u}_{k_s}^{(s)})$ とすると $B_i = \bigoplus_j J_{\tilde{\lambda}_j^{(i)}}(\alpha_i)$ とおくとき

$$A(\boldsymbol{u}_1^{(1)}, \ldots, \boldsymbol{u}_{k_1}^{(1)}, \ldots, \boldsymbol{u}_1^{(s)}, \ldots, \boldsymbol{u}_{k_s}^{(s)})$$

$$=(\boldsymbol{u}_1^{(1)}, \ldots, \boldsymbol{u}_{k_1}^{(1)}, \ldots, \boldsymbol{u}_1^{(s)}, \ldots, \boldsymbol{u}_{k_s}^{(s)}) \begin{pmatrix} B_1 & & & \\ & B_2 & & \\ & & \ddots & \\ & & & B_s \end{pmatrix}$$

となる. $U_i = \langle \boldsymbol{u}_1^{(i)}, \ldots, \boldsymbol{u}_{k_1}^{(i)} \rangle$ とおくと, U_i は A 不変であることがわかる. B_i は A が U_i に引き起こす線型変換を表現している. 行列 $B_i - \alpha_i E_{k_i}$ は対角成分が 0 の上三角行列なので, $(B_i - \alpha_i E_{k_i})^{k_i} = O$ が成り立つ. よって $\boldsymbol{u} \in U_i$ とするとき $(A - \alpha_i E)^{k_i} \boldsymbol{u} = \boldsymbol{0}$ が成り立つ. したがって, A の固有値 α_i の広義固有空間を $\widetilde{W}(\alpha_i)$ とするとき $U_i \subset \widetilde{W}(\alpha_i)$ である. $\dim U_i = \dim \widetilde{W}(\alpha_i) = k_i$ なので $U_i = \widetilde{W}(\alpha_i)$ が成り立つ.

k_i 次の巾零行列 $N_i := B_i - \alpha_i E_{k_i} = \bigoplus_j J_{\tilde{\lambda}_j^{(i)}}$ を考える. N_i は $A - \alpha_i E$ が $\widetilde{W}(\alpha_i)$ に引き起こす線型変換を表現している. そのジョルダン標準形は一意的（定理 2.2.1 の後半）であるから k_i の分割として $(\lambda_j^{(i)})_{j=1}^{l_i}$ と $(\tilde{\lambda}_j^{(i)})_{j=1}^{\tilde{l}_i}$ は一致する. $\qquad\qquad\square$

章末問題

問題 2.1　V を線型空間, W を V の部分空間とする. 全単射

$$\{W \text{ を含む } V \text{ の部分空間} \} \cong \{V/W \text{ の部分空間} \}$$

が存在することを示せ.

問題 2.2　$\mathbb{C}[x]$ により, x を変数とする複素係数多項式全体がなす線型空間を表す. $f(x) = x^n + a_1 x^{n-1} + \cdots + a_{n-1} x + a_n \in \mathbb{C}[x]$ として $W_f = \{a(x)f(x) \mid a(x) \in \mathbb{C}[x]\}$ とおく. x をかける写像を $\phi : \mathbb{C}[x] \to \mathbb{C}[x]$ とする. W_f は ϕ 不変であることを示し, 商空間 $\mathbb{C}[x]/W_f$ に引き起こされる写像を $\overline{\phi}$ とする. 基底 $[1], [x], \ldots, [x^{n-1}]$ に関する $\overline{\phi}$ の表現行列を求めよ.

第3章　行列の指数関数とその応用

　ジョルダン標準形を有効に活用できるトピックスとして定数係数線型常微分方程式の解法をとりあげる.

　3.1 節では,巾級数を用いて,正方行列 A に対して指数関数 e^A が定義できることを説明する. A をジョルダン標準形に変換することによって,指数関数 e^A を具体的に計算することができる. 3.2 節では定数係数の線型常微分方程式を考える. 行列の指数関数を用いて基本解が得られる.

3.1　行列の指数関数

　指数関数 e^x を定義するための方法として巾級数を用いる方法がある. 級数

$$1 + x + \frac{1}{2!}x^2 + \frac{1}{3!}x^3 + \cdots + \frac{1}{k!}x^k + \cdots$$

はすべての実数 x に対して収束し,その和を e^x と定義することができる. また x を複素数としてもこの級数は(絶対)収束し,複素関数(正則関数)としての指数関数を与える.

　n 次正方行列の列 $A_0, A_1, A_2, \ldots$ に対して,行列の無限級数

$$A_0 + A_1 + A_2 + \cdots \tag{3.1}$$

を考える. $A_k = (a_{ij}^{(k)})_{1 \le i,j \le n}$ とするとき,すべての i, j に対して $|a_{ij}^{(0)}| + |a_{ij}^{(1)}| + |a_{ij}^{(2)}| + \cdots$ が収束するならば行列の無限級数 (3.1) は**絶対収束**(absolutely convergent)するという.

定理 3.1.1 A を n 次の複素正方行列とする. このとき, 級数

$$E + A + \frac{1}{2!}A^2 + \frac{1}{3!}A^3 + \cdots + \frac{1}{k!}A^k + \cdots \tag{3.2}$$

は絶対収束する.

証明 $A = (a_{ij})_{1 \leq i,j \leq n}$, $M = \max_{i,j}|a_{ij}|$ とおく. また $A^k = (a_{ij}^{(k)})_{1 \leq i,j \leq n}$ とおく. $k \geq 1$ のとき

$$|a_{ij}^{(k)}| \leq n^{k-1} \cdot M^k \quad (1 \leq i,j \leq n)$$

が成り立つことを, k に関する帰納法を用いて示そう. $k = 1$ のときは M の定義から明らかである. $k-1$ のとき成立する, つまり $|a_{ij}^{(k-1)}| \leq n^{k-2}M^{k-1}$ がすべての i,j について成り立つと仮定する. このとき

$$|a_{ij}^{(k)}| = |\sum_{l=1}^{n} a_{il}^{(k-1)}a_{lj}| \leq \sum_{l=1}^{n}|a_{il}^{(k-1)}| \cdot |a_{lj}| \leq n \cdot n^{k-2}M^{k-1} \cdot M = n^{k-1}M^k$$

となる. よって, 正の整数 N に対して

$$\sum_{k=1}^{N} \frac{1}{k!}|a_{ij}^{(k)}| \leq \sum_{k=1}^{N} \frac{1}{k!}n^{k-1}M^k \leq \frac{1}{n}\sum_{k=1}^{\infty} \frac{1}{k!}(nM)^k = \frac{1}{n}(e^{nM} - 1).$$

よって, 各 (i,j) に対して無限級数 $\sum_{k=0}^{\infty} \frac{1}{k!}a_{ij}^{(k)}$ は絶対収束する. したがって, 行列の級数 (3.2) は絶対収束する.   □

このようにして得られた行列を e^A と書く. 2つの可換な正方行列 A, B に対して

$$e^A \cdot e^B = e^{A+B}$$

が成り立つ. この証明は通常の指数関数の場合 $(e^a e^b = e^{a+b})$ とまったく同様である.

注意 3.1.2 A, B が可換とは限らない場合にはキャンベル・ハウスドルフの公式というものが知られている. $[A, B] := AB - BA$ とするとき

$$e^A \cdot e^B = e^{A+B+\frac{1}{2}[A,B]+\frac{1}{12}([A,[A,B]]+[B,[B,A]])+\cdots}$$

が成り立つ. 省略した項は A, B に関する 4 次以上の形をしている.

例 3.1.3 $A = \begin{pmatrix} a & -b \\ b & a \end{pmatrix}$ とする. $A = aE + bJ$, $J = \begin{pmatrix} 0 & -1 \\ 1 & 0 \end{pmatrix}$ と書いたときに aE と bJ は交換可能なので $e^{aE+bJ} = e^{aE} \cdot e^{bJ}$ となる. e^{bJ} を計算するために

$$J^k = \begin{cases} E & (k \equiv 0 \mod 4) \\ J & (k \equiv 1 \mod 4) \\ -E & (k \equiv 2 \mod 4) \\ -J & (k \equiv 3 \mod 4) \end{cases}$$

に注意して

$$e^{bJ} = \left(1 - \frac{b^2}{2!} + \frac{b^4}{4!} - \frac{b^6}{6!} + \cdots\right) E + \left(b - \frac{b^3}{3!} + \frac{b^5}{5!} - \frac{b^7}{7!} + \cdots\right) J$$

$$= (\cos b)E + (\sin b)J = \begin{pmatrix} \cos b & -\sin b \\ \sin b & \cos b \end{pmatrix}$$

を得る. したがって

$$e^A = e^a \begin{pmatrix} \cos b & -\sin b \\ \sin b & \cos b \end{pmatrix}$$

となる. ∎

命題 3.1.4 t を実変数とするとき $\dfrac{d}{dt} e^{tA} = A e^{tA}$.

証明 $e^{tA} = E + tA + \dfrac{t^2}{2!} A^2 + \cdots + \dfrac{t^k}{k!} A^k + \cdots$ を項ごとに微分[*1]すると

[*1] 収束する巾級数は項別微分可能である.

$$\frac{d}{dt}e^{tA} = O + A + tA^2 + \cdots + \frac{t^{k+1}}{k!}A^{k+1} + \cdots$$
$$= A(E + tA + \frac{t^2}{2!}A^2 + \cdots + \frac{t^k}{k!}A^k + \cdots)$$
$$= Ae^{tA}$$

となる. $\qquad\qquad$ □

P を正則行列とし $B = P^{-1}AP$ とすると, $B^k = P^{-1}A^kP$ $(k \geq 1)$ なので $e^B = P^{-1}e^AP$ となる. B をジョルダン標準形に選ぶことができるから $e^{J_m(\alpha)}$ が計算できれば $e^A = Pe^BP^{-1}$ も明示的に計算できる.

例 3.1.5 J_m を巾零ジョルダン細胞とするとき

$$e^{tJ_m} = \begin{pmatrix} 1 & t & \frac{t^2}{2!} & \cdots & \cdots & \cdots & \frac{t^{m-1}}{(m-1)!} \\ 0 & 1 & t & \frac{t^2}{2!} & \ddots & & \vdots \\ 0 & 0 & \ddots & t & \frac{t^2}{2!} & \ddots & \vdots \\ 0 & 0 & 0 & \ddots & \ddots & \ddots & \vdots \\ 0 & 0 & 0 & & \ddots & t & \frac{t^2}{2!} \\ 0 & 0 & 0 & 0 & \ddots & 1 & t \\ 0 & 0 & 0 & 0 & \cdots & 0 & 1 \end{pmatrix}.$$

$\alpha \in \mathbb{C}$ とするとき $J_m(\alpha) = \alpha E_m + J_m$ であって E_m と J_m は可換なので $e^{tJ_m(\alpha)} = e^{t\alpha E_m}e^{tJ_m} = e^{t\alpha} \cdot e^{tJ_m}$ が成り立つ. よって

$$e^{tJ_m(\alpha)} = \begin{pmatrix} e^{t\alpha} & te^{t\alpha} & \frac{t^2}{2!}e^{t\alpha} & \cdots & \cdots & \cdots & \frac{t^{m-1}}{(m-1)!}e^{t\alpha} \\ 0 & e^{t\alpha} & te^{t\alpha} & \frac{t^2}{2!}e^{t\alpha} & \ddots & & \vdots \\ 0 & 0 & \ddots & te^{t\alpha} & \frac{t^2}{2!}e^{t\alpha} & \ddots & \vdots \\ 0 & 0 & 0 & \ddots & \ddots & \ddots & \vdots \\ 0 & 0 & 0 & \ddots & \ddots & te^{t\alpha} & \frac{t^2}{2!}e^{t\alpha} \\ 0 & 0 & 0 & 0 & \ddots & e^{t\alpha} & te^{t\alpha} \\ 0 & 0 & 0 & 0 & \cdots & 0 & e^{t\alpha} \end{pmatrix}.$$

例 3.1.6 $A = \begin{pmatrix} 1 & -1 \\ 1 & 3 \end{pmatrix}$ とする. $\phi_A(t) = (t-2)^2 = \psi_A(t)$ なのでジョルダ

ン標準形は $J = \begin{pmatrix} 2 & 1 \\ 0 & 2 \end{pmatrix}$ である. $P = \begin{pmatrix} -1 & 1 \\ 1 & 0 \end{pmatrix}$ とおけば $P^{-1}AP = J_2(2)$

となる. よって $e^{tA} = Pe^{tJ}P^{-1}$ は

$$\begin{pmatrix} -1 & 1 \\ 1 & 0 \end{pmatrix} \begin{pmatrix} e^{2t} & te^{2t} \\ 0 & e^{2t} \end{pmatrix} \begin{pmatrix} -1 & 1 \\ 1 & 0 \end{pmatrix}^{-1} = \begin{pmatrix} (1-t)e^{2t} & -te^{2t} \\ te^{2t} & (1+t)e^{2t} \end{pmatrix}$$

と計算できる. $\dfrac{d}{dt}e^{tA} = Ae^{tA}$ が成り立つことを確かめてみよ. ■

3.2 定数係数の線型常微分方程式

A を n 次の正方行列とし, 実変数 t の関数を成分とする n 次の未知ベクトル $\boldsymbol{u}(t)$ に対する方程式

$$\frac{d}{dt}\boldsymbol{u}(t) = A\boldsymbol{u}(t) \tag{3.3}$$

を考える.

定理 3.2.1 微分方程式 (3.3) の解について次が成り立つ.

(1) 任意の $\boldsymbol{c} \in \mathbb{C}^n$ に対して $\boldsymbol{u}(0) = \boldsymbol{c}$ をみたす解がただ 1 つ存在する.

(2) (1) における解は $e^{tA}\boldsymbol{c}$ で与えられる.

(3) $\boldsymbol{u}(0) = \boldsymbol{e}_i$ をみたす (一意的な) 解は e^{tA} の第 i 列ベクトルである.

(4) 解全体の集合 V は n 次元の線型空間である.

(5) (3) の解を $\boldsymbol{u}_i(t)$ とすると $\boldsymbol{u}_1(t), \ldots, \boldsymbol{u}_n(t)$ は V の基底をなす.

証明 (1), (2) (解の存在) $\boldsymbol{u}(t) = e^{tA}\boldsymbol{c}$ とおくと

$$\frac{d}{dt}\boldsymbol{u}(t) = \frac{d}{dt}(e^{tA}\boldsymbol{c}) = \frac{d}{dt}(e^{tA})\,\boldsymbol{c} = Ae^{tA}\boldsymbol{c} = A\boldsymbol{u}(t).$$

また $\boldsymbol{u}(0) = e^{0 \cdot A}\,\boldsymbol{c} = E_n \cdot \boldsymbol{c} = \boldsymbol{c}$ が成り立つ.

(解の一意性) $\boldsymbol{x}(0) = \boldsymbol{c}$ をみたす解 $\boldsymbol{x}(t)$ があるとすると

$$\frac{d}{dt}(e^{-tA}\boldsymbol{x}(t)) = \frac{d}{dt}(e^{-tA})\,\boldsymbol{x}(t) + e^{-tA}\frac{d}{dt}\,\boldsymbol{x}(t)$$

$$= -Ae^{-tA}\boldsymbol{x}(t) + e^{-tA}\cdot A\,\boldsymbol{x}(t) = \boldsymbol{0}.$$

また $(e^{-tA}\boldsymbol{x}(t))|_{t=0} = e^{-0\cdot A}\boldsymbol{x}(0) = \boldsymbol{c}$ なので $e^{-tA}\boldsymbol{x}(t)$ は恒等的に $\boldsymbol{c}$ と一致する．したがって $\boldsymbol{x}(t) = e^{tA}\,\boldsymbol{c} = \boldsymbol{u}(t)$ である．

(3) $e^{tA}\boldsymbol{e}_i$ は e^{tA} の第 i 列ベクトルなので (2) からしたがう．

(4), (5)　写像

$$\mathbb{C}^n \longrightarrow V \quad (\boldsymbol{c} \longmapsto e^{tA}\,\boldsymbol{c})$$

が全単射であるというのが (1), (2) の内容である．V が線型空間であること，およびこの写像が線型写像であることは容易にわかる．よって $\mathbb{C}^n$ の標準基底の像である $\boldsymbol{u}_1(t),\dots,\boldsymbol{u}_n(t)$ は V の基底をなす．　　　　□

(5) における $\boldsymbol{u}_1(t),\dots,\boldsymbol{u}_n(t)$ を**基本解**と呼ぶ．

定数係数の単独線型常微分方程式

$a_1,\dots,a_n \in \mathbb{C}$ として，未知関数 $u = u(t)$ に対する微分方程式

$$u^{(n)} + a_1 u^{(n-1)} + \cdots + a_{n-1}u^{(1)} + a_n u^{(0)} = 0 \tag{3.4}$$

を考える．これを n 階の単独（連立でないという意味）微分方程式という．ここに $d^i u/dt^i = u^{(i)}$ と書いた．u は複素数値で t は実の独立変数であるとする．変換 $u_i = u^{(i-1)}$ $(1 \le i \le n)$ によって，n 個の未知関数を定めると

$$\frac{du_i}{dt} = u_{i+1}\ (1 \le i \le n-1), \quad \frac{du_n}{dt} = -\sum_{i=1}^{n} a_i u_{n-i+1} \tag{3.5}$$

に帰着される．これは，未知ベクトル $\boldsymbol{u} = {}^t(u_1,\dots,u_n)$ に対する方程式

$$
\frac{d}{dt}\begin{pmatrix} u_1 \\ u_2 \\ \vdots \\ \\ \vdots \\ u_n \end{pmatrix} = \begin{pmatrix} 0 & 1 & 0 & \cdots & 0 & 0 \\ 0 & 0 & 1 & \cdots & 0 & 0 \\ \vdots & \vdots & \ddots & \ddots & \ddots & \vdots \\ 0 & 0 & 0 & \ddots & 1 & 0 \\ 0 & 0 & 0 & \cdots & 0 & 1 \\ -a_n & -a_{n-1} & \cdots & \cdots & -a_2 & -a_1 \end{pmatrix}\begin{pmatrix} u_1 \\ u_2 \\ \vdots \\ \\ \vdots \\ u_n \end{pmatrix} \tag{3.6}
$$

である. (3.6) の右辺の形の n 次正方行列を微分方程式 (3.4) の**同伴行列**（companion matrix）という. (3.6) の基本解を $\boldsymbol{u}_1, \ldots, \boldsymbol{u}_n$ とする. ベクトル $\boldsymbol{u}_i$ の第 1 成分を f_i とするとき $f_i^{(j-1)}(0) = \delta_{ij}$ が成り立つ. $f_1, \ldots, f_n$ は (3.4) の解空間の基底をなす. これらを (3.4) の**基本解**と呼ぶ.

例 3.2.2 $u'' - 2u' + u = 0$ の場合は同伴行列は $A = \begin{pmatrix} 0 & 1 \\ -1 & 2 \end{pmatrix}$ となる. ジョルダン標準形は $J_2(1) = \begin{pmatrix} 1 & 1 \\ 0 & 1 \end{pmatrix}$ である. 実際 $P = \begin{pmatrix} -1 & 1 \\ -1 & 0 \end{pmatrix}$ とおけば $P^{-1}AP = J_2(1)$ となる. この結果を用いて指数関数を計算すると

$$
e^{tA} = Pe^{tJ_2(1)}P^{-1} = \begin{pmatrix} e^t - te^t & te^t \\ -te^t & e^t + te^t \end{pmatrix}
$$

となる. したがって

$$
\boldsymbol{u}_1 = \begin{pmatrix} e^t - te^t \\ -te^t \end{pmatrix}, \quad \boldsymbol{u}_2 = \begin{pmatrix} te^t \\ e^t + te^t \end{pmatrix}
$$

を得る. よって基本解は $f_1 = e^t - te^t$, $f_2 = te^t$ である. このとき

$$
f_1(0) = 1, \quad f_1'(0) = 0, \quad f_2(0) = 0, \quad f_2'(0) = 1
$$

が確認できる. ∎

命題 3.2.3 微分方程式 (3.4) の同伴行列の特性多項式は, 左辺の $u^{(i)}$ を x^i で置き換えて得られる多項式

$$f(x) = x^n + a_1 x^{n-1} + \cdots + a_{n-1} x + a_n \qquad (3.7)$$

と等しい.

証明   同伴行列を A とするとき $\det(xE - A)$ の第 1 列に関して余因子展開して n に関する帰納法を用いればよい. □

$f(x)$ を微分方程式 (3.4) の**特性多項式**とも呼ぶ. α が特性多項式の根ならば $u = e^{t\alpha}$ は ($u^{(i)} = \alpha^i e^{t\alpha}$ なので) (3.4) の解である. もしも特性多項式が n 個の相異なる解 $\alpha_1, \ldots, \alpha_n$ を持つならば $e^{t\alpha_1}, \ldots, e^{t\alpha_n}$ が解空間の基底をなすことがわかる (問 3.1). このことは下記の定理 3.2.4 からもわかるが直接示すこともできる.

問 3.1 $\alpha_1, \ldots, \alpha_n$ を相異なる複素数とする. $e^{t\alpha_1}, \ldots, e^{t\alpha_n}$ が線型独立であることを示せ.

重根を持つ場合を含めて次が成り立つ.

定理 3.2.4   微分方程式 (3.4) の特性多項式の相異なる根を $\alpha_1, \ldots, \alpha_s$ とし α_i が k_i 重根であるとする. このとき次が成り立つ.

(1) 同伴行列のジョルダン標準形は $\bigoplus_{i=1}^{s} J_{k_i}(\alpha_i)$ である.

(2) 微分方程式 (3.4) の解空間は

$$t^j e^{t\alpha_i} \quad (i = 1, \ldots, s,\ 0 \le j \le k_i - 1) \qquad (3.8)$$

を基底とする線型空間である.

証明   (1) 同伴行列の固有空間 $W(\alpha_i)$ が 1 次元であることを示す ($\dim W(\alpha_i)$ は固有値 α_i のジョルダン細胞の個数と一致する). $\alpha \in \mathbb{C}$ とするとき, $\alpha E - A$ は行列の形 (2 列め以降の対角線の上に -1 があって, それより上の成分はすべて 0 である) から階数が $(n-1)$ 以上であることがわかる. よって $\mathrm{Ker}(\alpha E - A)$ は 1 次元以下である. したがって, α が固有値ならば次元は 1 ちょうどである. 別証明として下記の問題 3.4 も参照せよ.

(2) (3.8) の関数は全部で $\sum_{i=1}^{s} k_i = n$ 個ある. これらが生成する空間 W は n 次元以下である. A を同伴行列とし, $P^{-1}AP = J = \bigoplus_{i=1}^{s} J_{k_i}(\alpha_i)$ となる

正則行列 P をとる．行列 e^{tJ} の成分は W の元である（例 3.1.5 参照）．したがって $e^{tA} = Pe^{tJ}P^{-1}$ の成分，特に基本解 f_i も同様である．よって解空間は W に含まれる．解空間は n 次元なので W と一致する．このことから (3.8) の関数たちが線型独立で，解空間の基底をなすこともわかる．　　　□

章末問題

問題 3.1　A を正方行列とし $\mathrm{tr}(A)$ を A のトレースとする（トレースの性質については 5.4 節参照）．このとき $\det(e^A) = e^{\mathrm{tr}(A)}$ を示せ.

問題 3.2　任意の正方行列 A, B に対して

$$\left(\frac{d}{dt} e^{tA} B e^{-tA} \right) |_{t=0} = [A, B]$$

が成り立つことを示せ．ただし $[A, B] = AB - BA$（行列の交換子）である.

注意 3.2.5　n 次正則行列全体の集合 $\mathrm{GL}_n(\mathbb{C})$ は群と複素多様体の構造を合わせ持つ（n 次一般線型群）．このようなものを複素リー群と呼ぶ．実多様体の構造を持つ群の場合は単にリー群という．実係数の n 次正則行列全体 $\mathrm{GL}_n(\mathbb{R})$ や n 次直交行列全体の集合 $\mathrm{O}(n)$（直交群）や n 次ユニタリ行列全体 $\mathrm{U}(n)$（ユニタリ群）などがリー群の典型例である．リー群 G の原点 e における接空間 T_eG を G の**リー環**と呼び，対応するドイツ文字により $\mathfrak{g} := T_eG$ と書く．G の演算から $\mathfrak{g}$ の上の双線型写像[*2] $\mathfrak{g} \times \mathfrak{g} \ni (A, B) \mapsto [A, B] \in \mathfrak{g}$ が定まる．これを**リー括弧**と呼ぶ．$\mathrm{GL}_n(\mathbb{C})$ および $\mathrm{GL}_n(\mathbb{R})$ の部分群になっているリー群（線型リー群）G についてはそのリー環 $\mathfrak{g}$ のリー括弧は (3.2) に現れた交換子と一致する．リー環とその表現に関する入門的な解説を第 9 章で行う.

問題 3.3　$\mathrm{GL}_n(\mathbb{C})$ の部分群 G であって $\mathrm{GL}_n(\mathbb{C})$ の位相[*3]に関して閉集合であるものを線型リー群と呼ぶ．G を線型リー群とするとき

$$\mathfrak{g} := \{ A \in M_n(\mathbb{C}) \mid e^{\varepsilon A} \in G \quad \text{（すべての } \varepsilon \in \mathbb{R} \text{）} \}$$

を G のリー環と呼ぶ．特に $\mathrm{GL}_n(\mathbb{C})$ のリー環 $\mathfrak{gl}_n(\mathbb{C})$ は $M_n(\mathbb{C})$（交換子をリー括弧とする）である．$\mathbb{C}$ の代わりに $\mathbb{R}$ を考えても同様である．次を示せ.

(1) 特殊線型群 $\mathrm{SL}_n(\mathbb{C}) := \{ g \in \mathrm{GL}_n(\mathbb{C}) \mid \det(g) = 1 \}$ のリー環は $\{ A \in M_n(\mathbb{C}) \mid \mathrm{tr}(A) = 0 \}$ である.

(2) 直交群 $\mathrm{O}(n) := \{ g \in \mathrm{GL}_n(\mathbb{R}) \mid {}^t g \cdot g = E_n \}$ のリー環は $\{ A \in M_n(\mathbb{R}) \mid {}^t A + A = O \}$（実交代行列のなす線型空間）である.

問題 3.4　同伴行列の各固有空間が 1 次元であることを直接計算によって示そう．α が特性多項式 $f(x)$ の根であるとする．$\boldsymbol{v}$ が f の同伴行列の固有値 α の固有ベクトルであるとする．$\boldsymbol{v}$ が $^t(1, \alpha, \ldots, \alpha^{n-1})$ のスカラー倍であることを導け．

第4章　テンソル代数

　この章では，与えられた線型空間から，別な線型空間を作り出すさまざまな方法（関手[*1]的操作）を説明する．特に，テンソル積が基本的である．

　4.1 節では，線型空間 V に対して，その双対空間を導入する．V 上で定義された線型な（複素数値）関数の集合を V の双対空間と呼ぶ．双対空間を題材として「カノニカル（canonical）な」同型という概念について親しんでおくことも大切である．4.2 節では部分空間および商空間と関連して，双対空間の概念を深める．4.3 節では，テンソル積空間を導入する．計算に慣れることと，普遍写像性質の考え方を会得することが大切である．また，テンソル積空間の基本性質を調べる．例えば，テンソル積と Hom の関係を説明する．4.4 節では，対称テンソル空間と交代テンソル空間を定義して，その基本的な性質を解説する．4.5 節では，普遍的な $\mathbb{C}$ 代数であるテンソル代数を導入する．4.6 節では，交代テンソル空間と関連してグラスマン代数を定義し，その詳しい記述を与える．また，最後に応用の具体例として微分形式について簡単に触れる．

[*1]　圏論（category theory）という抽象的な枠組みで定義される概念である．ここでは，線型空間 V に対して別な線型空間 $F(V)$ が定まっていて，線型写像 $f : V \to W$ に対しては自然な線型写像 $F(f) : F(V) \to F(W)$ がもれなくついてくる，というような状況を意味している（$F(f) : F(W) \to F(V)$ という場合もある）．

4.1 双対空間

線型空間 V, W に対して，V から W への線型写像全体のなす集合を $\mathrm{Hom}(V, W)$ と表す．これは自然に線型空間の構造を持つ（例 2.1.2 参照）．$\mathrm{Hom}(V, \mathbb{C})$ を V の**双対空間**と呼び V^* と書く．$\phi \in V^*$ は V から $\mathbb{C}$ への線型写像である．以下，V は有限次元であるとする．

例 4.1.1 $V = \mathbb{C}^n$ のとき，第 i 番目の座標を表す関数

$$\mathbb{C}^n \ni \boldsymbol{v} = \begin{pmatrix} c_1 \\ \vdots \\ c_n \end{pmatrix} \mapsto c_i \in \mathbb{C}$$

を x_i とする．これは双対空間 V^* の元である．これらの線型結合 $\phi = a_1 x_1 + \cdots + a_n x_n$ も V^* の元である．$\{x_1, \ldots, x_n\}$ が V^* の基底をなすことは容易に理解できるであろう．つまり V^* は $x_1, \ldots, x_n$ の 1 次式として表せる関数全体の集合である． ∎

V を n 次元の線型空間であるとし $\boldsymbol{v}_1, \ldots, \boldsymbol{v}_n$ を V の 1 つの基底とする．$1 \leq i \leq n$ に対して

$$\phi_i(\boldsymbol{v}_j) = \delta_{ij} \quad (j = 1, \ldots, n)$$

をみたす線型写像 $\phi_i : V \to \mathbb{C}$ が一意的に定まる．つまり ϕ_i は V^* の元である．$\phi_i(c_1 \boldsymbol{v}_1 + \cdots + c_n \boldsymbol{v}_n) = \sum_{j=1}^{n} c_j \phi_i(\boldsymbol{v}_j) = \sum_{j=1}^{n} c_j \delta_{ij} = c_i$ なので，ϕ_i は，基底 $\boldsymbol{v}_1, \ldots, \boldsymbol{v}_n$ に関する第 i 座標を表す関数である．

定理 4.1.2 $\phi_1, \ldots, \phi_n$ は V^* の基底をなす．特に $\dim V^* = \dim V$ である．

証明   線型独立性を示す．線型関係式 $c_1 \phi_1 + \cdots + c_n \phi_n = 0$ があるとする．このとき，$1 \leq i \leq n$ について，

$$0 = \left(\sum_{j=1}^{n} c_j \phi_j \right)(\boldsymbol{v}_i) = \sum_{j=1}^{n} c_j \phi_j(\boldsymbol{v}_i) = \sum_{j=1}^{n} c_j \delta_{ji} = c_i$$

となる．次に $\langle \phi_1, \ldots, \phi_n \rangle = V^*$ を示す．$\psi \in V^*$ を任意にとる．任意の $\boldsymbol{v} \in$

V に対して，$\boldsymbol{v} = \sum_{i=1}^{n} c_i \boldsymbol{v}_i$ と書く．このとき

$$\psi(\boldsymbol{v}) = \sum_{i=1}^{n} c_i \psi(\boldsymbol{v}_i) = \sum_{i=1}^{n} \phi_i(\boldsymbol{v}) \psi(\boldsymbol{v}_i)$$
$$= \sum_{i=1}^{n} \psi(\boldsymbol{v}_i) \phi_i(\boldsymbol{v}) = \left(\sum_{i=1}^{n} \psi(\boldsymbol{v}_i) \phi_i \right)(\boldsymbol{v}).$$

$\boldsymbol{v}$ は任意なので

$$\psi = \sum_{i=1}^{n} \psi(\boldsymbol{v}_i) \phi_i \in \langle \phi_1, \ldots, \phi_n \rangle \tag{4.1}$$

である．　　　　　　　　　　　　　　　　　　　　　　　　　　　□

このようにして得られる V^* の基底 $\{\phi_1, \ldots, \phi_n\}$ を V の基底 $\{\boldsymbol{v}_1, \ldots, \boldsymbol{v}_n\}$ の**双対基底**（dual basis）という．さて，V^* の双対空間 $V^{**} := (V^*)^*$ を考えることもできる．これはどんな空間であろうか？　$\psi \in (V^*)^*$ は V^* 上線型で $\mathbb{C}$ に値をとる関数である．$\boldsymbol{v} \in V$ を与えたときに

$$V^* \ni \phi \mapsto \phi(\boldsymbol{v}) \in \mathbb{C}$$

は線型なので V^{**} の元である．これを $i(\boldsymbol{v}) \in V^{**}$ と書こう．つまり

$$i(\boldsymbol{v})(\phi) = \phi(\boldsymbol{v}) \quad (\phi \in V^*)$$

である．このようにして得られる写像 $i : V \to V^{**}$ は明らかに線型である．

命題 4.1.3　V が有限次元ならば $i : V \to V^{**}$ は同型である．

証明　もしも i が単射でないとすると，$\mathrm{Ker}(i)$ が $\boldsymbol{0}$ でない元 $\boldsymbol{v}$ を含む．$\phi(\boldsymbol{v}) \neq 0$ となる $\phi \in V^*$ をとる[*2]と $i(\boldsymbol{v})(\phi) = \phi(\boldsymbol{v}) \neq 0$ なので $i(\boldsymbol{v}) \neq 0$ である．すなわち $\boldsymbol{v} \notin \mathrm{Ker}(i)$ となり矛盾である．よって i は単射である．定理 4.1.2 より $\dim V^{**} = \dim V^* = \dim V$ なので i は全射でもあり，したがって i は線型同型である．　　　　　　　　　　　　　　　　　　　　　　　□

[*2]　V の基底 $\boldsymbol{v} = \boldsymbol{v}_1, \boldsymbol{v}_2, \ldots, \boldsymbol{v}_n$ を選び，その双対基底を $\phi = \phi_1, \phi_2, \ldots, \phi_n$ とする．このとき $\phi(\boldsymbol{v}) = 1 \neq 0$ である．

注意 4.1.4　V が無限次元の線型空間であるとする。この場合でも $i : V \to V^{**}$ は同様に定義できて単射である。しかし i は全射には（けっして）ならない。

$\dim V = \dim V^*$ なので V と V^* も線型同型である。次元が等しい線型空間は同型だからである。V と V^* の同型は V の基底 $\{\boldsymbol{v}_i\}$ を選んで、その双対基底を $\{\phi_i\}$ とし $\Phi : V \to V^*$ を $\Phi(\boldsymbol{v}_i) = \phi_i$ とすれば得られる。他にも同型はあるけれど、この対応は比較的自然だと読者は思うかもしれない。しかし、この写像 Φ は V の基底の選び方を変えると別なものになる。一方、$i : V \to V^{**}$ という同型は基底を選ぶ必要がなく定まるものである。Φ に比べて i の方が自然さの度合いが高いことを感じとってほしい。このような i と同じようなレベルの自然さをもつ数学的対象のことを**カノニカル**[*3]（canonical）であると表現する。慣れないと、感覚的で曖昧な言い回しだと感じるかもしれないが、いったん了解すれば明瞭になる。線型代数学に限定すれば、基底を選んで初めて定義できて、基底を取り替えると実際に変化してしまうようなものはカノニカルではないと考えてよい。カノニカルでないものを斥けて議論するのは現実的でないし、不可能でもあるが、カノニカルなものとそうでないものを峻別する態度は、数学の議論において非常に重要である。なお「カノニカル」という言葉は日本語としてこなれない面も否めないので単に「自然な」と表現する場合は（本書においても）多々ある。

さて、双対空間であるが、$V \cong V^{**} \cong V^{****} \cong \cdots$ および $V^* \cong V^{***} \cong V^{*****} \cong \cdots$ などはすべてカノニカルな同型である。カノニカルな同型には $\cong$ ではなく $=$ を用いてもよいくらいである。$V \cong V^{**}$ という同一視は V を V^* の双対と考えても、V^* を V の双対と考えてもいいので、平等の精神（？）により次のような記号（双対を表す**ペアリング**）を使うと議論の見通しがよくなることもある。$\boldsymbol{v} \in V$, $\phi \in V^*$ のとき

[*3] 日本語訳は定着していないのでカタカナ表記にした。辞書においては「聖書正典の」や「教会法に基づく」などの説明があり、キリスト教に背景がある語であることがうかがえる。特定の宗教と結び付けずに、ごく素朴な意味で「神さまが与えた」というくらいのニュアンスで受け止めておくとよいと思う。なお、解析力学において canonical coordinate という概念があり「正準座標」という訳がある。この場合は、明瞭に定義のできる概念である。「とても性質の良いもの」という意味合いを込めて名付けられたものであろう。ジョルダン標準形を Jordan canonical form と呼ぶことがあるが、これも似たような "canonical" の使われ方であるといえる。なお、本書ではジョルダン標準形の英語訳を Jordan normal form とした。

$$\langle \phi, \boldsymbol{v} \rangle = \langle \boldsymbol{v}, \phi \rangle = \phi(\boldsymbol{v}) = i(\boldsymbol{v})(\phi)$$

とするのである. V の基底 $\{\boldsymbol{v}_i\}_{i=1}^n$ の双対基底を $\{\phi_i\}_{i=1}^n$ とするとき, $\{\phi_i\}_{i=1}^n$ の双対基底はカノニカルに $\{\boldsymbol{v}_i\}_{i=1}^n$ と同一視される. ペアリングを表す括弧 $\langle\ ,\ \rangle$ を用いると

$$\langle \phi_i, \boldsymbol{v}_j \rangle = \langle \boldsymbol{v}_j, \phi_i \rangle = \delta_{ij}$$

という調子である.

双対基底と基底変換について調べておこう.

定理 4.1.5 V を n 次元の線型空間とする. V の基底 $\{\boldsymbol{v}_i\}_{i=1}^n$ から基底 $\{\boldsymbol{v}_i'\}_{i=1}^n$ への基底変換行列を P とする. $\{\boldsymbol{v}_i\}_{i=1}^n$ および $\{\boldsymbol{v}_i'\}_{i=1}^n$ の双対基底をそれぞれ $\{\phi_i\}_{i=1}^n$ および $\{\phi_i'\}_{i=1}^n$ とするとき, $\{\phi_i\}_{i=1}^n$ から $\{\phi_i'\}_{i=1}^n$ への基底変換行列は ${}^t P^{-1}$ により与えられる.

証明 基底変換の行列 $P = (p_{ij})$ は $(\boldsymbol{v}_1', \ldots, \boldsymbol{v}_n') = (\boldsymbol{v}_1, \ldots, \boldsymbol{v}_n)P$ によって定まる n 次の正則行列である. $\{\phi_i\}_{i=1}^n$ から $\{\phi_i'\}_{i=1}^n$ への基底変換行列を $Q = (q_{ij})$ とするとき, 双対ペアリングの記号を用いると

$$\delta_{ij} = \langle \phi_i', \boldsymbol{v}_j' \rangle = \langle \sum_k q_{ki}\phi_k, \sum_l p_{lj}\boldsymbol{v}_l \rangle = \sum_{k,l} q_{ki}p_{lj}\langle \phi_k, \boldsymbol{v}_l \rangle$$

$$= \sum_{k,l} q_{ki}p_{lj}\delta_{kl} = \sum_k q_{ki}p_{kj}$$

である. したがって ${}^t QP = E$ を得る. 両辺の転置をとれば ${}^t PQ = E$ も得られる. つまり $Q = {}^t P^{-1}$ である. $\qquad\square$

V, W を線型空間とし, $f : V \to W$ を線型写像とする. f の**双対写像**, あるいは**転置写像** (transpose map) ${}^t f : W^* \to V^*$ を ${}^t f(\psi) = \psi \circ f\ (\psi \in W^*)$ と定義する (○ は写像としての合成を表す). $\psi \circ f : V \to W \to \mathbb{C}$ は線型写像の合成だから線型写像である. つまり V^* の元である. 双対を表すペアリングを用いて

$$\langle {}^t f(\psi), \boldsymbol{v} \rangle = \langle \psi, f(\boldsymbol{v}) \rangle \quad (\boldsymbol{v} \in V)$$

と書いてみると見やすいであろう.

課題 4.1 V, W を有限次元の線型空間とし, $f : V \to W$ を線型写像とする. また $\dim V = n$, $\dim W = m$ とする. V の基底 $\boldsymbol{v}_1, \ldots, \boldsymbol{v}_n$, W の基底 $\boldsymbol{w}_1, \ldots, \boldsymbol{w}_m$ を選んで, これらの双対基底をそれぞれ $\phi_1, \ldots, \phi_n$ および $\psi_1, \ldots, \psi_m$ とする. $\{\boldsymbol{v}_i\}, \{\boldsymbol{w}_j\}$ に関する f の表現行列を A とするとき, $\{\psi_j\}, \{\phi_i\}$ に関する ${}^t f$ の表現行列が A の転置行列 ${}^t A$ によって与えられることを示せ.

4.2　部分空間の双対性

V を n 次元の線型空間とする. W を V の部分空間とするとき

$$W^\perp := \{\phi \in V^* \mid \langle \phi, \boldsymbol{w} \rangle = 0 \quad (\boldsymbol{w} \in W)\}$$

は V^* の部分空間である (W^0 と書くこともある). $W^\perp$ を W の**零化空間** (anihilator) と呼ぶ. $r = \dim W$ とし V の基底 $\boldsymbol{v}_1, \ldots, \boldsymbol{v}_n$ を $\boldsymbol{v}_1, \ldots, \boldsymbol{v}_r$ が W の基底であるようにとる. $\phi_1, \ldots, \phi_n$ を $\boldsymbol{v}_1, \ldots, \boldsymbol{v}_n$ の双対基底とする. このとき $\phi_{r+1}, \ldots, \phi_n$ は $W^\perp$ の基底になる. 実際, $\phi_{r+1}, \ldots, \phi_n$ は双対基底の一部なので線型独立である. また $\phi \in V^*$ を $\phi = \sum_i c_i \phi_i$ と書いたとき $\phi \in W^\perp$ であることは $c_1 = \cdots = c_r = 0$ と同値である. よって $W^\perp$ は $\phi_{r+1}, \ldots, \phi_n$ により生成される. 特に

$$\dim W^\perp = n - r = \dim V - \dim W$$

である.

さらに $W^\perp \subset V^*$ の場合に上記の構成を適用すると $W^{\perp\perp} := (W^\perp)^\perp \subset V^{**} = V$ が考えられる. 定義から明らかに $W \subset W^{\perp\perp}$ であるが

$$\dim W^{\perp\perp} = \dim V^* - \dim W^\perp = \dim V - (\dim V - \dim W) = \dim W$$

なので $W^{\perp\perp} = W$ とみなせる.

V/W を V の W を法とする商線型空間とする.

命題 4.2.1 カノニカルな線型同型 $W^\perp \cong (V/W)^*$ が存在する.

証明　$\phi \in W^{\perp}$ とするとき，$(V/W)^*$ の元

$$V/W \ni \boldsymbol{v} \bmod W \mapsto \phi(\boldsymbol{v}) \in \mathbb{C}$$

が定義される．実際 $\boldsymbol{v} \equiv_W \boldsymbol{v}'$ とすると $\boldsymbol{v} - \boldsymbol{v}' \in W$ なので，$\phi \in W^{\perp}$ より $0 = \phi(\boldsymbol{v} - \boldsymbol{v}') = \phi(\boldsymbol{v}) - \phi(\boldsymbol{v}')$，したがって $\phi(\boldsymbol{v}) = \phi(\boldsymbol{v}')$ が成り立つ．このようにして定まる元を $\overline{\phi} \in (V/W)^*$ とする．$\phi \mapsto \overline{\phi}$ は $W^{\perp}$ から $(V/W)^*$ の線型写像である．これが単射であることを示そう．$\phi \in W^{\perp}$ が $\overline{\phi} = 0$ をみたしたとする．任意の $\boldsymbol{v} \in V$ に対して $\phi(\boldsymbol{v}) = \overline{\phi}\,(\boldsymbol{v} \bmod W) = 0$ なので $\phi = 0$ である．ここで

$$\dim W^{\perp} = \dim V - \dim W = \dim(V/W) = \dim(V/W)^*$$

なので上記の線型写像は線型同型である．　　　　　　　　　　　　　□

注意 4.2.2　$\phi \mapsto \overline{\phi}$ が全射であることは，逆写像を与えることでも証明できる．$\psi \in (V/W)^*$ に対して合成写像 $V \to V/W \xrightarrow{\psi} \mathbb{C}$ を対応させればよい．したがって，命題 4.2.1 は V が無限次元でも成立する．

　上記の同型を基底を用いて理解することもできる．$W^{\perp}$ の基底 $\phi_{r+1}, \ldots, \phi_n$ は V/W の基底 $[\boldsymbol{v}_{r+1}], \ldots, [\boldsymbol{v}_n]$ の双対基底である．

　$W^{\perp} \subset V^*$ の場合に命題 4.2.1 を適用すると $W^{\perp\perp} \cong (V^*/W^{\perp})^*$ となる．左辺を W と同一視し，さらに両辺の双対空間をとると

$$W^* \cong V^*/W^{\perp} \tag{4.2}$$

を得る．

課題 4.2　(4.2) のカノニカルな同型 $W^* \cong V^*/W^{\perp}$ の直接的な意味を考えよう．

　(1) $\phi \in V^*$ に対して W への制限 $\phi|_W : W \to \mathbb{C}$ を考えると，これは W^* の元である．このようにして $\Psi : V^* \to W^*$ が $\phi \mapsto \phi|_W$ により定まる．Ψ が全射であることを示せ．

　(2) Ψ から $\overline{\Psi} : V^*/W^{\perp} \to W^*$ が誘導されることを示せ．

　(3) 次元の比較により $\overline{\Psi}$ が線型同型であることを示せ．

問 4.1　V を線型空間，W をその部分空間とする．線型空間 U に対して，カノニカルな同型

$$\{\phi \in \mathrm{Hom}(V, U) \mid \phi|_W = 0\} \cong \mathrm{Hom}(V/W, U)$$

が存在することを示せ．$\phi|_W$ は ϕ を W に制限して得られる線型写像を表す．

4.3　テンソル積の導入

　線型空間 V, W から，テンソル積と呼ばれる新しい線型空間 $V \otimes W$ を作ることができる．線型空間のテンソル積には次のような特徴がある．

(i) V の基底 $\boldsymbol{v}_1, \ldots, \boldsymbol{v}_n$ と W の基底 $\boldsymbol{w}_1, \ldots, \boldsymbol{w}_m$ を与えるとき，$V \otimes W$ は

$$\boldsymbol{v}_i \otimes \boldsymbol{w}_j \quad (1 \leq i \leq n,\ 1 \leq j \leq m)$$

を基底とする線型空間である．よって，一般の元は

$$\sum_{1 \leq i \leq n,\, 1 \leq j \leq m} c_{ij} \boldsymbol{v}_i \otimes \boldsymbol{w}_j \quad (c_{ij} \in \mathbb{C})$$

という形に一意的に書くことができる．したがって特に

$$\dim(V \otimes W) = \dim V \cdot \dim W$$

が成り立つ．

(ii) $\boldsymbol{v} \in V$, $\boldsymbol{w} \in W$ に対して $\boldsymbol{v} \otimes \boldsymbol{w} \in V \otimes W$ という元が定義できる．つまり $V \times W$ から $V \otimes W$ への写像 $(\boldsymbol{v}, \boldsymbol{u}) \mapsto \boldsymbol{v} \otimes \boldsymbol{u}$ が定まっている．これは次の性質をみたす：$\boldsymbol{v}, \boldsymbol{v}' \in V$, $\boldsymbol{w}, \boldsymbol{w}' \in W$, $c \in \mathbb{C}$ に対して

$$(\boldsymbol{v} + \boldsymbol{v}') \otimes \boldsymbol{w} = \boldsymbol{v} \otimes \boldsymbol{w} + \boldsymbol{v}' \otimes \boldsymbol{w},$$

$$\boldsymbol{v} \otimes (\boldsymbol{w} + \boldsymbol{w}') = \boldsymbol{v} \otimes \boldsymbol{w} + \boldsymbol{v} \otimes \boldsymbol{w}',$$

$$(c\,\boldsymbol{v}) \otimes \boldsymbol{w} = v \otimes (c\,\boldsymbol{w}) = c(\boldsymbol{v} \otimes \boldsymbol{w}).$$

例 4.3.1　$\mathbb{C}^2 \otimes \mathbb{C}^2$ に対しては $\boldsymbol{e}_1 \otimes \boldsymbol{e}_1$, $\boldsymbol{e}_1 \otimes \boldsymbol{e}_2$, $\boldsymbol{e}_2 \otimes \boldsymbol{e}_1$, $\boldsymbol{e}_2 \otimes \boldsymbol{e}_2$ が基底にとれる．例えば

$$(-\boldsymbol{e}_1 + 2\,\boldsymbol{e}_2) \otimes 2\,\boldsymbol{e}_1 = -2\,\boldsymbol{e}_1 \otimes \boldsymbol{e}_1 + 4\,\boldsymbol{e}_2 \otimes \boldsymbol{e}_1$$

というような計算ができる場を設定しようというのである. ∎

このような説明だけでは $V \otimes W$ がカノニカルに定まるということがわかりにくいし,理論構成として発展性に欠ける.そこで本格的には以下のように定義する.

まず,写像 $(\boldsymbol{v}, \boldsymbol{u}) \mapsto \boldsymbol{v} \otimes \boldsymbol{u}$ がみたすべき性質を定式化しよう.U を線型空間として,直積集合 $V \times W$ から U への写像 Φ を考える.$\boldsymbol{v}, \boldsymbol{v}' \in V,\ \boldsymbol{w}, \boldsymbol{w}' \in W,\ c \in \mathbb{C}$ に対して

$$\Phi(\boldsymbol{v} + \boldsymbol{v}', \boldsymbol{w}) = \Phi(\boldsymbol{v}, \boldsymbol{w}) + \Phi(\boldsymbol{v}', \boldsymbol{w}),$$

$$\Phi(\boldsymbol{v}, \boldsymbol{w} + \boldsymbol{w}') = \Phi(\boldsymbol{v}, \boldsymbol{w}) + \Phi(\boldsymbol{v}, \boldsymbol{w}'), \tag{4.3}$$

$$\Phi(c\,\boldsymbol{v}, \boldsymbol{w}) = \Phi(\boldsymbol{v}, c\,\boldsymbol{w}) = c\,\Phi(\boldsymbol{v}, \boldsymbol{w}) \tag{4.4}$$

という条件が成り立つとき Φ は**双線型写像**(bilinear map)であるという.$\Phi : V \times W \to U$ が双線型写像であることは $\boldsymbol{v} \in V$ を固定するとき $W \ni \boldsymbol{w} \mapsto \Phi(\boldsymbol{v}, \boldsymbol{w})$ が線型写像であり,$\boldsymbol{w} \in W$ を固定するとき $V \ni \boldsymbol{v} \mapsto \Phi(\boldsymbol{v}, \boldsymbol{w})$ が線型写像であることと同値である.$V \times W$ から U への双線型写像全体の集合を $\mathscr{L}(V, W; U)$ と表すことにする.

注意 4.3.2 双線型写像 $\Phi : V \times W \to U$ を考える際に,$V \times W$ を線型空間の直和 $V \oplus W$ であると考えるのは混乱のもとである.もしも $V \times W$ を $V \oplus W$ と同一視して $\Phi : V \oplus W \to U$ が線型だと考える(誤りである!)と

$$\Phi(\boldsymbol{v}, \boldsymbol{w}) = \Phi(\boldsymbol{v}, \boldsymbol{0}) + \Phi(\boldsymbol{0}, \boldsymbol{w}) = \boldsymbol{0} + \boldsymbol{0} = \boldsymbol{0} \quad (\boldsymbol{v} \in V,\ \boldsymbol{w} \in W)$$

となって,任意の双線型写像 Φ は 0 写像であることになってしまう.

例 4.3.3 線型空間 V とその双対空間 V^* に対して双対ペアリング $V^* \times V \ni (\phi, \boldsymbol{v}) \mapsto \langle \phi, \boldsymbol{v} \rangle \in \mathbb{C}$ は双線型写像である. ∎

例 4.3.4 A を n 次正方行列とする.$\Phi(\boldsymbol{u}, \boldsymbol{v}) = {}^t\boldsymbol{u} A \boldsymbol{v} \in \mathbb{C}\ (\boldsymbol{u}, \boldsymbol{v} \in \mathbb{C}^n)$ により双線型写像 $\Phi : \mathbb{C}^n \times \mathbb{C}^n \to \mathbb{C}$ が定まる. ∎

V の基底 $\boldsymbol{v}_1, \dots, \boldsymbol{v}_n$ と W の基底 $\boldsymbol{w}_1, \dots, \boldsymbol{w}_m$ を与えるとき,双線型写像 $\Phi : V \times W \to U$ は $\Phi(\boldsymbol{v}_i, \boldsymbol{w}_j)\ (1 \le i \le n,\ 1 \le j \le m)$ により一意的に定まることに注意しておこう.$\boldsymbol{v} \in V,\ \boldsymbol{w} \in W$ を任意の元とするとき $\boldsymbol{v} = \sum_i c_i \boldsymbol{v}_i,\ \boldsymbol{w} = \sum_j c_j' \boldsymbol{w}_j'$ と線型結合として表すと

$$\Phi(\boldsymbol{v}, \boldsymbol{w}) = \sum_{i,j} c_i c_j' \Phi(\boldsymbol{v}_i, \boldsymbol{w}_j)$$

が成り立つからである.

　本節のはじめに述べたような性質 (i), (ii) を備えたテンソル積 $V \otimes W$ という線型空間があるとすると，(ii) の方は，$V \times W$ から $V \otimes W$ への双線型写像 $(\boldsymbol{v}, \boldsymbol{w}) \mapsto \boldsymbol{v} \otimes \boldsymbol{w}$ が存在するという内容である.

定理 4.3.5　V, W を有限次元の線型空間とする. このとき，線型空間 T_0 と $\Phi_0 \in \mathscr{L}(V, W; T_0)$ であって，次の性質をみたすものが存在する：

　$(*)$ 任意の線型空間 U と双線型写像 $\Phi \in \mathscr{L}(V, W; U)$ に対して，線型写像 $f : T_0 \to U$ であって $\Phi = f \circ \Phi_0$ をみたすものが一意的に存在する.

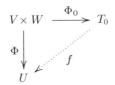

　条件 $(*)$ を**普遍写像性質**（universal mapping property）と呼ぶ. どのような[*4]線型空間 U に対しても全単射

$$\mathrm{Hom}(T_0, U) \cong \mathscr{L}(V, W; U), \quad f \mapsto f \circ \Phi_0$$

が存在することを意味する.

　定理の T_0 を V と W との**テンソル積空間**（tensor product space）と呼び $V \otimes W$ により表す. そして $\Phi_0(\boldsymbol{v}, \boldsymbol{w}) = \boldsymbol{v} \otimes \boldsymbol{w}$ と書くのである. したがって $\Phi = f \circ \Phi_0$ という関係は

$$\Phi(\boldsymbol{v}, \boldsymbol{w}) = f(\boldsymbol{v} \otimes \boldsymbol{w}) \quad (\boldsymbol{v} \in V, \boldsymbol{w} \in W) \tag{4.5}$$

と書ける. なお，$V \otimes W$ の任意の元が $\boldsymbol{v} \otimes \boldsymbol{w}$ $(\boldsymbol{v} \in V, \boldsymbol{w} \in W)$ と表せるわけではないことに注意しよう（問 4.2）. それにもかかわらず，(4.5) が線型写像 f を一意的に定めていることにも注意しよう.

[*4]　任意の線型空間 U を $\bullet$ のところに「代入」するとみて $\mathrm{Hom}(T_0, \bullet) \cong \mathscr{L}(V, W; \bullet)$ という等式だと考えてもよい. これは圏論の用語では関手（functor）としての等式である.

普遍写像性質による構成の仕方の利点の 1 つは，強い意味での一意性が自動的にしたがうところにある．

(T_0, Φ_0) とは別に，普遍写像性質 $(*)$ をみたす (T_1, Φ_1) が存在したとする．(T_0, Φ_0) が普遍写像性質をみたすので，$\Phi_1 = f_0 \circ \Phi_0$ をみたす $f_0 : T_0 \to T_1$ が一意的に存在する．また，(T_1, Φ_1) が普遍写像性質をみたすので，$\Phi_0 = f_1 \circ \Phi_1$ をみたす $f_1 : T_1 \to T_0$ が一意的に存在する．$(f_1 \circ f_0) \circ \Phi_0 = \Phi_0$ なので $\mathrm{Id}_{T_0} \circ \Phi_0 = \Phi_0$ と比較して，一意性より $f_1 \circ f_0 = \mathrm{Id}_{T_0}$ を得る．

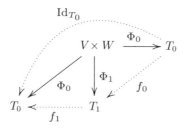

同様に $f_0 \circ f_1 = \mathrm{Id}_{T_1}$ が成り立つ．つまり f_0 と f_1 は互いに逆写像になっている．T_1 と T_0 は単に同型であるだけではなく，それらの間のカノニカルな同型も存在するといえる．

問 4.2 $V = \mathbb{C}^2$ とする．$\boldsymbol{e}_1 \otimes \boldsymbol{e}_2 + \boldsymbol{e}_2 \otimes \boldsymbol{e}_1 \in V \otimes V$ は $\boldsymbol{u} \otimes \boldsymbol{v}$ $(\boldsymbol{u}, \boldsymbol{v} \in V)$ という形には表せないことを示せ．

テンソル積の構成には商空間を用いる方法がある．その方法は環上の加群の場合にも適用できる[*5]ので一般的であるが，ここでは基底を用いる方法を説明しよう．基底を使って何かを構成したときには，基底を取り替えたときに本質的に同じものができるかどうかが問題になるが，普遍写像性質より，上記の意味で一意性があるので問題ないのである．

証明 （定理 4.3.5） この節の最初の設定と同様に V の基底 $\boldsymbol{v}_1, \ldots, \boldsymbol{v}_n$ と W の基底 $\boldsymbol{w}_1, \ldots, \boldsymbol{w}_m$ を選ぶ．$\boldsymbol{t}_{ij}$ $(1 \leq i \leq n,\ 1 \leq j \leq m)$ という文字の集合を基底とする線型空間を T_0 とする（例 A.2.7）．$\boldsymbol{v} = \sum_i c_i \boldsymbol{v}_i \in V,\ \boldsymbol{w} = \sum_j c'_j \boldsymbol{w}_j \in W$ に対して

[*5] 特別な場合として体 K 上の無限次元の線型空間の場合でも適用できる．

$$\Phi_0(\boldsymbol{v}, \boldsymbol{w}) = \sum_{i,j} c_i c_j' \boldsymbol{t}_{ij}$$

とすることで $\Phi_0 : V \times W \to T_0$ を定める. 特に $\Phi_0(\boldsymbol{v}_i, \boldsymbol{w}_j) = \boldsymbol{t}_{ij}$ である. Φ_0 が双線型写像であることは明らかである. 線型空間 U と $\Phi \in \mathscr{L}(V, W; U)$ を与える. 線型写像 $f : T_0 \to U$ を

$$f(\boldsymbol{t}_{ij}) = \Phi(\boldsymbol{v}_i, \boldsymbol{w}_j) \ (1 \le i \le n, \ 1 \le j \le m)$$

を線型に拡張して定義する. このとき

$$f(\Phi_0(\boldsymbol{v}_i, \boldsymbol{w}_j)) = f(\boldsymbol{t}_{ij}) = \Phi(\boldsymbol{v}_i, \boldsymbol{w}_j)$$

なので $f \circ \Phi_0 = \Phi$ が成り立つ.

最後に f の一意性を示す. f とは別に $f' \circ \Phi_0 = \Phi$ となる $f' \in \mathrm{Hom}(T_0, U)$ があったとする. このとき

$$f'(\boldsymbol{t}_{ij}) = f'(\Phi_0(\boldsymbol{v}_i, \boldsymbol{w}_j)) = \Phi(\boldsymbol{v}_i, \boldsymbol{w}_j) = f(\Phi_0(\boldsymbol{v}_i, \boldsymbol{w}_j)) = f(\boldsymbol{t}_{ij})$$

である. $\boldsymbol{t}_{ij}$ たちは T_0 を生成するので $f' = f$ である. □

注意 4.3.6 $\Phi_0 : V \times W \to V \otimes W,\ (\boldsymbol{v}, \boldsymbol{w}) \mapsto \boldsymbol{v} \otimes \boldsymbol{w}$ は一般には全射ではないが $V \otimes W$ は Φ_0 の像集合によって線型空間として生成される. 双線型写像の像集合は, 一般には線型部分空間にすらならないことにも注意しておく (問 4.2 参照).

例 4.3.7 (線型写像のテンソル積) V_1, V_2, W_1, W_2 を線型空間とする. $f_1 \in \mathrm{Hom}(V_1, W_1)$, $f_2 \in \mathrm{Hom}(V_2, W_2)$ に対して双線型写像 $V_1 \times V_2 \to W_1 \otimes W_2$ を

$$(\boldsymbol{v}_1, \boldsymbol{v}_2) \mapsto f_1(\boldsymbol{v}_1) \otimes f_2(\boldsymbol{v}_2) \quad (\boldsymbol{v}_1 \in V_1,\ \boldsymbol{v}_2 \in V_2)$$

と定める. 普遍写像性質

$$\mathscr{L}(V_1, V_2; W_1 \otimes W_2) \cong \mathrm{Hom}(V_1 \otimes V_2, W_1 \otimes W_2)$$

から, これに対応する $\mathrm{Hom}(V_1 \otimes V_2, W_1 \otimes W_2)$ の元を $f_1 \otimes f_2$ と書き, 線型写像のテンソル積と呼ぶ. この写像は

$$(f_1 \otimes f_2)(\boldsymbol{v}_1 \otimes \boldsymbol{v}_2) = f_1(\boldsymbol{v}_1) \otimes f_2(\boldsymbol{v}_2) \quad (\boldsymbol{v}_1 \in V_1, \ \boldsymbol{v}_2 \in V_2)$$

をみたすものとして一意的に定まる. ∎

問 4.3 $f : \mathbb{C}^2 \to \mathbb{C}^2$ を線型写像とする. f の表現行列を $A = \begin{pmatrix} a & b \\ c & d \end{pmatrix}$ とする. $f \otimes \mathrm{Id}$ および $\mathrm{Id} \otimes f$ の表現行列はどうなるか？　ただし $\mathbb{C}^2 \otimes \mathbb{C}^2$ の基底として $\boldsymbol{e}_1 \otimes \boldsymbol{e}_1, \boldsymbol{e}_1 \otimes \boldsymbol{e}_2, \boldsymbol{e}_2 \otimes \boldsymbol{e}_1, \boldsymbol{e}_2 \otimes \boldsymbol{e}_2$ を用いよ.

問 4.4 $\mathbb{C} \otimes V \cong V \otimes \mathbb{C} \cong V$ を示せ.

普遍写像性質を用いた定式化を使って次の同型を示そう.

定理 4.3.8 V, W を有限次元の線型空間とする. 次のカノニカルな線型同型が存在する.

$$\mathrm{Hom}(V, W) \cong W \otimes V^*.$$

証明 双線型写像 $\Phi_0 : W \times V^* \to \mathrm{Hom}(V, W)$ を構成して，これが普遍写像性質をみたすこと，つまり全単射

$$\mathscr{L}(W, V^*; U) \to \mathrm{Hom}(\mathrm{Hom}(V, W), U), \quad \Phi \mapsto f \ (\text{ただし } f \circ \Phi_0 = \Phi)$$

が存在することを示せばよい. $(\boldsymbol{w}, \phi) \in W \times V^*$ に対して，$g_{\boldsymbol{w}, \phi} \in \mathrm{Hom}(V, W)$ を

$$g_{\boldsymbol{w}, \phi}(\boldsymbol{v}) = \langle \phi, \boldsymbol{v} \rangle \boldsymbol{w} \quad (\boldsymbol{v} \in V)$$

により定める. $\Phi_0 : W \times V^* \to \mathrm{Hom}(V, W)$ を $(\boldsymbol{w}, \phi) \mapsto g_{\boldsymbol{w}, \phi}$ により定義する. 容易にわかるように，これは双線型写像である.

V の基底 $\boldsymbol{v}_1, \ldots, \boldsymbol{v}_n$ と W の基底 $\boldsymbol{w}_1, \ldots, \boldsymbol{w}_m$ を選ぶ. $\{\boldsymbol{v}_1, \ldots, \boldsymbol{v}_n\}$ の双対基底を $\phi_1, \ldots, \phi_n$ とする. このとき $\{g_{\boldsymbol{w}_i, \phi_j} \mid 1 \le i \le n, 1 \le j \le m\}$ は $\mathrm{Hom}(V, W)$ の基底をなす. 実際

$$g_{\boldsymbol{w}_i, \phi_j}(\boldsymbol{v}_k) = \langle \phi_j, \boldsymbol{v}_k \rangle \boldsymbol{w}_i = \delta_{jk} \boldsymbol{w}_i$$

なので，基底を用いて $V \cong \mathbb{C}^n$, $W \cong \mathbb{C}^m$ と同一視するとき $g_{\boldsymbol{w}_i, \phi_j}$ は行列単

位 $E_{ij} \in M_{m,n}(\mathbb{C}) \cong \mathrm{Hom}(V, W)$ に対応する.

　さて，線型空間 U と $\Phi \in \mathscr{L}(W, V^*; U)$ が与えられたとき，線型写像 $f :$
$\mathrm{Hom}(V, W) \to U$ を

$$f(g_{\boldsymbol{w}_i, \phi_j}) = \Phi(\boldsymbol{w}_i, \phi_j) \quad (1 \le i \le n, 1 \le j \le m)$$

と定める. このとき $f \circ \Phi_0 = \Phi$ が成り立つことを示す. そのためには $(\boldsymbol{w}_i, \phi_j)$
の行き先を比較すればよい. 実際

$$(f \circ \Phi_0)(\boldsymbol{w}_i, \phi_j) = f(\Phi_0(\boldsymbol{w}_i, \phi_j)) = f(g_{\boldsymbol{w}_i, \phi_j}) = \Phi(\boldsymbol{w}_i, \phi_j)$$

なのでよい. f の一意性については定理 4.3.5 の証明（の最後）と同様なので
省略する. $\qquad\qquad\qquad\qquad\qquad\qquad\qquad\qquad\qquad\qquad\qquad\qquad \Box$

　物理学者ディラック（P. A. M. Dirac, 1902-1984）によるブラ・ケット記法
を流用[*6]すると，証明中で用いた $g_{\boldsymbol{w}, \phi}$ は

$$|\boldsymbol{w}\rangle\langle\phi|$$

と書ける. V^* の元は**ブラ**（bra）と呼ばれ，記号 $\langle \cdot |$ のなかに，V の元は**ケッ
ト**（ket）と呼ばれ，$| \cdot \rangle$ のなかに書く. 自然なペアリング $V^* \times V \to \mathbb{C}$ は
$(\langle\phi|, |\boldsymbol{v}\rangle) \mapsto \langle\phi|\boldsymbol{v}\rangle$ と書かれる　（$\langle\phi|\boldsymbol{u}\rangle$ は $\langle\phi, \boldsymbol{u}\rangle$ と同じ）. ブラ（bra）が左，
ケット（ket）が右にあるとブラケット（bracket）が完成して数 $\langle\phi|\boldsymbol{v}\rangle$ になる
のである. ケット（ket）が左，ブラ（bra）が右にある $|\boldsymbol{w}\rangle\langle\phi|$ は

$$|\boldsymbol{v}\rangle \longmapsto |\boldsymbol{w}\rangle\langle\phi|\boldsymbol{v}\rangle = \langle\phi|\boldsymbol{v}\rangle \cdot |\boldsymbol{w}\rangle \quad (\boldsymbol{v} \in V)$$

のように，ケットからケット（あるいはブラからブラ）を作る作用素だとみな
せる. 例えば $\{\boldsymbol{v}_i\}$ の双対基底が $\{\phi_i\}$ であるとき

$$1 = \sum_{i=1}^{n} |\boldsymbol{v}_i\rangle\langle\phi_i|$$

が成り立つ. 任意の $\boldsymbol{v} \in V, \psi \in V^*$ に対して

[*6]　通常，ディラックのブラ・ケット記法はエルミート内積を備えた線型空間（一般にはヒルベ
ルト空間）において使われる. ここでは内積は考えていないので「流用」と書いた.

$$|\boldsymbol{v}\rangle = \sum_{i=1}^{n} |\boldsymbol{v}_i\rangle\langle\phi_i|\boldsymbol{v}\rangle = \sum_{i=1}^{n} \langle\phi_i|\boldsymbol{v}\rangle|\boldsymbol{v}_i\rangle, \quad \langle\psi| = \sum_{i=1}^{n} \langle\psi|\boldsymbol{v}_i\rangle\langle\phi_i|$$

となる. なお, 2つめの式は定理 4.1.2 で双対基底を論じたときの (4.1) と同じである.

命題 4.3.9 $\mathrm{Hom}(U \otimes V, W) \cong \mathrm{Hom}(U, \mathrm{Hom}(V, W))$.

証明 $f \in \mathrm{Hom}(U \otimes V, W)$ とする. $\boldsymbol{u} \in U$ を固定するとき, $V \ni \boldsymbol{v} \mapsto f(\boldsymbol{u} \otimes \boldsymbol{v}) \in W$ は線型なので, 写像 $\varphi_f : U \to \mathrm{Hom}(V, W)$ ができる. φ_f は線型である. $f \mapsto \varphi_f$ は命題の同型の左辺から右辺への写像である. 逆に $\varphi \in \mathrm{Hom}(U, \mathrm{Hom}(V, W))$ とする. 写像 $U \times V \to W$ を $(\boldsymbol{u}, \boldsymbol{v}) \mapsto (\varphi(\boldsymbol{u}))(\boldsymbol{v})$ により定める. これは双線型なので $f_\varphi(\boldsymbol{u} \otimes \boldsymbol{v}) = (\varphi(\boldsymbol{u}))(\boldsymbol{v})$ $(\boldsymbol{u} \in U, \boldsymbol{v} \in V)$ をみたす線型写像 $f_\varphi : U \otimes V \to W$ が存在する. $\varphi \mapsto f_\varphi$ は $f \mapsto \varphi_f$ による写像の逆写像を与える. □

課題 4.3 同型 $\mathrm{Hom}(V, W) \cong W \otimes V^*$ において $\boldsymbol{w} \otimes \phi \in W \otimes V^*$ に対応する $\mathrm{Hom}(V, W)$ の元を $g_{\boldsymbol{w}, \phi}$ とする. 次を示せ.

(1) $\boldsymbol{w} \in W$, $\phi \in V^*$ のとき $g_{\boldsymbol{w}, \phi}$ の双対写像 ${}^t g_{\boldsymbol{w}, \phi} \in \mathrm{Hom}(W^*, V^*) \cong V^* \otimes W$ は $g_{\phi, \boldsymbol{w}}$ に対応する. ただし $g_{\phi, \boldsymbol{w}}$ において $\boldsymbol{w} \in W = W^{**}$ とみる.

(2) U, V, W を線型空間とする. $\boldsymbol{w} \in W$, $\boldsymbol{v} \in V$, $\psi \in U^*$, $\phi \in V^*$ とするとき $g_{\boldsymbol{v}, \psi} : U \to V$, $g_{\boldsymbol{w}, \phi} : V \to W$ の合成 $g_{\boldsymbol{w}, \phi} \circ g_{\boldsymbol{v}, \psi} : U \to W$ は $\langle\phi, \boldsymbol{v}\rangle g_{\boldsymbol{w}, \psi}$ と等しい.

なお, ブラ・ケット記法では $g_{\boldsymbol{w}, \phi} \circ g_{\boldsymbol{v}, \psi} = \langle\phi, \boldsymbol{v}\rangle g_{\boldsymbol{w}, \psi}$ は

$$|\boldsymbol{w}\rangle\langle\phi| \cdot |\boldsymbol{v}\rangle\langle\psi| = \langle\phi|\boldsymbol{v}\rangle \cdot |\boldsymbol{w}\rangle\langle\psi|$$

となる.

4.4 対称テンソル空間, 交代テンソル空間

線型空間のテンソル積を用いて, さまざまな有用な線型空間を構成することができる. そのような例として, 対称テンソル空間, 交代テンソル空間をとり

挙げて解説する.

U, V, W を線型空間とするとき，自然な同型

$$(U \otimes V) \otimes W \cong U \otimes (V \otimes W)$$

がある（普遍写像性質から同型が構成できる．問題 4.4 参照）．$\boldsymbol{u} \in U$, $\boldsymbol{v} \in V$, $\boldsymbol{w} \in W$ とするとき $(\boldsymbol{u} \otimes \boldsymbol{v}) \otimes \boldsymbol{w}$ には $\boldsymbol{u} \otimes (\boldsymbol{v} \otimes \boldsymbol{w})$ が対応する．同型によって同一視し，単に $U \otimes V \otimes W$ と書く．より一般に，$V_1, \ldots, V_k$ を線型空間とするとき $V_1 \otimes \cdots \otimes V_k$ が定義できる．例えば，

$$V_1 \otimes (V_2 \otimes (V_3 \otimes V_4)) \cong V_1 \otimes ((V_2 \otimes V_3) \otimes V_4) \cong (V_1 \otimes (V_2 \otimes V_3)) \otimes V_4$$

などと括弧の位置を移動させることができるので，これらは自然に同一視され，単に $V_1 \otimes V_2 \otimes V_3 \otimes V_4$ と書いても問題がない.

普遍写像性質を用いて $V_1 \otimes \cdots \otimes V_k$ を特徴付けることもできる．U を線型空間として，$V_1 \times \cdots \times V_k$ から U への写像 Φ であって，各 V_i に関して（他の成分を固定したときに）線型であるものを**多重線型写像**（multi-linear map）という．$V_1 \times \cdots \times V_k$ から U への多重線型写像全体がなす集合を

$$\mathscr{L}(V_1, \ldots, V_k; U)$$

で表す．多重線型写像 $\Phi_0 : V_1 \times \cdots \times V_k \to V_1 \otimes \cdots \otimes V_k$ を $\Phi_0(\boldsymbol{v}_1, \ldots, \boldsymbol{v}_k) = \boldsymbol{v}_1 \otimes \cdots \otimes \boldsymbol{v}_k$ と定める．このとき自然な同型

$$\mathscr{L}(V_1, \ldots, V_k; U) \cong \mathrm{Hom}(V_1 \otimes \cdots \otimes V_k, U) \tag{4.6}$$

がある．より詳しくは，任意の $\Phi \in \mathscr{L}(V_1, \ldots, V_k; U)$ に対して $f \circ \Phi_0 = \Phi$ をみたす $f \in \mathrm{Hom}(V_1 \otimes \cdots \otimes V_k, U)$ が一意的に存在する（証明は定理 4.3.5 と同様なので省略する）.

n 次元の線型空間 V を k 個用いて作ったテンソル積空間 $V \otimes \cdots \otimes V$ を考えよう．これを $V^{\otimes k}$ と書く．V の基底 $\{\boldsymbol{e}_i\}_{i=1}^n$ を与えるとき

$$\boldsymbol{e}_{i_1} \otimes \cdots \otimes \boldsymbol{e}_{i_k} \quad (1 \leq i_1, \ldots, i_k \leq n)$$

は $V^{\otimes k}$ の基底をなす．これを $V^{\otimes k}$ の**標準基底**と呼ぼう.

k 次の対称群 S_k の元 σ に対して, 多重線型写像 $\Phi_\sigma : \underbrace{V \times \cdots \times V}_{k} \to V^{\otimes k}$ を $(\boldsymbol{v}_1, \ldots, \boldsymbol{v}_k) \mapsto \boldsymbol{v}_{\sigma(1)} \otimes \cdots \otimes \boldsymbol{v}_{\sigma(k)}$ により定める. 普遍写像性質から $f \circ$ $\Phi_0 = \Phi_\sigma$ をみたす $f \in \mathrm{Hom}(V^{\otimes k}, V^{\otimes k}) = \mathrm{End}(V^{\otimes k})$ が一意的に定まるので $\pi_\sigma := f$ とする. このとき V の任意の元 $\boldsymbol{v}_1, \ldots, \boldsymbol{v}_k$ に対して

$$\pi_\sigma(\boldsymbol{v}_1 \otimes \cdots \otimes \boldsymbol{v}_k) = \boldsymbol{v}_{\sigma(1)} \otimes \cdots \otimes \boldsymbol{v}_{\sigma(k)}$$

が成り立つ.

$\sigma, \tau \in S_k$ とするとき

$$\pi_\sigma \pi_\tau = \pi_{\tau\sigma} \tag{4.7}$$

が成り立つ (積の順序に注意!). これを確かめよう. まず $\pi_\tau(\boldsymbol{v}_1 \otimes \cdots \otimes \boldsymbol{v}_k)$ $= \boldsymbol{v}_{\tau(1)} \otimes \cdots \otimes \boldsymbol{v}_{\tau(k)}$ である. $\boldsymbol{w}_i = \boldsymbol{v}_{\tau(i)}$ $(1 \leq i \leq k)$ とおこう. ここで i を $\sigma(i)$ に置き換えると $\boldsymbol{w}_{\sigma(i)} = \boldsymbol{v}_{\tau(\sigma(i))} = \boldsymbol{v}_{(\tau\sigma)(i)}$ なので

$$\begin{aligned}
\pi_\sigma\big(\pi_\tau(\boldsymbol{v}_1 \otimes \cdots \otimes \boldsymbol{v}_k)\big) &= \pi_\sigma(\boldsymbol{w}_1 \otimes \cdots \otimes \boldsymbol{w}_k) \\
&= \boldsymbol{w}_{\sigma(1)} \otimes \cdots \otimes \boldsymbol{w}_{\sigma(k)} \\
&= \boldsymbol{v}_{(\tau\sigma)(1)} \otimes \cdots \otimes \boldsymbol{v}_{(\tau\sigma)(k)} \\
&= \pi_{\tau\sigma}(\boldsymbol{v}_1 \otimes \cdots \otimes \boldsymbol{v}_k)
\end{aligned}$$

となる. 明らかに π_e ($e \in S_k$ は恒等置換) は $\mathrm{Id}_{V^{\otimes k}}$ であるから

$$\pi_\sigma \cdot \pi_{\sigma^{-1}} = \pi_{\sigma^{-1}} \cdot \pi_\sigma = \mathrm{Id}_{V^{\otimes k}}$$

となる. したがって π_σ は正則で $\pi_\sigma^{-1} = \pi_{\sigma^{-1}}$ である.

$V^{\otimes k}$ の線型変換 $\mathcal{S}, \mathcal{A}$ を

$$\mathcal{S} = \sum_{\sigma \in S_k} \pi_\sigma, \quad \mathcal{A} = \sum_{\sigma \in S_k} \mathrm{sgn}(\sigma)\pi_\sigma$$

により定める. ここで, $\mathrm{sgn}(\sigma)$ は置換 $\sigma \in S_k$ の**符号**である. $\mathcal{S}$ を**対称化作用素** (symmetrizer), $\mathcal{A}$ を**交代化作用素** (alternizer) と呼ぶ. テンソル空間の次数 k を明示したいときは $\mathcal{S}^{(k)}$, $\mathcal{A}^{(k)}$ と書く.

命題 4.4.1 $\sigma \in S_k$ に対して次が成り立つ:

$$\pi_\sigma \, \mathcal{S} = \mathcal{S} \, \pi_\sigma = \mathcal{S}, \quad \pi_\sigma \, \mathcal{A} = \mathcal{A} \, \pi_\sigma = \mathrm{sgn}(\sigma) \, \mathcal{A}.$$

証明 $\mathcal{A}$ の定義に従って，(4.7) を用いて計算すると

$$\pi_\sigma \, \mathcal{A} = \sum_{\tau \in S_k} \mathrm{sgn}(\tau) \, \pi_\sigma \, \pi_\tau = \sum_{\tau \in S_k} \mathrm{sgn}(\tau) \, \pi_{\tau\sigma} = \mathrm{sgn}(\sigma) \sum_{\tau \in S_k} \mathrm{sgn}(\tau\sigma) \, \pi_{\tau\sigma}.$$

ここで τ が S_k の元全体をわたるとき，$\tau\sigma$ もやはり S_k の元全体をわたるので $\sum_{\tau \in S_k} \mathrm{sgn}(\tau\sigma) \, \pi_{\tau\sigma} = \sum_{\tau \in S_k} \mathrm{sgn}(\tau)\pi_\tau = \mathcal{A}$ となる．よって $\pi_\sigma \, \mathcal{A} = \mathrm{sgn}(\sigma) \, \mathcal{A}$ である．他も同様である． □

命題 4.4.2 次が成り立つ．

(1) $\mathcal{S}^2 = k! \, \mathcal{S}$, (2) $\mathcal{A}^2 = k! \, \mathcal{A}$, (3) $k \geq 2$ ならば $\mathcal{S}\mathcal{A} = \mathcal{A}\mathcal{S} = 0$.

証明 いずれも命題 4.4.1 を用いる．

(1) $\mathcal{S}^2 = \sum_{\sigma \in S_k} \pi_\sigma \mathcal{S} = \sum_{\sigma \in S_k} \mathcal{S} = k! \, \mathcal{S}$.

(2) $\mathcal{A}^2 = \sum_{\sigma \in S_k} \mathrm{sgn}(\sigma)\pi_\sigma\mathcal{A} = \sum_{\sigma \in S_k} \mathrm{sgn}(\sigma)^2\mathcal{A} = \sum_{\sigma \in S_k} \mathcal{A} = k! \, \mathcal{A}$.

(3) $\mathcal{S} \, \mathcal{A} = \sum_{\sigma \in S_k} \pi_\sigma\mathcal{A} = \left(\sum_{\sigma \in S_k} \mathrm{sgn}(\sigma)\right)\mathcal{A}$. $k \geq 2$ ならば S_k は $k!/2$ 個の偶置換と，同数の奇置換からなるので $\sum_{\sigma \in S_k} \mathrm{sgn}(\sigma) = 0$ である． □

ここで

$$P_\mathcal{S} = \frac{1}{k!} \, \mathcal{S}^{(k)}, \quad P_\mathcal{A} = \frac{1}{k!} \, \mathcal{A}^{(k)}$$

とおくと

$$P_\mathcal{S}^2 = P_\mathcal{S}, \quad P_\mathcal{A}^2 = P_\mathcal{A}, \quad P_\mathcal{S} P_\mathcal{A} = P_\mathcal{A} P_\mathcal{S} = 0 \quad (k \geq 2)$$

が成り立つ（$k \geq 2$ ならば $P_\mathcal{S}, P_\mathcal{A}$ は互いに直交する射影子系）．そこで

$$S^k(V) = \mathrm{Im}(P_\mathcal{S}), \quad A^k(V) = \mathrm{Im}(P_\mathcal{A})$$

とおく．$S^k(V)$ を k **次対称テンソル空間** （space of symmetric tensors）と呼び，$A^k(V)$ を k **次交代テンソル空間** （space of alternating tensors）と呼ぶ．$S^1(V) = A^1(V) = V$ に注意しておこう．$k \geq 2$ ならば $S^k(V) \cap A^k(V) = \{\mathbf{0}\}$ である（命題 4.4.2 (3) より）．

問 4.5 $t \in V^{\otimes k}$ に対して次を示せ.

(1) $t \in S^k(V) \Longleftrightarrow \pi_\sigma t = t \ (\sigma \in S_k)$,

(2) $t \in A^k(V) \Longleftrightarrow \pi_\sigma t = \mathrm{sgn}(\sigma) t \ (\sigma \in S_k)$.

テンソル積空間 $V^{\otimes k}$ の標準基底をなすベクトル $e_{i_1} \otimes \cdots \otimes e_{i_k}$ を考える. 各 $1 \leq i \leq n$ に対して $(i_1, \ldots, i_k)$ のなかに i が現れる個数を β_i とする. このとき $e_{i_1} \otimes \cdots \otimes e_{i_k}$ は**ウェイト** $\beta := (\beta_1, \ldots, \beta_n) \in \mathbb{N}^n$ を持つという. $|\beta| := \sum_{i=1}^n \beta_i$ の値は k であることに注意しておこう. ウェイト β を持つ $e_{i_1} \otimes \cdots \otimes e_{i_k}$ たちが生成する $V^{\otimes k}$ の部分空間を $V^{\otimes k}(\beta)$ で表す. $V^{\otimes k}(\beta)$ に属す $\mathbf{0}$ でないベクトルはウェイト β を持つ**ウェイト・ベクトル**（weight vector）であるという.

例 4.4.3 $V = \mathbb{C}^3$ のとき $V^{\otimes 3}(\beta) \neq 0$ である β たちを図示すると以下のようになる：

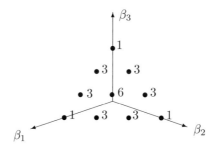

$\bullet$ により表されるウェイト β に対して $\dim V^{\otimes 3}(\beta)$ を書いた. 例えば $\beta = (2, 1, 0)$ ならば $e_1 \otimes e_1 \otimes e_2$, $e_1 \otimes e_2 \otimes e_1$, $e_2 \otimes e_1 \otimes e_1$ が $V^{\otimes 3}(\beta)$ の基底になる. ■

命題 4.4.4 次が成り立つ.

(1) 相異なるウェイトを持つウェイト・ベクトルの集合は線型独立である.

(2) $V^{\otimes k} = \bigoplus_{\beta \in \mathbb{N}^n : |\beta| = k} V^{\otimes k}(\beta)$.

(3) $\sigma \in S_k$ に対して $e_{i_1} \otimes \cdots \otimes e_{i_k}$ と $\pi_\sigma(e_{i_1} \otimes \cdots \otimes e_{i_k})$ のウェイトは同じ.

(4) 任意の $\sigma \in S_k$ に対して，各 $V^{\otimes k}(\beta)$ は π_σ 不変である.

証明 (1) ウェイト・ベクトルを $V^{\otimes k}$ の標準基底の線型結合として表すとき，零でない係数を持って現れるベクトル $e_{i_1} \otimes \cdots \otimes e_{i_k}$ はすべて同じウェイトを

持つ（ウェイト・ベクトルの定義から）．したがって異なるウェイトを持つウェイト・ベクトルの間には共通項がない（$V^{\otimes k}$ の標準基底の線型結合として表したときに）．このことから主張がしたがう．

(2)　$V^{\otimes k}$ の標準基底はウェイト・ベクトルからなるから $V^{\otimes k}$ $=$ $\sum_{\beta \in \mathbb{N}^n} V^{\otimes k}(\beta)$．である．(1) より，これは直和である．ウェイト β のウェイト・ベクトルは $|\beta| = k$ のときだけ存在するので (2) がしたがう．

(3)　$\pi_\sigma(\boldsymbol{e}_{i_1} \otimes \cdots \otimes \boldsymbol{e}_{i_k}) = \boldsymbol{e}_{i_{\sigma(1)}} \otimes \cdots \otimes \boldsymbol{e}_{i_{\sigma(k)}}$ より明らか．

(4) は (3) よりしたがう．　　　　　　　　　　　　　　　　　　　　□

注意 4.4.5 (2) の直和分解は（同時）固有空間分解と考えることができる．詳しくは 8.1 節を参照のこと．

対称テンソル空間 $S^k(V)$ の標準基底

$\boldsymbol{v}_1, \ldots, \boldsymbol{v}_k \in V$ に対して

$$\boldsymbol{v}_1 \odot \cdots \odot \boldsymbol{v}_k := P_{\mathrm{S}}(\boldsymbol{v}_1 \otimes \cdots \otimes \boldsymbol{v}_k) \tag{4.8}$$

と定める．ただし，慣れてきたら単純に $\boldsymbol{v}_1 \cdots \boldsymbol{v}_k$ と書くことも多い．実際，後で見るように $\odot$ は，ごく普通の可換性のある積と同じように扱える．さて，$V^{\otimes k}$ の元の集まり

$$\boldsymbol{e}_{i_1} \odot \cdots \odot \boldsymbol{e}_{i_k} \quad (1 \le i_1, \ldots, i_k \le n) \tag{4.9}$$

は明らかに $S^k(V) = \mathrm{Im}(P_{\mathrm{S}})$ を生成する．これらはウェイト・ベクトルでもある．実際 $\boldsymbol{e}_{i_1} \otimes \cdots \otimes \boldsymbol{e}_{i_k}$ のウェイトを β とするとき，$\boldsymbol{e}_{i_1} \odot \cdots \odot \boldsymbol{e}_{i_k}$ はウェイト β を持つウェイト・ベクトルである（命題 4.4.4 (3) により）．

例 4.4.6　$k = 3$ とし $\boldsymbol{e}_i \otimes \boldsymbol{e}_j \otimes \boldsymbol{e}_k$ を $\boldsymbol{e}_{i,j,k}$ と書くとき，例えば

$$\boldsymbol{e}_1 \odot \boldsymbol{e}_2 \odot \boldsymbol{e}_3 = (1/6)\left(\boldsymbol{e}_{1,2,3} + \boldsymbol{e}_{2,3,1} + \boldsymbol{e}_{3,1,2} + \boldsymbol{e}_{2,1,3} + \boldsymbol{e}_{3,2,1} + \boldsymbol{e}_{1,3,2}\right),$$

$$\boldsymbol{e}_1 \odot \boldsymbol{e}_1 \odot \boldsymbol{e}_2 = (1/3)\left(\boldsymbol{e}_{1,1,2} + \boldsymbol{e}_{1,2,1} + \boldsymbol{e}_{2,1,1}\right),$$

$$\boldsymbol{e}_1 \odot \boldsymbol{e}_1 \odot \boldsymbol{e}_1 = \boldsymbol{e}_{1,1,1}.$$

■

$\sigma \in S_k$ に対し, $P_{\mathrm{S}}\pi_\sigma = P_{\mathrm{S}}$ より次がしたがう:

$$\boldsymbol{v}_{\sigma(1)} \odot \cdots \odot \boldsymbol{v}_{\sigma(k)} = \boldsymbol{v}_1 \odot \cdots \odot \boldsymbol{v}_k \quad (\boldsymbol{v}_1, \ldots, \boldsymbol{v}_k \in V). \tag{4.10}$$

特に

$$\boldsymbol{e}_{i_{\sigma(1)}} \odot \cdots \odot \boldsymbol{e}_{i_{\sigma(k)}} = \boldsymbol{e}_{i_1} \odot \cdots \odot \boldsymbol{e}_{i_k} \tag{4.11}$$

であるから $\boldsymbol{e}_{i_1} \odot \cdots \odot \boldsymbol{e}_{i_k}$ と書かれる元は, 可換な文字 $\boldsymbol{e}_1, \ldots, \boldsymbol{e}_n$ から k 個を選んで作った単項式のように扱うことができる. よって, 添字の順序を整えたベクトルの集まり

$$\boldsymbol{e}_{i_1} \odot \cdots \odot \boldsymbol{e}_{i_k} \quad (1 \le i_1 \le \cdots \le i_k \le n) \tag{4.12}$$

を考えると, これらが $S^k(V)$ を生成することは明らかである ((4.9) から重複を省いただけ). これらのベクトルがウェイト・ベクトルであることはすでに注意したが, ウェイトはすべて異なる. 実際, $\beta \in \mathbb{N}^n$ (ただし $|\beta| = k$) に対して, (4.12) に含まれていてウェイト β を持つベクトルは単項式

$$\underbrace{\boldsymbol{e}_1 \odot \cdots \odot \boldsymbol{e}_1}_{\beta_1} \odot \underbrace{\boldsymbol{e}_2 \odot \cdots \odot \boldsymbol{e}_2}_{\beta_2} \odot \cdots \odot \underbrace{\boldsymbol{e}_n \odot \cdots \odot \boldsymbol{e}_n}_{\beta_n}$$

唯一つである. よって, ベクトルの集まり (4.12) は線型独立であり (命題 4.4.4 (1) より), したがって $S^k(V)$ の基底をなす. これを $S^k(V)$ の**標準基底**と呼ぶ.

$S^k(V)$ の標準基底をなすベクトルの個数は, n 個のものから重複を許して k 個のものを (順序を付けずに) 選ぶ方法 (**重複組合せ**) の個数と一致するから

$$\dim S^k(V) = \binom{n+k-1}{k}. \tag{4.13}$$

交代テンソル空間 $A^k(V)$ の標準基底

次に交代テンソル空間 $A^k(V)$ について考えよう. 特徴的な記法として

$$\boldsymbol{v}_1 \wedge \cdots \wedge \boldsymbol{v}_k = \mathcal{A}(\boldsymbol{v}_1 \otimes \cdots \otimes \boldsymbol{v}_k) \quad (\boldsymbol{v}_1, \ldots, \boldsymbol{v}_k \in V) \tag{4.14}$$

が用いられる. ∧ は**ウェッジ**（wedge）と読む. $\sigma \in S_k$ に対し, $\mathcal{A} \cdot \pi_\sigma = \mathrm{sgn}(\sigma)\mathcal{A}$ より

$$\boldsymbol{v}_{\sigma(1)} \wedge \cdots \wedge \boldsymbol{v}_{\sigma(k)} = \mathrm{sgn}(\sigma)\, \boldsymbol{v}_1 \wedge \cdots \wedge \boldsymbol{v}_k \tag{4.15}$$

がしたがう. これを**交代性**と呼ぶ.

命題 4.4.7　$\boldsymbol{v}_1, \ldots, \boldsymbol{v}_k$ のなかに同じものが 2 つあると $\boldsymbol{v}_1 \wedge \cdots \wedge \boldsymbol{v}_k = \boldsymbol{0}$.

証明　特に $\sigma = (ij)$（互換）のとき (4.15) より

$$\boldsymbol{v}_1 \wedge \cdots \wedge \boldsymbol{v}_j \wedge \cdots \wedge \boldsymbol{v}_i \wedge \cdots \wedge \boldsymbol{v}_k = (-1)\, \boldsymbol{v}_1 \wedge \cdots \wedge \boldsymbol{v}_i \wedge \cdots \wedge \boldsymbol{v}_j \wedge \cdots \wedge \boldsymbol{v}_k$$

となる. $\boldsymbol{v}_j = \boldsymbol{v}_i$ とすると $\boldsymbol{v}_1 \wedge \cdots \wedge \boldsymbol{v}_i \wedge \cdots \wedge \boldsymbol{v}_i \wedge \cdots \wedge \boldsymbol{v}_k = (-1)\, \boldsymbol{v}_1 \wedge \cdots \wedge \boldsymbol{v}_i \wedge \cdots \wedge \boldsymbol{v}_i \wedge \cdots \wedge \boldsymbol{v}_k$ となって $2\, \boldsymbol{v}_1 \wedge \cdots \wedge \boldsymbol{v}_i \wedge \cdots \wedge \boldsymbol{v}_i \wedge \cdots \wedge \boldsymbol{v}_k = \boldsymbol{0}$. これを 2 で割って $\boldsymbol{v}_1 \wedge \cdots \wedge \boldsymbol{v}_i \wedge \cdots \wedge \boldsymbol{v}_i \wedge \cdots \wedge \boldsymbol{v}_k = \boldsymbol{0}$ を得る.　□

このことから

$$\boldsymbol{e}_{i_1} \wedge \cdots \wedge \boldsymbol{e}_{i_k} \quad (1 \le i_1 < \cdots < i_k \le n) \tag{4.16}$$

が $A^k(V)$ を生成することがわかる. これらは相異なるウェイトを持つウェイト・ベクトルの集まり（$S^k(V)$ のときと同様）だから線型独立である. よって $A^k(V)$ の基底をなす. これを $A^k(V)$ の **標準基底**と呼ぶ. よって

$$\dim A^k(V) = \binom{n}{k}. \tag{4.17}$$

特に $k > n$ のときは $\dim A^k(V) = 0$ である.

定理 4.4.8　$\boldsymbol{a}_j = \sum_{i=1}^n c_{ij}\boldsymbol{b}_i\ (1 \le j \le k)$ とするとき

$$\boldsymbol{a}_1 \wedge \cdots \wedge \boldsymbol{a}_k = \sum_{1 \le i_1 < \cdots < i_k \le n} \begin{vmatrix} c_{i_1 1} & \cdots & c_{i_1 k} \\ \vdots & \ddots & \vdots \\ c_{i_k 1} & \cdots & c_{i_k k} \end{vmatrix} \boldsymbol{b}_{i_1} \wedge \cdots \wedge \boldsymbol{b}_{i_k}. \tag{4.18}$$

特に $k = n$ ならば

$$\boldsymbol{a}_1 \wedge \cdots \wedge \boldsymbol{a}_n = \det(A)\, \boldsymbol{b}_1 \wedge \cdots \wedge \boldsymbol{b}_n. \tag{4.19}$$

証明 $(\boldsymbol{v}_1, \ldots, \boldsymbol{v}_k) \mapsto \boldsymbol{v}_1 \wedge \cdots \wedge \boldsymbol{v}_k$ が多重線型写像であることと，交代性を持つことから

$$
\begin{aligned}
\boldsymbol{a}_1 \wedge \cdots \wedge \boldsymbol{a}_k &= \sum_{1 \le i_1, \ldots, i_k \le n} c_{i_1 1} \cdots c_{i_k k}\, \boldsymbol{b}_{i_1} \wedge \cdots \wedge \boldsymbol{b}_{i_k} \\
&= \sum_{1 \le i_1 < \cdots < i_k \le n} \sum_{\sigma \in S_k} c_{i_{\sigma(1)} 1} \cdots c_{i_{\sigma(k)} k}\, \boldsymbol{b}_{i_{\sigma(1)}} \wedge \cdots \wedge \boldsymbol{b}_{i_{\sigma(k)}} \\
&= \sum_{1 \le i_1 < \cdots < i_k \le n} \sum_{\sigma \in S_k} \operatorname{sgn}(\sigma) c_{i_{\sigma(1)} 1} \cdots c_{i_{\sigma(k)} k}\, \boldsymbol{b}_{i_1} \wedge \cdots \wedge \boldsymbol{b}_{i_k}
\end{aligned}
$$

となるので，行列式の定義から (4.18) が得られる. □

問 4.6 (4.19) を用いて行列式の乗法性 $\det(AB) = \det(A)\det(B)$ を導け.

4.5 テンソル代数

V を線型空間とする. $T^k(V) = V^{\otimes k}$ $(k = 1, \ldots)$ とおき，無限直和（A.4 節参照）

$$T(V) = \bigoplus_{k=0}^{\infty} T^k(V)$$

を考えよう. ただし $T^0(V) = \mathbb{C}$ とおく. $T(V)$ の元は

$$\sum_{k=0}^{\infty} \boldsymbol{t}_k = \boldsymbol{t}_0 + \boldsymbol{t}_1 + \cdots + \boldsymbol{t}_k + \cdots \quad (\boldsymbol{t}_k \in T^k(V))$$

という形をしていて $\boldsymbol{t}_0, \boldsymbol{t}_1, \ldots, \boldsymbol{t}_k, \ldots$ のうちの有限個以外が $\boldsymbol{0}$ であるようなものである. $T(V)$ は自然に（無限次元の）線型空間の構造を持つ. $\boldsymbol{t}_k \in T^k(V)$ を $\boldsymbol{0} + \cdots + \boldsymbol{0} + \boldsymbol{t}_k + \boldsymbol{0} + \cdots$ と同一視して $T^k(V) \subset T(V)$ とみなす. このようにみたときの $T^k(V)$ の元を k 次の**斉次元**という. 特に 1 次の斉次元全体 $T^1(V)$ は V とみなせる. $\boldsymbol{t}_k \in T^k(V)$, $\boldsymbol{s}_l \in T^l(V)$ とすれば $\boldsymbol{t}_k \otimes \boldsymbol{s}_l \in T^{k+l}(V)$ であるので $\boldsymbol{t} = \sum_k \boldsymbol{t}_k$, $\boldsymbol{s} = \sum_l \boldsymbol{s}_l \in T(V)$ の積を

$$\boldsymbol{t} \cdot \boldsymbol{s} = \sum_{r=0}^{\infty} \left(\sum_{k+l=r} \boldsymbol{t}_k \otimes \boldsymbol{s}_l \right) \in T(V)$$

と定めることができる. ただし $T^0(V) = \mathbb{C}$ なので $T^0(V) \otimes T^k(V) = T^k(V) \otimes T^0(V) = T^k(V)$ とみなせて, $T^0(V)$ の元 $c \in \mathbb{C}$ による左右からのかけ算はスカラー倍と同一視できる（問 4.4 参照）.

$\mathbb{C}$ 上の線型空間と環の構造を合わせ持つ代数系を $\mathbb{C}$ **代数** と呼ぶ（定義は B.9 節参照）. $T(V) = \bigoplus_{k=0}^{\infty} T^k(V)$ は $\mathbb{C}$ 代数である. これを**テンソル代数** (tensor algebra) と呼ぶ. 構成の仕方から $T(V)$ は次数付き環（B.10 節参照）の構造も自然に持つ. 次数付き環とみなすときは $T^*(V)$ という記法を用いる.

4.6 グラスマン代数

V を有限次元, $\dim(V) = n$ とする. 直和 $A^*(V) = \bigoplus_{k=0}^{\infty} A^k(V)$ は $\sum_{k=0}^{n} \binom{n}{k} = 2^n$ 次元の線型空間である. $A^*(V)$ に次数付き $\mathbb{C}$ 代数の構造を定めることができる. それは**グラスマン代数** (Grassmann algebra), あるいは**外積代数** (exterior algebra) と呼ばれ, 幾何学をはじめ, さまざまな場面で現れる普遍的な $\mathbb{C}$ 代数である. 積構造は通常, 記号 $\wedge$（ウェッジ）を用いて表される.

定理 4.6.1 双線型写像 $A^k(V) \times A^l(V) \to A^{k+l}(V)$ を

$$\boldsymbol{t} \wedge \boldsymbol{s} = \binom{k+l}{k} P_A (\boldsymbol{t} \otimes \boldsymbol{s}) \quad (\boldsymbol{t} \in A^k(V),\ \boldsymbol{s} \in A^l(V)) \tag{4.20}$$

により定める. 次が成り立つ.

(1) 結合律：$\boldsymbol{t} \in A^k(V),\ \boldsymbol{s} \in A^l(V),\ \boldsymbol{u} \in A^m(V)$ に対して

$$(\boldsymbol{t} \wedge \boldsymbol{s}) \wedge \boldsymbol{u} = \boldsymbol{t} \wedge (\boldsymbol{s} \wedge \boldsymbol{u}). \tag{4.21}$$

(2) $\boldsymbol{t} \in A^k(V),\ \boldsymbol{s} \in A^l(V)$ に対して

$$\boldsymbol{t} \wedge \boldsymbol{s} = (-1)^{kl}\, \boldsymbol{s} \wedge \boldsymbol{t}. \tag{4.22}$$

(3) $\boldsymbol{t} \in T^k(V),\ \boldsymbol{s} \in T^l(V)$ に対して

$$\mathcal{A}^{(k+l)}(\boldsymbol{t} \otimes \boldsymbol{s}) = \mathcal{A}^{(k)}(\boldsymbol{t}) \wedge \mathcal{A}^{(l)}(\boldsymbol{s}). \tag{4.23}$$

(4) $\boldsymbol{v}_1, \ldots, \boldsymbol{v}_k \in V = A^1(V)$ に対して，結合律を用いて $\boldsymbol{v}_1 \wedge \cdots \wedge \boldsymbol{v}_k \in A^k(V)$ を帰納的に定めるとき

$$\boldsymbol{v}_1 \wedge \cdots \wedge \boldsymbol{v}_k = \mathcal{A}(\boldsymbol{v}_1 \otimes \cdots \otimes \boldsymbol{v}_k). \tag{4.24}$$

証明の前に，いくつか注意しておこう．$A^*(V)$ は $T^*(V)$ の部分空間であるが，$A^*(V)$ は $T^*(V)$ の積では保たれない．そこで，交代化作用素 $\mathcal{A}$ を用いて (4.20) のように積を定める．二項係数 $\binom{k+l}{k}$ をかけて定義することの利点は (3), (4) などにみられる．特に (4) は，すでに (4.14) で導入した記号と (4.20) が整合的であることを意味している．

系 4.6.2 $A^*(V) = \bigoplus_{k=0}^{n} A^k(V)$ は $\wedge$ を積として次数付き $\mathbb{C}$ 代数である．また $\mathcal{A} : T^*(V) \to A^*(V)$ は次数付き $\mathbb{C}$ 代数の準同型である．

証明 $1 \in A^0(V) = \mathbb{C}$ が単位元の役割をはたす．結合律は定理の (1) で示されている．その他の $\mathbb{C}$ 代数の公理を確かめるのは易しい．$\mathcal{A}$ が環準同型であることは定理の (3) による．   □

定理 4.6.1 を証明するために次を用いる．

補題 4.6.3 $\boldsymbol{t} \in T^k(V)$, $\boldsymbol{s} \in T^l(V)$ に対して

$$P_{\mathcal{A}}(P_{\mathcal{A}}(\boldsymbol{t}) \otimes \boldsymbol{s}) = P_{\mathcal{A}}(\boldsymbol{t} \otimes P_{\mathcal{A}}(\boldsymbol{s})) = P_{\mathcal{A}}(\boldsymbol{t} \otimes \boldsymbol{s}).$$

証明 $\boldsymbol{t} = \boldsymbol{v}_1 \otimes \cdots \otimes \boldsymbol{v}_k$, $\boldsymbol{s} = \boldsymbol{v}_{k+1} \otimes \cdots \otimes \boldsymbol{v}_{k+l}$ として計算すれば十分である．このとき

$$P_{\mathcal{A}}(P_{\mathcal{A}}(\boldsymbol{t}) \otimes \boldsymbol{s})$$
$$= P_{\mathcal{A}}\left(\frac{1}{k!} \sum_{\sigma \in S_k} \operatorname{sgn}(\sigma) \boldsymbol{v}_{\sigma(1)} \otimes \cdots \otimes \boldsymbol{v}_{\sigma(k)} \otimes \boldsymbol{v}_{k+1} \otimes \cdots \otimes \boldsymbol{v}_{k+l} \right).$$

ここで $\sigma \in S_k$ を文字 $k+1, \ldots, k+l$ を動かさない置換として S_{k+l} の元とみなすと，括弧のなかは

$$\frac{1}{k!} \sum_{\sigma \in S_k (\subset S_{k+l})} \mathrm{sgn}(\sigma) \boldsymbol{v}_{\sigma(1)} \otimes \cdots \otimes \boldsymbol{v}_{\sigma(k+l)}$$

と書いても同じである．よって

$$P_A \left(P_A(\boldsymbol{t}) \otimes \boldsymbol{s} \right) = \frac{1}{(k+l)!} \sum_{\sigma \in S_k} \frac{1}{k!} \sum_{\tau \in S_{k+l}} \mathrm{sgn}(\sigma\tau) \boldsymbol{v}_{\sigma\tau(1)} \otimes \cdots \otimes \boldsymbol{v}_{\sigma\tau(k+l)}.$$

σ を固定するごとに，$\tau \in S_{k+l}$ に関する和は σ にはよらないので $P_A(P_A(\boldsymbol{t}) \otimes \boldsymbol{s})$ は

$$\frac{1}{(k+l)!} \sum_{\tau \in S_{k+l}} \mathrm{sgn}(\tau) \boldsymbol{v}_{\tau(1)} \otimes \cdots \otimes \boldsymbol{v}_{\tau(k)} \otimes \boldsymbol{v}_{\tau(k+1)} \otimes \cdots \otimes \boldsymbol{v}_{\tau(k+l)},$$

つまり $P_A(\boldsymbol{t} \otimes \boldsymbol{s})$ と等しい．$P_A(\boldsymbol{t} \otimes P_A(\boldsymbol{s})) = P_A(\boldsymbol{t} \otimes \boldsymbol{s})$ についても同様である． $\qquad \square$

証明　（定理 4.6.1）　(1) 定義から

$$
\begin{aligned}
(\boldsymbol{t} \wedge \boldsymbol{s}) \wedge \boldsymbol{u} &= \binom{k+l}{k}\binom{k+l+m}{k+l} P_A \left(P_A(\boldsymbol{t} \otimes \boldsymbol{s}) \otimes \boldsymbol{u} \right) \\
&= \frac{(k+l+m)!}{k!\, l!\, m!} P_A \left(P_A(\boldsymbol{t} \otimes \boldsymbol{s}) \otimes \boldsymbol{u} \right)
\end{aligned}
\tag{4.25}
$$

となる．補題 4.6.3 より

$$P_A \left(P_A(\boldsymbol{t} \otimes \boldsymbol{s}) \otimes \boldsymbol{u} \right) = P_A(\boldsymbol{t} \otimes \boldsymbol{s} \otimes \boldsymbol{u}) = P_A(\boldsymbol{t} \otimes P_A(\boldsymbol{s} \otimes \boldsymbol{u}))$$

が成り立つので，(4.21) が成り立つ．

(2) $\sigma \in S_{k+l}$ を

$$\sigma = \left(\begin{array}{cccccc} 1 & \cdots & l & 1+l & \cdots & k+l \\ k+1 & \cdots & k+l & 1 & \cdots & k \end{array} \right)$$

と定める．このとき $\mathrm{sgn}(\sigma) = (-1)^{kl}$, $\pi_\sigma(\boldsymbol{s} \otimes \boldsymbol{t}) = \boldsymbol{t} \otimes \boldsymbol{s}$ であるから

$$t \wedge s = \binom{k+l}{k} P_A(t \otimes s) = \binom{k+l}{l} P_A \pi_\sigma(s \otimes t) = \operatorname{sgn}(\sigma)\binom{k+l}{l} P_A(s \otimes t)$$

$$= (-1)^{kl} s \wedge t.$$

(3) $\wedge$ の定義，$\mathcal{A}^{(k)} = k! P_A$ であること，および補題 4.6.3 から

$$\mathcal{A}^{(k)}(t) \wedge \mathcal{A}^{(l)}(s) = \binom{k+l}{k} P_A(\mathcal{A}^{(k)}(t) \otimes \mathcal{A}^{(l)}(s))$$

$$= \binom{k+l}{k} \cdot P_A(k! \cdot P_A(t) \otimes l! \cdot P_A(s))$$

$$= (k+l)! \cdot P_A(P_A(t) \otimes P_A(s))$$

$$= (k+l)! \cdot P_A(t \otimes s)$$

$$= \mathcal{A}^{(k+l)}(t \otimes s).$$

(4) 結合律と (3) より

$$\mathcal{A}(v_1 \otimes \cdots \otimes v_k) = \mathcal{A}(v_1) \wedge \cdots \wedge \mathcal{A}(v_k)$$

が成り立つ．$v \in V$ に対しては $\mathcal{A}(v) = v$ なので (4) がしたがう． □

次は基本的である．

定理 4.6.4 $a_1, \ldots, a_k \in V$ とする．このとき

$$a_1, \ldots, a_k \text{ が線型独立} \iff a_1 \wedge \cdots \wedge a_k \neq 0.$$

特に，$a_1, \ldots, a_k \in \mathbb{C}^n$ の線型独立性は (n, k) 行列 $A = (a_1, \ldots, a_k)$ の k 次小行列式のうちで 0 でないものが存在することとと同値である．

証明 $a_1, \ldots, a_k \in V$ が線型独立であるとする．$a_{k+1}, \ldots, a_n$ を追加して $a_1, \ldots, a_n$ が V の基底になるようにする．$a_{i_1} \wedge \cdots \wedge a_{i_k}$ $(1 \leq i_1 < \cdots < i_k \leq n)$ は $A^k(V)$ の基底をなすから，特に $a_1 \wedge \cdots \wedge a_k \neq 0$ である．一方，$a_1, \ldots, a_k \in V$ が線型従属であるとすると，例えば線型関係式 $a_1 = \sum_{j=2}^k c_j a_j$ が成り立つ．このとき $a_1 \wedge \cdots \wedge a_k = \sum_{j=2}^k c_j a_j \wedge a_2 \wedge \cdots \wedge a_k = 0$ である．後半の主張は定理 4.4.8 からしたがう． □

商としての外積代数

交代化作用素 $\mathcal{A}^{(k)} : T^k(V) \to T^k(V)$ の像空間は定義から交代テンソル空間 $A^k(V)$ である. 核空間 $\mathrm{Ker}(\mathcal{A}^{(k)})$ を $I^k(V)$ と書く. 特に $I^1(V) = 0$ である. また $I^0(V) = 0$ と定めておく. 商空間

$$\textstyle\bigwedge^k(V) = T^k(V)/I^k(V)$$

を k 次の**外積空間**(exterior power)と呼ぶ. 特に $\bigwedge^0(V) = \mathbb{C}$, $\bigwedge^1(V) = V$ である. 線型空間の準同型定理(定理 2.1.13)より線型同型

$$\alpha_k : \textstyle\bigwedge^k(V) \longrightarrow A^k(V), \quad \alpha_k([\boldsymbol{t}]) = \mathcal{A}^{(k)}(\boldsymbol{t}), \ \boldsymbol{t} \in T^k(V) \tag{4.26}$$

が得られる. $T^k(V)$ の部分空間として構成した $A^k(V)$ は $T^k(V)$ の商空間 $\bigwedge^k(V)$ と自然に線型同型になっているわけである.

直和空間 $\bigwedge^*(V) := \bigoplus_{k=0}^{\infty} \bigwedge^k(V)$ に自然な積構造を与える双線型写像

$$\textstyle\bigwedge^k(V) \times \bigwedge^l(V) \to \bigwedge^{k+l}(V), \quad ([\boldsymbol{t}],[\boldsymbol{s}]) \mapsto [\boldsymbol{t} \otimes \boldsymbol{s}]$$

が定義できる. 実際, $\boldsymbol{t}, \boldsymbol{t}' \in T^k(V)$, $\boldsymbol{s}, \boldsymbol{s}' \in T^l(V)$ が $[\boldsymbol{t}'] = [\boldsymbol{t}], [\boldsymbol{s}'] = [\boldsymbol{s}]$ をみたすとき $\mathcal{A}^{(k)}(\boldsymbol{t}) = \mathcal{A}^{(k)}(\boldsymbol{t}')$, $\mathcal{A}^{(k)}(\boldsymbol{s}) = \mathcal{A}^{(k)}(\boldsymbol{s}')$ が成り立つから, 定理 4.6.1(3) を用いて

$$\mathcal{A}^{(k+l)}(\boldsymbol{t} \otimes \boldsymbol{s}) = \mathcal{A}^{(k)}(\boldsymbol{t}) \wedge \mathcal{A}^{(l)}(\boldsymbol{s}) = \mathcal{A}^{(k)}(\boldsymbol{t}') \wedge \mathcal{A}^{(l)}(\boldsymbol{s}') = \mathcal{A}^{(k+l)}(\boldsymbol{t}' \otimes \boldsymbol{s}').$$

つまり $\boldsymbol{t} \otimes \boldsymbol{s} - \boldsymbol{t}' \otimes \boldsymbol{s}' \in \mathrm{Ker}(\mathcal{A}^{(k+l)}) = I^{k+l}(V)$ なので $[\boldsymbol{t} \otimes \boldsymbol{s}] = [\boldsymbol{t}' \otimes \boldsymbol{s}']$ がしたがう. このようにして $\bigwedge^*(V)$ には次数付き $\mathbb{C}$ 代数の構造が定まる.

定理 4.6.5　線型同型 $\alpha_k : \bigwedge^k(V) \to A^k(V)$ は次数付き $\mathbb{C}$ 代数の同型

$$\textstyle\bigwedge^*(V) \cong A^*(V)$$

を引き起こす.

証明　α_k から直和空間どうしの線型同型 $\bigwedge^*(V) \cong A^*(V)$ が得られる. この同型が積を保つことを示せばよい. $\boldsymbol{t} \in T^k(V)$, $\boldsymbol{s} \in T^l(V)$ に対して, 定理 4.6.1(3) を用いて

$$\alpha_{k+l}([\boldsymbol{t}\otimes\boldsymbol{s}]) = \mathcal{A}^{(k+l)}(\boldsymbol{t}\otimes\boldsymbol{s}) = \mathcal{A}^{(k)}(\boldsymbol{t})\wedge\mathcal{A}^{(l)}(\boldsymbol{s}) = \alpha_k([\boldsymbol{t}])\wedge\alpha_l([\boldsymbol{s}])$$
$$(4.27)$$

が成り立つことがわかる．なお，環準同型定理（定理 B.6.7）を使うと，定理は系 4.6.2 からしたがう（定理 B.10.3 も参照せよ）．　□

テンソル代数 $T^*(V)$ から $\bigwedge^*(V)$ を構成する方法は，両側イデアルによる剰余（商）という形で一般化される（定理 B.6.6, 命題 B.10.2 参照）．この方法でテンソル代数からさまざまな $\mathbb{C}$ 代数を構成することができる（問題 4.3 や問題 9.2 などを参照）．

$A^*(V)$ を経由せずに $T^*(V)$ から $\bigwedge^*(V)$ を構成しようとするときは，$I^k(V)$ の具体的な記述がわかる方がよいので，以下ではこれを調べておこう．

補題 4.6.6　$k \geq 2$ とする．$I^k(V)$ は，$\sigma \in S_k$ と $\boldsymbol{v}_1,\ldots,\boldsymbol{v}_k \in V$ によって

$$t_\sigma(\boldsymbol{v}_1,\ldots,\boldsymbol{v}_k) := \boldsymbol{v}_{\sigma(1)}\otimes\cdots\otimes\boldsymbol{v}_{\sigma(k)} - \mathrm{sgn}(\sigma)\boldsymbol{v}_1\otimes\cdots\otimes\boldsymbol{v}_k \qquad (4.28)$$

と表される元たちによって（線型空間として）生成される．

証明　(4.28) で生成される $T^k(V)$ の部分空間を $J^k(V)$ とする．$\mathcal{A}\,\pi_\sigma = \mathrm{sgn}(\sigma)\,\mathcal{A}$（命題 4.4.1）なので

$$\mathcal{A}(t_\sigma(\boldsymbol{v}_1,\ldots,\boldsymbol{v}_k)) = \mathcal{A}\,(\pi_\sigma - \mathrm{sgn}(\sigma))(\boldsymbol{v}_1\otimes\cdots\otimes\boldsymbol{v}_k) = \boldsymbol{0}$$

である．つまり $t_\sigma(\boldsymbol{v}_1,\ldots,\boldsymbol{v}_k)$ は $I^k(V)$ に属す．よって $J^k(V) \subset I^k(V)$.
$\boldsymbol{t} \in I^k(V)$ とすると $P_\mathcal{A}(\boldsymbol{t}) = \boldsymbol{0}$ なので $\boldsymbol{t} = (P_\mathcal{A} - 1)(-\boldsymbol{t})$ である．よって $I^k(V)$ は $P_\mathcal{A} - 1$ の像空間に含まれる．$\boldsymbol{v}_1,\ldots,\boldsymbol{v}_k \in V$ とすると

$$(P_\mathcal{A}-1)(\boldsymbol{v}_1\otimes\cdots\otimes\boldsymbol{v}_k) = \frac{1}{k!}\sum_{\sigma\in S_k}\left(\mathrm{sgn}(\sigma)\,\boldsymbol{v}_{\sigma(1)}\otimes\cdots\otimes\boldsymbol{v}_{\sigma(k)} - \boldsymbol{v}_1\otimes\cdots\otimes\boldsymbol{v}_k\right)$$
$$= \frac{1}{k!}\sum_{\sigma\in S_k}\mathrm{sgn}(\sigma)\,t_\sigma(\boldsymbol{v}_1,\ldots,\boldsymbol{v}_k)$$

なので $\mathrm{Im}(P_\mathcal{A} - 1) \subset J^k(V)$ である．よって $I^k(V) \subset J^k(V)$.　□

命題 4.6.7　$k \geq 2$ とする．$1 \leq i < j \leq k$ をみたす任意の組 (i,j) に対して $T^k(V)$ の元

$$\boldsymbol{v}_1 \otimes \cdots \otimes \overset{i}{\boldsymbol{u}} \otimes \cdots \otimes \overset{j}{\boldsymbol{u}} \otimes \cdots \otimes \boldsymbol{v}_k, \quad \boldsymbol{u}, \boldsymbol{v}_l \ (1 \le l \le k, l \ne i, j) \in V \quad (4.29)$$

を考える. これらが生成する部分空間は $I^k(V)$ と一致する.

証明　(4.29) の形のベクトルが生成する部分空間を $K^k(V)$ とする. $1 \le i < j \le n$ に対して ((4.28) の記号を用いて)

$$t_{(ij)}(\boldsymbol{v}_1, \ldots, \boldsymbol{v}_k) = (\pi_{(ij)} + 1)(\boldsymbol{v}_1 \otimes \cdots \otimes \boldsymbol{v}_k)$$

$$= \boldsymbol{v}_1 \otimes \cdots \otimes \boldsymbol{v}_j \otimes \cdots \otimes \boldsymbol{v}_i \otimes \cdots \otimes \boldsymbol{v}_k + \boldsymbol{v}_1 \otimes \cdots \otimes \boldsymbol{v}_i \otimes \cdots \otimes \boldsymbol{v}_j \otimes \cdots \otimes \boldsymbol{v}_k$$

である. $\boldsymbol{v}_i = \boldsymbol{v}_j = \boldsymbol{u}$ として 2 で割れば (4.29) の元が $I^k(V)$ に属すことがわかる. したがって $K^k(V) \subset I^k(V)$ である. 逆向きの包含関係を示すには, 任意の $\sigma \in S_k$ に対し $t_\sigma(\boldsymbol{v}_1, \ldots, \boldsymbol{v}_k) \in K^k(V)$ を示せばよい (補題 4.6.6). (4.29) の元を $r_{ij}(\boldsymbol{u})$ と略記しよう. このとき

$$t_{(ij)}(\boldsymbol{v}_1, \ldots, \boldsymbol{v}_k) = r_{ij}(\boldsymbol{v}_i + \boldsymbol{v}_j) - r_{ij}(\boldsymbol{v}_i) - r_{ij}(\boldsymbol{v}_j) \in K^k(V) \quad (4.30)$$

が成り立つ. このことは

$$\pi_{(ij)}(\boldsymbol{v}_1 \otimes \cdots \otimes \boldsymbol{v}_k) \equiv (-1)\, \boldsymbol{v}_1 \otimes \cdots \otimes \boldsymbol{v}_k \quad \mod K^k(V)$$

を意味する. σ がいくつかの互換の積として表せることと $\mathrm{sgn}(\sigma)$ の定義より

$$\pi_\sigma(\boldsymbol{v}_1 \otimes \cdots \otimes \boldsymbol{v}_k) \equiv \mathrm{sgn}(\sigma)\, \boldsymbol{v}_1 \otimes \cdots \otimes \boldsymbol{v}_k \quad \mod K^k(V)$$

がしたがう. これは $t_\sigma(\boldsymbol{v}_1, \ldots, \boldsymbol{v}_k) \in K^k(V)$ を意味する. □

$I(V) := \bigoplus_{k=0}^{\infty} I^k(V)$ とおくと, これは $T^*(V)$ の **斉次イデアル**（定義 B.10.1）である. $I(V)$ は環準同型 $\mathcal{A} : T^*(V) \to A^*(V)$ の核なので **両側イデアル**（命題 B.6.5 参照）として (4.29) の形の元によって生成されることがわかる.

　対称テンソル空間から **対称代数**（symmetric algebra）と呼ばれる次数付き $\mathbb{C}$ 代数 $S^*(V)$ を定義することができる. 構成法は $A^*(V)$ と同様なので詳細を確認することは問とする.

問 4.7 双線型写像 $S^k(V) \times S^l(V) \to S^{k+l}(V)$ を

$$\boldsymbol{t} \odot \boldsymbol{s} = P_{\mathrm{S}}(\boldsymbol{t} \otimes \boldsymbol{s}) \quad (\boldsymbol{t} \in S^k(V),\ \boldsymbol{s} \in S^l(V))$$

と定める．次を示せ．

(1) $\boldsymbol{t} \in S^k(V),\ \boldsymbol{s} \in S^l(V),\ \boldsymbol{u} \in S^m(V)$ に対して $(\boldsymbol{t} \odot \boldsymbol{s}) \odot \boldsymbol{u} = \boldsymbol{t} \odot (\boldsymbol{s} \odot \boldsymbol{u})$．

(2) $\boldsymbol{t} \in S^k(V),\ \boldsymbol{s} \in S^l(V)$ に対して $\boldsymbol{t} \odot \boldsymbol{s} = \boldsymbol{s} \odot \boldsymbol{t}$．

(3) $\boldsymbol{t} \in S^k(V),\ \boldsymbol{s} \in S^l(V)$ に対して $P_{\mathrm{S}}(\boldsymbol{t} \odot \boldsymbol{s}) = P_{\mathrm{S}}(\boldsymbol{t}) \odot P_{\mathrm{S}}(\boldsymbol{s})$．

(4) $\boldsymbol{v}_1, \ldots, \boldsymbol{v}_k \in V = S^1(V)$ に対して，結合律を用いて $\boldsymbol{v}_1 \odot \cdots \odot \boldsymbol{v}_k \in S^k(V)$ を帰納的に定めるとき $\boldsymbol{v}_1 \odot \cdots \odot \boldsymbol{v}_k = P_{\mathrm{S}}(\boldsymbol{v}_1 \otimes \cdots \otimes \boldsymbol{v}_k)$．

(5) $\dim(V) = n$ のとき $S^*(V) := \bigoplus_{k=0}^{\infty} S^k(V)$ は n 変数多項式環 $\mathbb{C}[x_1, \ldots, x_n]$ と同型（次数付き $\mathbb{C}$ 代数として）である．

交代的多重線型写像

外積空間の理解の仕方として，交代的な多重線型写像を用いる方法も基本的なので説明しておく．

U を任意の線型空間とする．$V \times \cdots \times V$（V が k 個）から U への k 重線型写像がなす空間を $\mathscr{L}(V^{\times k}; U)$ と略記する．$\mathscr{L}(V^{\times k}; U)$ の元 φ が $\sigma \in S_k$ に対して

$$\varphi(\boldsymbol{v}_{\sigma(1)}, \ldots, \boldsymbol{v}_{\sigma(k)}) = \mathrm{sgn}(\sigma)\varphi(\boldsymbol{v}_1, \ldots, \boldsymbol{v}_k) \tag{4.31}$$

をみたすとき**交代的**（alternating）であるという．交代的な k 重線型写像がなす $\mathscr{L}(V^{\times k}; U)$ の部分空間を $\mathscr{L}_{\mathrm{alt}}(V^{\times k}; U)$ で表す．

定理 4.6.8 自然な線型同型 $\mathscr{L}_{\mathrm{alt}}(V^{\times k}; U) \cong \mathrm{Hom}(\bigwedge^k V, U)$ がある．

証明 $\varphi \in \mathscr{L}(V^{\times k}; U)$ に対応する $\mathrm{Hom}(V^{\otimes k}, U)$ の元を ψ とする（線型同型 (4.6) 参照）と，$\varphi(\boldsymbol{v}_1, \ldots, \boldsymbol{v}_k) = \psi(\boldsymbol{v}_1 \otimes \cdots \otimes \boldsymbol{v}_k)$ $(\boldsymbol{v}_1, \ldots, \boldsymbol{v}_k \in V)$ が成り立つ．φ が交代的であることは，任意の $\sigma \in S_k$ と $\boldsymbol{v}_1, \ldots, \boldsymbol{v}_k \in V$ に対して

$$\psi\left(\boldsymbol{v}_{\sigma(1)} \otimes \cdots \otimes \boldsymbol{v}_{\sigma(k)} - \mathrm{sgn}(\sigma)\,\boldsymbol{v}_1 \otimes \cdots \otimes \boldsymbol{v}_k\right) = 0$$

が成り立つという ψ に対する条件に言い換えられる．これは ψ が $I^k(V)$ 上で消えている（値が 0 である）ことと同値である（補題 4.6.6 参照）．$I^k(V)$ 上

で消える $\mathrm{Hom}(T^k(V), U)$ の元からなる線型空間は $\mathrm{Hom}(T^k(V)/I^k(V), U)$ と同一視される（問 4.1 参照）ので，定理の同型が成立する． $\square$

定理 4.6.9　自然な線型同型 $\bigwedge^k V^* \cong (\bigwedge^k V)^*$ が存在する．

証明　$V^* \times \cdots \times V^*$ の元 $(f_1, \ldots, f_k)$ に対して，$\varphi_{f_1,\ldots,f_k}(\boldsymbol{v}_1, \ldots, \boldsymbol{v}_k) = \det(\langle f_i, \boldsymbol{v}_j \rangle)$ によって $V \times \cdots \times V$ から $\mathbb{C}$ への多重線型写像 $\varphi_{f_1,\ldots,f_k}$ を定める．これは交代的なので $\mathrm{Hom}(\bigwedge^k V, \mathbb{C}) = (\bigwedge^k V)^*$ の元 $\psi_{f_1,\ldots,f_k}$ が存在して $\psi_{f_1,\ldots,f_k}(\boldsymbol{v}_1 \wedge \cdots \wedge \boldsymbol{v}_k) = \varphi_{f_1,\ldots,f_k}(\boldsymbol{v}_1, \ldots, \boldsymbol{v}_k)$ が成り立つ．$(f_1, \ldots, f_k) \mapsto \psi_{f_1,\ldots,f_k}$ は交代的なので線型写像 $\eta: \bigwedge^k V^* \to (\bigwedge^k V)^*$ であって $\eta(f_1 \wedge \cdots \wedge f_k) = \psi_{f_1,\ldots,f_k}$ をみたすものが一意的に存在する．

$\{\boldsymbol{e}_1, \ldots, \boldsymbol{e}_n\}$ を V の基底，$\{\phi_1, \ldots, \phi_n\} \subset V^*$ をその双対基底とする．$1 \leq i_1 < \cdots < i_k \leq n$, $1 \leq j_1 < \cdots < j_k \leq n$ とするとき

$$
\begin{aligned}
\eta(\phi_{i_1} \wedge \cdots \wedge \phi_{i_k})(\boldsymbol{e}_{j_1} \wedge \cdots \wedge \boldsymbol{e}_{j_k}) &= \psi_{\phi_{i_1},\ldots,\phi_{i_k}}(\boldsymbol{e}_{j_1} \wedge \cdots \wedge \boldsymbol{e}_{j_k}) \\
&= \varphi_{\phi_{i_1},\ldots,\phi_{i_k}}(\boldsymbol{e}_{j_1}, \ldots, \boldsymbol{e}_{j_k}) \\
&= \det(\langle \phi_{i_s}, \boldsymbol{e}_{j_t} \rangle)_{1 \leq s,t \leq k} \\
&= \det(\delta_{i_s, j_t})_{1 \leq s,t \leq k} \\
&= \delta_{i_1, j_1} \cdots \delta_{i_k, j_k}.
\end{aligned}
$$

つまり $\{\eta(\phi_{i_1} \wedge \cdots \wedge \phi_{i_k})\}_{1 \leq i_1 < \cdots < i_k \leq n}$ は $\bigwedge^k V$ の標準基底 $\{\boldsymbol{e}_{j_1} \wedge \cdots \wedge \boldsymbol{e}_{j_k}\}$ の双対基底である．したがって η は線型同型である． $\square$

グラスマン多様体

幾何学的な応用をひとつ述べておこう．V を線型空間とする．V の k 次元部分空間すべてからなる集合を $\mathrm{Gr}_k(V)$ と書き，**グラスマン多様体**（Grassmann variety）と呼ぶ．特に $\mathrm{Gr}_1(V)$ を**射影空間**（project space）と呼び $\mathbb{P}(V)$ と書く（例 B.2.2 参照）．

$W \in \mathrm{Gr}_k(V)$ に対してその基底 $\{\boldsymbol{v}_1, \ldots, \boldsymbol{v}_k\}$ をとる．$\boldsymbol{v}_1 \wedge \cdots \wedge \boldsymbol{v}_k \in \bigwedge^k V$ は $\boldsymbol{0}$ ではない（定理 4.6.4）．$\{\boldsymbol{u}_1, \ldots, \boldsymbol{u}_k\}$ を W の別な基底として P を基底変換の行列とすると定理 4.4.8 により

$$\boldsymbol{u}_1 \wedge \cdots \wedge \boldsymbol{u}_k = \det(P)\, \boldsymbol{v}_1 \wedge \cdots \wedge \boldsymbol{v}_k \qquad (4.32)$$

となる．したがって 1 次元部分空間 $\langle \boldsymbol{v}_1 \wedge \cdots \wedge \boldsymbol{v}_k \rangle \subset \bigwedge^k V$ は W のみによって決まる．このようにして写像 $\alpha : \mathrm{Gr}_k(V) \to \mathbb{P}(\bigwedge^k V)$ が得られたことになる．

命題 4.6.10（プリュッカー埋め込み） $\alpha : \mathrm{Gr}_k(V) \to \mathbb{P}(\bigwedge^k V)$ は単射である．

証明 $\langle \boldsymbol{u}_1, \ldots, \boldsymbol{u}_k \rangle, \langle \boldsymbol{v}_1, \ldots, \boldsymbol{v}_k \rangle \in \mathrm{Gr}_k(V)$ に対して $\langle \boldsymbol{u}_1 \wedge \cdots \wedge \boldsymbol{u}_k \rangle = \langle \boldsymbol{v}_1 \wedge \cdots \wedge \boldsymbol{v}_k \rangle$ が成り立つと仮定する．$\boldsymbol{u}_1 \wedge \cdots \wedge \boldsymbol{u}_k = c \cdot \boldsymbol{v}_1 \wedge \cdots \wedge \boldsymbol{v}_k \ (c \in \mathbb{C}^\times)$ とする．各 $1 \le i \le k$ に対し，

$$\boldsymbol{v}_i \wedge \boldsymbol{u}_1 \wedge \cdots \wedge \boldsymbol{u}_k = c \cdot \boldsymbol{v}_i \wedge \boldsymbol{v}_1 \wedge \cdots \wedge \boldsymbol{v}_k = \boldsymbol{0}$$

なので $\boldsymbol{v}_i, \boldsymbol{u}_1, \ldots, \boldsymbol{u}_k$ は線型従属である．これより $\boldsymbol{v}_i \in \langle \boldsymbol{u}_1, \ldots, \boldsymbol{u}_k \rangle$ がしたがう．よって $\langle \boldsymbol{v}_1, \ldots, \boldsymbol{v}_k \rangle \subset \langle \boldsymbol{u}_1, \ldots, \boldsymbol{u}_k \rangle$ が成り立つ．逆の包含関係も成り立つので $\langle \boldsymbol{u}_1, \ldots, \boldsymbol{u}_k \rangle = \langle \boldsymbol{v}_1, \ldots, \boldsymbol{v}_k \rangle$ が成り立つ． $\square$

注意 4.6.11（代数幾何学の基本的な用語を知っている読者向け） グラスマン多様体 $\mathrm{Gr}_k(V)$ は $k(n-k)$ 次元の（複素）代数多様体の構造を持つ．上の命題により $\mathrm{Gr}_k(V)$ は α による像と同一視することができる．その像はザリスキー閉集合であることが知られている．よって $\mathrm{Gr}_k(V)$ は射影的代数多様体の構造を持つ．

微分形式

外積空間，外積代数は微分幾何学における微分形式を定義するときに用いられる．基本的な用語，および詳しい議論は幾何学の教科書に譲るが，本章における構成との関連について簡単に述べておく．ここでは線型空間は実数体 $\mathbb{R}$ 上のものとする．テンソル積や外積空間などは $\mathbb{C}$ 上の場合とまったく同様に定義できる．

M を n 次元の C^∞ 級多様体とする．$p \in M$ に対して $T_p M$ を p における接空間とする．p の近傍で座標系 $x_1, \ldots, x_n$ を選ぶとき $T_p M$ は

$$\left(\frac{\partial}{\partial x_1} \right)_p, \ldots, \left(\frac{\partial}{\partial x_n} \right)_p$$

を基底とする実数体 $\mathbb{R}$ 上の n 次元の線型空間である．$(\partial/\partial x_i)_p$ は p の開近傍で定義された C^∞ 級関数を x_i で偏微分して，その p における値を対応させる方向微分である．$T_p M$ の双対空間 $(T_p M)^*$ を $T_p^* M$ と書き，余接空間と呼ぶ．上記の $T_p M$ の基底の双対基底を

$$(dx_1)_p, \ldots, (dx_n)_p$$

とする．$\bigwedge^k T_p^* M \cong (\bigwedge^k T_p M)^*$（定理 4.6.9 参照）の元 ω_p は

$$\omega_p = \sum_{1 \le i_1 < \cdots < i_k \le n} c_{i_1, \ldots, i_k} (dx_{i_1})_p \wedge \cdots \wedge (dx_{i_k})_p$$

と書くことができる．定理 4.6.8 の同型

$$\mathscr{L}_{\mathrm{alt}}(T_p M^{\times k}, \mathbb{R}) \cong \mathrm{Hom}_{\mathbb{R}}(\textstyle\bigwedge^k T_p M, \mathbb{R}) = (\bigwedge^k T_p M)^*$$

による同一視のもとで ω_p は $T_p M \times \cdots \times T_p M$（$k$ 個）から $\mathbb{R}$ への交代的な k 重線型写像である（k 次の **交代形式** という）．

　点 p に滑らか（C^∞ 級）に依存するような交代形式の族を考える．$c_{i_1, \ldots, i_k}(x)$ を座標近傍において定義された C^∞ 級関数として

$$\omega = \sum_{1 \le i_1 < \cdots < i_k \le n} c_{i_1, \ldots, i_k}(x) dx_{i_1} \wedge \cdots \wedge dx_{i_k}$$

という姿をしたものを考えるのである．これを k 次の **微分形式**（differential form）と呼ぶ．代数的な規則

$$dx_i \wedge dx_j = -dx_j \wedge dx_i$$

を使いこなすことが大切である．例えば ω, η をそれぞれ k 次，および l 次の微分形式とするとき $(k+l)$ 次の微分形式 $\omega \wedge \eta$ が自然に定義できる．微分形式を用いることにより M のド・ラーム（de Rham）コホモロジー環 $H_{dR}^*(M, \mathbb{R})$ と呼ばれる次数付き $\mathbb{R}$ 代数が定義される．$H_{dR}^*(M, \mathbb{R})$ は特異コホモロジー環と呼ばれる位相不変量と同型になること（ド・ラームの定理）が知られている．

章末問題

問題 4.1 V, W を有限次元線型空間とする. $f \in \mathrm{Hom}(V, W)$ の双対写像を ${}^tf \in \mathrm{Hom}(W^*, V^*)$ とする（p.61 参照）. 次を示せ.

(1) $\mathrm{Ker}({}^tf) = \mathrm{Im}(f)^{\perp}$,

(2) $\mathrm{Im}({}^tf) = \mathrm{Ker}(f)^{\perp}$,

(3) $\mathrm{rank}({}^tf) = \mathrm{rank}(f)$.

問題 4.2 $\boldsymbol{v} \in V$ に対して線型写像 $\check{\boldsymbol{v}} : \bigwedge^k V^* \to \bigwedge^{k-1} V^*$ $(k \geq 1)$ を

$$\langle\, \boldsymbol{t}, \check{\boldsymbol{v}}(\alpha) \,\rangle = \langle\, \boldsymbol{t} \wedge \boldsymbol{v}, \alpha \,\rangle \quad (\boldsymbol{t} \in \textstyle\bigwedge^{k-1}V, \; \boldsymbol{v} \in V, \; \alpha \in \bigwedge^k V^*)$$

により定める. $\langle\,,\,\rangle$ は自然な双対ペアリング $\bigwedge^k V \times \bigwedge^k V^* \to \mathbb{C}$（定理 4.6.9 参照）を表す. 次を示せ.

(1) $f_1, \ldots, f_k \in V^*$ とするとき

$$\check{\boldsymbol{v}}(f_1 \wedge \cdots \wedge f_k) = \sum_{i=1}^{k} (-1)^{i-1} \langle\, \boldsymbol{v}, f_i \,\rangle f_1 \wedge \cdots \wedge \widecheck{f_i} \wedge \cdots \wedge f_k.$$

ここで $\widecheck{f_i}$ は i 番目のところを抜いていることを示す.

(2) $\alpha \in \bigwedge^k V^*$, $\beta \in \bigwedge^l V^*$ のとき

$$\check{\boldsymbol{v}}(\alpha \wedge \beta) = \check{\boldsymbol{v}}(\alpha) \wedge \beta + (-1)^k \alpha \wedge \check{\boldsymbol{v}}(\beta).$$

(3) $f \in V^*$ として線型写像 $\hat{f} : \bigwedge^k V^* \to \bigwedge^{k+1} V^*$ を $\hat{f}(\alpha) = f \wedge \alpha$ $(\alpha \in \wedge^k V^*)$ により定める. このとき

$$\check{\boldsymbol{v}} \circ \hat{f} + \hat{f} \circ \check{\boldsymbol{v}} = \langle\, \boldsymbol{v}, f \,\rangle$$

が成り立つ.

問題 4.3（クリフォード代数） $V = \mathbb{C}^n$ の標準基底を $\boldsymbol{e}_1, \ldots, \boldsymbol{e}_n$ とする. テンソル代数 $T(V)$ において

$$\boldsymbol{e}_i \otimes \boldsymbol{e}_i + 1, \quad \boldsymbol{e}_i \otimes \boldsymbol{e}_j + \boldsymbol{e}_j \otimes \boldsymbol{e}_i \; (i \neq j) \quad (1 \leq i, j, k \leq n)$$

で生成される両側イデアルを I_n とする. 商代数 $\mathscr{C}_n := T(V)/I_n$ を**クリフォード代数**（Clifford algebra）と呼ぶ. 次を示せ.

(1) $1 := 1 \bmod I_n$ および $1 \leq k \leq n$ に対する

$$\boldsymbol{e}_{i_1} \cdots \boldsymbol{e}_{i_k} := \boldsymbol{e}_{i_1} \otimes \cdots \otimes \boldsymbol{e}_{i_k} \bmod I_n \; (1 \leq i_1 < \cdots < i_k \leq n)$$

は $\mathscr{C}_n$ を線型空間として生成する.

(2) 次をみたす $\mathbb{C}$ 代数の同型 $\psi : \mathscr{C}_2 \to M_2(\mathbb{C})$ が存在する

$$\psi(\boldsymbol{e}_1) = \sqrt{-1} \begin{pmatrix} 0 & 1 \\ 1 & 0 \end{pmatrix}, \quad \psi(\boldsymbol{e}_2) = \begin{pmatrix} 0 & 1 \\ -1 & 0 \end{pmatrix}.$$

ここに $\sqrt{-1} \in \mathbb{C}$ は虚数単位を表す（i と書くと紛らわしいため）.

(3) $\mathbb{C}$ 代数の全射準同型 $\phi : \mathscr{C}_{n+2} \to \mathscr{C}_n \otimes \mathscr{C}_2$ が

$$\phi(e_i) = \sqrt{-1}\, e_i \otimes e_1 e_2 \ (1 \le i \le n),\ \phi(e_{n+1}) = 1 \otimes e_1,\ \phi(e_{n+2}) = 1 \otimes e_2$$

により定められる.

(4) ϕ は $\mathbb{C}$ 代数の同型である. よって $\dim \mathscr{C}_n = 2^n$ が成り立つ. 特に (1) の生成系が線型空間としての $\mathscr{C}_n$ の基底になる.

注意 4.6.12 クリフォード代数は任意の 2 次形式 $q : V \to \mathbb{C}$ に対して $v \otimes v - q(v)$ $(v \in V)$ によって生成される両側イデアルによる $T(V)$ の商として一般化される. 実数体上のクリフォード代数も応用が広い. 直交群の 2 重被覆群であるスピノル群を構成する際に用いられる（[4] 参照）. 物理学においては相対論的な電子を記述するディラック方程式においてスピノル群の表現が現れた.

問題 4.4 U, V, W を（有限次元の）線型空間とする. 普遍写像性質を用いて, 線型同型 $(U \otimes V) \otimes W \cong U \otimes V \otimes W$ を構成せよ. ただし, 右辺は 3 重線型写像を用いて構成した空間であるとする.

(1) $w \in W$ を固定して写像 $U \times V \to U \otimes V \otimes W$ を $(u, v) \mapsto u \otimes v \otimes w$ と定めると双線型性であることを示せ.

(2) $w \in W$ に対して, $f_w(u \otimes v) = u \otimes v \otimes w$ $(u \in U,\ v \in V)$ をみたす線型写像 $f_w : U \otimes V \to U \otimes V \otimes W$ が存在することを示せ.

(3) $f((u \otimes v) \otimes w) = u \otimes v \otimes w$ $(u \in U,\ v \in V,\ w \in W)$ をみたす線型写像 $(U \otimes V) \otimes W \to U \otimes V \otimes W$ が存在することを示せ.

(4) 3 重線型写像 $U \times V \times W \to (U \otimes V) \otimes W$ を構成することにより $h(u \otimes v \otimes w) = (u \otimes v) \otimes w$ $(u \in U,\ v \in V,\ w \in W)$ をみたす線型写像が存在することを示せ. また h が f の逆写像であることを示せ.

問題 4.5 V を線型空間とし $P \in \mathrm{End}(V^{\otimes 2})$ を $P(v_1 \otimes v_2) = v_2 \otimes v_1$ $(v_1, v_2 \in V)$ により定める. パラメーター $u \in \mathbb{C}$ に依存する $\mathrm{End}(V^{\otimes 2})$ の元 $R(u) := P + u \cdot \mathrm{Id}$ を定める. 例えば $V = \mathbb{C}^2$ ならば $V^{\otimes 2}$ の基底 $e_1 \otimes e_1, e_1 \otimes e_2, e_2 \otimes e_1, e_2 \otimes e_2$ 用いて

$$R(u) = \begin{pmatrix} 1+u & & & \\ & u & 1 & \\ & 1 & u & \\ & & & 1+u \end{pmatrix}$$

と行列表示される. $\mathrm{End}(V^{\otimes 3})$ における等式[7]

---

[7] **ヤン・バクスター方程式**（Yang-Baxter equation）と呼ばれる. その解を一般に **R 行列** という. 量子力学における散乱の問題と統計力学（見方を変えれば場の量子論）における可解な格子模型に起源がある. ファデーエフらの量子逆散乱法の研究を経て, 1980 年代における神保とドリンフェルトによる量子群（量子化された普遍展開環）の発見へとつながった. 結び目の不変量の構成にも用いられる.

$$R_{12}(u_1 - u_2)R_{13}(u_1 - u_3)R_{23}(u_2 - u_3)$$
$$= R_{23}(u_2 - u_3)R_{13}(u_1 - u_3)R_{12}(u_1 - u_2)$$

が成り立つことを示せ. ただし $R_{ij}(u)$ は $V^{\otimes 3}$ の第 (i, j) 成分には $R(u)$ で, 残りの成分には恒等写像で働く線型変換である. $u = u_1 - u_2, v = u_2 - u_3$ とおくと $u_1 - u_3 = u + v$ なので

$$R_{12}(u)R_{13}(u + v)R_{23}(v) = R_{23}(v)R_{13}(u + v)R_{12}(u)$$

を示せばよい.

第5章 群の表現論，主に有限群の場合

　群が大切なのは，それが何モノかに作用するからである．作用のありさまから，そのモノのことが深く理解できる．逆に，作用を知ることによって群そのものの本質もわかってくる．どんなモノに作用したとしても，結局は線型空間への作用が引き起こされる場合が多いので，線型空間への作用が基本的である．与えられた群が線型空間に作用する様子を調べ尽くそう．このような問題意識から生じる分野を「表現論」という．

　本章では有限群の表現論について基本的なことを解説する．5.1 節では群の表現という概念の説明を行う．5.2 節ではシューアの補題という基本的な命題を説明する．既約表現というものの持つ性質である．5.3 節では，有限群の表現におけるマシュケの定理を解説する．関連して，重複度の概念，標準分解などについても述べる．5.4 節では，表現に対して定まる指標と呼ばれる関数のことを述べる．既約指標の正規直交性が重要で，それから多くの結果が導かれる．5.5 節では群環における巾等元の役割などを説明する．5.6 節では部分群の表現から誘導される表現という概念について説明する．

5.1 群の表現

　G を群とする．線型空間 V における G の**表現**（representation）が与えられるということは，G の各元 g に対して V の正則な線型変換 $\rho(g)$ が与えられていて，

$$\rho(g \cdot h) = \rho(g)\rho(h) \quad (g, h \in G)$$

が成り立つことをいう．V の正則な線型変換全体がなす群を $\mathrm{GL}(V)$ と書いて**一般線型群**（general linear group）と呼ぶのであった．ρ は G から $\mathrm{GL}(V)$ への群準同型写像に他ならない．つまり，群 G の表現とは，線型空間 V と群準同型写像 $\rho : G \to \mathrm{GL}(V)$ の組 (V, ρ) のことである．V を**表現空間**ということもある．文脈で判断できるときや，明示する必要がないときには ρ を省略して "表現 V" という言い回しもよく使う．あるいは ρ だけに言及する場合もあるので注意してほしい．

(V, ρ) を群 G の表現とするとき $G \times V \to V$ を $(g, \boldsymbol{v}) \mapsto \rho(g)\boldsymbol{v}$ により定める．これは群 G の集合 V への（左からの）作用（B.3 節）である．$\rho(g)\boldsymbol{v}$ を単に $g\boldsymbol{v}$ と書くこともある．$g \in G$ を固定するとき $\boldsymbol{v} \mapsto p(g)\boldsymbol{v}$ は V 上の正則な線型変換である．その意味で，群 G の表現は「群 G の線型な作用」と言い換えてもよい．群準同型 $\rho : G \to \mathrm{GL}(V)$ を通して G が V に作用しているという視点を持つのがよい．

以下では，特に断らない限り V が有限次元の線型空間である場合を考える．$\dim(V) = n$ とし V の基底 $\boldsymbol{a}_1, \ldots, \boldsymbol{a}_n$ をとる．$g \in G$ に対して $\rho(g)$ の表現行列 $A(g)$ が

$$\rho(g)(\boldsymbol{a}_1, \ldots, \boldsymbol{a}_n) = (\boldsymbol{a}_1, \ldots, \boldsymbol{a}_n)A(g)$$

で定まる．$A(g)$ は n 次の正則行列であり

$$A(gh) = A(g)A(h) \quad (g, h \in G)$$

が成り立つ．このように，V の基底を選んだとき，$g \mapsto A(g)$ は G から $\mathrm{GL}_n(\mathbb{C})$ への群準同型である．

例 5.1.1（自明表現 $\mathbf{1}_G$）　任意の群 G を考える．$V = \mathbb{C}$ として，任意の $g \in G$ に対して $\rho(g) = \mathrm{Id}_V$ とすると (V, ρ) は G の表現である．これを G の**自明表現**（trivial representation）と呼ぶ．G の自明表現を $\mathbf{1}_G$ と表す．空間として $\mathbb{C}$ であることを強調したいときは $\mathbb{C}_{\mathrm{triv}}$ と書くこともある．文脈によって使い分ける場合があるので注意してほしい．■

例 5.1.2（正則表現）　G を有限群として G の元 g たちで添字付けられる基底 $\{\boldsymbol{v}_g\}_{g \in G}$ を持つ線型空間（例 A.2.7 参照）を

$$V_{\mathrm{reg}} = \bigoplus_{g \in G} \mathbb{C}\,\boldsymbol{v}_g$$

とする．$g \in G$ に対して $\rho_{\mathrm{reg}}(g)\boldsymbol{v}_h = \boldsymbol{v}_{gh}$ $(h \in G)$ とすれば $(V_{\mathrm{reg}}, \rho_{\mathrm{reg}})$ はひとつの表現であることがわかる（群の結合律による）．これを G の**正則表現**（regular representation）と呼ぶ．　∎

　本書の主役である一般線型群と対称群の表現の例を挙げる．

例 5.1.3（一般線型群 $\mathrm{GL}(V)$ の自然表現）　V を線型空間とする．$G = \mathrm{GL}(V) \ni g$ に対して，g が与える V の正則な線型変換そのものを $\rho(g)$ とすれば，(V, ρ) は明らかに G の表現である．これを $\mathrm{GL}(V)$ の**自然表現**と呼ぶ．　∎

例 5.1.4（一般線型群 $\mathrm{GL}(V)$ の行列式表現）　$g \in \mathrm{GL}(V)$ に対してその行列式 $\det(g) \in \mathbb{C}^\times$ を考える．$\det(gh) = \det(g)\det(h)$ $(g, h \in \mathrm{GL}(V))$ が成り立つから $\mathrm{GL}(V) \to \mathbb{C}^\times = \mathrm{GL}_1(\mathbb{C})(g \mapsto \det(g))$ は $\mathbb{C}$ 上の 1 つの表現を与える．これを行列式表現という．　∎

例 5.1.5（対称群 S_k の置換表現 V_{perm}）　$G = S_k$ とする．$\sigma \in S_k$ に対して，対応する置換行列を E_σ とする．つまり

$$E_\sigma(\boldsymbol{e}_i) = \boldsymbol{e}_{\sigma(i)} \quad (1 \le i \le k)$$

と定める．$E_\sigma E_\tau = E_{\sigma\tau}$ が成り立つので $\rho_{\mathrm{perm}} : S_k \mapsto \mathrm{GL}_k(\mathbb{C})$ を $\rho_{\mathrm{perm}}(\sigma) = E_\sigma$ と定めるとき S_k の $V_{\mathrm{perm}} := \mathbb{C}^k$ 上の表現が得られる．これを**置換表現**（permutation representation）と呼ぶ．例えば $\sigma = \begin{pmatrix} 1 & 2 & 3 \\ 2 & 3 & 1 \end{pmatrix} = (123)$, $\tau = \begin{pmatrix} 1 & 2 & 3 \\ 2 & 1 & 3 \end{pmatrix} = (12)$ のときは

$$E_\sigma = \begin{pmatrix} 0 & 0 & 1 \\ 1 & 0 & 0 \\ 0 & 1 & 0 \end{pmatrix}, \quad E_\tau = \begin{pmatrix} 0 & 1 & 0 \\ 1 & 0 & 0 \\ 0 & 0 & 1 \end{pmatrix}$$

である．対応する $V_{\mathrm{perm}} = \mathbb{C}^3$ の線型変換はそれぞれどんなものだろうか？

置換行列は実係数なので $\mathbb{R}^3$ の線型変換を与える．E_σ, E_τ が定める $\mathbb{R}^3$ の線型変換を考えるとイメージしやすいであろう（図 5.1）．$\rho_{\mathrm{perm}}(\sigma)$ の方は $\boldsymbol{a} = \boldsymbol{e}_1 + \boldsymbol{e}_2 + \boldsymbol{e}_3$ 方向の直線を軸とする $120°$ 回転である．$\rho_{\mathrm{perm}}(\tau)$ の方は $x_1 = x_2$ で定まる平面に関する鏡映である．∎

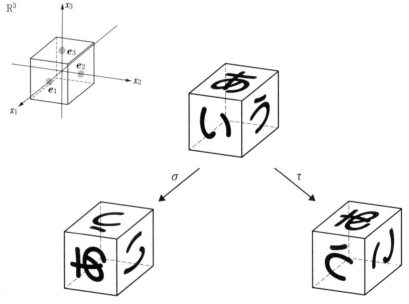

図 5.1　$\mathbb{R}^3$ 上における σ と τ の作用

例 5.1.6（対称群 S_k の符号表現 $\mathbb{C}_{\mathrm{sgn}}$）　$G = S_k$ とする．$\sigma \in S_k$ の**符号**（signature）を $\mathrm{sgn}(\sigma) \in \{1, -1\}$ で表す．$\mathrm{sgn}(\sigma\tau) = \mathrm{sgn}(\sigma)\,\mathrm{sgn}(\tau)$ $(\sigma, \tau \in S_k)$ が成り立つから $\mathrm{sgn} : S_k \to \mathbb{C}^\times$ は 1 つの表現である．表現空間は $\mathbb{C}$ であると考える．これを $\mathbb{C}_{\mathrm{sgn}}$ と表す．∎

例 5.1.2，例 5.1.5 は以下の一般的な表現の作り方の具体例である．

例 5.1.7（一般の置換表現）　群 G が集合 X に**作用する**（B.3 節参照）とは，写像 $G \times X \to X$ $((g,x) \mapsto g \cdot x)$ が与えられていて，

$$(gh) \cdot x = g \cdot (h \cdot x), \quad e \cdot x = x \quad (g, h \in G, x \in X)$$

が成り立つことをいう（$e \in G$ は G の単位元である）．特に X が有限集合ならば $\{\boldsymbol{v}_x\}_{x \in X}$ を基底にもつ線型空間（例 A.2.7）を V として

$$\rho(g)\,\boldsymbol{v}_x = \boldsymbol{v}_{gx} \quad (g \in G, \ x \in X)$$

とすれば (V, ρ) は G の表現になる．例 5.1.5 $(G = S_k,\ X = \{1, 2, \ldots, k\})$，例 5.1.2 $(G = G,\ X = G,$ 左乗法による作用，例 B.3.3$)$ はいずれもこの構成法の特別な場合である．　■

　与えられた表現をもとに別な表現を作る基本的な操作を説明しておく．

例 5.1.8（表現の直和）　(V_1, ρ_1), (V_2, ρ_2) を群 G の表現とするとき直和空間 $V_1 \oplus V_2$ を考える（A.4 節参照）．$g \in G$ に対して $((\rho_1 \oplus \rho_2)(g))\,(\boldsymbol{v}_1 \oplus \boldsymbol{v}_2) :=$ $\rho_1(g)\boldsymbol{v}_1 \oplus \rho_2(g)\boldsymbol{v}_2$ $(\boldsymbol{v}_1 \in V_1,\ \boldsymbol{v}_2 \in V_2)$ とすると $(V_1 \oplus V_2, \rho_1 \oplus \rho_2)$ は G の表現になる．　■

例 5.1.9（双対表現）　(V, ρ) を G の表現とするとき

$$g \mapsto {}^t\!\left(\rho(g^{-1})\right)$$

は V^* 上の表現になる（転置写像の項（p.67）参照）．これを**双対表現**（dual representation）あるいは**反傾表現**（contragradient representation）と呼ぶ．　■

例 5.1.10（表現のテンソル積）　(V_1, ρ_1), (V_2, ρ_2) を群 G の表現とする．テンソル積空間 $V_1 \otimes V_2$ には G の作用が

$$\rho(g)(\boldsymbol{v}_1 \otimes \boldsymbol{v}_2) = \rho_1(g)\,\boldsymbol{v}_1 \otimes \rho_2(g)\,\boldsymbol{v}_2 \quad (\boldsymbol{v}_1 \in V_1,\ \boldsymbol{v}_2 \in V_2)$$

によって定まる．線型写像のテンソル積（例 4.3.7）を用いれば $\rho(g) = \rho_1(g)$ $\otimes \rho_2(g)$ と表せる．このようにして得られる表現を**テンソル積表現**という．　■

例 5.1.11（外部テンソル積表現）　群 G の表現 (V, ρ_V) と，群 H の表現 (W, ρ_W) に対して $V \otimes W$ は自然に直積群 $G \times H$ の表現である．$(g, h) \in G \times H$ とするとき $\rho_V(g) \otimes \rho_W(h)$ により $V \otimes W$ への作用が定まる．こうして得られる直積群の表現を $V \boxtimes W$ と書く（線型空間としては $V \otimes W$ と同じ）．これを**外部テンソル積表現**（external tensor product）と呼ぶ．　　　■

　(V, ρ) を群 G の表現とする．V の部分（線型）空間 W が G の作用で保たれているとき，つまり，任意の $g \in G$ に対して W が $\rho(g)$ 不変である（p.31 参照）こと，つまり

$$\rho(g)\, \boldsymbol{v} \in W \quad （\text{すべての } \boldsymbol{v} \in W）$$

が成り立つとき，W は G **不変な部分空間**（G-invariant subspace）であるという．そのとき，$\rho(g)$ の W への制限 $\rho(g)|_W$ を $\rho_W(g)$ とすれば，ρ_W は W における表現になる．その意味で，G **不変な部分空間** W のことを V の **部分表現** ともいう．$\{\boldsymbol{0}\}$ および V は明らかに部分表現である．$\dim(W) = m$ とし，V の基底 $\{\boldsymbol{a}_1, \ldots, \boldsymbol{a}_n\}$ であって $\{\boldsymbol{a}_1, \ldots, \boldsymbol{a}_m\}$ が W の基底であるようなものをとる．このとき $g \in G$ に対して，$\rho(g)\, \boldsymbol{a}_j \ (1 \le j \le m)$ は W に属すので $\{\boldsymbol{a}_1, \ldots, \boldsymbol{a}_m\}$ の線型結合である．そのため

$$\rho(g)(\boldsymbol{a}_1, \ldots, \boldsymbol{a}_m, \boldsymbol{a}_{m+1}, \ldots, \boldsymbol{a}_n) \tag{5.1}$$

$$= (\boldsymbol{a}_1, \ldots, \boldsymbol{a}_m, \boldsymbol{a}_{m+1}, \ldots, \boldsymbol{a}_n) \begin{pmatrix} * & \cdots & * & * & \cdots & * \\ \vdots & \ddots & \vdots & \vdots & & \vdots \\ * & \cdots & * & * & \cdots & * \\ 0 & \cdots & 0 & * & \cdots & * \\ \vdots & & \vdots & \vdots & \ddots & \vdots \\ 0 & \cdots & 0 & * & \cdots & * \end{pmatrix} \tag{5.2}$$

のように，表現行列の左下 $(n - m, m)$ 部分の成分がすべて 0 になる．左上の (m, m) ブロックは正則行列であって $\rho_W(g)$ の表現行列である．

例 5.1.12　S_k の置換表現 $V_{\mathrm{perm}} = \mathbb{C}^k$ において $\boldsymbol{v} = \boldsymbol{e}_1 + \cdots + \boldsymbol{e}_k$ とおくとき，任意の $\sigma \in S_k$ に対して

$$\rho_{\mathrm{perm}}(\sigma)(\boldsymbol{v}) = \boldsymbol{e}_{\sigma(1)} + \cdots + \boldsymbol{e}_{\sigma(k)} = \boldsymbol{e}_1 + \cdots + \boldsymbol{e}_k = \boldsymbol{v}$$

となるから，$W = \mathbb{C}\boldsymbol{v}$ は S_k 不変な部分空間である． ∎

例 5.1.13 G を有限群とし正則表現 $(V_{\mathrm{reg}}, \rho_{\mathrm{reg}})$ を考える．$\boldsymbol{v} = \sum_{g \in G} \boldsymbol{v}_g$ とおき $W = \mathbb{C}\boldsymbol{v}$ とすると，これは G 不変な部分空間である．任意の $g \in G$ に対して $\rho_{\mathrm{reg}}(g)\boldsymbol{v} = \boldsymbol{v}$ である．つまり W は自明表現 $\boldsymbol{1}_G$ と同じもの（表現の同値，5.2 節参照）であると考えてよい． ∎

命題 5.1.14（商表現） (V, ρ) を群 G の表現，W を G 不変部分空間とする．商空間 V/W は G の表現になる．商表現と呼んで $(V/W, \rho_{V/W})$ と表す．

証明 $[\boldsymbol{v}] \in V/W$ $(\boldsymbol{v} \in V)$ を $[\rho(g)\boldsymbol{v}] \in V/W$ に写す写像は矛盾なく定義できる．これが表現を与えることは容易にわかる．(5.2) の行列の右下の $(n-m, n-m)$ ブロックもまた正則であって，これが V/W 上での g の作用を表す行列である． □

(V, ρ) を群 G の（有限次元）表現とし，W がその G 不変な部分空間であるとする．G 不変な部分空間 U であって

$$V = W \oplus U$$

が成り立つものが存在するとき，W は V の**不変直和因子**であるという．このとき，$\boldsymbol{v} \in V$ を $\boldsymbol{v} = \boldsymbol{w} + \boldsymbol{u}$ $(\boldsymbol{w} \in W, \boldsymbol{u} \in U)$ と（一意的に）書けば

$$\rho(g)(\boldsymbol{v}) = \rho_W(g)(\boldsymbol{w}) + \rho_U(g)(\boldsymbol{u}) \tag{5.3}$$

が成り立つ（例 5.1.8 の記号で $\rho = \rho_W \oplus \rho_U$）．このとき表現空間 V は部分表現 W，U の直和に分解されるという．V の基底 $\{\boldsymbol{a}_1, \ldots, \boldsymbol{a}_n\}$ を，$\{\boldsymbol{a}_1, \ldots, \boldsymbol{a}_m\}$ が W の基底であり，かつ $\{\boldsymbol{a}_{m+1}, \ldots, \boldsymbol{a}_{m+n}\}$ が U の基底であるようにとる．このとき

$$\rho(g)(\boldsymbol{a}_1, \ldots, \boldsymbol{a}_m, \boldsymbol{a}_{m+1}, \ldots, \boldsymbol{a}_n)$$

$$= (\boldsymbol{a}_1, \ldots, \boldsymbol{a}_m, \boldsymbol{a}_{m+1}, \ldots, \boldsymbol{a}_n) \begin{pmatrix} * & \cdots & * & 0 & \cdots & 0 \\ \vdots & \ddots & \vdots & \vdots & & \vdots \\ * & \cdots & * & 0 & \cdots & 0 \\ 0 & \cdots & 0 & * & \cdots & * \\ \vdots & & \vdots & \vdots & \ddots & \vdots \\ 0 & \cdots & 0 & * & \cdots & * \end{pmatrix}$$

のように $\rho(g)$ $(g \in G)$ の表現行列は $(m, n - m)$ 型のブロック分けにおい
て右上の部分も 0 になる．表現行列を $A(g) = \begin{pmatrix} A_1(g) & O \\ O & A_2(g) \end{pmatrix}$ と書くとき，
$A_1(g)$ および $A_2(g)$ は，それぞれ (W, ρ_W) および (U, ρ_U) における g の表現
行列である．(U, ρ_U) は商表現 $(V/W, \rho_{V/W})$ と本質的に同じであると考えて
よい．正確には，表現が同値であるという（5.2 節参照）．

例 5.1.15　S_3 の置換表現 $\mathbb{C}^3$ の部分表現 $W = \mathbb{C}(\boldsymbol{e}_1 + \boldsymbol{e}_2 + \boldsymbol{e}_3)$ を考える（例
5.1.12 参照）．W は不変直和因子であろうか．$W \cap U = \{\boldsymbol{0}\}$ となるような 2
次元部分空間 U をとれば線型空間として $\mathbb{C}^3 = W \oplus U$ となる．しかしうまく
とらないと U は S_3 不変にはならない．そこで S_3 対称性を持つものを探すと

$$U := \{\boldsymbol{v} \in \mathbb{C}^3 \mid v_1 + v_2 + v_3 = 0\} \tag{5.4}$$

に思い至るであろう．成分 v_1, v_2, v_3 が置換されても和が 0 であることには変
わりないので U は S_3 不変部分空間である．よって W は不変直和因子である
（U もそう）．∎

例 5.1.16（不変直和因子ではない不変部分空間の例）　$G = \mathbb{C}$（加法群）に対
して

$$\rho(a) = \begin{pmatrix} 1 & a \\ 0 & 1 \end{pmatrix} \ (a \in \mathbb{C} = G)$$

とすれば $(\mathbb{C}^2, \rho)$ は G の表現である．$W = \mathbb{C}\boldsymbol{e}_1$ は G 不変な部分空間である

が，不変直和因子ではない．実際，1 次元の G 不変部分空間は W 以外には存在しないことが確かめられる．G が有限群でないことに注意しよう．　■

この例のように，部分表現は必ずしも不変直和因子ではないのであるが，次が成り立つ（証明は 5.3 節で与える）．

定理 5.1.17（マシュケの定理）　G を有限群とする．V を G の有限次元表現とし，W をその部分表現とする．W は不変直和因子である．

(V, ρ) を群 G の表現とする．$V \neq \{\mathbf{0}\}$ であって，G 不変な部分空間が $\{\mathbf{0}\}$ と V 以外に存在しないとき V は **既約表現**（irreducible representation）であるという．1 次元の表現は明らかに既約表現である．

例 5.1.18（1 次元でない既約表現のもっとも簡単な例）　例 5.1.15 の U は S_3 の既約表現である．これを示すことは U には 1 次元の不変部分空間が存在しないことを示せばよい．1 次元の不変部分空間 U_1 があったと仮定し，その基底を $\boldsymbol{u}$ とする．$\boldsymbol{u}$ は S_3 のすべての元に対して，その置換行列の固有ベクトルでなければならない．例えば互換 $\tau = (12)$ を考える．E_τ の固有値は 1 と -1 である．固有値 1 の固有空間 $V(1)$ は $\boldsymbol{e}_3, \boldsymbol{e}_1 + \boldsymbol{e}_2$ で生成される．$V(-1)$ は $\boldsymbol{e}_1 - \boldsymbol{e}_2$ で生成される．$V(1) \cap U = \langle \boldsymbol{e}_1 + \boldsymbol{e}_2 - 2\boldsymbol{e}_3 \rangle$ および $V(-1) \cap U = \langle \boldsymbol{e}_1 - \boldsymbol{e}_2 \rangle$ であるから，U_1 の基底の候補は（スカラー倍を除いて）$\boldsymbol{e}_1 + \boldsymbol{e}_2 - 2\boldsymbol{e}_3$ または $\boldsymbol{e}_1 - \boldsymbol{e}_2$ に限られる．例えば $\sigma = (123)$（巡回置換）とすると，これらが E_σ の固有ベクトルになっていないことがわかる．以上のことから U には 1 次元の不変部分空間が存在しない．　■

マシュケの定理が重要なのは次が導かれるからである．

系 5.1.19　V を有限群 G の 0 でない有限次元表現とする．V の既約な部分表現 $W_1, \ldots, W_r$ が存在して

$$V = W_1 \oplus \cdots \oplus W_r.$$

証明　$\dim V$ に関する帰納法を用いる．$\dim V = 1$ のときは V が既約表現なので系は成立する．$\dim V \geq 2$ とする．V が既約ならば証明すべきことはな

い．既約でないとして W を自明でない部分表現とする．マシュケの定理より $V = W \oplus U$ となる部分表現 U が存在する．$\dim W < \dim V$, $\dim U < \dim V$ なので，帰納法の仮定より W, U はそれぞれ有限個の既約表現の直和である．したがって V もそうである． $\qquad\qquad\qquad\qquad\qquad\qquad\qquad\qquad$ □

　この系の結論のように，表現 V がいくつかの既約な部分表現の直和になっているとき，V は **完全可約**（completely reducible）な表現であるという．したがって，マシュケの定理は「有限群の（有限次元）表現は完全可約である」と言い換えられる．

注意 5.1.20 有限群の有限次元表現であっても，基礎体の標数が 0 でないときは，必ずしも完全可約ではない．簡単な具体例は，例 5.1.16 において $\mathbb{C}$ の代わりに $\mathbb{F}_p = \mathbb{Z}/p\mathbb{Z}$（$p$ は素数）とすれば得られる．標数が 0 でない体上の表現の研究はモジュラー表現論と呼ばれる．

課題 5.1 S_3 の置換表現 V_{perm} に対し W, U を例 5.1.15 の通りとする．

(1) U の基底を選んで，各 $\sigma \in S_3$ に対して $\rho_U(\sigma)$ の表現行列を求めよ．

(2) 各 $\rho_U(\sigma)$ の表現行列のトレース（対角成分の和）を求めよ．

問 5.1 G を（有限とは限らない）群とし，V を G の 0 でない有限次元表現とする．V の既約な部分表現 W が存在する．このことを示せ．

問 5.2 有限群 G の有限次元表現 (V, ρ) を考える．任意の $g \in G$ に対して $\rho(g)$ は対角化可能であることを示せ．

　次の事実は，群に関係する計算をするときに頻繁に用いる．

問 5.3 V を線型空間とし，F を群 G から V への写像とする．任意の $h \in G$ に対して
$$\sum_{g \in G} F(g) = \sum_{g \in G} F(hg) = \sum_{g \in G} F(gh) = \sum_{g \in G} F(g^{-1})$$
が成り立つことを示せ．

　一般に，群というものは抽象的で難しいものなので，具体的でわかりやすい行列に置き換えて調べる．これが表現論の目的だと考える読者もいると思う．この考えは，間違っているわけではないけれど，やや一面的である．

例えば $\mathrm{GL}_n(\mathbb{C})$ の元はそもそも行列である．だからといって，よくわかったので研究はおしまいということではない．その表現を調べることは決して自明ではない問題である．実際，自然表現以外にも重要な表現がたくさん存在している（第 7, 8 章を参照）．例えば，行列式という 1 次元表現を 1 つとってみても，ただ漫然と正方行列を眺めているだけで理解できるものではなく，多くの人々による長い年月をかけた努力の結果に見出されたものである．

群を研究する動機は対称性の解明にある．ある群の対称性を持つ数学的な対象たちは 1 つの個性的な世界を形成しているようにみえる．表現論は，その世界を探究する際の有力な指針なのである．

5.2　シューアの補題

群 G の表現 $(V_1, \rho_1), (V_2, \rho_2)$ に対して，線型写像 $\Phi : V_1 \to V_2$ であって，任意の $g \in G$ に対して図式

$$
\begin{array}{ccc}
V_1 & \xrightarrow{\ \Phi\ } & V_2 \\
{\scriptstyle \rho_1(g)} \big\downarrow & & \big\downarrow {\scriptstyle \rho_2(g)} \\
V_1 & \xrightarrow{\ \Phi\ } & V_2
\end{array}
$$

を可換にするものが存在するとき，Φ は V_1 から V_2 への G **準同型**（G-homomorphism）であるという．図式が**可換**であるというのは，図式の左上から右下に向かう 2 通りの写像の合成が一致すること，つまり

$$
\Phi \circ \rho_1(g) = \rho_2(g) \circ \Phi
$$

を意味する．特に Φ が線型同型であるとき Φ は G **同型**（G-isomorphism）であるという．G 同型 $\Phi : V_1 \to V_2$ が存在するとき (V_1, ρ_1) と (V_2, ρ_2) は**同値**（equivalent）な表現であるといい，$V_1 \cong_G V_2$ と書く．V_1 と V_2 が同値な表現ならば線型空間として同型なので $\dim V_1 = \dim V_2$ である．

例 5.2.1　対称群 S_k の置換表現 V_{perm} において，例 5.1.12 で考えた部分表現 $W = \mathbb{C}\boldsymbol{v}$ は自明表現と同値である．実際，S_k 同型 $\Phi : W \to \mathbb{C}_{\mathrm{triv}}$ は $\Phi(\boldsymbol{v}) =$

$1 \in \mathbb{C}_{\mathrm{triv}} = \mathbb{C}$ により定められる.

似たような例として，一般の有限群 G の正則表現 V_{reg} において，例 5.1.13 で考えた 1 次元部分表現 W も自明表現と同値である.   ■

$\Phi : V_1 \to V_2$ を G 準同型とする. $\dim V_1 = n$, $\dim V_2 = m$ とするとき，V_1, V_2 の基底をとると Φ は (m, n) 型行列 P で表現され，$\rho_1(g), \rho_2(g)$ はそれぞれ n, m 次の正方行列 $A_1(g)$, $A_2(g)$ により表現される. 図式の可換性は

$$PA_1(g) = A_2(g)P \quad (g \in G)$$

という行列の等式になる. ここで P は g にはよらないことに注意しておこう. Φ が G 同型ならば $\dim V_1 = \dim V_2$ であり P は正則行列であって

$$A_1(g) = P^{-1} A_2(g) P \quad (g \in G)$$

が成り立つ.

V_1 から V_2 への G 準同型全体のなす集合を

$$\mathrm{Hom}_G(V_1, V_2)$$

で表す. これは線型空間 $\mathrm{Hom}(V_1, V_2)$ の部分空間である. 特に，$\mathrm{End}_G(V) := \mathrm{Hom}_G(V, V)$ は $\mathrm{End}(V)$ の部分空間であるのみならず，積構造に関して閉じている. つまり $\mathrm{End}(V)$ の部分環（B.6 節参照）になっている.

問 5.4　群 G の表現 $(V, \rho_V), (W, \rho_W)$ を考える. $g \in G$, $\Phi \in \mathrm{Hom}(V, W)$ に対して

$$\rho_{\mathrm{Hom}}(g)\Phi := \rho_W(g) \circ \Phi \circ \rho_V(g^{-1})$$

と定める. 次を示せ.

(1) ρ_{Hom} は $\mathrm{Hom}(V, W)$ における G の表現である.

(2) 線型同型 $\mathrm{Hom}(V, W) \cong W \otimes V^*$（定理 4.3.8）は $W \otimes V^*$ をテンソル積表現とみたとき，G 同型である.

(3) $\mathrm{Hom}_G(V, W) = \{\Phi \in \mathrm{Hom}(V, W) \mid \rho_{\mathrm{Hom}}(g)\Phi = \Phi \ (g \in G)\}$.

既約表現が持つ性質として次が基本的である.

定理 5.2.2（シューアの補題1）　V を群 G の（有限次元）既約表現とする. $\mathrm{End}_G(V) = \mathbb{C} \cdot \mathrm{Id}_V$ が成り立つ. また, $\mathbb{C} \cdot \mathrm{Id}_V$ を $\mathbb{C}$ と同一視するときこの同型は積を保つ（環としての同型）である.

証明　(V, ρ) を既約表現とする. 恒等写像 Id_V は明らかに $\mathrm{End}_G(V)$ の元である. $\mathrm{End}_G(V)$ の元が Id_V のスカラー倍しか存在しないことを証明する. $\Phi \in \mathrm{End}_G(V)$ とする. Φ の固有値の1つを $\alpha \in \mathbb{C}$ とする. 固有値 α の固有空間を $W(\alpha)$ とするとき, $W(\alpha)$ は G 不変部分空間である. 実際, $g \in G$ とするとき, 任意の $\boldsymbol{v} \in W(\alpha)$ に対して

$$\Phi(\rho(g)\boldsymbol{v}) = \rho(g)\Phi(\boldsymbol{v}) = \rho(g)\alpha\boldsymbol{v} = \alpha \cdot \rho(g)\boldsymbol{v}$$

だから $\rho(g)\boldsymbol{v} \in W(\alpha) = \mathrm{Ker}(\alpha \cdot \mathrm{Id}_V - \Phi)$ である. $W(\alpha) \neq 0$ であるから, V の既約性より $W(\alpha) = V$ が成り立つ. したがって $\alpha \cdot \mathrm{Id}_V - \Phi$ は零写像である. つまり $\Phi = \alpha \cdot \mathrm{Id}_V$ が成り立つ.

　後半の主張は $(\alpha \cdot \mathrm{Id}_V) \circ (\beta \cdot \mathrm{Id}_V) = \alpha\beta \cdot \mathrm{Id}_V$ からわかる.　　　　□

定理 5.2.3（シューアの補題2）　V_1, V_2 を群 G の既約表現とするとき

$$\mathrm{Hom}_G(V_1, V_2) \cong \begin{cases} \mathbb{C} & (V_1 \cong_G V_2) \\ 0 & (V_1 \not\cong_G V_2) \end{cases}$$

が成り立つ.

証明　$V_1 \cong_G V_2$ であると仮定して, V_1 から V_2 への G 同型 Φ を1つ選ぶ. 任意の $\Psi \in \mathrm{Hom}_G(V_1, V_2)$ に対して, $\Phi^{-1}\Psi \in \mathrm{End}_G(V_1)$ なので定理 5.2.2 より $\Phi^{-1}\Psi = \alpha \cdot \mathrm{Id}_{V_1}$ となる $\alpha \in \mathbb{C}$ が存在する. このとき $\Psi = \alpha \cdot \Phi$ である.

　$V_1 \not\cong_G V_2$ ならば $\mathrm{Hom}_G(V_1, V_2) = 0$ であることを示すため, その対偶を示す. $\mathrm{Hom}_G(V_1, V_2) \neq 0$ と仮定し, 零でない $\Phi \in \mathrm{Hom}_G(V_1, V_2)$ をとる. $\mathrm{Ker}(\Phi)$ は V_1 の G 不変部分空間であり, $\mathrm{Im}(\Phi)$ は V_2 の G 不変部分空間であることがわかる. $\mathrm{Ker}(\Phi) \neq V_1$ なので V_1 の既約性から $\mathrm{Ker}(\Phi) = \{\boldsymbol{0}\}$ が成り立つ. つまり Φ は単射である. また $\mathrm{Im}(\Phi) \neq 0$ であるから, V_2 の既約性より $\mathrm{Im}(\Phi) = V_2$, すなわち Φ は全射である. したがって Φ は G 同値を与える.

　　　　□

命題 5.2.4（シューアの補題の逆）　V を群 G の完全可約な表現とする．$\mathrm{End}_G(V) \cong \mathbb{C}$ ならば V は既約である．

証明　V の既約な部分表現 W_i $(1 \leq i \leq r)$ があって $V = \bigoplus_{i=1}^r W_i$ とする．P_i を W_i への射影とすると $P_i \in \mathrm{End}_G(V)$ である．P_i たちは明らかに線型独立なので $r = 1$ である．そうでないと $\dim \mathrm{End}_G(V) \geq 2$ となり仮定に反する．　　　　　　　　　　　　　　　　　　　　　　　　　　□

課題 5.2　可換群（有限でなくてもよい）の既約表現はすべて 1 次元であることを次のようにして示せ．

(1) (V, ρ) を可換群 G の表現とする．任意の $h \in G$ に対して，$\rho(h)$ は $\mathrm{End}_G(V)$ の元であることを示せ．

(2) V の任意の部分空間 W は G 不変であることを示せ．

(3) $\dim V \geq 2$ ならば V が既約でないことを示せ．

5.3　マシュケの定理

G を有限群，(V, ρ) を G の有限次元表現とする．W を V の部分表現とするとき，V の部分表現 U であって

$$V = W \oplus U$$

となるものが存在する．これがマシュケの定理の内容であった．

マシュケの定理を証明するには，条件をみたすような G 不変な部分空間 U を構成する必要がある．まず，G 不変性をいったん忘れて，線型部分空間 U および線型空間としての直和分解 $V = W \oplus U$ を与えるにはどうすればよいか．それには

$$P^2 = P, \quad \mathrm{Im}(P) = W \tag{5.5}$$

をみたす $P \in \mathrm{End}(V)$ を構成すればよい．$U = \mathrm{Ker}(P)$ とおいて，$P' = \mathrm{Id}_V - P$ とするとき P, P' は互いに直交する完全な直交射影子系であって $V = W \oplus U$ が成り立つ（定理 1.3.5）からである．

　マシュケの定理においては，さらに U が G 不変であるという要請が本質的である．それを実現するためには P が G 準同型であればよい．そこで，まず，線型空間としての直和分解を与えて，その射影が G 準同型になるように修正する，というのが証明の流れである．

　$V = W \oplus U_0$ をみたす部分空間 U_0 を任意に選ぶ．線型空間としてならばこのような U_0 の存在はつねに保証される（系 A.2.6）．この直和分解に即した W への射影を P_0 とする．P_0 を修正して

$$P := \frac{1}{|G|} \sum_{g \in G} \rho(g^{-1}) P_0 \rho(g) \in \mathrm{End}(V)$$

とおく．W が G 不変であることから $\mathrm{Im}(P) \subset W$ であることがわかる．$\boldsymbol{w} \in W$ に対して

$$
\begin{aligned}
P(\boldsymbol{w}) &= \frac{1}{|G|} \sum_{g \in G} \rho(g^{-1}) P_0 \rho(g) \boldsymbol{w} \\
&= \frac{1}{|G|} \sum_{g \in G} \rho(g^{-1}) \rho(g) \boldsymbol{w} \quad (\rho(g)\boldsymbol{w} \in W \text{ なので}) \\
&= \frac{1}{|G|} \sum_{g \in G} \rho(g^{-1}g) \boldsymbol{w} = \frac{1}{|G|} \sum_{g \in G} \boldsymbol{w} = \boldsymbol{w}
\end{aligned}
$$

である．よって $W \subset \mathrm{Im}(P)$ なので $\mathrm{Im}(P) = W$ である．

　$\boldsymbol{v} \in V$ とするとき，$P(\boldsymbol{v}) \in \mathrm{Im}(P) = W$ なので $P(P(\boldsymbol{v})) = P(\boldsymbol{v})$ である．つまり $P^2 = P$ である．

　最後に P が G 準同型であることを示す．$g \in G$ とするとき

$$
\begin{aligned}
P\rho(g) &= \frac{1}{|G|} \sum_{h \in G} \rho(h^{-1}) P_0 \rho(h) \rho(g) \\
&= \frac{1}{|G|} \sum_{h \in G} \rho(h^{-1}) P_0 \rho(hg) \\
&= \frac{1}{|G|} \sum_{h \in G} \rho(g) \rho(g^{-1}) \rho(h^{-1}) P_0 \rho(hg) \quad (\rho(g)\rho(g^{-1}) = \mathrm{Id}_V \text{ を挿入}) \\
&= \frac{1}{|G|} \sum_{h \in G} \rho(g) \rho((hg)^{-1}) P_0 \rho(hg)
\end{aligned}
$$

$$= \rho(g)\frac{1}{|G|}\sum_{h \in G} \rho(h^{-1})P_0\rho(h) \quad (\text{問 5.3 参照})$$

$$= \rho(g)P$$

である．これでマシュケの定理の証明が完了した．$U = \mathrm{Ker}(P)$ とすれば U は部分表現であり $V = W \oplus U$ が成り立つ．

注意 5.3.1　体 K 上の線型空間上において群の表現を考えることも自然な問題である．そのとき，まず体の **標数**（B.7 節）が大切である．標数の大切さは，端的には，マシュケの定理の証明において $|G|^{-1}$ を用いていることと関係している．体 K の標数が 0 または $|G|$ と互いに素な素数の場合は，$|G|^{-1}$ が K のなかに存在して，マシュケの定理の上記の証明が変更なく適用できる．また，シューアの補題の証明で，線型変換の固有値が存在することを用いた．体 K が代数的閉体であれば同じ議論が使える．したがって，これまでの議論は標数 0 の代数的閉体上では，修正なく成り立つ．

　以下，これまで通り，複素数体 $\mathbb{C}$ 上で有限群 G の有限次元表現を考察する．この設定においては非常に簡明な基礎理論がある．ただし，それはあくまで一般的な枠組みであって，個々の有限群に対して，表現の世界を詳しく研究するためには，その群の個性に合わせた手法が用いられる．

　さて，これから説明する要点は以下の通りである：

- 互いに同値でない既約表現は有限個しかない．
- 互いに同値でない既約表現の個数は比較的簡単に調べられる．
- 既約表現への直和分解には "一意性" がある．

したがって，互いに同値でない既約表現をリストアップして，それらの直和を考えれば，表現の世界の全体像が理解できたことになる．

　一意性の議論からはじめよう．有限群 G の表現 (V, ρ) に対して，その既約な不変部分空間 $W_1, \ldots, W_r$ が存在して

$$V = W_1 \oplus \cdots \oplus W_r \tag{5.6}$$

となったとする．このような分解に一意性があるとすると，いかなる意味においてであろうか？

　まず，極端な場合として r 次元の線型空間 V に G が自明に作用する（$\rho(g) = \mathrm{Id}_V \ (g \in G)$）ときを考える．$V$ に含まれる r 個の直線 $L_1, \ldots, L_r$ であって

$V = L_1 \oplus \cdots \oplus L_r$ となるものをとる．このとき L_i は既約な不変部分空間である．このような直線たちの選び方は $r \geq 2$ ならば無数にあるので，直和因子として現れる個々の不変部分空間は V のなかで一意的には定まらないことがわかる．

互いに同値でない既約表現 $V_1, \ldots, V_k$ を選んで，直和分解 (5.6) に現れる各 W_i がこれらのいずれかと同値であるようにできる．V_i と同値な直和因子 W_j たちの和を $V^{(i)}$ とおけば

$$V = \bigoplus_{i=1}^{k} V^{(i)} \tag{5.7}$$

が成り立つ．これを V の **標準分解** と呼ぶ．

命題 5.3.2　与えられた表現 V の標準分解 (5.7) は一意的である．すなわち，どのような既約分解 (5.6) から出発しても $V^{(i)}$ は V の部分空間として同一である．

証明　V の部分空間 U に対して，性質

$\quad (*)\quad\quad V$ の既約な部分表現 W が V_i と同値ならば $W \subset U$

を考える．まず，$U = V^{(i)}$ がこの性質をみたすことを示そう．V の直和分解 (5.6) における W_j への射影子を P_j とし，V_i と同値な既約部分表現 W への制限 $P_j|_W$ を考える．$W_j \not\cong_G V_i$ である j については，シューアの補題より $P_j|_W = 0$ である．したがって $W \subset \bigoplus_{W_j \cong_G V_i} W_j = V^{(i)}$ が成り立つ．

また，性質 $(*)$ を持つ部分空間 U があれば $W_j \cong_G V_i$ なる j について $W_j \subset U$ なので U は $V^{(i)}$ を含む．以上のことから，$V^{(i)}$ は性質 $(*)$ を持つ部分空間のうちで包含関係で最小のものである．よって $V^{(i)}$ は直和分解の仕方によらない．　　　　　　　　　　　　　　　　　　　　　　　　　　□

V を既約な部分表現の直和に分解するとき，V_i と同値な表現が現れる回数が m_i であるとすると $\dim V^{(i)} = m_i \cdot \dim V_i$ が成り立つから，この数 m_i は分解の仕方にはよらない．これを V における V_i の **重複度** と呼び $(V : V_i)$ と表す．$V^{(i)}$ のように，1 つの既約表現の直和と同値である表現について考えよ

う．

命題 5.3.3　表現 (V, ρ) が既約表現 W と同値ないくつかの表現の直和と同値であるとする．このとき線型同型

$$V \cong W \otimes \mathrm{Hom}_G(W, V) \tag{5.8}$$

が存在する．右辺の空間の元 $\boldsymbol{w} \otimes \Phi$ ($\boldsymbol{w} \in W, \Phi \in \mathrm{Hom}_G(W, V)$) には $\Phi(\boldsymbol{w}) \in V$ が対応する．また，右辺の空間に G の作用を

$$\rho(g) \otimes \mathrm{Id}_{\mathrm{Hom}_G(W, V)} \quad (g \in G)$$

により定めると，上記の線型同型は G の表現としての同値である．

証明　$V = W_1 \oplus \cdots \oplus W_r$, $W_i \cong_G W$ という直和分解を固定する．各 i について W から V への G 準同型 Φ_i であって，G 同型 $W \cong_G W_i = \mathrm{Im}(\Phi_i)$ を与えるものを固定する．

　以下，$\Phi_1, \ldots, \Phi_r$ が $\mathrm{Hom}_G(W, V)$ の基底をなすことを示す．$\Phi_1, \ldots, \Phi_r$ が線型独立であることは明らかであるから，これらが $\mathrm{Hom}_G(W, V)$ を生成することを示せばよい．$\boldsymbol{v} \in V$ に対して，

$$\boldsymbol{v} = \sum_{i=1}^{r} \Phi_i(\boldsymbol{w}_i) \tag{5.9}$$

をみたす $\boldsymbol{w}_1, \ldots, \boldsymbol{w}_r \in W$ が一意的に存在する．$g \in G$ ならば

$$\rho(g)(\boldsymbol{v}) = \sum_{i=1}^{r} \rho(g)(\Phi_i(\boldsymbol{w}_i)) = \sum_{i=1}^{r} \Phi_i(\rho_W(g)\boldsymbol{w}_i) \tag{5.10}$$

となる．$\Psi_i \in \mathrm{Hom}(V, W)$ を $\Psi_i(\boldsymbol{v}) = \boldsymbol{w}_i$ により定めるとき (5.10) は $\Psi_i \in \mathrm{Hom}_G(V, W)$ を意味する．また (5.9) から

$$\sum_{i=1}^{r} \Phi_i \circ \Psi_i = \mathrm{Id}_V \tag{5.11}$$

である．いま $\Phi \in \mathrm{Hom}_G(W, V)$ を任意にとる．(5.11) により

$$\sum_{i=1}^{r} \Phi_i \circ \Psi_i \circ \Phi = \Phi$$

が成り立つ．シューアの補題により $\Psi_i \circ \Phi \in \mathrm{End}_G(W) = \mathbb{C} \cdot \mathrm{Id}_W$ なので，ある $c_i \in \mathbb{C}$ が存在して $\Psi_i \circ \Phi = c_i \cdot \mathrm{Id}_W$ となる．このとき $\sum_{i=1}^{r} c_i \Phi_i = \Phi$ となる．

双線型写像 $\Psi : W \times \mathrm{Hom}_G(W, V) \to V$ を $(\boldsymbol{w}, \Phi) \mapsto \Phi(\boldsymbol{w})$ $(\boldsymbol{w} \in W,\ \Phi \in \mathrm{Hom}_G(W, V))$ と定めることができる．これが普遍写像性質をみたすことを示そう．U を線型空間とし，$F : W \times \mathrm{Hom}_G(W, V) \to U$ を双線型写像とする．このとき V から U への線型写像 f を次のように定める．$\boldsymbol{v}$ を V の任意の元とするとき (5.9) をみたす $\boldsymbol{w}_1, \ldots, \boldsymbol{w}_r \in W$ をとって

$$f(\boldsymbol{v}) = \sum_{i=1}^{r} F(\boldsymbol{w}_i, \Phi_i) \in U \tag{5.12}$$

とする．$\boldsymbol{w}$ を W の任意の元，$\Phi = \sum_{i=1}^{r} c_i \Phi_i$ を $\mathrm{Hom}_G(W, V)$ の任意の元とするとき

$$\begin{aligned}
f(\Psi(\boldsymbol{w}, \Phi)) = f(\Phi(\boldsymbol{w})) &= f\left(\sum_{i=1}^{r} c_i \Phi_i(\boldsymbol{w})\right) = f\left(\sum_{i=1}^{r} \Phi_i(c_i \boldsymbol{w})\right) \\
&= \sum_{i=1}^{r} F(c_i \boldsymbol{w}, \Phi_i) = \sum_{i=1}^{r} F(\boldsymbol{w}, c_i \Phi_i) = F(\boldsymbol{w}, \sum_{i=1}^{r} c_i \Phi_i) \\
&= F(\boldsymbol{w}, \Phi)
\end{aligned}$$

が成り立つ．すなわち $f \circ \Psi = F$ が成り立つ．

f が一意的であることを示そう．$f' \circ \Psi = F$ をみたす線型写像 $f' : V \to U$ を考える．任意の $\boldsymbol{v} \in V$ に対して，(5.9) をみたす $\boldsymbol{w}_1, \ldots, \boldsymbol{w}_r \in W$ をとる．このとき，(5.9)，Ψ の定義，$f' \circ \Psi = F$ を用いれば

$$\begin{aligned}
f'(\boldsymbol{v}) = f'\left(\sum_{i=1}^{r} \Phi_i(\boldsymbol{w}_i)\right) &= f'\left(\sum_{i=1}^{r} \Psi(\boldsymbol{w}_i, \Phi_i)\right) \\
&= \sum_{i=1}^{r} (f' \circ \Psi)(\boldsymbol{w}_i, \Phi_i) = \sum_{i=1}^{r} F(\boldsymbol{w}_i, \Phi_i) = f(\boldsymbol{v}).
\end{aligned}$$

G の作用についての主張は Φ が G 準同型であることからしたがう．$\rho(g)\Phi(\boldsymbol{w}) = \Phi(\rho(g)\,\boldsymbol{w})$ には $(\rho(g)\,\boldsymbol{w}) \otimes \Phi$ が対応するからである．   □

以上をまとめると，次のようになる．

定理 5.3.4　V を有限群 G の有限次元表現とするとき，いくつかの互いに同値でない既約表現 $V_1, \ldots, V_k$ が存在して

$$V \cong_G \bigoplus_{i=1}^{k} V_i \otimes \operatorname{Hom}_G(V_i, V) \tag{5.13}$$

が成り立つ．ここで $\operatorname{Hom}_G(V_i, V)$ には G は自明に作用する．$V_i \otimes \operatorname{Hom}_G(V_i, V)$ は標準分解の成分 $V^{(i)}$ と同型であり

$$(V : V_i) = \dim \operatorname{Hom}_G(V_i, V)$$

が成り立つ．

証明　標準分解 $V = \bigoplus_{i=1}^{k} V^{(i)}$ において $V^{(i)}$ は V_i のいくつかの直和と同値であるから命題 5.3.3 より

$$V^{(i)} \cong V_i \otimes \operatorname{Hom}_G(V_i, V^{(i)})$$

である．また，シューアの補題により

$$\operatorname{Hom}_G(V_i, V^{(i)}) = \operatorname{Hom}_G(V_i, V)$$

とみなせる．よって同型 (5.13) と，重複度についての等式が得られる．   □

$\operatorname{Hom}_G(V_i, V)$ のことを V における V_i の**重複度の空間**と呼ぶ．

課題 5.3　次の事実を線型代数の知識のみを用いて導こう．

(i) S_3 の既約表現は同値を除いて $\mathbb{C}_{\mathrm{triv}}, \mathbb{C}_{\mathrm{sgn}}, U$（例 5.1.15）のみである．

(ii) S_3 の任意の表現 (V, ρ) はこれらの表現の直和と同値である．

(ii) を示せば十分である．$\sigma = (123)$, $\tau = (12)$ とおく（$\tau\sigma = \sigma^{-1}\tau$ に注意）．

(1) $\rho(\sigma)$ の固有値は $1, \zeta, \zeta^2$ のいずれかであることを示せ．ここで ζ は 1 の

原始 3 乗根である．また，$\rho(\tau)$ の固有値は $1, -1$ のいずれかであることを示せ．

(2) $\rho(\sigma)$ は対角化可能である（問 5.2 参照）．固有空間分解を $V = V(1) \oplus V(\zeta) \oplus V(\zeta^2)$ とする（直和成分は 0 の可能性もある）．$V(1)$ が $\rho(\tau)$ 不変であることを示し，S_3 不変であることを導け．

(3) $V(1) = V_+(1) \oplus V_-(1)$ を $\rho(\tau)$ に関する固有空間分解とする．$V_\pm(1)$ はそれぞれ固有値 ± 1 の固有空間である．$V_+(1) \cong \mathbb{C}_{\mathrm{triv}}^{\oplus m}$, $V_-(1) \cong \mathbb{C}_{\mathrm{sgn}}^{\oplus n}$ であること示せ $(m, n \geq 0)$．

(4) $\rho(\tau)V(\zeta) \subset V(\zeta^2)$, $\rho(\tau)V(\zeta^2) \subset V(\zeta)$ を示せ．

(5) $V(\zeta)$ の基底 $\boldsymbol{v}_1, \ldots, \boldsymbol{v}_l$ をとり $\boldsymbol{v}_i' = \rho(\tau)(\boldsymbol{v}_i)$ $(1 \leq i \leq l)$ とおくと $\{\boldsymbol{v}_i'\}$ は $V(\zeta^2)$ の基底になる．$U^{(i)} := \langle \boldsymbol{v}_i, \boldsymbol{v}_i' \rangle$ とする．$U^{(i)}$ が S_3 不変であることを示し，$\rho_{U^{(i)}}(\sigma), \rho_{U^{(i)}}(\tau)$ の行列表示を求めよ．

(6) U の基底 $\boldsymbol{u}_1 = {}^t(\zeta^2, \zeta, 1)$, $\boldsymbol{u}_2 = {}^t(\zeta, \zeta^2, 1)$ を用いて $\rho_U(\sigma), \rho_U(\tau)$ の行列表示を求めよ．

(7) $V \cong_{S_3} \mathbb{C}_{\mathrm{triv}}^{\oplus m} \oplus \mathbb{C}_{\mathrm{sgn}}^{\oplus n} \oplus U^{\oplus l}$ を示せ．

5.4　指標の基礎理論

線型変換のトレースについて復習しよう．正方行列 $A = (a_{ij})_{1 \leq i,j \leq n}$ の対角成分の総和 $\sum_{i=1}^n a_{ii}$ を A の**トレース**（trace）といい $\mathrm{tr}(A)$ により表す．A, B を同じサイズの正方行列とするとき

$$\mathrm{tr}(AB) = \mathrm{tr}(BA) \tag{5.14}$$

が成り立つ．このことは $\mathrm{tr}(AB) = \sum_{1 \leq i,j \leq n} a_{ij}b_{ji}$ と書けることからわかる．また，トレースは明らかに加法的である．つまり

$$\mathrm{tr}(A + B) = \mathrm{tr}(A) + \mathrm{tr}(B) \tag{5.15}$$

が成立する．

V の線型変換 f に対して，V のある基底に関する表現行列を A とする．このとき A のトレース $\mathrm{tr}(A)$ は基底のとり方によらない．P を正則行列（基底

変換の行列と考えて）とするとき (5.14) を用いれば

$$\mathrm{tr}(P^{-1}AP) = \mathrm{tr}((P^{-1}A)P) = \mathrm{tr}(P(P^{-1}A)) = \mathrm{tr}(A) \tag{5.16}$$

となるからである．この（共通の）値を $\mathrm{tr}(f)$ と書いて f のトレースという．V を明示して $\mathrm{tr}_V(f)$ と書くこともある．

定理 5.4.1 正方行列 A に対し，$\mathrm{tr}(A)$ は固有値の総和（重複込み）と等しい．

証明 A を三角化する正則行列 P をとる（定理 2.1.15）．$P^{-1}AP$ の対角成分は重複を込めて A の固有値と一致するので (5.16) より定理が成り立つ．　□

　行列式と比較すると，トレースは定義が簡単であるが，見かけ以上に本質的な量であることが徐々にわかるであろう．

問 5.5 V_1, V_2 を有限次元線型空間として $f_1 \in \mathrm{End}(V_1)$, $f_2 \in \mathrm{End}(V_2)$ とする．このとき

$$\mathrm{tr}_{V_1 \otimes V_2}(f_1 \otimes f_2) = \mathrm{tr}_{V_1}(f_1) \cdot \mathrm{tr}_{V_2}(f_2)$$

が成り立つことを示せ．

問 5.6 A を (m, n) 行列，B を (n, l) 行列，C を (l, m) 行列とするとき

$$\mathrm{tr}(ABC) = \mathrm{tr}(BCA) = \mathrm{tr}(CAB)$$

であることを示せ．

問 5.7 V を有限次元の線型空間とし f を V の線型変換，つまり $f \in \mathrm{End}(V)$ とする．$\mathrm{End}(V) \cong V \otimes V^* \ni \boldsymbol{v} \otimes \phi \mapsto \langle \phi, \boldsymbol{v} \rangle \in \mathbb{C}$ はトレースをとる写像 $\mathrm{tr} : \mathrm{End}(V) \to \mathbb{C}$ $(f \mapsto \mathrm{tr}_V(f))$ と一致することを示せ．

　G を有限群とする．G の有限次元表現 (V, ρ) に対して G 上の関数 χ_V を

$$\chi_V(g) = \mathrm{tr}_V(\rho(g)) \quad (g \in G) \tag{5.17}$$

により定める．χ_V を表現 V の **指標** (character) という．表現の同値の定義と (5.16) から

$$V_1 \cong_G V_2 \Longrightarrow \chi_{V_1} = \chi_{V_2} \quad (G \text{ 上の関数として}) \tag{5.18}$$

であることがしたがう．逆も成り立つことをこの後で示す（系 5.4.9）．

例 5.4.2 S_k の置換表現 V_{perm} の指標を χ_{perm} と書く．$\sigma \in S_k$ のとき

$$\chi_{\mathrm{perm}}(\sigma) = \mathrm{tr}(E_\sigma) = \#\{i \in \{1, \ldots, k\} \mid \sigma(i) = i\}$$

である． ∎

例 5.4.3 G を有限群とし，その正則表現 $(V_{\mathrm{reg}}, \rho_{\mathrm{reg}})$ の指標を χ_{reg} と書く．作用の定義から

$$\rho_{\mathrm{reg}}(g)\boldsymbol{v}_h = \boldsymbol{v}_{gh} \quad (g, h \in G)$$

なので，0 でない対角成分が生じるのは $g = e$（単位元）のときだけである．よって

$$\chi_{\mathrm{reg}}(g) = \begin{cases} |G| & (g = e) \\ 0 & (g \neq e) \end{cases} \tag{5.19}$$

がわかる． ∎

命題 5.4.4 指標は加法的である．すなわち $\chi_{V \oplus W} = \chi_V + \chi_W$ が成り立つ．

証明 トレースの加法性 (5.15) から明らか． □

G 上の複素数値関数 ϕ は，任意の $g, h \in G$ に対して

$$\phi(hgh^{-1}) = \phi(g)$$

をみたすとき G 上の **類関数**（class function）であるという．$\mathcal{C}(G)$ を G 上の類関数全体がなす線型空間とする．G は有限集合なので $\mathcal{C}(G) \subset \mathrm{Map}(G, \mathbb{C})$ は有限次元の線型空間であることに注意しよう．

命題 5.4.5 有限群 G の表現の指標は類関数である．

証明 (V, ρ) を G の表現とする．$g, h \in G$ に対して，$\chi_V(hgh^{-1}) =$

$\mathrm{tr}_V \rho(hgh^{-1}) = \mathrm{tr}_V \rho(h)\rho(g)\rho(h)^{-1} = \mathrm{tr}_V \rho(g) = \chi_V(g)$. 3 つめの等号において (5.16) を用いた. □

$\phi, \psi \in \mathcal{C}(G)$ に対して

$$(\phi|\psi)_G = \frac{1}{|G|} \sum_{g \in G} \overline{\phi(g)} \psi(g)$$

とおく*1. $\overline{z}$ は $z \in \mathbb{C}$ の複素共役である. $|z|^2 = \overline{z}z$ なので，とくに $(\phi|\phi)_G = \frac{1}{|G|} \sum_{g \in G} |\phi(g)|^2$ は 0 以上の実数であり，$\phi = 0$ と $(\phi|\phi)_G = 0$ は同値である. $(\cdot|\cdot)_G$ は $\mathcal{C}(G)$ 上のいわゆるエルミート内積である. $(\psi|\phi)_G = \overline{(\phi|\psi)_G}$, $(\phi|c\,\psi)_G = c\,(\phi|\psi)_G$, $(c\,\phi|\psi)_G = \overline{c}\,(\phi|\psi)_G$ などが成り立つ. 以下 $(\phi|\psi)_G$ における G を省略して $(\phi|\psi)$ と書くこともある.

既約表現の指標のことを簡単に **既約指標**（irreducible character）という.

定理 5.4.6　（既約指標の正規直交性）V を G の既約表現とすると $(\chi_V|\chi_V) = 1$ が成り立つ. W が V と同値でない G の既約表現とするとき $(\chi_V|\chi_W) = 0$ が成り立つ.

この事実からしたがうことはたくさんあるが，まず第一に次がわかる.

系 5.4.7　有限群 G の互いに同値でない既約表現は有限個しかない.

証明　$V_1, \ldots, V_k$ が互いに同値でない既約表現であるとする. $\chi_{V_1}, \ldots, \chi_{V_k} \in \mathcal{C}(G)$ は互いに直交するので，線型独立である. したがって $k \le \dim \mathcal{C}(G) < \infty$ である. □

互いに同値でない既約表現の集まり $V_1, \ldots, V_k$ であって，任意の既約表現がこれらのいずれか 1 つと同値であるようなものを**既約表現の同値類の代表系**と呼ぶ.

系 5.4.8　G の既約表現の同値類の代表系 $V_1, \ldots, V_k$ を選ぶ. 表現 V に対して $m_i = (V : V_i)$ とおくとき次が成り立つ.

(1) $m_i = (\chi_V|\chi_{V_i})$,

---

*1　$\frac{1}{|G|} \sum_{g \in G} \phi(g)\overline{\psi(g)}$ とする流儀もある.

(2) $(\chi_V \,|\, \chi_V) = \sum_{i=1}^{k} m_i^2$.

証明　(1) $V \cong_G \bigoplus_{i=1}^{k} V_i^{\oplus m_i}$ となっている. 指標の加法性から $\chi_V = \sum_{i=1}^{k} m_i \chi_{V_i}$ となり, $(\chi_V \,|\, \chi_{V_i}) = \sum_{j=1}^{k} m_j (\chi_{V_j} \,|\, \chi_{V_i}) = \sum_{j=1}^{k} m_j \delta_{ij} = m_i$ がしたがう.

(2) $\chi_V = \sum_{i=1}^{k} m_i \chi_{V_i}$ と既約指標の正規直交性（定理 5.4.6）より

$$(\chi_V \,|\, \chi_V) = \sum_{i,j=1}^{k} m_i m_j (\chi_{V_i} \,|\, \chi_{V_j}) = \sum_{i,j=1}^{k} m_i m_j \delta_{ij} = \sum_{i=1}^{k} m_i^2.$$

$\square$

系 5.4.9　表現 V_1, V_2 の指標が（G 上の関数として）等しければ $V_1 \cong_G V_2$ である.

証明　2 つの表現 V_1, V_2 の指標が等しければ, 系 5.4.8 (1) によりすべての既約表現に関する重複度が一致するので 2 つの表現は同値である. $\square$

系 5.4.10　$(\chi_V \,|\, \chi_V) = 1$ ならば V は既約である.

証明　$(\chi_V \,|\, \chi_V) = 1$ とする. 系 5.4.8 (2) により, 同じ記号のもとで $\sum_{i=1}^{k} m_i^2 = 1$ となる. m_i は非負の整数であるから, ある j に対して $m_j = 1$ であってそれ以外の重複度は 0 である. よって $\chi_V = \chi_{V_j}$ となる. 系 5.4.9 より $V \cong_G V_j$, したがって V は既約である. $\square$

命題 5.4.11　V, W を有限群 G の表現とする. 次が成り立つ.

(1) $\chi_V(e) = \dim V$（$e \in G$ は単位元）,

(2) $\chi_V(g^{-1}) = \overline{\chi_V(g)}$,

(3) $\chi_{V \otimes W} = \chi_V \cdot \chi_W$,

(4) $\chi_{V^*} = \overline{\chi_V}$（$V^*$ は V の双対表現）.

証明　(1) $\rho(e) = \mathrm{Id}_V$ なので $\chi_V(e) = \mathrm{tr}_V(\mathrm{Id}_V) = \dim V$ である.

(2) $g \in G$ とする. V の基底を選び $\rho(g)$ が上三角行列 $A(g)$ により表現されるとしてよい（定理 2.1.15）. $A(g)$ の対角成分を $\alpha_1, \ldots, \alpha_n$ とすると, これらは重複を込めて $A(g)$ の（$\rho(g)$ の）固有値と一致する. G は有限群なので

$g^m = e$ となる自然数 m がある．したがって $\rho(g)^m = \mathrm{Id}_V$ なので $A(g)^m = E$ が成り立つ．行列の計算により $A(g)^m = E$ から $\alpha_i^m = 1$ $(1 \le i \le n)$ がしたがう．よって $|\alpha_i| = 1$ である．特に $\alpha_i^{-1} = \overline{\alpha_i}$ である．定理 5.4.1 により

$$\overline{\chi_V(g)} = \overline{\mathrm{tr}\, A(g)} = \sum_{i=1}^n \overline{\alpha_i} = \sum_{i=1}^n \alpha_i^{-1} = \mathrm{tr}\, A(g^{-1}) = \chi_V(g^{-1}).$$

$A(g)^{-1}$ の固有値は重複を込めて $\alpha_1^{-1}, \ldots, \alpha_n^{-1}$ であることを用いた.

(3) 問 5.5 よりしたがう.

(4) ある基底を用いるときに $\rho(g^{-1})$ が行列 A で表現されるとする．双対基底を用いると $\rho_{V^*}(g) = {}^t(\rho(g^{-1}))$ は ${}^tA$ で表現される．また $\mathrm{tr}({}^tA) = \mathrm{tr}(A)$ なので (2) も用いて

$$\chi_{V^*}(g) = \mathrm{tr}({}^tA) = \mathrm{tr}(A) = \chi_V(g^{-1}) = \overline{\chi_V(g)}$$

を得る. □

注意 5.4.12　問 5.2 により $A(g)$ は対角化可能である．このことを使えば (2) の証明は少し簡略化される.

問 5.8　有限群 G の 1 次元表現 V と任意の既約表現 W に対して，$V \otimes W$ が既約であることを系 5.4.10 を用いて示せ（問題 5.1 も参照せよ）.

既約指標の正規直交性を証明するために次を用いる.

補題 5.4.13　有限群 G の表現 (V, ρ) に対して

$$q_V := \frac{1}{|G|} \sum_{g \in G} \rho(g) \in \mathrm{End}(V) \tag{5.20}$$

とおく．また

$$V^G = \{ \boldsymbol{v} \in V \mid \rho(g)\, \boldsymbol{v} = \boldsymbol{v} \ (g \in G) \}$$

と定める．このとき，次が成り立つ.

(1) $q_V \in \mathrm{End}_G(V)$,

(2) $q_V^2 = q_V$,

(3) $\mathrm{Im}(q_V) = V^G$,

(4) $\mathrm{tr}_V(q_V) = \dim V^G$.

証明 (1) $\rho(g) \circ q_V = q_V \circ \rho(g) = q_V$ は容易に示せる（問 5.3 参照）.

(2) $\rho(g) \circ q_V = q_V$ を用いて

$$q_V^2 = \frac{1}{|G|} \sum_{g \in G} \rho(g) \circ q_V = \frac{1}{|G|} \sum_{g \in G} q_V = q_V.$$

(3) 再び $\rho(g) \circ q_V = q_V$ を用いて $\mathrm{Im}(q_V) \subset V^G$ がしたがう. 一方 $\boldsymbol{v} \in V^G$ とするとき $q_V(\boldsymbol{v}) = \boldsymbol{v}$ は容易に確かめられる. このとき $\boldsymbol{v} = q_V(\boldsymbol{v}) = \mathrm{Im}(q_V)$ となるので $V^G \subset \mathrm{Im}(q_V)$ である.

(4) $W = \mathrm{Ker}(q_V)$ とおくと直和分解 $V = V^G \oplus W$ が得られる. この直和分解に即して q_V は $\begin{pmatrix} \mathrm{Id}_{V^G} & O \\ O & O \end{pmatrix}$ という行列で表現される. よって $\mathrm{tr}_V(q_V) = \mathrm{tr}(\boldsymbol{1}_{V^G}) = \dim V^G$. □

注意 5.4.14 V^G は V の標準分解における自明表現に対応する直和成分であり, q_V は V^G への射影子である.

証明（定理 5.4.6） これまでの結果を用いて

$$(\chi_V \,|\, \chi_W)_G = \frac{1}{|G|} \sum_{g \in G} \overline{\chi_V(g)} \chi_W(g)$$

$$= \frac{1}{|G|} \sum_{g \in G} \chi_{V^*}(g) \chi_W(g) \quad (\text{命題 } 5.4.11\,(4))$$

$$= \frac{1}{|G|} \sum_{g \in G} \chi_{W \otimes V^*}(g) \quad (\text{命題 } 5.4.11\,(3))$$

$$= \frac{1}{|G|} \sum_{g \in G} \chi_{\mathrm{Hom}(V,W)}(g) \quad (\text{問 } 5.4\,(2))$$

$$= \frac{1}{|G|} \sum_{g \in G} \mathrm{tr}_{\mathrm{Hom}(V,W)}(\rho_{\mathrm{Hom}}(g)) \quad (\text{指標の定義})$$

$$= \mathrm{tr}_{\mathrm{Hom}(V,W)} \left(\frac{1}{|G|} \sum_{g \in G} \rho_{\mathrm{Hom}}(g) \right) \quad (\text{トレースの線型性})$$

$$= \mathrm{tr}_{\mathrm{Hom}(V,W)}(q_{\mathrm{Hom}(V,W)}) \quad ((5.20))$$

$$= \dim \operatorname{Hom}(V, W)^G \quad (\text{補題 5.4.13 (4)})$$

$$= \dim \operatorname{Hom}_G(V, W) \quad (\text{問 5.4 (3)})$$

$$= \begin{cases} 1 & (V \cong_G W) \\ 0 & (V \not\cong_G W) \end{cases} \quad (\text{シューアの補題})$$

となる． □

　類関数の空間 $\mathcal{C}(G)$ について調べよう．群論において共役類という概念があって，類関数とは，各共役類上で一定の値をとる関数のことである，といえる．共役類にまだなじみのない読者のために簡単に説明する．$g, g' \in G$ に対して $g = hg'h^{-1}$ となる $h \in G$ が存在するときに g は g' と**共役** (conjugate) であるという．g が g' と共役であるとき $g \sim g'$ と書くことにする．

問 5.9　次を示せ. (i) $g \sim g$, (ii) $g \sim g'$ ならば $g' \sim g$, (iii) $g \sim g'$ かつ $g' \sim g''$ ならば $g \sim g''$.

注意 5.4.15　二項関係，特に**同値関係**という概念がある．上の問は共役という二項関係が同値関係であるという内容である．

　$g \in G$ に対して G の部分集合

$$C(g) = \{g' \in G \mid g' \sim g\}$$

を定める．これを g により代表される**共役類**（conjugacy class）と呼ぶ．

命題 5.4.16　G を群（有限でなくてもよい）とする．$g, g' \in G$ に対して $C(g) \cap C(g') = \emptyset$ もしくは $C(g) = C(g')$ のいずれか一方（のみ）が成り立つ．

証明　$C(g) \cap C(g') \neq \emptyset$ と仮定する．$h \in C(g) \cap C(g')$ とすると $h \sim g$, $h \sim g'$ である．$h \sim g$ より $g \sim h$ がしたがうので，$h \sim g'$ と合わせて $g \sim g'$ である．$x \in C(g)$ とする．定義から $x \sim g$ である．$g \sim g'$ と合わせて $x \sim g'$ すなわち $x \in C(g')$ である．よって $C(g) \subset C(g')$ である．同様に $C(g') \subset C(g)$ も成り立つから $C(g) = C(g')$ である． □

G を有限群とする．G の共役類 $C_1, \dots, C_l$ であって

$$G = C_1 \sqcup \cdots \sqcup C_l \tag{5.21}$$

となるものがある．$\sqcup$ は共通元のない和集合を表す．これを共役類への分割と呼ぶ．各 i に対して $C_i = C(g_i)$ となる $g_i \in G$ を選んだとき部分集合 $\{g_1, \dots, g_l\}$ を**共役代表系**と呼ぶことにする．

例 5.4.17　$G = S_3$ とする．$g_1 = e$, $g_2 = (12)$, $g_3 = (123)$ とすると $\{g_1, g_2, g_3\}$ は共役代表系である．共役類は $C(g_1) = \{e\}$, $C(g_2) = \{(12), (13), (23)\}$ （互換の集合），$C(g_3) = \{(123), (132)\}$ （長さ 3 の巡回置換の集合）である． ∎

共役類 C に対して $f_C \in \mathrm{Map}(G, \mathbb{C})$ を

$$\delta_C(g) = \begin{cases} 1 & (g \in C) \\ 0 & (g \notin C) \end{cases}$$

により定める（C の特性関数という）．明らかに $\delta_C \in \mathcal{C}(G)$ である．$f \in \mathcal{C}(G)$ とし，C を共役類とするとき，任意の $g \in C$ に対して $f(g) \in \mathbb{C}$ は一定の値なのでそれを $f(C)$ と書く．

命題 5.4.18　G の共役類への分割が (5.21) で与えられるとき，$f_{C_1}, \dots, f_{C_l}$ は $\mathcal{C}(G)$ の基底をなす．特に $\mathcal{C}(G)$ の次元は G の共役類の個数と等しい．

証明　$f \in \mathcal{C}(G)$ とする．任意の $g \in G$ に対して，$g \in C_i$ となる C_i が一意的に存在する．このとき $f(g) = f(C_i)$ である．したがって

$$f = \sum_{i=1}^{l} f(C_i) \delta_{C_i}$$

が成り立つ．$\{\delta_{C_i} \mid 1 \le i \le l\}$ は明らかに線型独立である． □

補題 5.4.19　$\phi \in \mathcal{C}(G)$ が任意の表現 V に対して $(\phi | \chi_V)_G = 0$ をみたすならば $\phi = 0$ である．

証明　ϕ を類関数，V を任意の表現とするとき，内積の定義とトレースの線型

性から

$$(\phi|\chi_V)_G = \frac{1}{|G|}\sum_{g\in G}\overline{\phi(g)}\cdot\mathrm{tr}\,\rho_V(g) = \mathrm{tr}\left(\frac{1}{|G|}\sum_{g\in G}\overline{\phi(g)}\cdot\rho_V(g)\right).$$

ここで現れた作用素を $\pi_{V,\phi} := \frac{1}{|G|}\sum_{g\in G}\overline{\phi(g)}\cdot\rho_V(g)$ とおくとき $\pi_{V,\phi}$ は G 準同型である．実際，$g\in G$ とするとき

$$\begin{aligned}
\rho_V(g)\cdot\pi_{V,\phi} &= \frac{1}{|G|}\sum_{h\in G}\overline{\phi(h)}\rho_V(g)\rho_V(h)\\
&= \frac{1}{|G|}\sum_{h\in G}\overline{\phi(h)}\rho_V(gh)\\
&= \frac{1}{|G|}\sum_{h\in G}\overline{\phi(h)}\rho_V(ghg^{-1})\rho_V(g) \quad (\rho_V(g^{-1})\rho_V(g)=\mathrm{Id}_V\ を挿入)\\
&= \frac{1}{|G|}\sum_{h\in G}\overline{\phi(ghg^{-1})}\rho_V(ghg^{-1})\cdot\rho_V(g) \quad (\phi\ は類関数)\\
&= \frac{1}{|G|}\sum_{h\in G}\overline{\phi(h)}\rho_V(h)\cdot\rho_V(g) \quad (問\ 5.3\ 参照)\\
&= \pi_{V,\phi}\cdot\rho_V(g)
\end{aligned}$$

となる．

　さて $\phi\in\mathcal{C}(G)$ が任意の表現 V に対して $(\phi|\chi_V)_G = 0$ をみたすとする．このとき $\pi_{V,\phi} = 0$ が成り立つことを示す．V が部分表現の直和に $V = \bigoplus_{i=1}^m W_i$ と分解するとき $\pi_{V,\phi} = \bigoplus_{i=1}^m\pi_{W_i,\phi}$ であることに注意しよう．よって V が既約の場合に示せばよい．$\pi_{V,\phi}$ は G 準同型なので V が既約であるとすると，シューアの補題から $\pi_{V,\phi} = \alpha\cdot\mathrm{Id}_V$ となるスカラー $\alpha\in\mathbb{C}$ がある．そのとき $0 = (\phi|\chi_V)_G = \mathrm{tr}_V(\pi_{V,\phi}) = \mathrm{tr}_V(\alpha\cdot\mathrm{Id}_V) = \alpha\cdot\dim V$ なので $\alpha = 0$，したがって $\pi_{V,\phi} = 0$ がしたがう．

　特に $V = V_{\mathrm{reg}}$ として $\pi_{V_{\mathrm{reg}},\phi}(=0)$ を $\boldsymbol{v}_e\in V_{\mathrm{reg}}$ に作用させることにより

$$0 = \pi_{V_{\mathrm{reg}},\phi}\,\boldsymbol{v}_e = \frac{1}{|G|}\sum_{g\in G}\overline{\phi(g)}\,\boldsymbol{v}_g$$

を得る．よって $\phi(g) = 0$（すべての $g\in G$）がしたがう．つまり $\phi = 0$ であ

る. $\hfill\square$

$V_1, \ldots, V_k$ を G の既約表現の同値類の代表系であるとする.

定理 5.4.20 指標 $\chi_{V_1}, \ldots, \chi_{V_k}$ は $\mathcal{C}(G)$ の正規直交基底をなす. 特に G の既約表現の同値類の個数は G の共役類の個数と一致する.

証明 $\chi_{V_1}, \ldots, \chi_{V_k}$ は直交系であるから線型独立である. $\psi \in \mathcal{C}(G)$ を任意にとって $\phi \doteq \psi - \sum_{j=1}^{k} (\psi|\chi_{V_j})\chi_{V_j}$ とおくとエルミート内積の性質と定理 5.4.6 より $(\phi|\chi_{V_i}) = 0$ $(1 \le i \le k)$ となる. このとき ϕ は補題 5.4.19 の条件をみたすので $\phi = 0$ である. すると $\psi = \sum_{j=1}^{k} (\psi|\chi_{V_j})\chi_{V_j} \in \langle \chi_{V_1}, \ldots, \chi_{V_k} \rangle$ となる. したがって $\mathcal{C}(G) = \langle \chi_{V_1}, \ldots, \chi_{V_k} \rangle$ が成り立つ. $\hfill\square$

指標を用いて正則表現の既約分解

$$V_{\mathrm{reg}} = V_1^{\oplus m_1} \oplus \cdots \oplus V_k^{\oplus m_k}$$

を調べよう. 正則表現の指標は例 5.4.3 の (5.19) により与えられるので

$$\begin{aligned}
m_i = (\chi_{\mathrm{reg}}|\chi_{V_i})_G &= \frac{1}{|G|} \sum_{g \in G} \overline{\chi_{\mathrm{reg}}(g)}\chi_{V_i}(g) \\
&= \frac{1}{|G|} \overline{\chi_{\mathrm{reg}}(e)} \cdot \chi_{V_i}(e) \\
&= \frac{1}{|G|} \cdot |G| \cdot \dim V_i = \dim V_i
\end{aligned}$$

が得られた. $\dim V_i \ge 1$ なので, $m_i \ge 1$ である. つまり正則表現にはすべての既約表現が 1 回以上現れる. また, $\dim(V_i^{\oplus \dim V_i}) = (\dim V_i)^2$ なので既約表現たちの次元は次の等式をみたすことがわかる:

$$|G| = (\dim V_1)^2 + \cdots + (\dim V_k)^2. \tag{5.22}$$

有限可換群の指標

有限群 G が可換である場合は共役類はすべて 1 元集合 $\{g\}$ なので G 上の類関数の空間 $\mathcal{C}(G)$ は G 上の複素数値関数全体の空間 $\mathrm{Map}(G, \mathbb{C})$ と一致する. また, 既約表現はすべて 1 次元（課題 5.2）なので

$$G^\vee := \{\chi : G \to \mathbb{C}^\times = \mathrm{GL}_1(\mathbb{C}) \mid \chi \text{ は群準同型}\}$$

は既約指標の集合とも一致する．$G^\vee$ の元を群 G の**指標**[*2]という（B.4 節参照）．G の指標の集合 $G^\vee$ は $\mathcal{C}(G)$ の正規直交基底をなす．このことは定理 5.4.20 の特別な場合であるが，以下のようにして直接証明することもできる．

問 5.10（有限可換群の指標） G を可換な有限群とする．

(1) $G^\vee$ が可換な群の構造を持つことを示せ（**双対群**という）．単位元はすべての $g \in G$ に $1 \in \mathbb{C}^\times$ を対応させる関数（1 と書く）である．

(2) $\chi \in G^\vee$ に対して $S_\chi := \sum_{g \in G} \chi(g)$ とおく．$\chi \neq 1$ のとき $\chi(g_0) \neq 1$ なる $g_0 \in G$ をとる．$(1 - \chi(g_0))S_\chi = 0$ を示せ．

(3) $\chi, \psi \in G^\vee$ に対して $(\chi|\psi) = \delta_{\chi, \psi}$ を示せ．

(4) $|G^\vee| \leq |G|$ を示せ（ヒント：$G^\vee \subset \mathcal{C}(G)$ が線型独立）．

(5) 自然な群準同型 $G \to (G^\vee)^\vee$ が存在することを示せ．

(6) $H \subset G$ を部分群とするとき制限による写像 $G^\vee \to H^\vee$ は全射であることが知られている（定理 B.4.1）．このことを用いて (5) の写像が単射であることを示せ．

(7) カノニカルな群同型 $G \cong (G^\vee)^\vee$ が存在する．

(8) $G^\vee$ を $\mathcal{C}(G)$ の部分集合とみなすとき $\mathcal{C}(G)$ の基底をなすことを示せ．

注意 5.4.21 カノニカルでない群同型 $G \cong G^\vee$ が存在する．このことは有限可換群が有限巡回群の直積と同型であるという結果を用いて示される（例えば [19] 参照）．

課題 5.4 S_3 の置換表現 $V_{\mathrm{perm}} = \mathbb{C}^3$ の指標を χ_{perm} と略記する．

(1) 課題 5.1 で得た $V_{\mathrm{perm}} = W \oplus U$ という表現の直和分解において χ_U を次の 2 通りの方法で求めよ（例 5.4.17 も参照せよ）．(a) U の基底を用いて行列表示する．(b) $\chi_{\mathrm{perm}} = \chi_W + \chi_U$ を用いる．

(2) $(\chi_U|\chi_U) = 1$ を示せ．これで U が既約表現であることが再確認できる．

[*2] 群 G の表現の指標という用語と区別して**乗法指標**（multiplicative character）と呼ぶ場合もある．文脈で判断できるので本書ではどちらも単に指標と呼ぶ．

5.5 群環の利用

G を任意の群とする（演算は乗法的に書く）．$g_1, g_2 \in G$ に対して積 $g_1 g_2 \in G$ が定まっているが，それ以外に「和」$g_1 + g_2$ や「線型結合」$2g_1 - g_2$ などを考えることもまったく自然なことである．(V, ρ) を G の表現とするとき，例えば $2\rho(g_1) - \rho(g_2)$ は $\mathrm{End}(V)$ の元として意味を持つから，これを $2g_1 - g_2$ の作用であるとみたくなる．あるいは，例えば $\rho(g_1)(\rho(g_2) + \rho(g_3)) = \rho(g_1)\rho(g_2) + \rho(g_1)\rho(g_3)$ などが任意の表現 ρ に対して成り立つので，$g_1(g_2 + g_3) = g_1 g_2 + g_1 g_3$ などの計算法則が成り立っていると考えておけばよいのではないか．

G が有限群の場合には，G の元の形式的な線型結合 $\alpha = \sum_{g \in G} \alpha_g \cdot g$ を正則表現 V_{reg} の元 $\alpha = \sum_{g \in G} \alpha_g \boldsymbol{v}_g$ とみなせば，上記の考え方は実現できる．すなわち，双線型写像 $V_{\mathrm{reg}} \times V_{\mathrm{reg}} \to V_{\mathrm{reg}}$ を $(\boldsymbol{v}_g, \boldsymbol{v}_h) \mapsto \boldsymbol{v}_{gh}$ $(g, h \in G)$ により定めるのである．よって $\alpha = \sum_{g \in G} \alpha_g \boldsymbol{v}_g$ と $\beta = \sum_{g \in G} \beta_g \boldsymbol{v}_g$ に対して

$$\alpha\beta = \sum_{g \in G} \left(\sum_{(g_1, g_2):\, g_1 g_2 = g} \alpha_{g_1} \beta_{g_2} \right) \boldsymbol{v}_g$$

である．このとき V_{reg} は環（$\mathbb{C}$ 代数）の構造を持つ．その意味で**群環**（group ring）とも呼ばれる．$\boldsymbol{v}_e$ が単位元になるので，これを単に 1 と書く場合もある．正則表現 V_{reg} と群環は線型空間としては同じものであるが，環であることを意識する場合は $\mathbb{C}[G]$ と書く．

正則表現 V_{reg} を群環 $\mathbb{C}[G]$ とみなすことにより，その既約分解を実際に与える方法について考えよう．

例 5.5.1 自明でない最も簡単な群 $G = S_2$ の場合，$\mathbb{C}[G]$ は $\boldsymbol{v}_e, \boldsymbol{v}_{(12)}$ を基底にもつ線型空間であって

$$\boldsymbol{v}_e \cdot \boldsymbol{v}_e = \boldsymbol{v}_e, \quad \boldsymbol{v}_e \cdot \boldsymbol{v}_{(12)} = \boldsymbol{v}_{(12)} \cdot \boldsymbol{v}_e = \boldsymbol{v}_{(12)}, \quad \boldsymbol{v}_{(12)} \cdot \boldsymbol{v}_{(12)} = \boldsymbol{v}_e$$

という積の構造を持つ．$\boldsymbol{v}_e$ は環の単位元なので 1 とも書く．特別な元として

$$\varepsilon_1 = \frac{1}{2}(\boldsymbol{v}_e + \boldsymbol{v}_{(12)}), \quad \varepsilon_2 = \frac{1}{2}(\boldsymbol{v}_e - \boldsymbol{v}_{(12)})$$

を考えるとき，簡単な計算で

$$\varepsilon_1^2 = \varepsilon_1, \quad \varepsilon_2^2 = \varepsilon_2, \quad \varepsilon_1 \cdot \varepsilon_2 = \varepsilon_2 \cdot \varepsilon_1 = 0, \quad \varepsilon_1 + \varepsilon_2 = 1$$

が成り立つことがわかる．$p_i \in \mathrm{End}(V_{\mathrm{reg}})$ $(i = 1, 2)$ を $\boldsymbol{v} \mapsto \boldsymbol{v} \cdot \varepsilon_i$ により定義すると

$$p_1^2 = p_1, \quad p_2^2 = p_2, \quad p_1 \cdot p_2 = p_2 \cdot p_1 = 0, \quad p_1 + p_2 = \mathrm{Id}$$

が成り立つ．すなわち p_1, p_2 は互いに直交する完全な射影子系をなす．したがって $V_i = \mathrm{Im}(p_i)$ $(i = 1, 2)$ とすると直和分解

$$V_{\mathrm{reg}} = V_1 \oplus V_2$$

ができる（定理 1.3.5）．また，$V_1 \cong \mathbb{C}_{\mathrm{triv}}$, $V_2 \cong \mathbb{C}_{\mathrm{sgn}}$ であることが確かめられる．これで正則表現の既約分解ができた．∎

$\varepsilon \in \mathbb{C}[G]$ が $\varepsilon^2 = \varepsilon$ をみたすとき ε は<ruby>巾等元<rt>べきとうげん</rt></ruby>であるという．ε_1 が巾等元であるとき $\varepsilon_2 = 1 - \varepsilon_1$ とおくと，これも巾等元である．実際 $\varepsilon_2^2 = (1 - \varepsilon_1)^2 = 1 - 2\varepsilon_1 + \varepsilon_1^2 = 1 - \varepsilon_1 = \varepsilon_2$ となる．また $\varepsilon_1 \cdot \varepsilon_2 = \varepsilon_2 \cdot \varepsilon_1 = 0$ も成り立つ．このとき $W_1 = \mathbb{C}[G]\varepsilon_1$, $W_2 = \mathbb{C}[G]\varepsilon_2$ とおくと直和分解

$$V_{\mathrm{reg}} = \mathbb{C}[G] = W_1 \oplus W_2$$

が得られる．線型変換 $p_1, p_2 : V_{\mathrm{reg}} \to V_{\mathrm{reg}}$ をそれぞれ $\varepsilon_1, \varepsilon_2$ を右から乗ずる変換として定義すれば上記の直和分解に対応する直交射影子系になっている（定理 1.3.5 参照）．また，W_1, W_2 は明らかに G 不変な部分空間である．

逆に次が成り立つ．

命題 5.5.2 G の表現としての直和分解 $V_{\mathrm{reg}} = W_1 \oplus W_2$ に対して，対応する直交射影子系を p_1, p_2 とすれば，巾等元 $\varepsilon_1, \varepsilon_2 \in \mathbb{C}[G]$ であって

$$p_1(\boldsymbol{v}) = \boldsymbol{v} \cdot \varepsilon_1, \quad p_2(\boldsymbol{v}) = \boldsymbol{v} \cdot \varepsilon_2 \quad (\boldsymbol{v} \in V_{\mathrm{reg}} = \mathbb{C}[G])$$

となるものが一意的に存在する．また $\varepsilon_1 \cdot \varepsilon_2 = \varepsilon_2 \cdot \varepsilon_1 = 0$ も成り立つ．

証明 $1 = \boldsymbol{v}_e$ を直和分解に合わせて $1 = \varepsilon_1 + \varepsilon_2$ $(\varepsilon_1 \in W_1,\ \varepsilon_2 \in W_2)$ と（一意的に）書く．このとき任意の $\boldsymbol{v} \in V_{\mathrm{reg}}$ に対して $\boldsymbol{v} = \boldsymbol{v} \cdot \boldsymbol{v}_e = \boldsymbol{v}\varepsilon_1 + \boldsymbol{v}\varepsilon_2$ とな

る．W_1, W_2 は G 不変部分空間なので $\boldsymbol{v}\varepsilon_1 \in W_1$，$\boldsymbol{v}\varepsilon_2 \in W_2$ である．これは $p_1(\boldsymbol{v}) = \boldsymbol{v}\varepsilon_1$，$p_2(\boldsymbol{v}) = \boldsymbol{v}\varepsilon_2$ を意味する．また $p_1(\boldsymbol{v}_e) = \boldsymbol{v}_e\varepsilon_1 = \varepsilon_1$，$p_2(\boldsymbol{v}_e) = \boldsymbol{v}_e\varepsilon_2 = \varepsilon_2$ なので $\varepsilon_1, \varepsilon_2$ は一意的である．$p_1 \cdot p_2 = p_2 \cdot p_1 = 0$ から $\varepsilon_1 \cdot \varepsilon_2 = \varepsilon_2 \cdot \varepsilon_1 = 0$ がしたがう． $\qquad\square$

一般に，$x \in \mathbb{C}[G]$ に対して $\mathbb{C}[G]x := \{\alpha\, x \mid \alpha \in \mathbb{C}[G]\}$ を，x により生成される $\mathbb{C}[G]$ の**左イデアル**という（環論の用語，B.6 節参照）．上の命題 5.5.2 において W_1, W_2 はそれぞれ $\varepsilon_1, \varepsilon_2$ が生成する左イデアルである．

例 5.5.3　$\varepsilon = \dfrac{1}{|G|}\sum_{g\in G}\boldsymbol{v}_g \in \mathbb{C}[G]$ は巾等元である．これは指標の直交性の証明に用いた作用素 (5.20) と関係している．$h \in G$ を任意の元とするとき $\boldsymbol{v}_h\varepsilon = \dfrac{1}{|G|}\sum_{g\in G}\boldsymbol{v}_h\boldsymbol{v}_g = \dfrac{1}{|G|}\sum_{g\in G}\boldsymbol{v}_{hg} = \dfrac{1}{|G|}\sum_{g\in G}\boldsymbol{v}_g = \varepsilon$ なので ε が生成する左イデアル $\mathbb{C}[G]\varepsilon$ は $\mathbb{C}\varepsilon$ であり，これは G の表現としては自明表現である（例 5.1.13）． $\qquad\blacksquare$

例 5.5.4　$(1/k!)\sum_{\sigma\in S_k}\operatorname{sgn}(\sigma)\,\boldsymbol{v}_\sigma \in \mathbb{C}[S_k]$ は巾等元である（4.4 節の交代テンソル空間への射影子の計算と同様）．対応する左イデアルは符号表現 $\mathbb{C}_{\mathrm{sgn}}$ と同値である． $\qquad\blacksquare$

巾等元 $\varepsilon \in \mathbb{C}[G]$ が**原始的**（primitive）であるとは

$$\varepsilon = \varepsilon_1 + \varepsilon_2,\ \varepsilon_1^2 = \varepsilon_1,\ \varepsilon_2^2 = \varepsilon_2,\ \varepsilon_1 \cdot \varepsilon_2 = \varepsilon_2 \cdot \varepsilon_1 = 0 \Longrightarrow \varepsilon = \varepsilon_1\ \text{または}\ \varepsilon_2$$

が成り立つことをいう．

問 5.11　群環の巾等元 ε と正則表現の部分表現 $W = \mathbb{C}[G]\varepsilon$ との対応において，ε が原始的であることと W が既約であることは同値であることを示せ．

定理 5.5.5　$\varepsilon, \varepsilon' \in \mathbb{C}[G]$ を巾等元とし，W, W' を対応する V_{reg} の部分表現とする．このとき線型同型

$$\operatorname{Hom}_G(W, W') \cong \varepsilon\,\mathbb{C}[G]\varepsilon'$$

が存在する．ただし，ここで $\varepsilon\,\mathbb{C}[G]\varepsilon' = \{\varepsilon\,\alpha\,\varepsilon' \mid \alpha \in \mathbb{C}[G]\}$．

証明　$\Phi \in \operatorname{Hom}_G(W, W')$ として $\Phi(\varepsilon) = a$ とおく．$a \in \varepsilon\,\mathbb{C}[G]\,\varepsilon'$ であること

を示す．$g \in G$ に対して $\Phi(\boldsymbol{v}_g \varepsilon) = \boldsymbol{v}_g \Phi(\varepsilon) = \boldsymbol{v}_g a$ である．$W = \mathbb{C}[G]\varepsilon$ の任意の元 $\boldsymbol{v} = \sum_g c_g \boldsymbol{v}_g$ に対して，$\boldsymbol{v} = \boldsymbol{v}\varepsilon$ なので

$$\Phi(\boldsymbol{v}) = \Phi(\boldsymbol{v}\varepsilon) = \Phi\left(\sum_g c_g \boldsymbol{v}_g \varepsilon\right) = \sum_g c_g \Phi(\boldsymbol{v}_g \varepsilon) = \sum_g c_g \boldsymbol{v}_g a = \boldsymbol{v}a.$$

特に $\boldsymbol{v} = \varepsilon$ とすると $\Phi(\varepsilon) = \varepsilon a$ となる．一方 $a = \Phi(\varepsilon) = \varepsilon a$ なので $a \in \varepsilon\mathbb{C}[G]$ である．また $a \in W' = \mathbb{C}[G]\varepsilon'$ なので $a = a\varepsilon'$ である．よって $a = \varepsilon a = \varepsilon a \varepsilon' \in \varepsilon\mathbb{C}[G]\varepsilon'$ が示せた．

逆に $\varepsilon\mathbb{C}[G]\varepsilon'$ の任意の元 a に対して $\Phi_a(\boldsymbol{v}) = \boldsymbol{v}a\ (\boldsymbol{v} \in W)$ とすると，Φ_a は W から W' への線型写像である．$g \in G$ のとき，$\boldsymbol{v} \in W$ に対して $\Phi_a(\boldsymbol{v}_g \boldsymbol{v}) = \boldsymbol{v}_g \boldsymbol{v}a = \boldsymbol{v}_g \Phi_a(\boldsymbol{v})$，すなわち $\Phi_a \in \mathrm{Hom}_G(W, W')$ である．

$\mathrm{Hom}_G(W, W') \ni \Phi$ に対して $a = \Phi(\varepsilon) \in \varepsilon\mathbb{C}[G]\varepsilon'$ を対応させる写像と，$a \in \varepsilon\mathbb{C}[G]\varepsilon'$ に対して $\Phi_a \in \mathrm{Hom}_G(W, W')$ を対応させる写像は互いに逆写像であることが容易にわかる．よって，この対応は線型同型である．　　　　□

集合 X, Y に対して X から Y への写像全体の集合を $\mathrm{Map}(X, Y)$ と書く．$\mathrm{Map}(G, \mathbb{C})$ は自然に群環 $\mathbb{C}[G]$ と線型同型になる．$g \in G$ に対して

$$\delta_g(x) = \begin{cases} 1 & (x = g) \\ 0 & (x \neq g) \end{cases}$$

とおくとき，$\delta_g \in \mathrm{Map}(G, \mathbb{C})$ を $\boldsymbol{v}_g \in \mathbb{C}[G]$ と同一視するのである．群環の積は $\mathrm{Map}(G, \mathbb{C})$ においては**畳み込み**（convolution）と呼ばれるものになっている．$\phi, \psi \in \mathrm{Map}(G, \mathbb{C})$ に対して

$$(\phi * \psi)(x) = \sum_{y \in G} \phi(y)\psi(y^{-1}x)$$

と定める．この積によって $\mathrm{Map}(G, \mathbb{C})$ は環として（$\mathbb{C}$ 代数として）$\mathbb{C}[G]$ と同型である（以下の問 5.12 参照）．

問 5.12　次を示せ．

(1) $(\phi * \psi) * \eta = \phi * (\psi * \eta)\ (\phi, \psi, \eta \in \mathrm{Map}(G, \mathbb{C}))$ が成り立つ．

(2) $\delta_g * \delta_h = \delta_{gh}\ (g, h \in G)$．

課題 5.5 $G = S_3$, $a = \boldsymbol{v}_e + \boldsymbol{v}_{(12)}$, $b = \boldsymbol{v}_e - \boldsymbol{v}_{(13)}$, $c = ab \in \mathbb{C}[G]$ とおく.

(1) $c^2 = nc$ となる 0 でないスカラー n があることを示せ.

(2) $\varepsilon = n^{-1}c$ は巾等元である. $U := \mathbb{C}[G]\,\varepsilon$ の次元を求めよ.

(3) χ_U を求め, U が既約であることを示せ.

5.6 誘導表現

表現論における基礎事項の 1 つである誘導表現という概念について説明する. この節の内容は, 対称群の場合の具体例として 6.4 節に現れるが, その先は 8.4 節まで用いない. 第 7 章を目標に読み進める場合は, この節 (および 6.4 節) を後まわしにすることも 1 つの読み方として勧められる.

(V, ρ) を有限群 G の表現とする. H を G の部分群とするとき, $\rho : G \to \mathrm{GL}(V)$ を H に制限して定まる準同型を $\rho|_H : H \to \mathrm{GL}(V)$ とすれば, 同じ空間 V 上の H の表現 $(V, \rho|_H)$ が得られる. これを V **からの制限で得られた H の表現**と呼び $\mathrm{Res}^G_H V$ と表す.

いま V の部分空間 W が H 不変であるとしよう. $g \in G$ に対して,

$$gW := \{\rho(g)\,\boldsymbol{w} \mid \boldsymbol{w} \in W\}$$

とする. 部分群による剰余の概念 (B.2 節) を用いる. $gH = g'H$ $(g, g' \in G)$ のとき $gW = g'W$ が成り立つことがわかる. つまり gW は左剰余類 $\gamma = gH \in G/H$ のみによって決まる. よってこれを γW と書く. V が W **からの誘導で得られた G の表現** (W から誘導された表現) であるとは

$$V = \bigoplus_{\gamma \in G/H} \gamma W \tag{5.23}$$

が成り立つことをいう. このことは, 左 H 剰余類の代表元の集合 $\{g_1, \dots, g_k\}$ を選ぶとき, 任意の $\boldsymbol{v} \in V$ に対して $\boldsymbol{v} = \sum_{i=1}^{k} \rho(g_i)\,\boldsymbol{w}_i$ となる $\boldsymbol{w}_i \in W$ $(1 \le i \le k)$ が一意的に存在することと同値である.

例 5.6.1 (自明表現 $\boldsymbol{1}_H$ からの誘導) G/H への G の自然な左作用を考える (例 B.3.4). この作用に関する置換表現 (例 5.1.7) を詳しくみてみよう. 左

H 剰余類の代表元の集合 $\{g_1, \ldots, g_k\}$ を $g_1 = e$ となるように選ぶ．$g \in G$ とするとき，S_k の元 σ が存在して $gg_iH = g_{\sigma(i)}H$ $(1 \leq i \leq k)$ となる（σ は g に依存*3して決まることに注意）.

このとき，線型空間 $V = \bigoplus_{i=1}^{k} \mathbb{C}\,\boldsymbol{v}_{g_iH}$ 上に $g \in G$ は

$$\rho(g)\boldsymbol{v}_{g_iH} = \boldsymbol{v}_{g_{\sigma(i)}H}$$

と作用する．$W := \mathbb{C}\,\boldsymbol{v}_{g_1H} = \mathbb{C}\,\boldsymbol{v}_H$ は H 不変であり，自明表現 $\mathbf{1}_H$ と同値である．$\rho(g_i)W = \mathbb{C}\,\boldsymbol{v}_{g_iH}$ なので $V = \bigoplus_{i=1}^{k} \mathbb{C}\,\boldsymbol{v}_{g_iH}$ は $W \cong_H \mathbf{1}_H$ からの誘導で得られた表現であることがわかる． ■

有限群 G の表現 (V, ρ) が H 不変部分空間 W から誘導されているとして，その構造を調べよう．左 H 剰余類の代表系 $\{g_1, \ldots, g_k\}$（B.2 節）を選ぶと任意の $\boldsymbol{v} \in V$ は

$$\boldsymbol{v} = \sum_{i=1}^{k} \rho(g_i)\boldsymbol{w}_i \quad (\boldsymbol{w}_i \in W) \tag{5.24}$$

の形に一意的に書くことができる．$g \in G$ に対して

$$gg_i = g_{\sigma(i)}h_i \quad (1 \leq i \leq k) \tag{5.25}$$

をみたす $\sigma \in S_k$, $h_i \in H$ が存在する（σ は例 5.6.1 と同じ）．このとき

$$\rho(g)\boldsymbol{v} = \rho(g)\sum_{i=1}^{k}\rho(g_i)\boldsymbol{w}_i = \sum_{i=1}^{k}\rho(gg_i)\boldsymbol{w}_i = \sum_{i=1}^{k}\rho(g_{\sigma(i)})\rho_W(h_i)\boldsymbol{w}_i$$

$$= \sum_{i=1}^{k}\rho(g_i)\rho_W(h_{\sigma^{-1}(i)})\boldsymbol{w}_{\sigma^{-1}(i)} \tag{5.26}$$

となる（最後の等号は $\sigma(i)$ を i に置き換えた）．(5.24) によって $\boldsymbol{v} \in V$ と $\bigoplus_{i=1}^{k} \boldsymbol{w}_i \in W^{\oplus k}$ とを対応させることで得られる線型同型 $V \cong W^{\oplus k}$ を通して $W^{\oplus k}$ 上に引き起こされる g の作用をみると

---

*3 g に依存することを明示して σ_g などと書く方がよいかもしれないが，煩雑になるので単に σ とする．

$$\bigoplus_{i=1}^{k} \boldsymbol{w}_i \longmapsto \bigoplus_{i=1}^{k} \rho_W(h_{\sigma^{-1}(i)})\boldsymbol{w}_{\sigma^{-1}(i)} \in W^{\oplus k} \tag{5.27}$$

となっている. この形をみると, 置換 σ や $h_i \in H$ などのように群の構造から定まるものを除けば, 与えられた表現 (W, ρ_W) のみで書き表されていることがわかる. このことは, 誘導表現は (存在するならば) 一意的であることを示している. また, (5.27) を作用の定義と考えて $W^{\oplus k}$ 上の G の表現を定めることができる (下記の定理 5.6.2, 注意 5.6.3 参照). このことは W から誘導される表現がいつでも存在することを意味している. また, 剰余類の代表系を取り替えるとき, $W^{\oplus k}$ 上には同値な表現ができることも確認できる (以下の問 5.13).

問 5.13 G を有限群, H を G の部分群とする. 左 H 剰余類の代表系 $\{g_1, \ldots, g_k\}$ を選び, $g \in G$ に対して $\sigma \in S_k$, $h_i \in H$ を (5.25) により定める. $W^{\oplus k}$ 上に (5.27) によって定まる G の表現を ρ_1 とする. $u_1, \ldots, u_k \in H$, $g_i' = g_i u_i$ とする. 左剰余類の代表系 $\{g_1', \ldots, g_k'\}$ を用いて ρ_1 と同様に定まる表現を ρ_2 とする. $\rho_1 \cong_G \rho_2$ を以下のようにして示せ.

(1) $h_i' = u_{\sigma(i)}^{-1} h_i u_i$ とおくとき $g g_i' = g_{\sigma(i)}' h_i'$.

(2) 線型写像 $\Phi : W^{\oplus k} \to W^{\oplus k}$ を $\Phi(\oplus_i \boldsymbol{w}_i) = \oplus_i \rho_W(u_i^{-1})\boldsymbol{w}_i$ により定めるとき Φ は $(W^{\oplus k}, \rho_1)$ から $(W^{\oplus k}, \rho_2)$ への G 同値を与える.

定理 5.6.2 有限群 G の部分群 H の表現 W が与えられたとき, W から誘導される G の表現が同値を除いて一意的に存在する. これを $\mathrm{Ind}_H^G W$ と書く.

証明 左 H 剰余類の代表系 $\{g_1, \ldots, g_k\}$ を選び, テンソル積空間 $\bigoplus_{i=1}^{k} \mathbb{C}\boldsymbol{v}_{g_i} \otimes W \cong W^{\oplus k}$ を考える. $g \in G$ に対して $\sigma \in S_k$, $h_i \in H$ を (5.25) により定める. $\boldsymbol{v}_{g_i} \otimes W$ を $g_i W$ と見立てて, (5.26) を眺めながら G の作用を

$$\rho(g)\left(\sum_{i=1}^{k} \boldsymbol{v}_{g_i} \otimes \boldsymbol{w}_i\right) := \sum_{i=1}^{k} \boldsymbol{v}_{g_{\sigma(i)}} \otimes \rho_W(h_i)\boldsymbol{w}_i \tag{5.28}$$

と定める. このとき $\rho(g'g) = \rho(g')\rho(g)$ を示す. そのため, 置換 $\tau \in S_k$ と $h_1', \ldots, h_k' \in H$ を $g'g_i = g_{\tau(i)}h_i'$ $(1 \le i \le k)$ となるようにとる. $g'g_{\sigma(i)} =$

$g_{\tau(\sigma(i))}h'_{\sigma(i)}$ なので

$$\rho(g')\left(\rho(g)\left(\sum_{i=1}^{k}\boldsymbol{v}_{g_i}\otimes\boldsymbol{w}_i\right)\right)=\rho(g')\left(\sum_{i=1}^{k}\boldsymbol{v}_{g_{\sigma(i)}}\otimes\rho_W(h_i)\boldsymbol{w}_i\right)$$

$$=\sum_{i=1}^{k}\boldsymbol{v}_{g_{(\tau\sigma)(i)}}\otimes\rho_W(h'_{\sigma(i)})\rho_W(h_i)\boldsymbol{w}_i$$

$$=\sum_{i=1}^{k}\boldsymbol{v}_{g_{(\tau\sigma)(i)}}\otimes\rho_W(h'_{\sigma(i)}h_i)\boldsymbol{w}_i. \qquad (5.29)$$

一方 $(g'g)g_i = g'(gg_i) = g'(g_{\sigma(i)}h_i) = (g'g_{\sigma(i)})h_i = (g_{\tau(\sigma(i))}h'_{\sigma(i)})h_i$ なので $\rho(g'g)$ は $\rho(g')\circ\rho(g)$ と一致することがわかる. □

注意 5.6.3　この定理の証明で構成した表現は (5.27) による $W^{\oplus k}$ 上の表現と本質的に同じ (同値) である. $\sum_{i=1}^{k}\boldsymbol{v}_{g_i}\otimes\boldsymbol{w}_i$ と $\oplus_i\boldsymbol{w}_i\in W^{\oplus k}$ を対応させればよい.

誘導表現はテンソル積空間 $\mathbb{C}[G]\otimes W$ を

$$\boldsymbol{v}_{gh}\otimes\boldsymbol{w} - \boldsymbol{v}_g\otimes\rho_W(h)\boldsymbol{w} \quad (g\in G,\ h\in H,\ \boldsymbol{w}\in W) \qquad (5.30)$$

という元たちで生成される部分空間 N で割って得られる商空間として定義することもできる. このような構成は環上の加群のテンソル積と呼ばれ $\mathbb{C}[G]\otimes_{\mathbb{C}[H]}W$ と書かれる (B.11 節). $\boldsymbol{v}_g\otimes\boldsymbol{w}$ の像を $\boldsymbol{v}_g\otimes_{\mathbb{C}[H]}\boldsymbol{w}$ と書くとき

$$\boldsymbol{v}_{gh}\otimes_{\mathbb{C}[H]}\boldsymbol{w}=\boldsymbol{v}_g\otimes_{\mathbb{C}[H]}\rho_W(h)\boldsymbol{w} \quad (g\in G,\ h\in H,\ \boldsymbol{w}\in W) \qquad (5.31)$$

である. U を任意の線型空間とするとき，双線型写像 $\Phi:\mathbb{C}[G]\times W\to U$ であって

$$\Phi(\alpha\,\boldsymbol{v}_h,\boldsymbol{w})=\Phi(\alpha,\rho_W(h)\boldsymbol{w}) \quad (\alpha\in\mathbb{C}[G],\ h\in H,\ \boldsymbol{w}\in W)$$

をみたすものがなす線型空間を $\mathscr{L}_{\mathbb{C}[H]}(\mathbb{C}[G],W;U)$ とする. この場合の "普遍写像性質" は，線型空間としての自然な同型

$$\mathscr{L}_{\mathbb{C}[H]}(\mathbb{C}[G],W;U)\cong\mathrm{Hom}(\mathbb{C}[G]\otimes_{\mathbb{C}[H]}W,U) \qquad (5.32)$$

が存在することを意味する. $\mathbb{C}[G]\otimes W$ への $g\in G$ の作用を

$$\rho(g)(\boldsymbol{v}_x \otimes \boldsymbol{w}) = \boldsymbol{v}_{gx} \otimes \boldsymbol{w} \quad (x \in G, \ \boldsymbol{w} \in W)$$

により定める. 部分空間 N は明らかに G 不変であるので, 商空間 $\mathbb{C}[G] \otimes_{\mathbb{C}[H]} W = (\mathbb{C}[G] \otimes W)/N$ は G の表現の構造を持つ.

問 5.14 普遍写像性質 (5.32) が成り立つことを示せ.

命題 5.6.4 $\mathbb{C}[G] \otimes_{\mathbb{C}[H]} W$ は W から誘導された表現 $\mathrm{Ind}_H^G W$ と同値である.

証明 $V = \bigoplus_{i=1}^k \mathbb{C}\boldsymbol{v}_{g_i} \otimes W$ とおくとき, V が $\mathbb{C}[G] \otimes_{\mathbb{C}[H]} W$ と同じ普遍写像性質をみたす. つまり, 任意の線型空間 U に対して自然な同型

$$\mathscr{L}_{\mathbb{C}[H]}(\mathbb{C}[G], W; U) \cong \mathrm{Hom}(V, U) \tag{5.33}$$

が存在する. このことを以下で示す.

（普遍写像性質の証明）双線型写像 $\Phi_0 : \mathbb{C}[G] \times W \to V$ を $g \in G$, $\boldsymbol{w} \in W$ に対して $g = g_i h$ $(h \in H)$ として $\Phi_0(\boldsymbol{v}_g, \boldsymbol{w}) = \boldsymbol{v}_{g_i} \otimes \rho_W(h)\boldsymbol{w}$ と定める. このとき $\Phi_0 \in \mathscr{L}_{\mathbb{C}[H]}(\mathbb{C}[G], W; V)$ であることが確かめられる. $\Phi \in \mathscr{L}_{\mathbb{C}[H]}(\mathbb{C}[G], W; U)$ に対して線型写像 $f : V \to U$ を $f(\boldsymbol{v}_{g_i} \otimes \boldsymbol{w}) = \Phi(\boldsymbol{v}_{g_i}, \boldsymbol{w})$ $(1 \le i \le k, \ \boldsymbol{w} \in W)$ と定める. $g \in G$ に対して $g = g_i h$ $(h \in H)$ とするとき

$$(f \circ \Phi_0)(\boldsymbol{v}_g, \boldsymbol{w}) = f(\Phi_0(\boldsymbol{v}_g, \boldsymbol{w})) = f(\boldsymbol{v}_{g_i} \otimes \rho_W(h)\boldsymbol{w})$$
$$= \Phi(\boldsymbol{v}_{g_i}, \rho_W(h)\boldsymbol{w}) = \Phi(\boldsymbol{v}_{g_i h}, \boldsymbol{w})$$
$$= \Phi(\boldsymbol{v}_g, \boldsymbol{w})$$

なので $f \circ \Phi_0 = \Phi$ である. このような f が一意的であることは $f(\boldsymbol{v}_{g_i} \otimes \boldsymbol{w}) = f(\Phi_0(\boldsymbol{v}_{g_i}, \boldsymbol{w})) = \Phi(\boldsymbol{v}_{g_i}, \boldsymbol{w})$ によりわかる.

普遍写像性質から, 特に線型同型 $V \cong \mathbb{C}[G] \otimes_{\mathbb{C}[H]} W$ $(\boldsymbol{v}_{g_i} \otimes \boldsymbol{w} \mapsto \boldsymbol{v}_{g_i} \otimes_{\mathbb{C}[H]} \boldsymbol{w})$ が得られる. これは明らかに G 準同型である. $\square$

注意 5.6.5 この命題により, 誘導表現が剰余類の代表系の選び方によらないことが（改めて）わかる.

命題 5.6.6（誘導表現の推移律）　H を G の部分群, K を H の部分群とし, V を K の表現とするとき, $\mathrm{Ind}_H^G(\mathrm{Ind}_K^H(V)) \cong \mathrm{Ind}_K^G(V)$.

証明 誘導表現の意味 (5.23) から直接に示すことができる．あるいは，環上の加群のテンソル積の結合性（命題 B.11.2）より

$$\mathrm{Ind}_H^G(\mathrm{Ind}_K^H(V)) = \mathbb{C}[G] \otimes_{\mathbb{C}[H]} (\mathbb{C}[H] \otimes_{\mathbb{C}[K]} V)$$
$$= (\mathbb{C}[G] \otimes_{\mathbb{C}[H]} \mathbb{C}[H]) \otimes_{\mathbb{C}[K]} V$$
$$= \mathbb{C}[G] \otimes_{\mathbb{C}[K]} V$$
$$= \mathrm{Ind}_K^G(V)$$

としてもよい．   □

定理 5.6.7 （誘導表現の指標） H の表現 W に対して

$$\chi_{\mathrm{Ind}_H^G(W)}(g) = \sum_{1 \le i \le k,\ g_i^{-1}gg_i \in H} \chi_W(g_i^{-1}gg_i) \quad (g \in G). \tag{5.34}$$

証明 $g \in G$ とするとき $\rho(g)$ は g_iW を gg_iW に写すので，$gg_i \in g_iH$（すなわち $g_i^{-1}gg_i \in H$）となる i だけがトレースに寄与する．$g_i^{-1}gg_i = h_i$ とおくとき $\rho(g)|_{g_iW}$ は $\rho(g_i)\boldsymbol{w} \mapsto \rho(g_i)\rho_W(h_i)\boldsymbol{w}$ $(\boldsymbol{w} \in W)$ と与えられるから，そのトレースは $\chi_W(h_i)$ である．   □

注意 5.6.8 (5.34) は，代表元を用いずに次のように書くこともできる：

$$\chi_{\mathrm{Ind}_H^G(W)}(g) = \frac{1}{|H|} \sum_{x \in G,\ x^{-1}gx \in H} \chi_W(x^{-1}gx). \tag{5.35}$$

命題 5.6.9 $g \in G$ に対して，その中心化群を $Z(g) = \{x \in G \mid xg = gx\}$ とし，g を含む共役類を $C(g)$ とするとき

$$\chi_{\mathrm{Ind}_H^G(\mathbf{1}_H)}(g) = \frac{|Z(g)|}{|H|} \cdot |C(g) \cap H|.$$

証明 $\chi_{\mathbf{1}_H}(h) = 1$ $(h \in H)$ なので (5.35) より

$$\chi_{\mathrm{Ind}_H^G(\mathbf{1}_H)}(g) = \frac{1}{|H|} \left| \{x \in G \mid x^{-1}gx \in H\} \right|$$

である．写像 $f : G \to G$ を $f(x) = x^{-1}gx$ により定めるとき $\{x \in G \mid x^{-1}gx$

$\in H\} = f^{-1}(H) = \bigsqcup_{h \in H} f^{-1}(\{h\})$ である. $h \notin C(g) \cap H$ ならば $f^{-1}(\{h\}) = \emptyset$ である. $h \in C(g) \cap H$ ならば $h = x_0^{-1} g x_0$ とするとき, $x \in G$ に対して

$$x \in f^{-1}(\{h\}) \Longleftrightarrow x^{-1} g x = x_0^{-1} g x_0 \Longleftrightarrow x x_0^{-1} \in Z(g)$$

である. よって $f^{-1}(\{h\}) = Z(g) \cdot x_0$ である. したがって $|f^{-1}(H)| = |C(g) \cap H| \cdot |Z(g)|$ である. $\quad\square$

命題 5.6.10 $\phi \in \mathcal{C}(H)$ に対して $\mathrm{ind}_H^G(\phi) \in \mathcal{C}(G)$ を

$$(\mathrm{ind}_H^G(\phi))(g) = \frac{1}{|H|} \sum_{x \in G,\ x^{-1}gx \in H} \phi(x^{-1}gx) \quad (g \in G)$$

と定める. W を H の表現とするとき $\mathrm{ind}_H^G(\chi_W) = \chi_{\mathrm{Ind}_H^G(W)}$ が成り立つ.

証明 定理 5.6.7, 注意 5.6.8 の言い換えである. $\quad\square$

定理 5.6.11 (フロベニウスの相互律) 有限群 G の部分群 H および G の表現 V と H の表現 W に対して, 次のカノニカルな線型同型が存在する:

$$\mathrm{Hom}_G(\mathrm{Ind}_H^G(W), V) \cong \mathrm{Hom}_H(W, \mathrm{Res}_H^G(V)). \tag{5.36}$$

証明 $\mathrm{Ind}_H^G W = \mathbb{C}[G] \otimes_{\mathbb{C}[H]} W$ と考える. $\phi \in \mathrm{Hom}_G(\mathrm{Ind}_H^G(W), V)$ とする. $\mathrm{Hom}(W, V)$ の元 ψ を, $\boldsymbol{w} \in W$ に対して $\psi(\boldsymbol{w}) = \phi(\boldsymbol{v}_e \otimes_{\mathbb{C}[H]} \boldsymbol{w}) \in V$ を対応させることにより定める. このとき, $h \in H$ に対して

$$\psi(\rho_W(h)\boldsymbol{w}) = \phi(\boldsymbol{v}_e \otimes_{\mathbb{C}[H]} \rho_W(h)\boldsymbol{w}) = \phi(\boldsymbol{v}_h \otimes_{\mathbb{C}[H]} \boldsymbol{w})$$
$$= \rho_V(h) \cdot \phi(\boldsymbol{v}_e \otimes_{\mathbb{C}[H]} \boldsymbol{w}) = \rho_V(h) \cdot \psi(\boldsymbol{w})$$

となるから $\psi \in \mathrm{Hom}_H(W, \mathrm{Res}_H^G V)$ である.

一方, $\psi \in \mathrm{Hom}_H(W, \mathrm{Res}_H^G V)$ に対して双線型写像 $\Phi : \mathbb{C}[G] \times W \to V$ を

$$\Phi(\boldsymbol{v}_g, \boldsymbol{w}) = \rho_V(g)\psi(\boldsymbol{w}) \quad (g \in G,\ \boldsymbol{w} \in W)$$

により定める. $g \in G,\ h \in H$ とするとき, ψ が H 準同型なので

$$\Phi(\boldsymbol{v}_{gh}, \boldsymbol{w}) = \rho_V(gh)\psi(\boldsymbol{w}) = \rho_V(g)\psi(\rho_W(h)\boldsymbol{w}) = \Phi(\boldsymbol{v}_g, \rho_W(h)\boldsymbol{w})$$

が成り立つ．つまり $\Phi \in \mathscr{L}_{\mathbb{C}[H]}(\mathbb{C}[G], W; V)$ である．よって普遍写像性質 (5.32) より $\phi : \mathrm{Ind}_H^G W = \mathbb{C}[G] \otimes_{\mathbb{C}[H]} W \to V$ が

$$\phi(\boldsymbol{v}_g \otimes_{\mathbb{C}[H]} \boldsymbol{w}) = \rho_V(g)\psi(\boldsymbol{w}) \quad (g \in G, \ \boldsymbol{w} \in W)$$

により定まる．ϕ が G 準同型であること，また，ϕ から ψ を，また ψ から ϕ を与える対応が互いに逆であることは容易にわかる．　　　　　　　　□

注意 5.6.12　誘導表現は加群の**係数拡大**と呼ばれる操作の一例になっている（B.11 節，特に例 B.11.3 参照）．

系 5.6.13　W を H の表現，V を G の表現とするとき，次が成り立つ：

$$(\chi_{\mathrm{Ind}_H^G(W)} | \chi_V)_G = (\chi_W | \chi_{\mathrm{Res}_H^G(V)})_H. \tag{5.37}$$

したがって，V, W が共に既約であるとき $\mathrm{Ind}_H^G(W)$ における V の重複度は $\mathrm{Res}_H^G(V)$ における W の重複度と等しい．

証明　V, W が共に既約であるときに示せば十分である．$(\chi_{\mathrm{Ind}_H^G(W)} | \chi_V)$ は $\mathrm{Ind}_H^G(W)$ の既約分解における V の重複度であり $\dim \mathrm{Hom}_G(\mathrm{Ind}_H^G(W), V)$ と等しい．一方，$(\chi_W | \chi_{\mathrm{Res}_H^G(V)})_H$ は $\mathrm{Res}_H^G(V)$ の既約分解における W の重複度であり $\dim \mathrm{Hom}_H(W, \mathrm{Res}_H^G(V))$ と等しい．よって定理 5.6.11 から系はしたがう．　　　　　　　　□

問 5.15　$\phi \in \mathcal{C}(H)$, $\psi \in \mathcal{C}(G)$ に対して次を示せ：

$$(\mathrm{ind}_H^G(\phi) | \psi)_G = (\phi | \mathrm{res}_H^G(\psi))_H. \tag{5.38}$$

ここで $\mathrm{res}_H^G(\psi)$ は ψ の H への制限（H に関する類関数になる）を表す．これは系 5.6.13 からしたがう．定理 5.6.7 を用いて直接の証明を与えよ．

章末問題

問題 5.1（問 5.8 の事実は G が有限群でなくても成立する）　群 G の 1 次元表現 V と，任意の既約表現 W（有限次元でなくてもよい）に対して，$V \otimes W$ が既約であることを示せ．ヒント：$V^* \otimes V$ が自明表現であることを利用せよ．

問題 5.2　S_k の互換 $(i, i+1)$ $(1 \leq i \leq k-1)$ を s_i と書く．$\mathbb{C}[S_k]$ において

$$(1 + us_i)(1 + (u+v)s_{i+1})(1 + vs_i) = (1 + vs_{i+1})(1 + (u+v)s_i)(1 + us_{i+1})$$

を示せ．$u, v \in \mathbb{C}$ は任意の複素数である．

問題 5.3（既約指標の正規直交性のシューアによる証明[*4]）　有限群 G の 2 つの既約表現 V, W を考える．$V = \mathbb{C}^m$, $W = \mathbb{C}^n$ として $g \in G$ による V, W 上の作用の表現行列をそれぞれ $A(g) = (a_{ij}(g))$, $B(g) = (b_{kl}(g))$ とする．また ${}^t A(g^{-1}) = (\hat{a}_{ij}(g))$, ${}^t B(g^{-1}) = (\hat{b}_{kl}(g))$ （反傾表現に対応）とおく．

もしも $V \not\cong_G W$ ならば

$$\sum_{g \in G} a_{ij}(g)\hat{b}_{kl}(g) = 0 \tag{5.39}$$

が成り立つ．また

$$\frac{1}{|G|} \sum_{g \in G} a_{ij}(g)\hat{a}_{kl}(g) = \delta_{ik}\delta_{jl}\frac{1}{n}. \tag{5.40}$$

これらの結果を以下のように示し，既約指標の正規直交性を導け．

(1) $X \in M_{m,n}(\mathbb{C})$ に対して $C := \sum_{g \in G} A(g) X B(g)^{-1}$ とおく．C は $\mathrm{Hom}_G(W, V)$ の元を与えることを示せ．

(2) シューアの補題を用いて (5.39) を導け．

(3) $V \cong_G W$ の場合，シューアの補題より $C = \alpha \cdot E_n$ となる $\alpha \in \mathbb{C}$ が存在する．α は X の成分 x_{ij} に線型に依存するので $\alpha = \sum_{i,j} \alpha_{ij}x_{ij}$ と書ける．このとき

$$\sum_{g \in G} a_{ij}(g)\hat{a}_{lk}(g) = \delta_{il}\alpha_{jk} \tag{5.41}$$

が成り立つことを示せ．

(4) (5.41) から $|G|\,\delta_{jk} = n\,\alpha_{jk}$ を導き (5.40) を示せ．

(5) 定理 5.4.6 を示せ．

問題 5.4　群 G の表現 V と，群 H の表現 W に対して $V \boxtimes W$ を外部テンソル積表現とする（例 5.1.11）．このとき

$$(V \boxtimes W)^{G \times H} = V^G \otimes W^H$$

が成り立つことを示せ（G, H は有限群である必要はない）．

問題 5.5　H を群 G の部分群とする．(W, ρ_W) を H の表現とするとき，直積集合 $G \times W$ の上の同値関係を

$$(g, \boldsymbol{w}) \sim (g', \boldsymbol{w}') \Longleftrightarrow g' = gh,\ \boldsymbol{w}' = \rho_W(h^{-1})\boldsymbol{w}\ \text{となる}\ h \in H\ \text{がある}$$

[*4]　[30] の Chap. IV, § 1 による．

と定め，商集合を $G \times_H W$ と書く．次を示せ．

(1) $[(g, \boldsymbol{w})] \in G \times_H W$ に対して $gH \in G/H$ を対応させることで全射 $\pi : G \times_H W \to G/H$ が定まる．

(2) $\gamma \in G/H$ の上のファイバー $\pi^{-1}(\gamma)$ は γW と同一視できる．

(3) 写像 $s : G/H \to G \times_H W$ が $\pi \circ s = \mathrm{Id}_{G/H}$ をみたすとき，s は π の**切断** (section) であるという．π の切断全体の集合を $\Gamma(G \times_H W)$ とする．線型同型

$$\Gamma(G \times_H W) \cong \{\varphi \in \mathrm{Map}(G, W) \mid \varphi(gh) = \rho_W(h^{-1})\varphi(g) \; (g \in G)\}$$

が存在する．

(4) $\mathrm{Map}(G, W)$ は $g \in G$ に対して $(\rho(g)\varphi)(x) = \varphi(g^{-1}x) \; (x \in G)$ により G の表現になる．また $\Gamma(G \times_H W)$ はこの部分表現である．

(5) G の表現としての同値 $\mathrm{Ind}_H^G(W) \cong \Gamma(G \times_H W)$ が存在する．

第6章　対称群の表現

　前章の有限群の表現論についての一般論を踏まえて，対称群の場合に既約表現の概要を述べる．

　6.1 節では対称群の共役類の記述を与え，既約表現をヤング図形 λ で添字付けることを述べる．これまでの知識から，3 次および 4 次の既約指標が求められることを示す．6.2 節では，既約表現の次元がヤング・タブローの数え上げによって与えられるという事実を紹介する．6.3 節では，ヤング対称子と呼ばれる群環の巾等元を導入し，既約表現を構成する．6.4 節では，ある基本的な誘導表現 U_λ を詳しく調べる．特にその指標を決定する．

6.1　k 次対称群 S_k の既約表現

　既約表現の同値類は共役類の個数だけある（定理 5.4.20）ので，まずは共役類の記述を行う．置換の**サイクル分解**（cycle decomposition）を思い出そう．$\{1, \ldots, k\}$ の r 個の元 $i_1, \ldots, i_r$ に対して

$$i_1 \mapsto i_2,\ i_2 \mapsto i_3, \ldots, i_{r-1} \mapsto i_r,\ i_r \mapsto i_1,\ j \mapsto j\ (j \notin \{i_1, \ldots, i_r\})$$

によって定まる置換を $(i_1 \cdots i_r)$ と書く．このように表される置換を**長さ** r の**巡回置換**（cyclic permutation）という．$i_1, \ldots, i_r$ はこの順に輪になっているのであって，$(i_1 i_2 i_3 i_4) = (i_3 i_4 i_1 i_2)$ などのように，どこから始めても同じ置換であることに注意しよう．$i_1, \ldots, i_r$ と $j_1, \ldots, j_s$ に共通の文字がなければ，対応する巡回置換は明らかに可換である．つまり $(i_1 \cdots i_r)(j_1 \cdots j_s) =$

$(j_1 \cdots j_s)(i_1 \cdots i_r)$ が成り立つ．任意の置換 $\sigma \in S_k$ は互いに可換な巡回置換たち $c_1, \ldots, c_l$ を用いて $\sigma = c_1 \cdots c_l$ と書くことができる．これを σ の**サイクル分解**と呼ぶ．

例 6.1.1　$\sigma = \begin{pmatrix} 1 & 2 & 3 & 4 & 5 & 6 & 7 & 8 & 9 \\ 3 & 2 & 7 & 5 & 6 & 9 & 1 & 8 & 4 \end{pmatrix}$ とする．1 の行き先をどんどん追跡すると $1 \mapsto 3 \mapsto 7 \mapsto 1$ と戻ってくるので，巡回置換 (137) ができる．次に 2 をみるとこれは動かないので長さ 1 の巡回置換 (2) ができる．まだ登場していない 4 の行き先を追って (4569) ができる．8 は登場していないが動かないので (8) ができる．これですべての文字を使って $\sigma = (137)(2)(4569)(8)$ と書ける．現れた巡回置換は互いに共通の文字を含まないから可換である．長さの大きい順に並べ替えて $\sigma = (4569)(137)(2)(8)$ としてもよい．　■

サイクル分解 $\sigma = c_1 \cdots c_l$ において，必要ならば添字を付け替えて $|c_1| \geq \cdots \geq |c_l| \geq 1$ とする．ここで $|c_i|$ は c_i の長さを表す．$\mathrm{cyc}(\sigma) = (|c_1|, \ldots, |c_l|)$ を σ の**サイクル・タイプ**（cycle type）と呼ぶ．$|c_1| + \cdots + |c_l| = k$ が成り立つ（長さ 1 の巡回置換も忘れずに使う！）．

巡回置換 $(i_1 \cdots i_r)$ と任意の置換 $\sigma \in S_k$ に対して

$$\sigma(i_1 \cdots i_r)\sigma^{-1} = (\sigma(i_1) \cdots \sigma(i_r)) \tag{6.1}$$

が成り立つ．このことを理解するには，左辺の置換によって $\sigma(i_j)$ が $\sigma(i_{j+1})$ に移されること（ただし $i_{r+1} = i_1$）と，$\sigma(i_1), \ldots, \sigma(i_r)$ 以外の文字が動かないこととに分けて考えればよい．

定理 6.1.2　置換 $\sigma, \tau \in S_k$ に対して

$$\sigma, \tau \in S_k \text{ が共役} \iff \mathrm{cyc}(\sigma) = \mathrm{cyc}(\tau).$$

証明　$(\Longrightarrow)$：σ, τ が共役であるとし $\tau = \rho \sigma \rho^{-1}$ となる置換 ρ をとる．$\sigma = c_1 \cdots c_l$ をサイクル分解とし，$c_i' = \rho c_i \rho^{-1}$ とおく．(6.1) によると c_i' は $|c_i'| = |c_i|$ をみたす巡回置換である．ρ が全単射であることから $c_1', \ldots, c_l'$ が互いに可換（動く文字の集合が共通元を持たない）であることがわかる．したがって τ のサイクル分解 $\tau = c_1' \cdots c_l'$ が得られ，$\mathrm{cyc}(\sigma) = \mathrm{cyc}(\tau)$ が成り立つ．

($\Longleftarrow$)：$\sigma, \tau \in S_k$ のサイクル分解が

$$\sigma = c_1 \cdots c_l, \quad \tau = c_1' \cdots c_l', \quad |c_i| = |c_i'| =: m_i$$

をみたすならば $c_i = (r_1^{(i)} \cdots r_{m_i}^{(i)})$, $c_i' = (s_1^{(i)} \cdots s_{m_i}^{(i)})$ として

$$\rho = \begin{pmatrix} r_1^{(1)} & \cdots & r_{m_1}^{(1)} & r_1^{(2)} & \cdots & r_{m_2}^{(2)} & \cdots & r_1^{(l)} & \cdots & r_{m_l}^{(l)} \\ s_1^{(1)} & \cdots & s_{m_1}^{(1)} & s_1^{(2)} & \cdots & s_{m_2}^{(2)} & \cdots & s_1^{(l)} & \cdots & s_{m_l}^{(l)} \end{pmatrix}$$

とおく（上の段に現れない文字は不動）．(6.1) より $\rho\, c_i \rho^{-1} = c_i'$ なので $\rho\,\sigma\rho^{-1} = (\rho\, c_1 \rho^{-1}) \cdots (\rho\, c_l \rho^{-1}) = \tau$ となる． $\qquad\square$

S_k のサイクル・タイプ $\mathrm{cyc}(\sigma)$ は "分割" と呼ばれる種類のデータである．自然数 k をいくつかの自然数の足し算として表すこと，つまり

$$k = \lambda_1 + \cdots + \lambda_l, \quad \lambda_1 \geq \cdots \geq \lambda_l \geq 1$$

をみたす自然数列 $(\lambda_1, \ldots, \lambda_l)$ を k の**分割**（partition）という．l を分割 λ の**長さ**（length）と呼んで $\ell(\lambda)$ により表す．k の分割全体がなす集合を $\mathcal{P}_k$ で表す．

例 6.1.3 $\mathcal{P}_2 = \{(2), (1,1)\}$，$\mathcal{P}_3 = \{(3), (2,1), (1,1,1)\}$ である．4 の分割は $(4), (3,1), (2,1), (2,1,1), (1,1,1,1)$ の 5 つがある． $\qquad\blacksquare$

なお，例えば $(3,3,2,1,1,1)$ を $(3^2, 2, 1^3)$ のように繰り返し現れる成分を冪の形にまとめて表すこともある．1 が i_1 回，2 が i_2 回，$\cdots$ となっているときは

$$(1^{i_1} 2^{i_2} \cdots k^{i_k})$$

という書き方も使う（具体例では $(k^{i_k} \cdots 2^{i_2} 1^{i_1})$ と書く場合も多い）．S_k の任意の共役類は，ある分割 $\mu \in \mathcal{P}_k$ によって

$$C_\mu := \{\sigma \in S_k \mid \mathrm{cyc}(\sigma) = \mu\}$$

と表される集合と一致する（定理 6.1.2）．

例 6.1.4 例えば $C_{(3)} = \{(123), (132)\}$，$C_{(2^2)} = \{(12)(34), (13)(24), (14)(23)\}$

など.一般の k について $C_{(1^k)} = \{e\}$ である.また,$C_{(k)}$ は長さ k の巡回置換全体の集合である.$k \geq 2$ のとき $C_{(2,1^{k-1})}$ は S_k に含まれる互換 (ij) の全体がなす集合である. ∎

$\mathcal{P}_k$ の元を次のような図形によって表すと便利なことが多い:

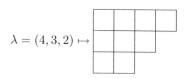

$$\lambda = (4, 3, 2) \mapsto$$

巾零行列の標準形を議論したとき(2.2 節)にも用いたヤング図形である.今後,分割とヤング図形を同一視することが多い.分割 λ の**共役**(conjugate partition)λ' とはヤング図形としての転置(対角線に関する鏡映)のことを意味する.例えば

$$\lambda = (4, 3, 2) \text{ ならば } \lambda' = (3, 3, 2, 1) \mapsto$$

である.

k 次対称群 S_k の共役類は $\mathcal{P}_k$ の元と対応付けられるので,既約表現の同値類の代表系は $|\mathcal{P}_k|$ 個の元からなる.実際,各 $\lambda \in \mathcal{P}_k$ に対して,V_λ と表される既約表現が存在する.その構成方法は 6.3 節で解説する.

定理 6.1.5　V_λ $(\lambda \in \mathcal{P}_k)$ は S_k の既約表現の同値類の代表系である.

注意 6.1.6　有限群 G に対して,共役類と既約表現の同値類は同じ個数だけある.しかし,カノニカルな全単射が存在するわけではない.にもかかわらず,多くの具体的な群において,共役類と既約表現に対する絶妙なパラメトリゼーションが見つかっている.組合せ論的な神秘である.

定理とは書いたが,V_λ の構成法を説明していないので,まだ実質的な中身がない.ここでは,現段階で述べられる V_λ の性質を列挙しよう.まず 1 次元の既約表現である自明表現と符号表現はそれぞれ

$$V_{(k)} = \mathbb{C}_{\mathrm{triv}} \text{（自明表現）}, \quad V_{(1^k)} = \mathbb{C}_{\mathrm{sgn}} \text{（符号表現）} \tag{6.2}$$

と同一視される（例 6.3.1 参照）.

例 6.1.7 S_3 の既約表現は $V_{(3)} = \mathbb{C}_{\mathrm{triv}}, V_{(2,1)}, V_{(1^3)} = \mathbb{C}_{\mathrm{sgn}}$ の 3 つがあるはずである. 置換表現の直和分解 $V_{\mathrm{perm}} = W \oplus U$ が存在して $W = \mathbb{C}(\boldsymbol{e}_1 + \boldsymbol{e}_2 + \boldsymbol{e}_3) \cong \mathbb{C}_{\mathrm{triv}}$, $U \cong \mathbb{C}^2$ が既約であることを例 5.1.15, 例 5.1.18, および課題 5.4 でみてきた. U は 2 次元なので $\mathbb{C}_{\mathrm{triv}}, \mathbb{C}_{\mathrm{sgn}}$ とは同値でないから, $V_{(2,1)}$ と同値であることがわかる. 課題 5.3 の結果からも, $\mathbb{C}_{\mathrm{triv}}, \mathbb{C}_{\mathrm{sgn}}, U$ が既約表現の同値類の代表系であることがわかる. ∎

対称群の表現に特徴的な性質として**符号表現によるひねり**を説明しよう. (V, ρ) を S_k の表現とするとき, 表現 $(V^\star, \rho_\star)$ を次のように構成できる. $V^\star$ は線型空間としては V と同一である. $\sigma \in S_k$ に対して

$$\rho_\star(\sigma) = \mathrm{sgn}(\sigma)\rho(\sigma) \in \mathrm{GL}(V^\star) \tag{6.3}$$

とすれば $\rho_\star(\sigma\tau) = \rho_\star(\sigma)\rho_\star(\tau)$ が成り立つので, $(V^\star, \rho_\star)$ は S_k の表現である. 明らかに

$$\chi_{V^\cdot} = \chi_{\mathrm{sgn}} \cdot \chi_V \tag{6.4}$$

が成り立つ. テンソル積表現として $V^\star = \mathbb{C}_{\mathrm{sgn}} \otimes V$ として構成することもできる. V が既約ならば $V^\star$ も既約であることがわかる（問 5.8, 問題 5.1 参照）. 明らかに $(V^\star)^\star \cong V$ なので既約指標の集合（あるいは既約表現の同値類の集合）の上の対合[*1]が $\chi_V \mapsto \chi_{V^\cdot}$ により定まる. $V^\star \cong V$ のとき表現 V は**自己共役**（self-conjugate）であるという. V が自己共役な表現ならば $\sigma \in S_k$ を奇置換とするとき $\chi_V(\sigma) = 0$ が成り立つことが (6.4) からわかる.

次が成り立つことが知られている.

事実 6.1.8（定理 6.3.13） $V_\lambda^\star \cong V_{\lambda'}$.

各共役類の上での既約表現の指標の値を表にすると以下のようになる（課題

[*1] 集合 X からそれ自身への全単射 f は $f \circ f = \mathrm{Id}_X$ のとき X 上の対合（involution）という.

5.4 参照).

表 6.1　S_3 の指標表

既約表現 ＼ 共役類	C_{1^3}	C_{21}	C_3
$V_3 = \mathbb{C}_{\mathrm{triv}}$	1	1	1
$V_{21} = U$	2	0	-1
$V_{1^3} = \mathbb{C}_{\mathrm{sgn}}$	1	-1	1

以下，既約表現 V_λ の指標 χ_{V_λ} を χ_λ と略記する．また，記号を簡略化するために，誤解が生じる恐れがないときには $V_{(3,1^2)}$，$\chi_{(2,1)}$，$C_{(1^3)}$ などを V_{31^2}，χ_{21}，C_{1^3} などと書くこともある．

例 6.1.9　$|C_{1^3}| = 1$，$|C_{21}| = 3$，$|C_3| = 2$ に注意して，既約指標の直交性 $(\chi_{21} | \chi_{1^3}) = 0$ を確かめよう．実際

$$(\chi_{21} | \chi_{1^3}) = \frac{1}{3!} \left(1 \cdot \overline{\chi_{21}(C_{1^3})} \cdot \chi_{1^3}(C_{1^3}) + 3 \cdot \overline{\chi_{21}(C_{21})} \cdot \chi_{1^3}(C_{21}) \right.$$
$$\left. + 2 \cdot \overline{\chi_{21}(C_3)} \cdot \chi_{1^3}(C_3) \right)$$
$$= \frac{1}{3!} \left(1 \cdot 2 \cdot 1 + 3 \cdot 0 \cdot (-1) + 2 \cdot (-1) \cdot 1 \right) = 0$$

である．事実 6.1.8 によると V_{21} は自己共役であるはずである．実際 $\chi_{21} \cdot \chi_{\mathrm{sgn}}$ $= \chi_{21}$ が成り立っている．　∎

これまで述べた性質から S_4 の指標表を完成させることができる．分割の集合は $\mathcal{P}_4 = \{(1^4), (3,1), (2^2), (2,1^2), (4)\}$ である．$V_{1^4} = \mathbb{C}_{\mathrm{sgn}}$，$V_4 = \mathbb{C}_{\mathrm{triv}}$ の他に V_{31}，V_{2^2}，V_{21^2} がある．共役性から $V_{31}^\star \cong V_{21^2}$，$V_{2^2}^\star \cong V_{2^2}$ が成り立つ．S_3 のときと同様，置換表現を分解してみよう．$V_{\mathrm{perm}} = \mathbb{C}^4$ に自明表現 $W = \mathbb{C}(\boldsymbol{e}_1 + \boldsymbol{e}_2 + \boldsymbol{e}_3 + \boldsymbol{e}_4)$ が含まれる（例 5.1.12）．$V_{\mathrm{perm}} = W \oplus U$ をみたす部分表現 U の指標は $\chi_U = \chi_{\mathrm{perm}} - \chi_{\mathrm{triv}}$ と計算できる（表 6.2）．

各共役類の元の個数は

$$|C_{1^4}| = 1, \quad |C_{31}| = 8, \quad |C_{2^2}| = 3, \quad |C_{21^2}| = 6, \quad |C_4| = 6$$

であることに注意して

表 6.2　S_4 の置換表現の指標

表現 \ 共役類	C_{1^4}	C_{31}	C_{2^2}	C_{21^2}	C_4
V_{perm}	4	1	0	2	0
V_{triv}	1	1	1	1	1
U	3	0	-1	1	-1

$$(\chi_U | \chi_U) = \frac{1}{4!} \left(1 \cdot 3^2 + 8 \cdot 0^2 + 3 \cdot (-1)^2 + 6 \cdot 1^2 + 6 \cdot (-1)^2 \right) = 1$$

が確認できるので U は既約表現である．$\chi_U \cdot \chi_{\mathrm{sgn}}$ は χ_U とは異なるので U は自己共役ではない．したがって U は V_{31} もしくは V_{21^2} とみなされるべきである．$\dim V_{21^2} = \dim V_{31} = \dim U = 3$ を次元等式 (5.22) に当てはめると，

$$(\dim \mathbb{C}_{\mathrm{triv}})^2 + (\dim \mathbb{C}_{\mathrm{sgn}})^2 + 3^2 + 3^2 + (\dim V_{2^2})^2 = 24$$

なので $\dim V_{2^2} = 2 = \chi_{2^2}(e)$ がわかる．V_{2^2} は自己共役なので，その指標の奇置換における値は 0 になる．以上のことから，既約指標の値で決定できていないのはあと 2 つだけである（表 6.3 で a, b とした）．

表 6.3　S_4 の指標表（未完成）

既約表現 \ 共役類	C_{1^4}	C_{31}	C_{2^2}	C_{21^2}	C_4
$\mathbb{C}_{\mathrm{triv}}$	1	1	1	1	1
U	3	0	-1	1	-1
V_{2^2}	2	a	b	0	0
$U^\star$	3	0	-1	-1	1
$\mathbb{C}_{\mathrm{sgn}}$	1	1	1	-1	-1

課題 6.1　S_4 の指標表における a, b の値を既約指標の正規直交性を用いて決定*[2]せよ．

2 つの 3 次元既約表現 U, $U^\star$ について，V_{31}, V_{21^2} のいずれと同一視される

---

*[2]　対称群の既約指標の値は整数であることが知られている．しかし，この事実を用いる必要はなく，直交性から a, b の値は求まる．

べきかという問題は残る（答えは例 6.4.6 参照）が，これで指標表が完成した．また，V_{2^2} という空間を構成したわけではないが，その指標は計算できたわけである．

共役類 C_μ の元の個数

共役類 C_μ の元の個数を求めておこう．$\mu = (1^{i_1} 2^{i_2} \cdots k^{i_k})$ とする．例えば $\mu = (2^3 3^2)$, $k = 12$ として下の ● のところに相異なる数字 $1, \ldots, k$ を書くことを考える：

$$(\bullet\ \bullet\ \bullet)(\bullet\ \bullet\ \bullet)(\bullet\ \bullet)(\bullet\ \bullet)(\bullet\ \bullet).$$

例えば $(1,3,4)(2,6,5)(12,7)(8,9)(10,11)$ などである．サイクルタイプが μ の置換はすべてこのようにして得られる．このような数字の書き込み方は $k!$ 通りあるが，置換として同じものがある．例えば $(6,5,2)(4,1,3)(7,12)(10,11)$ $(9,8)$ などは上と同じ置換である．まず $(1,3,4) = (3,4,1) = (4,1,3)$ などのように長さ r の巡回置換はそれぞれ r 通りの見かけ上異なる書き方がある．また，i_r 個の巡回置換の順序を入れ替えても同じ置換である．よって

$$z_\mu = \prod_{r=1}^{k} r^{i_r} i_r! \tag{6.5}$$

とおくとき，z_μ 通りの異なる数字の書き込み方により同一の置換が得られることがわかる．以上により，共役類 C_μ の元の個数は

$$|C_\mu| = \frac{k!}{z_\mu} \tag{6.6}$$

により与えられる．

6.2　次元公式とヤング・タブロー

既約表現 V_λ の次元に関する結果を紹介しよう．

λ を k の分割とする．λ に対応するヤング図形の箱に 1 から k の数字を書き込む．その際，左から右に，上から下に，数字が大きくなるようにする．例えば

1	3	4	5
2	6		
7			

のようなものである．このようなものをヤング図形 λ 上の**ヤング・タブロー**（Young tableaux）と呼ぶ．タブロー（tableaux）は英語の table(s) に相当するフランス語である．「表」という意味であると考えてよいだろう．ヤング・タブローはパズルやゲームに現れそうな，一見して素朴にみえる対象だが，意外に奥深い様相を持っている．詳しくいうと，ここで考えているヤング・タブローは standard Young tableaux と呼ばれる．本書の後の方に semistandard Young tableaux というものも現れる（7.1 節）．タブローは「盤」と訳されることもあり，standard と semistandard の場合に，それぞれ標準盤，半標準盤という訳語がある．本書ではそれぞれ標準タブロー，半標準タブローという用語を用いることにする．

例 6.2.1 ヤング図形 $\lambda =$ ⬚⬚/⬚ の上には

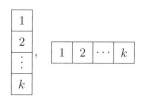

という 2 つの標準タブローがある．   ■

事実 6.2.2（系 8.5.10） $\dim V_\lambda$ は λ 上の標準タブローの個数と等しい．

例 6.2.3 $\lambda = (1^k), (k)$ の場合は標準タブローがそれぞれ 1 つしかない．

$$\begin{array}{|c|} \hline 1 \\ \hline 2 \\ \hline \vdots \\ \hline k \\ \hline \end{array}, \quad \begin{array}{|c|c|c|c|} \hline 1 & 2 & \cdots & k \\ \hline \end{array}$$

対応する既約表現 $\mathbb{C}_{\mathrm{sgn}}, \mathbb{C}_{\mathrm{triv}}$ は 1 次元である．   ■

例 6.2.4 $\lambda = (21) \in \mathcal{P}_3$ のとき例 6.2.1 でみたように標準タブローは 2 つで

ある．対応する表現 $V_{(21)}$ は2次元である．$\lambda = (31) \in \mathcal{P}_4$ のときは

$$
\begin{array}{|c|c|c|}\hline 1 & 2 & 3 \\\hline 4 \\\cline{1-1}\end{array} \, , \quad
\begin{array}{|c|c|c|}\hline 1 & 2 & 4 \\\hline 3 \\\cline{1-1}\end{array} \, , \quad
\begin{array}{|c|c|c|}\hline 1 & 3 & 4 \\\hline 2 \\\cline{1-1}\end{array} \, ,
$$

$\lambda = (21^2) \in \mathcal{P}_4$ のときは

$$
\begin{array}{|c|c|}\hline 1 & 4 \\\hline 2 \\\cline{1-1} 3 \\\cline{1-1}\end{array} \, , \quad
\begin{array}{|c|c|}\hline 1 & 3 \\\hline 2 \\\cline{1-1} 4 \\\cline{1-1}\end{array} \, , \quad
\begin{array}{|c|c|}\hline 1 & 2 \\\hline 3 \\\cline{1-1} 4 \\\cline{1-1}\end{array} \, ,
$$

のそれぞれ3つである．また，$\lambda = (2^2) \in \mathcal{P}_4$ のときは

$$
\begin{array}{|c|c|}\hline 1 & 2 \\\hline 3 & 4 \\\hline\end{array} \, , \quad
\begin{array}{|c|c|}\hline 1 & 3 \\\hline 2 & 4 \\\hline\end{array} \, ,
$$

である．6.1節（p.147，表6.3とその前）で調べた S_4 の既約表現の次元と一致していることがわかる． ∎

　事実 6.2.2 のような結果を証明する際に，もっとも実りの多い方法は，λ 上の標準タブローで添字付けられた基底を持ち，V_λ と同値であるような表現を具体的に構成することであろう．そのような結果については，例えば [17] を参照せよ．

　もう1つ紹介しておきたいのは $\dim V_\lambda$ に対する閉じた表式である．$a_i = \lambda_i + l - i \ (1 \le i \le l = \ell(\lambda))$ とするとき

$$
\dim V_\lambda = \frac{k!}{a_1! \cdots a_l!} \prod_{1 \le i < j \le l} (a_i - a_j). \tag{6.7}
$$

この公式は既約指標の明示式から導かれる（問題 6.2）．

例 6.2.5　$k = 6$, $\lambda = (3, 2, 1)$ のとき，$l = 3$, $(a_1, a_2, a_3) = (5, 3, 1)$ なので

$$
\frac{6!}{5! \cdot 3! \cdot 1!} (5 - 3)(5 - 1)(3 - 1)
$$
$$
= 6! \, \frac{2 \cdot 4}{1 \cdot 2 \cdot 3 \cdot 4 \cdot 5} \cdot \frac{2}{1 \cdot 2 \cdot 3} \cdot \frac{1}{1} = 16 \tag{6.8}
$$

となる. 標準タブローは

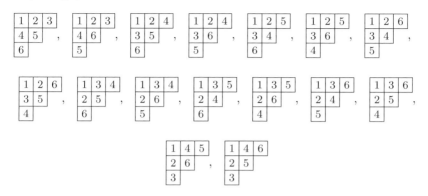

と確かに 16 個ある.　　　　　　　　　　　　　　　　　　　　　　■

　この例からわかるように，公式 (6.7) においてはキャンセル（約分）がたくさん起きる. キャンセルが少なくて，より印象的な公式として**フック長公式**（hook length formula）と呼ばれるものがある. ヤング図形の箱のグレーの箱の集まりのような形をした部分集合を**フック**（hook）と呼ぶ.

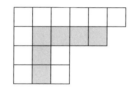

フックとは，1 つの箱 x を選び，x を含めてその右側にある箱のすべてと，x の下にある箱のすべてからなる箱の集まりのことである. このとき，箱 x をこのフックの**角**（corner）と呼ぶ. ヤング図形の第 i 行，第 j 列にある箱を $x = (i, j)$ と書く. 上の図で $x = (2, 2)$ が角である. フックに含まれる箱の総数をフックの長さ（フック長）という. この例の場合は長さは 6 である. 箱 x に，x を角とする**フック長**（$H_\lambda(x)$ と書く）を書き込むと

9	8	7	4	3	1
7	6	5	2	1	
4	3	2			
3	2	1			

となる.

定理 6.2.6 （フック長公式） $\lambda \in \mathcal{P}_k$ とする. 次が成り立つ:

$$\dim V_\lambda = \frac{k!}{\prod_{x \in \lambda} H_\lambda(x)}. \tag{6.9}$$

例 6.2.7 上の例はヤング図形が大きいので, 先ほどの例 6.2.5 に戻ろう. λ $= (3,2,1)$ の場合はフック長を書き込むと

5	3	1
3	1	
1		

であり, フック長公式 (6.9) の右辺は (6.8) の約分をした後と同じ表式になるから値 16 を得る. ∎

証明 （定理 6.2.6） λ の長さ $l = \ell(\lambda)$ に関する帰納法を用いる. そのためには, a_1 に関係する因子の積が第 1 行の箱たちのフック長の積になること

$$\frac{a_1!}{\prod_{1<j\leq l}(a_1 - a_j)} = \prod_{1 \leq i \leq \lambda_1} H_\lambda(1, i) \tag{6.10}$$

を示せば十分である. まず

$$a_1 = H_\lambda(1,1) > \cdots > H_\lambda(1, \lambda_1) \geq 1$$

であることに注意しよう. この減少列のなかに $a_1 - a_j$ $(1 < j \leq l)$ という $l-1$ 個の数が抜けていることがわかればよい.

ヤング図形 λ の東南の境界をなす各辺に, 右上から左下に向かって, 0 から a_1 までの番号を順に振る. このとき, $a_1 - a_j$ $(1 < j \leq l)$ という数たちは, 一番右上の辺（番号は 0）を除いて, 縦向きの辺に振られた番号と一致することがわかる（図 6.1）. 横向きの辺に振られた番号は, 同じ列の 1 行めの箱を角とするフック長と一致する. このことから (6.10) がしたがう. □

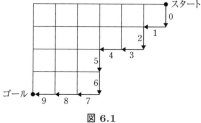

図 6.1

6.3　既約表現の構成——ヤング対称子

群環 $\mathbb{C}[S_k]$ の原始的巾等元を構成することを考えよう．S_2 の場合は例 5.5.1 で扱ったように，互いに直交する巾等元

$$\varepsilon_1 = \frac{1}{2}(\boldsymbol{v}_e + \boldsymbol{v}_{(12)}), \quad \varepsilon_2 = \frac{1}{2}(\boldsymbol{v}_e - \boldsymbol{v}_{(12)})$$

があって，直和分解 $V_{\mathrm{reg}} = \mathbb{C}_{\mathrm{triv}} \oplus \mathbb{C}_{\mathrm{sgn}}$ が得られた．

S_3 の場合に課題 5.5 で構成した巾等元は

$$\varepsilon = \frac{1}{3}(\boldsymbol{v}_e + \boldsymbol{v}_{(12)})(\boldsymbol{v}_e - \boldsymbol{v}_{(13)})$$

であって，対応する V_{reg} の部分表現 $U = \mathbb{C}[S_3]\varepsilon$ は 2 次元であった．指標の計算により $U \cong V_{(2,1)}$ が確認できる（詳細は例 6.3.2 でも示す）．

このような構成法を一般化してヤング対称子と呼ばれる巾等元を定義する．k の分割 λ に対応するヤング図形の上に $1, \ldots, k$ を重複なく書き込んだものを考える．ここでは数字の大小関係についての条件は考慮に入れないでよい．例えば

$$T = \begin{array}{|c|c|c|} \hline 3 & 1 & 4 \\ \hline 2 & 7 & 6 \\ \hline 5 \\ \cline{1-1} \end{array}$$

などである．以下，このような T を単に**タブロー**と呼ぶ．T の各行の数字の集合を保つような置換の全体を $\mathcal{H}_T$ と書く．これは S_k の部分群である．これを T の**水平置換群**と呼ぶ．例えば

$$\sigma = \begin{pmatrix} 1 & 2 & 3 & 4 & 5 & 6 & 7 \\ 3 & 7 & 1 & 4 & 5 & 2 & 6 \end{pmatrix} \in \mathcal{H}_T$$

である．同様に T の各列に書き込まれた数字の集合を保つような置換全体のなす部分群を $\mathcal{V}_T$ で表す．これを T の**垂直置換群**と呼ぶ．例えば

$$\tau = \begin{pmatrix} 1 & 2 & 3 & 4 & 5 & 6 & 7 \\ 7 & 3 & 5 & 6 & 2 & 4 & 1 \end{pmatrix} \in \mathcal{V}_T$$

である．これらは群としては対称群の直積と同型であって

$$\mathcal{H}_T \cong S_{\lambda_1} \times \cdots \times S_{\lambda_l}, \quad \mathcal{V}_T \cong S_{\lambda'_1} \times \cdots \times S_{\lambda'_m} \tag{6.11}$$

である（$\lambda' = (\lambda'_1, \ldots, \lambda'_m)$ は λ の共役）．また，明らかに $\mathcal{H}_T \cap \mathcal{V}_T = \{e\}$ である．

　T に書き込まれた数字を $\sigma \in S_k$ により置換して得られるタブローを σT と書く．$\sigma \in \mathcal{H}_T$ ならば $\mathcal{H}_T = \mathcal{H}_{\sigma T}$ である．タブロー T, T' に対して $T' = \sigma T$ をみたす $\sigma \in \mathcal{H}_T$ が存在するとき，T' は T と**行同値**（row equivalent）であるという．同様に $\mathcal{V}_T$ を用いて**列同値**（column equivalent）の概念も定める．また，任意の $\sigma \in S_k$ に対して

$$\sigma \mathcal{H}_T \sigma^{-1} = \mathcal{H}_{\sigma T}, \quad \sigma \mathcal{V}_T \sigma^{-1} = \mathcal{V}_{\sigma T} \tag{6.12}$$

が成り立つことに注意しよう．

問 6.1　(6.12) を示せ．

　ここで群環の元を

$$a_T = \sum_{\sigma \in \mathcal{H}_T} \boldsymbol{v}_\sigma, \quad b_T = \sum_{\tau \in \mathcal{V}_T} \operatorname{sgn}(\tau) \boldsymbol{v}_\tau$$

と定める．$\sigma \in \mathcal{H}_T, \tau \in \mathcal{V}_T$ とすると

$$\boldsymbol{v}_\sigma \cdot a_T = a_T \cdot \boldsymbol{v}_\sigma = a_T, \quad \boldsymbol{v}_\tau \cdot b_T = b_T \cdot \boldsymbol{v}_\tau = \operatorname{sgn}(\tau) b_T \tag{6.13}$$

が成り立つことはすぐにわかる．ここで

$$c_T = a_T b_T = \sum_{\sigma \in \mathcal{H}_T,\, \tau \in \mathcal{V}_T} \operatorname{sgn}(\tau) \boldsymbol{v}_{\sigma\tau} \tag{6.14}$$

とおく．最右辺の和の表示に現れる $\boldsymbol{v}_{\sigma\tau}$ たちは相異なる（よってキャンセルは起きない）ことに注意しよう．実際 $\sigma_1, \sigma_2 \in \mathcal{H}_T,\ \tau_1, \tau_2 \in \mathcal{V}_T$ が $\sigma_1 \tau_1 =$

$\sigma_2\tau_2$ をみたせば $\sigma_1^{-1}\sigma_2 = \tau_1\tau_2^{-1} \in \mathcal{H}_T \cap \mathcal{V}_T = \{e\}$ なので $\sigma_1 = \sigma_2$, $\tau_1 = \tau_2$ である．したがって特に $c_T \neq 0$ である（例えば $\boldsymbol{v}_e$ の係数は 1 である）．

基準となるタブローとして第 1 行に $1, 2, \ldots, \lambda_1$ を，第 2 行に $\lambda_1 + 1, \ldots,$ $\lambda_1 + \lambda_2$ をというように上の行から下の行に左から右に大きくなるように書き込んで得られるものを T_λ° とする．例えば $\lambda = (4, 3, 2)$ ならば

$$T_\lambda^\circ = \begin{array}{|c|c|c|c|}\hline 1 & 2 & 3 & 4 \\\hline 5 & 6 & 7 \\\cline{1-3} 8 & 9 \\\cline{1-2}\end{array}$$

など．$T = T_\lambda^\circ$ のとき $\mathcal{H}_T$, $\mathcal{V}_T$, a_T, b_T, c_T を $\mathcal{H}_\lambda$, $\mathcal{V}_\lambda$, a_λ, b_λ, c_λ と書く．

c_T の適当なスカラー倍 ε_λ が巾等元であることを以下で示す（定理 6.3.6）．ここで

$$V_\lambda := \mathbb{C}[S_k]\,\varepsilon_\lambda = \mathbb{C}[S_k]\,c_\lambda \tag{6.15}$$

と定める．以下，V_λ が既約であることを証明する（定理 6.3.9）．

例 6.3.1 $a_{(k)} = \sum_{\sigma \in S_k} \boldsymbol{v}_\sigma$, $b_{(k)} = \boldsymbol{v}_e$, $a_{(1^k)} = \boldsymbol{v}_e$, $b_{(1^k)} = \sum_{\sigma \in S_k} \mathrm{sgn}(\sigma)\boldsymbol{v}_\sigma$ なので

$$c_{(k)} = \sum_{\sigma \in S_k} \boldsymbol{v}_\sigma, \quad c_{(1^k)} = \sum_{\sigma \in S_k} \mathrm{sgn}(\sigma)\boldsymbol{v}_\sigma$$

である．したがって

$$V_{(k)} = \mathbb{C}[S_k]c_{(k)} \cong \mathbb{C}_{\mathrm{triv}}, \quad V_{(1^k)} = \mathbb{C}[S_k]c_{(1^k)} \cong \mathbb{C}_{\mathrm{sgn}} \tag{6.16}$$

である（命題 4.4.1 参照）．$c_{(k)}^2 = k! \cdot c_{(k)}$, $c_{(1^k)}^2 = k! \cdot c_{(1^k)}$ であることは命題 4.4.2 と同様の計算でわかる．∎

例 6.3.2 $\lambda = (2, 1)$ とするとき，S_3 の置換表現 V_{perm} の部分表現として得られる U が V_λ と同値であることを例 6.1.7 でみた．実は，課題 5.5 では $V_\lambda = \mathbb{C}[S_3]c_\lambda$ を構成して指標を計算したことになっている．実際，$T_\lambda^\circ = \begin{array}{|c|c|}\hline 1 & 2 \\\hline 3 \\\cline{1-1}\end{array}$ であるから $a_\lambda = \boldsymbol{v}_e + \boldsymbol{v}_{(12)}$, $b_\lambda = \boldsymbol{v}_e - \boldsymbol{v}_{(13)}$ となり，

$$c_\lambda = \boldsymbol{v}_e + \boldsymbol{v}_{(12)} - \boldsymbol{v}_{(13)} - \boldsymbol{v}_{(132)}$$

である．課題 5.5 で $c_\lambda^2 = 3 \cdot c_\lambda$ を確認したはずである．よって $\varepsilon_\lambda := \frac{1}{3}c_\lambda$ は
巾等元である．$\boldsymbol{v}_\sigma c_\lambda$ $(\sigma \in S_3)$ を計算してみよう．計算結果は以下のようにな
る：

$$\boldsymbol{v}_e\, c_\lambda = c_\lambda,$$

$$\boldsymbol{v}_{(12)}\, c_\lambda = c_\lambda \quad ((12) \in \mathcal{H}_T \text{ なので}), \tag{6.17}$$

$$\begin{aligned}
\boldsymbol{v}_{(13)}\, c_\lambda &= \boldsymbol{v}_{(13)} \left(\boldsymbol{v}_e + \boldsymbol{v}_{(12)} - \boldsymbol{v}_{(13)} - \boldsymbol{v}_{(132)}\right) \\
&= \boldsymbol{v}_{(13)} + \boldsymbol{v}_{(123)} - \boldsymbol{v}_e - \boldsymbol{v}_{(23)} \\
&= \boldsymbol{u} \text{ とおく．} \tag{6.18}
\end{aligned}$$

$$\begin{aligned}
\boldsymbol{v}_{(23)}\, c_\lambda &= \boldsymbol{v}_{(23)} + \boldsymbol{v}_{(132)} - \boldsymbol{v}_{(123)} - \boldsymbol{v}_{(12)} \\
&= -c_\lambda - \boldsymbol{u},
\end{aligned}$$

$$\boldsymbol{v}_{(123)}\, c_\lambda = \boldsymbol{u}, \tag{6.19}$$

$$\boldsymbol{v}_{(132)}\, c_\lambda = -c_\lambda - \boldsymbol{u}.$$

このことから $V_\lambda = \mathbb{C}[S_3]\, c_\lambda = \mathbb{C}[S_3]\, \varepsilon_\lambda$ が c_λ, $\boldsymbol{u}$ によって生成されることがわ
かる．線型独立であることは容易にわかるので c_λ, $\boldsymbol{u}$ は V_λ の基底をなす．表
現行列を書くために (6.18) を用いて

$$\boldsymbol{v}_{(12)}\, \boldsymbol{u} = \boldsymbol{v}_{(12)}\boldsymbol{v}_{(13)}\, c_\lambda = \boldsymbol{v}_{(132)}\, c_\lambda = -c_\lambda - \boldsymbol{u},$$

$$\boldsymbol{v}_{(123)}\, \boldsymbol{u} = \boldsymbol{v}_{(123)}\boldsymbol{v}_{(13)}\, c_\lambda = \boldsymbol{v}_{(23)}\, c_\lambda = -c_\lambda - \boldsymbol{u}$$

と計算する．これらと (6.17), (6.19) と合わせて

$$\rho_\lambda((12)) \mapsto \begin{pmatrix} 1 & -1 \\ 0 & -1 \end{pmatrix}, \quad \rho_\lambda((123)) \mapsto \begin{pmatrix} 0 & -1 \\ 1 & -1 \end{pmatrix}$$

が得られる．よって

$$\chi_\lambda((12)) = 0, \quad \chi_\lambda((123)) = -1$$

となる．また，もちろん $\chi_\lambda(e) = 2$ である．表 6.1 と一致していることが確認
できる．∎

補題 6.3.3 T を任意のタブロー，$g \in S_k$ とする．T の同じ行にある数字たちが，gT では必ず異なる列にあると仮定する．このとき $g \in \mathcal{H}_T \cdot \mathcal{V}_T$ である．

証明 T, g が補題の仮定をみたすとすると

（主張）ある $v \in \mathcal{V}_{gT}$ を施すことにより gT は T と行同値になる

を証明できる（下記の例 6.3.4 を参照）．つまり，ある $\sigma \in \mathcal{H}_T$ を用いて $vgT = \sigma T$ とできる．したがって $vg = \sigma$ である．$v \in \mathcal{V}_{gT} = g\mathcal{V}_T g^{-1}$ を $v = g\tau g^{-1}, \tau \in \mathcal{V}_T$ と書くと $\tau^{-1} = g^{-1}v^{-1}g$ である．これより $g = \sigma\tau^{-1} \in \mathcal{H}_T \cdot \mathcal{V}_T$． □

例 6.3.4 補題 6.3.3 の証明中の主張について考えるため

$$T = \begin{array}{|c|c|c|} \hline 1 & 5 & 4 \\ \hline 6 & 2 & 8 \\ \hline 3 & 7 \\ \cline{1-2} \end{array}, \quad gT = \begin{array}{|c|c|c|} \hline 2 & 1 & 8 \\ \hline 7 & 3 & 5 \\ \hline 4 & 6 \\ \cline{1-2} \end{array}$$

であるとする．補題 6.3.3 の仮定が成り立っていることが確認できる．例えば，T の第 1 行の数字たち $\{1, 4, 5\}$ は gT においては異なる列にある．よって，gT に対して，ある列置換 $v_1 \in \mathcal{V}_{gT}$ を施して，それらの数字たちをすべて第 1 行に移すことができる（例えば $v_1 = (24)(58)$ でよい）．T の 2 行目にある数字たちは v_1gT においても異なる列にある（v_1 は gT の列の数字たちを保つ）．よって，ある $v_2 \in \mathcal{V}_{v_1gT} = \mathcal{V}_{gT}$ を用いてそれらを 2 行目に移すことができる（$v_2 = (27)(36)$ とする）．

$$gT = \begin{array}{|c|c|c|} \hline 2 & 1 & 8 \\ \hline 7 & 3 & 5 \\ \hline 4 & 6 \\ \cline{1-2} \end{array} \overset{v_1}{\longmapsto} \begin{array}{|c|c|c|} \hline 4 & 1 & 5 \\ \hline 7 & 3 & 8 \\ \hline 2 & 6 \\ \cline{1-2} \end{array} \overset{v_2}{\longmapsto} \begin{array}{|c|c|c|} \hline 4 & 1 & 5 \\ \hline 2 & 6 & 8 \\ \hline 7 & 3 \\ \cline{1-2} \end{array}.$$

$v = v_2 v_1 \in \mathcal{V}_{gT}$ とおくとき，vgT は T と行同値である． ■

次の特徴付けは有用である．

命題 6.3.5 $\alpha \in \mathbb{C}[S_k]$ が

(i) $\sigma \in \mathcal{H}_T$ ならば $\boldsymbol{v}_\sigma \cdot \alpha = \alpha$,   (ii) $\tau \in \mathcal{V}_T$ ならば $\alpha \cdot \boldsymbol{v}_\tau = \operatorname{sgn}(\tau)\alpha$

をみたすならば α は c_T のスカラー倍である.

証明 $\alpha = \sum_{g \in G} \alpha_g \boldsymbol{v}_g \ (\alpha_g \in \mathbb{C})$ と書く. (i) より $\sigma \in \mathcal{H}_T$ ならば $\alpha_{\sigma g} = \alpha_g$, (ii) より $\tau \in \mathcal{V}_T$ ならば $\alpha_{g\tau} = \operatorname{sgn}(\tau)\alpha_g$ が成り立つ. $g \notin \mathcal{H}_T \cdot \mathcal{V}_T$ ならば $\alpha_g = 0$ であることを示す. 補題 6.3.3 より T の同じ行, gT の同じ列にあるような 2 つの数 i, j が存在する. $t = (ij)$ とすると $t \in \mathcal{H}_T$ かつ $t \in \mathcal{V}_{gT}$ である. $t' = g^{-1}tg$ とすれば $t' \in \mathcal{V}_T$ である. このとき

$$\alpha_g = \alpha_{tg} = \alpha_{gt'} = \operatorname{sgn}(t')\alpha_g = -\alpha_g$$

であるから $\alpha_g = 0$ である. $g \in \mathcal{H}_T \cdot \mathcal{V}_T$ とすると $g = \sigma\tau \ (\sigma \in \mathcal{H}_T, \ \tau \in \mathcal{V}_T)$ と一意的に書ける (c_T の定義 (6.14) の後の注意参照). このとき $\alpha_g = \alpha_{\sigma\tau} = \alpha_\tau = \operatorname{sgn}(\tau)\alpha_e$ となる. 以上により

$$\alpha = \sum_{\sigma \in \mathcal{H}_T, \tau \in \mathcal{V}_T} \operatorname{sgn}(\tau)\alpha_e \boldsymbol{v}_{\sigma\tau} = \alpha_e \cdot c_T.$$

$\square$

なお, c_T が命題 6.3.5 の (i), (ii) をみたすことが (6.13) からわかる.

定理 6.3.6   0 でないスカラー n_T が存在して $c_T^2 = n_T c_T$ が成り立つ. よって $\varepsilon_T = n_T^{-1} c_T \in \mathbb{C}[S_k]$ は巾等元である.

証明   性質 (6.13) より c_T^2 は命題 6.3.5 の条件をみたすので, スカラー n_T の存在はわかる. n_T が 0 でないことを示す. $\phi \in \operatorname{End}(V_{\mathrm{reg}})$ を $\boldsymbol{v} \mapsto \boldsymbol{v} \cdot c_T$ と定める. c_T の $\boldsymbol{v}_e$ の係数は 1 なので, 基底 $\{\boldsymbol{v}_g \mid g \in S_k\}$ を用いて ϕ を行列表示すれば対角成分はすべて 1 である. よって $\operatorname{tr}(\phi) = k!$ が得られる. 一方 $V_{\mathrm{reg}} = \mathbb{C}[G]c_T \oplus W$ となる部分空間 W をとって $\operatorname{tr}(\phi)$ を計算する. $\phi(\alpha c_T) = \alpha c_T^2 = n_T \cdot \alpha c_T \ (\alpha \in \mathbb{C}[G])$ なので $\mathbb{C}[G]c_T$ 上では ϕ は n_T 倍写像である. 直和分解に即した基底をとるとき, $\operatorname{Im}(\phi) \subset \mathbb{C}[G]c_T$ にも注意すれば, ϕ の表現行列は $\begin{pmatrix} n_T \cdot \operatorname{Id}_{\mathbb{C}[G]c_T} & * \\ O & O \end{pmatrix}$ の形になることがわかる. よって $\operatorname{tr}(\phi) = n_T \dim(\mathbb{C}[G]c_T)$ となる. ここで $\dim(\mathbb{C}[G]c_T) \neq 0 \ (0 \neq c_T \in \mathbb{C}[G]c_T$ より

$\dim(\mathbb{C}[G]c_T) \geq 1$ である）なので

$$n_T = \frac{k!}{\dim(\mathbb{C}[G]c_T)} \neq 0 \tag{6.20}$$

が得られる. $\qquad\square$

注意 6.3.7 n_T を表す式 (6.20) の分子は分母で割り切れて n_T は正の整数であることが示せる.

$T = T_\lambda^\circ$ のとき $n_{T_\lambda^\circ}, \varepsilon_{T_\lambda^\circ}$ などを $n_\lambda, \varepsilon_\lambda$ と書くことにする.

例 6.3.8 例 6.3.2（課題 5.5 (1)）でみたように $n_{(2,1)} = 3$ である. 等式 (6.20) が成り立つことが確認できる. $\qquad\blacksquare$

巾等元 $\varepsilon_\lambda = n_\lambda^{-1} c_\lambda \in \mathbb{C}[S_k]$ を**ヤング対称子**（Young symmetrizer）と呼ぶ（c_λ のこともそう呼ぶことがある）. ここで

$$V_\lambda = \mathbb{C}[G]\varepsilon_\lambda = \mathbb{C}[G]c_\lambda$$

である.

定理 6.3.9 $\lambda \in \mathcal{P}_k$ とする. V_λ は既約である.

証明 シューアの補題の逆（命題 5.2.4）により $\mathrm{End}_{S_k}(V_\lambda) \cong \mathbb{C}$ を示せば V_λ の既約性がしたがう. 定理 5.5.5 により

$$\mathrm{End}_{S_k}(V_\lambda) = \mathrm{Hom}_{S_k}(V_\lambda, V_\lambda) \cong \varepsilon_\lambda \mathbb{C}[S_k]\varepsilon_\lambda$$

である. $\boldsymbol{v} \in \varepsilon_\lambda \mathbb{C}[G]\varepsilon_\lambda$ を任意の元とする. $\boldsymbol{v}$ は命題 6.3.5 の条件 (i), (ii) をみたすので $\boldsymbol{v}$ は c_λ のスカラー倍である. また $\varepsilon_\lambda = \varepsilon_\lambda^2 \in \varepsilon_\lambda \mathbb{C}[S_k]\varepsilon_\lambda$ なので $\varepsilon_\lambda \mathbb{C}[S_k]\varepsilon_\lambda \neq 0$ である. したがって $\varepsilon_\lambda \mathbb{C}[S_k]\varepsilon_\lambda$ は ε_λ により生成される 1 次元線型空間である. $\qquad\square$

λ, μ を k の分割とする. $\lambda_i \neq \mu_i$ となる最小の i について $\lambda_i > \mu_i$ ならば $\lambda > \mu$ と定める. $\lambda > \mu$, $\mu > \nu$ ならば $\lambda > \nu$ が成り立つ. また, $\lambda \neq \mu$ ならば $\lambda > \mu$ もしくは $\mu > \lambda$ のいずれか一方（のみ）が成り立つ（$>$ は全順序構造であるという）. これを**辞書式順序**と呼ぶ.

例 6.3.10　$k = 2$ ならば $(2) > (1^2)$ である．$k = 3$ ならば $(3) > (21) > (1^3)$ である．$k = 4$ ならば $(4) > (31) > (2^2) > (21^2) > (1^4)$ である．$k = 5$ ならば $(5) > (41) > (32) > (31^2) > (2^2 1) > (21^3) > (1^5)$ である．　∎

定理 6.3.11　$\lambda \neq \mu$ ならば V_λ と V_μ は同値でない．

証明には次のことを用いる．

補題 6.3.12　$\lambda > \mu$ ならば，任意の $g \in S_k$ に対して，ある互換 $t \in \mathcal{H}_\lambda$ を $g^{-1} t g \in \mathcal{V}_\mu$ となるように選ぶことができる．

証明　2 つの数 i, j であって $T := T_\lambda^\circ$ において同じ行，$T' := g T_\mu^\circ$ において同じ列にあるものが存在することを示す．$\lambda_m = \mu_m \ (m \le s)$，$\lambda_{s+1} > \mu_{s+1}$ とする．T の第 1 行から第 s 行までの範囲に求めるような i, j が存在しない場合を考える（存在すれば問題ない）．ある $v \in \mathcal{V}_{T'}$ によって $v T'$ と T の第 1 行から第 s 行までの各行の数字の集合が同じになるようにできる（部分的に行同値），これは補題 6.3.3 の証明中の主張と同様の議論で示せる．このとき，特に T と $v T'$ の第 $(s+1)$ 行以下の数字は全体として一致している．$\lambda_{s+1} > \mu_{s+1}$ なので，T の第 $(s+1)$ 行の数字たちは $v T'$ において異なる列に存在することはできない．したがって，それらのうちのいずれか 2 つは $v T'$ において（したがって T' においても）同じ列に存在する．そのような 2 つの数 i, j をとるとき，$t = (ij) \in \mathcal{H}_\lambda$ であって $t \in \mathcal{V}_{T'} = g \mathcal{V}_\mu g^{-1}$ である．よって $g^{-1} t g \in \mathcal{V}_\mu$ である．　□

証明　（定理 6.3.11）　$\lambda > \mu$ としてかまわない．$\mathrm{Hom}_{S_k}(V_\lambda, V_\mu) \cong \varepsilon_\lambda \mathbb{C}[S_k] \varepsilon_\mu$（定理 5.5.5）なので $\varepsilon_\lambda \mathbb{C}[S_k] \varepsilon_\mu = 0$ を示せばよい．そのためには，任意の $g \in S_k$ に対して，$a_\lambda \boldsymbol{v}_g b_\mu = 0$ を示せば十分である．補題 6.3.12 の条件をみたす互換 $t \in \mathcal{H}_\lambda$ を選び，$t' := g^{-1} t g \in \mathcal{V}_\mu$ とおく．このとき

$$a_\lambda \boldsymbol{v}_g b_\mu = a_\lambda \boldsymbol{v}_t \boldsymbol{v}_g b_\mu = a_\lambda \boldsymbol{v}_g \boldsymbol{v}_{t'} b_\mu = -a_\lambda \boldsymbol{v}_g b_\mu$$

となる．第 1, 3 の等号では (6.13) からしたがう $a_\lambda \boldsymbol{v}_t = a_\lambda$，$\boldsymbol{v}_{t'} b_\mu = -b_\mu$ をそれぞれ用いた．よって $a_\lambda \boldsymbol{v}_g b_\mu = 0$ である．　□

　互いに同値でない $|\mathcal{P}_k|$ 個の既約表現 $V_\lambda \ (\lambda \in \mathcal{P}_k)$ が構成できた．既約表現

の同値類の個数は $|\mathcal{P}_k|$ であるから定理 6.1.5 の証明が完了した.

　符号表現によるひねり（事実 6.1.8）について解決しておこう.

問 6.2 $\hat{c}_T = b_T a_T$ とおくとき $\mathbb{C}[S_k]c_T \cong_{S_k} \mathbb{C}[S_k]\hat{c}_T$ を示せ.

問 6.3 $\boldsymbol{v}_\sigma \mapsto \mathrm{sgn}(\sigma)\boldsymbol{v}_\sigma$ $(\sigma \in S_k)$ を線型に拡張して $\alpha \in \mathbb{C}[S_n]$ に対して $\alpha^\star \in \mathbb{C}[S_n]$ を定める. このとき $(\alpha^\star)^\star = \alpha$, $(\alpha\beta)^\star = \alpha^\star\beta^\star$ が成り立つ. $\varepsilon \in \mathbb{C}[S_k]$ を巾等元とする. $\mathbb{C}[S_k]\varepsilon^\star$ は S_k の表現として $\mathbb{C}[S_k]\varepsilon \otimes \mathbb{C}_{\mathrm{sgn}}$ と同値であることを示せ.

定理 6.3.13 $\lambda \in \mathcal{P}_k$ とする. $V_\lambda^\star \cong V_{\lambda'}$ が成り立つ.

証明 T を λ 上の任意のタブロー（$1, \ldots, k$ を重複なく書き込む）とするとき $V_\lambda \cong \mathbb{C}[S_k]c_T$ である[*3]. 問 6.3 より $V_\lambda^\star \cong \mathbb{C}[S_k]c_T^\star$ がしたがう. T' を T の共役タブローとする. これは T を転置して得られる λ' 上のタブローである. このとき $\mathcal{H}_T = \mathcal{V}_{T'}$, $\mathcal{V}_T = \mathcal{H}_{T'}$ が成り立つ. $c_T = \sum_{\sigma \in \mathcal{H}_T, \tau \in \mathcal{V}_T} \mathrm{sgn}(\tau)\boldsymbol{v}_{\sigma\tau}$ なので

$$c_T^\star = \sum_{\sigma \in \mathcal{H}_T, \tau \in \mathcal{V}_T} \mathrm{sgn}(\tau)\mathrm{sgn}(\sigma\tau)\boldsymbol{v}_{\sigma\tau} = \sum_{\sigma \in \mathcal{H}_T, \tau \in \mathcal{V}_T} \mathrm{sgn}(\sigma)\boldsymbol{v}_{\sigma\tau}$$
$$= \sum_{\sigma \in \mathcal{V}_{T'}, \tau \in \mathcal{H}_{T'}} \mathrm{sgn}(\sigma)\boldsymbol{v}_{\sigma\tau} = \hat{c}_{T'}$$

である. このことと問 6.2 を用いて

$$V_\lambda^\star \cong \mathbb{C}[S_k]c_T^\star = \mathbb{C}[S_k]\hat{c}_{T'} \cong \mathbb{C}[S_k]c_{T'} \cong V_{\lambda'}$$

を得る.　　　　　　　　　　　　　　　　　　　　　　　　　□

6.4　誘導表現 U_λ

　水平部分群 $\mathcal{H}_\lambda$ の自明表現を誘導して得られる表現 $\mathrm{Ind}_{\mathcal{H}_\lambda}^{S_k}(\boldsymbol{1}_{\mathcal{H}_\lambda})$ を U_λ とする. この表現の構造を調べることにより既約表現 V_λ を理解する際の有力な

[*3] $\sigma T_\lambda^\circ = T$ となる $\sigma \in S_k$ をとると (6.12) より $c_T = \boldsymbol{v}_\sigma c_\lambda \boldsymbol{v}_{\sigma^{-1}}$. これより $\mathbb{C}[S_k]c_T = \mathbb{C}[S_k]c_\lambda \boldsymbol{v}_{\sigma^{-1}} \cong \mathbb{C}[S_k]c_\lambda = V_\lambda$.

手がかりが得られる.

命題 6.4.1 $\mathbb{C}[S_k]a_\lambda$ は $U_\lambda = \mathrm{Ind}_{\mathcal{H}_\lambda}^{S_k}(\mathbf{1}_{\mathcal{H}_\lambda})$ と同値である.

証明 $\sigma \in S_k$ とするとき

$$\sigma \in \mathcal{H}_\lambda \iff \boldsymbol{v}_\sigma a_\lambda = a_\lambda$$

である. よって a_λ の軌道 $S_k \cdot a_\lambda$ は左剰余集合 $S_k/\mathcal{H}_\lambda$ と同一視できる(定理 B.3.9). よって $\mathbb{C}[S_k]a_\lambda$ は $S_k/\mathcal{H}_\lambda$ の置換表現と同値である. これは $\mathrm{Ind}_{\mathcal{H}_\lambda}^{S_k}(\mathbf{1}_{\mathcal{H}_\lambda})$ と同値である(例 5.6.1 参照). □

例 6.4.2 $a_{(1^k)} = \boldsymbol{v}_e$ であるから $U_{(1^k)}$ は正則表現と同値である. $a_{(k)} = \sum_{\sigma \in S_k} \boldsymbol{v}_\sigma$ であるから $U_{(k)}$ は自明表現である(例 5.1.13 参照). ∎

例 6.4.3 $U_{(k-1,1)}$ は置換表現 V_{perm} と同値である. これは $S_k/(S_{k-1} \times S_1) \cong \{1, \ldots, k\}$(例 B.2.3 参照)の置換表現とみなせばわかる. ∎

問 6.4 $E_\lambda := \mathrm{Ind}_{\mathcal{V}_\lambda}^{S_k}(\mathrm{sgn}_{\mathcal{V}_\lambda})$ とする. ここで $\mathrm{sgn}_{\mathcal{V}_\lambda}$ は $\mathcal{V}_\lambda \cong S_{\lambda'_1} \times \cdots \times S_{\lambda'_m}$ とみて各 $S_{\lambda'_j}$ の符号表現の外部テンソル積表現として得られる. このとき $E_\lambda \cong \mathbb{C}[S_k]b_\lambda$ を示せ.

定理 6.4.4 (弱い形のヤングの規則) 表現 U_λ について次が成り立つ.

(1) $\dim \mathrm{Hom}_{S_k}(U_\lambda, V_\lambda) = 1$,

(2) 辞書式順序で $\lambda > \mu$ ならば $\mathrm{Hom}_{S_k}(U_\lambda, V_\mu) = 0$.

証明 (1) 任意の $\alpha \in a_\lambda \mathbb{C}[S_k]c_\lambda$ は命題 6.3.5 の (i), (ii) をみたすので c_λ のスカラー倍である. よって $\mathrm{Hom}_{S_k}(U_\lambda, V_\lambda) \cong a_\lambda \mathbb{C}[S_k]c_\lambda$ は 1 次元以下であるが, $c_\lambda \neq 0$ を含むので 1 次元である.

(2) $g \in G$ を任意の元とする. 補題 6.3.12 により, $t \in \mathcal{H}_\lambda$, $g^{-1}tg \in \mathcal{V}_\mu$ をみたす互換 t が存在する. $t' = g^{-1}tg$ とおくとき, 定理 6.3.11 の証明と同様に

$$a_\lambda \boldsymbol{v}_g b_\mu = a_\lambda \boldsymbol{v}_t \boldsymbol{v}_g b_\mu = a_\lambda \boldsymbol{v}_g \boldsymbol{v}_{t'} b_\mu = -a_\lambda \boldsymbol{v}_g b_\mu.$$

ゆえに $a_\lambda \boldsymbol{v}_g b_\mu = 0$ である. したがって $a_\lambda \mathbb{C}[S_k]b_\mu = 0$ である. よって

$\mathrm{Hom}_{S_k}(U_\lambda, V_\mu) \cong a_\lambda \mathbb{C}[S_k] c_\mu \subset a_\lambda \mathbb{C}[S_k] b_\mu = 0$ である.   □

この定理より U_λ の既約分解は

$$U_\lambda \cong V_\lambda \oplus \bigoplus_{\mu > \lambda} V_\mu^{\oplus k_{\mu\lambda}} \tag{6.21}$$

という形になる（> は辞書式順序）. ここに重複度として現れた非負整数 $k_{\mu\lambda}$ は半標準ヤング・タブローの個数として解釈できることが知られている（後述）. その解釈も含めた分解法則 (6.21) を**ヤングの規則**（系 8.5.9 参照）と呼ぶ. その意味で定理は弱い形のヤングの規則である.

例 6.4.5 $\mu > (k)$ をみたす分割 μ はないので $U_{(k)} \cong V_{(k)}$ である.   ■

例 6.4.6 $k \geq 2$ とすると $U_{(k-1,1)} \cong V_{(k-1,1)} \oplus V_{(k)}$ である. 定理 6.4.4 より $V_{(k-1,1)}$ 以外に現れる既約表現は $V_{(k)}$ のみである. $\dim U_{(k-1,1)} = k$, $\dim V_{(k-1,1)} = k - 1$ なので $V_{(k)}$ の重複度は 1 である. 特に $k = 4$ の場合に, 表 6.2 の U は $V_{(3,1)}$ であることがわかる.   ■

系 6.4.7 U_λ の指標を η_λ とおく. $\{\eta_\lambda \,|\, \lambda \in \mathcal{P}_k\}$ は $\mathcal{C}(S_k)$ の基底である.

証明 既約分解 (6.21) の両辺の指標をとって

$$\eta_\lambda = \chi_\lambda + \sum_{\mu > \lambda} k_{\mu\lambda} \chi_\mu$$

を得る. これは, $\mathcal{C}(S_k)$ の基底 $\{\chi_\lambda\}$ に対して上三角型の行列により基底変換を行って $\{\eta_\lambda\}$ が得られることを意味する.   □

定理 6.4.8（誘導表現 U_λ の指標 η_λ） $\lambda, \mu \in \mathcal{P}_k$ とし, $\mu = (1^{i_1} 2^{i_2} \cdots k^{i_k})$ とする. このとき

$$\eta_\lambda(C_\mu) = \sum_\kappa \frac{i_1!}{\prod_j \kappa_{j1}!} \frac{i_2!}{\prod_j \kappa_{j2}!} \cdots \frac{i_k!}{\prod_j \kappa_{jk}!}$$

である. ただし $\kappa = (\kappa_{jr})_{jr}$ は非負整数 $\kappa_{jr} \in \mathbb{N}$ の集まりであって

$$\sum_r r\kappa_{jr} = \lambda_j, \quad \sum_j \kappa_{jr} = i_r$$

をみたすもの全体をわたる.

証明　命題 5.6.9 により $g \in C_\mu$ とすると

$$\eta_\lambda(C_\mu) = \frac{|Z(g)|}{|\mathcal{H}_\lambda|} |C(g) \cap \mathcal{H}_\lambda|$$

である．$|C_\mu|$ の表示 (6.6) から中心化群の位数が $|Z(g)| = z_\mu = \prod_{r=1}^{k} r^{i_r} i_r!$ とわかる（例 B.3.10 参照）．これと $|\mathcal{H}_\lambda| = \prod_i \lambda_i!$ から

$$\eta_\lambda(C_\mu) = \frac{\prod_{r=1}^{k} r^{i_r} i_r!}{\prod_i \lambda_i!} |C(g) \cap \mathcal{H}_\lambda|$$

である．$\sigma \in \mathcal{H}_\lambda = \prod_i S_{\lambda_i}$ を $\sigma_1 \cdots \sigma_l$ $(\sigma_i \in S_{\lambda_i})$ と表すとき

$$\mathrm{cyc}(\sigma_j) = (1^{\kappa_{j1}} 2^{\kappa_{j2}} \cdots), \quad \sum_r r \kappa_{jr} = \lambda_j$$

とする．このとき

$$\mathrm{cyc}(\sigma) = (1^{\sum_j \kappa_{j1}} 2^{\sum_j \kappa_{j2}} \cdots)$$

となるので $\sigma \in C_\mu$ であるための条件は

$$\sum_j \kappa_{jr} = i_r$$

である．このような $\kappa = (\kappa_{jr})$ ごとに，サイクルタイプが $(1^{\kappa_{j1}} 2^{\kappa_{j2}} \cdots)$ である S_{λ_j} の元の個数を $1 \le j \le l$ についてかけ合わせたものを足せばよいから

$$|C(g) \cap \mathcal{H}_\lambda| = \sum_\kappa \prod_{j=1}^{l} \frac{\lambda_j!}{1^{\kappa_{j1}} \kappa_{j1}! 2^{\kappa_{j2}} \kappa_{j2}! \cdots} = \frac{\prod_j \lambda_j!}{\prod_{r=1}^{k} r^{i_r}} \sum_\kappa \frac{1}{\prod_{j=1}^{l} \kappa_{j1}! \kappa_{j2}! \cdots}$$

となり

$$\eta_\lambda(C_\mu) = \sum_{\kappa_{jr}} \frac{i_1!}{\prod_j \kappa_{j1}!} \frac{i_2!}{\prod_j \kappa_{j2}!} \cdots \frac{i_k!}{\prod_j \kappa_{jk}!}$$

を得る．　　　　　　　　　　　　　　　　　　　　　　　　　　　　　　□

　自然数 r に対して，r 次の**冪和対称式**（power sum symmetric polynomials）と呼ばれる多項式を

$$p_r = x_1^r + \cdots + x_k^r \tag{6.22}$$

と定める. $\mu = (1^{i_1} 2^{i_2} \cdots k^{i_k}) \in \mathcal{P}_k$ に対して $p_\mu = \prod_{r=1}^k p_r^{i_r}$ とおく.

系 6.4.9 $\lambda, \mu \in \mathcal{P}_k$ とし $\mu = (1^{i_1} 2^{i_2} \cdots k^{i_k})$ とする. 指標値 $\eta_\lambda(C_\mu)$ は多項式 p_μ の展開における $x^\lambda = x_1^{\lambda_1} \cdots x_k^{\lambda_k}$ の係数と一致する.

証明 $p_r^{i_r} = (x_1^r + \cdots + x_k^r)^{i_r}$ の展開における $(x_1^r)^{\kappa_{1r}} \cdots (x_k^r)^{\kappa_{kr}}$ の係数が $i_r! / \prod_j \kappa_{jr}!$ であることからわかる. $\qquad\qquad\square$

例 6.4.10 正則表現と同値である $U_{(1^k)}$ の指標を計算してみよう. $x^{(1^k)} = x_1 \cdots x_k$ の係数をみることになるが, $\mu = (1^k)$ のときだけ 0 以外の係数が現れる. $(x_1 + \cdots + x_k)^k$ における $x_1 \cdots x_k$ の係数は $k! = |S_k|$ となる. これは確かに正則表現の指標値 (例 5.4.3 参照) である. $\qquad\qquad\blacksquare$

例 6.4.11 η_{2^2} を求めてみよう. p_μ の展開における $x_1^2 x_2^2$ の係数を拾う. この場合 $n = 2$ としてよい.

- $\mu = (2^2)$ のとき $p_2^2 = (x_1^2 + x_2^2)^2$ の展開から 2,
- $\mu = (21^2)$ のとき $p_2 p_1^2 = (x_1^2 + x_2^2)(x_1 + x_2)^2$ から 2,
- $\mu = (1^4)$ のとき $p_1^4 = (x_1 + x_2)^4$ から 6,
- $\mu = (4), (31)$ に対しては, それぞれ p_4, $p_3 p_1$ の展開に $x_1^2 x_2^2$ は出てこないので係数は 0.

表現 \ 共役類	C_4	C_{31}	C_{2^2}	C_{21^2}	C_{1^4}
U_{2^2}	0	0	2	2	6

巾和対称関数の積 $p_\mu = \prod_{r=1}^k p_r^{i_r}$ の展開をすると

$$p_4 = \sum x_i^4,$$

$$p_3 p_1 = \sum x_i^4 + \sum_{i \neq j} x_i^3 x_j,$$

$$p_2^2 = \sum x_i^4 + 2 \sum_{i < j} x_i^2 x_j^2,$$

$$p_2 p_1^2 = \sum x_i^4 + 2 \sum_{i \neq j} x_i^3 x_j + 2 \sum_{i < j} x_i^2 x_j^2 + 2 \sum x_i^2 x_j x_k,$$

表 6.4　S_4 の誘導表現 U_λ の指標

表現 \ 共役類	C_4	C_{31}	C_{2^2}	C_{21^2}	C_{1^4}
U_4	1	1	1	1	1
U_{31}	0	1	0	2	4
U_{2^2}	0	0	2	2	6
U_{21^2}	0	0	0	2	12
U_{1^4}	0	0	0	0	24

$$p_1^4 = \sum x_i^4 + 4 \sum_{i \neq j} x_i^3 x_j + 6 \sum_{i<j} x_i^2 x_j^2 + 12 \sum x_i^2 x_j x_k + 24 \sum x_i x_j x_k x_l$$

となる．ここで $\sum x_i^2 x_j x_k$ は $x_1^2 x_2 x_3$ の置換として得られるすべての単項式の和，同様に $\sum x_i x_j x_k x_l$ は $x_1 x_2 x_3 x_4$ の置換すべての和を略記したものである．このようなものを単項式対称関数（8.3 節参照）という．これから次の表 6.4 が得られる：表の列（縦の並び）が各 p_μ を展開したときの係数である．∎

例 6.4.12　表 6.4 は辞書式順序に関して三角性を持っているので，各既約指標を $\{\eta_\lambda\}$ の線型結合として表す計算は効率よく実行できる．例として χ_{21^2} を考えよう（表 6.3 における $\chi_{U'}$ として計算ずみ．例 6.4.10 参照）．各指標を横ベクトルとして扱って $\chi_{21^2} = (1,0,-1,-1,3)$ などとする（C_μ における値を μ の辞書式順序に並べたもの）．第 1 成分の 1 を打ち消すために $\eta_4 = (1,1,1,1,1)$ を引いて

$$\chi_{21^2} - \eta_4 = (1,0,-1,-1,3) - (1,1,1,1,1) = (0,-1,-2,-2,2)$$

となる．第 2 成分の -1 を消すために η_{31} を足して

$$\chi_{21^2} - \eta_4 + \eta_{31} = (0,-1,-2,-2,2) + (0,1,0,2,4) = (0,0,-2,0,6)$$

を得る．さらに η_{2^2} を足して

$$\chi_{21^2} - \eta_4 + \eta_{31} + \eta_{2^2} = (0,0,0,2,12) = \eta_{21^2}$$

なので

$$\chi_{21^2} = \eta_4 - \eta_{31} - \eta_{2^2} + \eta_{21^2}$$

である．以上のような計算により $\{\eta_\lambda\}$ から $\{\chi_\lambda\}$ への基底変換行列は（それ
ぞれ辞書式順序に基底を並べたとき）

$$\begin{pmatrix} 1 & -1 & 0 & 1 & -1 \\ 0 & 1 & -1 & -1 & 2 \\ 0 & 0 & 1 & -1 & 1 \\ 0 & 0 & 0 & 1 & -3 \\ 0 & 0 & 0 & 0 & 1 \end{pmatrix}$$

と求められる． ∎

章末問題

問題 6.1 以下のように S_5 の既約指標を求めよ．まず，χ_5 が自明指標であり，χ_{1^5} が
符号指標であることはわかっている．

(1) η_λ $(\lambda \in \mathcal{P}_5)$ の値を求めよ（系 5.6.13）．

(2) $\eta_{41} = \chi_{41} + \chi_5$（例 6.4.6）を用いて χ_{41} を求めよ．

(3) $\eta_{32} = \chi_{32} + a\chi_{41} + b\chi_5$ とする（定理 6.4.4）．a, b は非負整数である．$(\chi_{32}|\chi_5) = (\chi_{32}|\chi_{41}) = 0$ により a, b を求めよ．これから χ_{32} が求められる．

(4) (3) と同様に，弱い意味のヤングの規則と既約指標の正規直交性により χ_{31^2} を求めよ．

(5) 事実 6.1.8 を用いて χ_{2^21}, χ_{21^3} を求めよ．

問題 6.2 フロベニウスによる $\chi_\lambda(C_\mu)$ の表示[*4]

$$\chi_\lambda(C_\mu) = \left[\prod_{1 \le i < j \le l} (x_i - x_j) \cdot p_\mu(x_1, \ldots, x_l) \right]_{\boldsymbol{a}} \tag{6.23}$$

が知られている．ここに $\ell(\lambda) = l$ とし，$a_i = \lambda_i + l - i$，$\boldsymbol{a} = (a_1, \ldots, a_l) \in \mathbb{N}^l$ とした．また，$[F(x_1, \ldots, x_l)]_{\boldsymbol{a}}$ は多項式 $F(x_1, \ldots, x_l)$ における $x^{\boldsymbol{a}} = x_1^{a_1} \cdots x_l^{a_l}$ の係数を表す．(6.23) を用いて $\dim V_\lambda$ の公式 (6.7) を導こう．

(1) 多項定理とヴァンデルモンド行列式を用いて

$$\chi_\lambda(C_{1^k}) = k! \det \left(1/(a_i - l + j)!\right)_{1 \le i, j \le l}$$

[*4] 定理 8.1.5，系 8.5.3 からしたがう．

を導け. ただし $1/m!$ は m が負のときは 0 とする.

(2) 正の整数 m に対して $(a|m) = a(a-1)\cdots(a-m+1)$ とし, $(a|0) = 1$ とする. 次を示せ：

$$\det\left(\frac{1}{(a_i - l + j)!}\right) = \frac{1}{a_1! \cdots a_l!} \det((a_i | l - j)).$$

(3) 次元公式 (6.7) を示せ.

第7章　シューア・ワイル双対性

1つの群を決めて，その表現の世界を探究するのもよい．しかし実際には，密接に関連する群（あるいは代数）をすべてひっくるめて研究する方がうまくいくことが多い．そのような典型例として，対称群 S_k と一般線型群 $\mathrm{GL}(V)$ の表現に関するシューア・ワイル双対性を紹介する．

7.1 節では，テンソル積空間 $V^{\otimes k}$ を $\mathrm{GL}(V)$ の表現として考察する．対称テンソル空間，交代テンソル空間はそれぞれ $V^{\otimes k}$ の部分表現になっている．これらを一般化してワイル表現を構成する．7.2 節においてシューア・ワイル双対性を述べる．7.3 節においてワイル表現の既約性を証明する．その際，鍵となる結果が補題 7.3.1 である（この事実をシューア・ワイル双対性と呼ぶこともある）．

7.1　テンソル積空間の分解 —— ワイル表現

V を n 次元の線型空間とする．テンソル積空間 $V^{\otimes k}$ の部分空間として，対称テンソル空間 $S^k(V)$ および交代テンソル空間 $A^k(V)$ について 4.4 節で考察した．$k = 2$ の場合は

$$V^{\otimes 2} = S^2(V) \oplus A^2(V) \tag{7.1}$$

という直和分解が成立する．$\dim S^2(V) = \binom{n+1}{2}$, $\dim A^2(V) = \binom{n}{2}$ なので，分解 (7.1) に即して次の等式 $n^2 = \binom{n+1}{2} + \binom{n}{2}$ が成り立っている．$k = 3$ のとき，対称テンソル空間と交代テンソル空間の次元の和は

$$\dim S^3(V) + \dim A^3(V) = \binom{n+2}{3} + \binom{n}{3} = \frac{n^3 + 2n}{3}$$

となる．これと $n^3 = \dim V^{\otimes 3}$ との差 $\frac{2}{3}(n^3 - n)$ は，$n \geq 2$ ならば正なので，

$$V^{\otimes 3} = S^3(V) \oplus A^3(V) \oplus \text{``その他''} \tag{7.2}$$

という直和分解ができるはずである．ここに現れた "その他" という空間はどのように理解されるべきであろうか？

注目すべきことは，一般線型群 $\mathrm{GL}(V)$ が $V^{\otimes k}$ 上に

$$\Delta(g)(\boldsymbol{v}_1 \otimes \cdots \otimes \boldsymbol{v}_k) = g\,\boldsymbol{v}_1 \otimes \cdots \otimes g\,\boldsymbol{v}_k \quad (g \in \mathrm{GL}(V))$$

により作用していることである．対称テンソル空間および交代テンソル空間は $V^{\otimes k}$ 上における一般線型群 $\mathrm{GL}(V)$ の作用に関する不変部分空間になっている．直和分解 (7.2) において "その他" も $\mathrm{GL}(V)$ の不変部分空間になるようにとれるのではないだろうか？

このような問題を考える際に，対称群 S_k の作用を考慮に入れることは重要である．$\sigma \in S_k$ に対して

$$\pi_\sigma(\boldsymbol{v}_1 \otimes \cdots \otimes \boldsymbol{v}_k) = \boldsymbol{v}_{\sigma(1)} \otimes \cdots \otimes \boldsymbol{v}_{\sigma(k)}$$

で定まる $V^{\otimes k}$ の線型変換 π_σ を考えていた（4.4節）．写像 $\rho : S_k \to \mathrm{GL}(V^{\otimes k})$ を $\rho(\sigma) = \pi_{\sigma^{-1}}$ と定めることで S_k の $V^{\otimes k}$ 上の表現が得られる．

例 7.1.1 $\sigma = \begin{pmatrix} 1 & 2 & 3 & 4 \\ 2 & 4 & 1 & 3 \end{pmatrix} \in S_4$ のとき

$$\rho(\sigma)(\boldsymbol{v}_1 \otimes \boldsymbol{v}_2 \otimes \boldsymbol{v}_3 \otimes \boldsymbol{v}_4) = \boldsymbol{v}_3 \otimes \boldsymbol{v}_1 \otimes \boldsymbol{v}_4 \otimes \boldsymbol{v}_2$$

である．i 番目のベクトル $\boldsymbol{v}_i$ を $\sigma(i)$ 番目の位置に持っていくと考えればよくて，σ^{-1} がどんな置換だろうなと考える必要は（あまり）ない．　∎

テンソル積空間 $V^{\otimes k}$ 上における一般線型群と対称群の作用 Δ と ρ について，作用の可換性

$$\Delta(g)\rho(\sigma) = \rho(\sigma)\Delta(g) \quad (g \in \mathrm{GL}(V),\ \sigma \in S_k) \tag{7.3}$$

が成り立つ. 実際

$$\Delta(g)\rho(\sigma)(\boldsymbol{v}_1 \otimes \cdots \otimes \boldsymbol{v}_k) = \Delta(g)(\boldsymbol{v}_{\sigma^{-1}(1)} \otimes \cdots \otimes \boldsymbol{v}_{\sigma^{-1}(k)})$$
$$= g\,\boldsymbol{v}_{\sigma^{-1}(1)} \otimes \cdots \otimes g\,\boldsymbol{v}_{\sigma^{-1}(k)}$$
$$= \rho(\sigma)(g\,\boldsymbol{v}_1 \otimes \cdots \otimes g\,\boldsymbol{v}_k)$$
$$= \rho(\sigma)\Delta(g)(\boldsymbol{v}_1 \otimes \cdots \otimes \boldsymbol{v}_k).$$

この事実は今後の考察において基本的である.

対称および交代テンソル空間を構成する際に, $V^{\otimes k}$ の線型変換

$$\mathcal{S} = \sum_{\sigma \in S_k} \pi_\sigma, \quad \mathcal{A} = \sum_{\sigma \in S_k} \mathrm{sgn}(\sigma)\pi_\sigma$$

を用いたことを思い出そう. $k \geq 2$ として, $P_\mathcal{S} = \dfrac{1}{k!}\mathcal{S}$, $P_\mathcal{A} = \dfrac{1}{k!}\mathcal{A}$ とおくとき, これらは互いに直交する射影子の組である. つまり

$$P_\mathcal{S}^2 = P_\mathcal{S}, \quad P_\mathcal{A}^2 = P_\mathcal{A}, \quad P_\mathcal{S}P_\mathcal{A} = P_\mathcal{A}P_\mathcal{S} = 0$$

が成り立つ. $S^k(V) = \mathrm{Im}(P_\mathcal{S})$, $A^k(V) = \mathrm{Im}(P_\mathcal{A})$ というのが対称および交代テンソル空間の定義であった. $k = 2$ のときに限り $P_\mathcal{S} + P_\mathcal{A} = \mathrm{Id}_{V^{\otimes 2}}$ が成り立つことに注意しよう. $k \geq 3$ の場合に $P_\mathcal{S}$ や $P_\mathcal{A}$ 以外に, これらに類似する射影子を構成することができれば上記の問題に答えられるであろう.

上で述べたような射影子を作るためにはヤング対称子が使えそうである. 群準同型 $\rho : S_k \to \mathrm{GL}(V^{\otimes k})$ を線型に拡張することで定まる S_k の群環 $\mathbb{C}[S_k]$ から $V^{\otimes k}$ の自己準同型環 $\mathrm{End}_\mathbb{C}(V^{\otimes k})$ への写像を同じ記号で ρ と書く. つまり $\alpha = \sum_\sigma c_\sigma \boldsymbol{v}_\sigma \in \mathbb{C}[S_k]$ に対して $\rho(\alpha) = \sum_\sigma c_\sigma \rho(\sigma)$ とするのである. 容易にわかるように $\rho : \mathbb{C}[S_k] \to \mathrm{End}_\mathbb{C}(V^{\otimes k})$ は環準同型である.

例 7.1.2 $\rho(c_{(k)}) = \mathcal{S}$, $\rho(c_{(1^k)}) = \mathcal{A}$ である. 実際, $\rho(\sigma) = \pi_{\sigma^{-1}}$ なので $\rho(c_{(1^k)}) = \displaystyle\sum_{\sigma \in S_k} \mathrm{sgn}(\sigma)\pi_{\sigma^{-1}} = \sum_{\sigma \in S_k} \mathrm{sgn}(\sigma^{-1})\pi_{\sigma^{-1}} = \mathcal{A}$ である. $\rho(c_{(k)}) = \mathcal{S}$ も同様. ∎

分割 $\lambda \in \mathcal{P}_k$ に対して, ヤング対称子の作用 $\rho(c_\lambda) : V^{\otimes k} \to V^{\otimes k}$ の像

$$\mathrm{Im}(\rho(c_\lambda)) = \rho(c_\lambda)V^{\otimes k} \tag{7.4}$$

を考える. 作用の可換性 (7.3) から, この部分空間が $\mathrm{GL}(V)$ 不変であることがわかる. $\ell(\lambda) > n$ のとき $\rho(b_\lambda)V^{\otimes k} = 0$ となる (問 7.1) ので, $\rho(c_\lambda)V^{\otimes k} = 0$ である. $\ell(\lambda) \leq n$ のとき

$$W_\lambda := \rho(c_\lambda)V^{\otimes k}$$

と書く. もとになる線型空間 V を明示したいときは $W_\lambda(V)$ と書くこともある. これは**ワイル表現** (Weyl representation) と呼ばれ, $\mathrm{GL}(V)$ の表現として既約であること (7.3 節参照) が知られている. 例 7.1.2 から, 特に

$$W_{(k)} = S^k(V), \quad W_{(1^k)} = A^k(V)$$

が成り立つ.

問 7.1 $\ell(\lambda) > n$ ならば $\rho(b_\lambda)V^{\otimes k} = 0$ であることを示せ.

例 7.1.3 $\lambda = (21) = \boxed{}\boxed{} \in \mathcal{P}_3$ とする. $\rho(c_\lambda) = \rho(e) + \rho((12)) - \rho((13)) - \rho((132))$ である. W_λ を調べてみよう. $e_{i,j,k} = e_i \otimes e_j \otimes e_k$ などと書くとき,

$$\rho(c_\lambda)(e_{i,j,k}) = e_{i,j,k} + e_{j,i,k} - e_{k,j,i} - e_{j,k,i}$$

である. よって $\rho(c_\lambda)(e_{i,j,i}) = \mathbf{0}$ である. $V = \mathbb{C}^2$ の場合,

$$a = \rho(c_\lambda)(e_{1,1,2}) = 2\,e_{1,1,2} - e_{2,1,1} - e_{1,2,1},$$

$$b = \rho(c_\lambda)(e_{1,2,2}) = e_{1,2,2} + e_{2,1,2} - 2\,e_{2,2,1}$$

とおくとき $\rho(c_\lambda)(e_{2,1,1}) = -a$, $\rho(c_\lambda)(e_{2,2,1}) = -b$ となることから $W_\lambda(\mathbb{C}^2) = \langle a, b \rangle \cong \mathbb{C}^2$ であることがわかる. ∎

定理 7.1.4 V を n 次元の線型空間とし k を自然数とする.

(1) $\ell(\lambda) \leq n$ をみたす $\lambda \in \mathcal{P}_k$ に対し, W_λ は $\mathrm{GL}(V)$ の既約表現である.

(2) $\mathrm{GL}(V)$ の表現としての既約分解

$$V^{\otimes k} \cong \bigoplus_\lambda W_\lambda^{\oplus d_\lambda}$$

が成立する. ここで λ に関する和は $\ell(\lambda) \leq n$ をみたす k の分割についてわたる. また d_λ は S_k の既約表現 V_λ の次元である.

ワイル表現 W_λ の既約性 (定理 7.1.4(1)) は 7.3 節で証明する. 既約分解 (定理 7.1.4(2)) については次節の定理 7.2.5 として扱う.

例 7.1.5 V が 3 次元以上のとき, 3 次のテンソル積空間は

$$V^{\otimes 3} \cong W_3 \oplus W_{1^3} \oplus W_{21}^{\oplus 2} \tag{7.5}$$

と直和分解する. ここで $d_{21} = 2$ (例 6.3.2) に注意しよう. "その他" が $W_{21}^{\oplus 2}$ として理解できたことになる.

また $V = \mathbb{C}^2$ のときは, $\Lambda^3(\mathbb{C}^2) = 0$ なので, $V^{\otimes 3}$ の分解に W_{1^3} は現れず, $V^{\otimes 3} \cong W_3 \oplus W_{21}^{\oplus 2}$ となる. 例 7.1.3 でみたように $\dim W_{21}(\mathbb{C}^2) = 2$ であり,

$$\dim V^{\otimes 3} = 2^3 = 8, \ \dim W_3(\mathbb{C}^2) = \dim S^3(\mathbb{C}^2) = \binom{2+2}{3} = 4$$

なので, 次元の勘定があっていることがわかる. ∎

ワイル表現 W_λ の次元公式

W_λ の次元について知られていることを証明抜きで紹介する.

k の分割 λ に対して, λ 上の**半標準タブロー** (semistandard Young tableaux) と呼ばれるものを定義する. k とは別に自然数 n を固定する (ここまでの文脈では $n = \dim(V)$ として, k 階のテンソル空間 $V^{\otimes k}$ を考えてきた). λ のヤング図形をなす k 個の箱のなかに 1 から n までの自然数を以下の条件が成り立つように書き込む.

- 各行において, 左から右に弱い意味で増加する.
- 各列において, 上から下に強い意味で増加する.

例 7.1.6 $k = 3, n = 2, \lambda = (2, 1)$ ならば λ 上の半標準タブローは

$$\begin{array}{|c|c|} \hline 1 & 1 \\ \hline 2 \\ \cline{1-1} \end{array} \ , \quad \begin{array}{|c|c|} \hline 1 & 2 \\ \hline 2 \\ \cline{1-1} \end{array}$$

の 2 つである. ■

n を固定したときに, 分割 λ の上の半標準タブロー全体の集合を $\mathrm{SST}_n(\lambda)$ で表そう. 次のことは 8.5 節で証明を与える.

事実 7.1.7（系 8.5.10）　λ を $\ell(\lambda) \leq n$ をみたす k の分割とする. このとき

$$\dim W_\lambda(\mathbb{C}^n) = \# \mathrm{SST}_n(\lambda)$$

が成り立つ.

注意 7.1.8　$\ell(\lambda) > n$ ならば $\mathrm{SST}_n(\lambda) = \emptyset$ である. 第 1 列の $\ell(\lambda)$ 個の箱のなかに増加するように書き込むには数字が足りない.

例 7.1.9　$\dim W(\boxminus)(\mathbb{C}^n)$ を求めてみよう. 箱 $(1,1)$ に m を入れるとき 箱 $(1,2)$ には m から n の $(n-m+1)$ 通り, 箱 $(2,1)$ には $m+1$ から n の $n-m$ 通りの入れ方がある. 箱 $(1,2)$ と箱 $(2,1)$ への数字の入れ方は独立なので

$$\# \mathrm{SST}_n(\boxminus) = \sum_{m=1}^{n-1}(n-m+1)(n-m) = \frac{1}{3}(n^3-n)$$

と計算できる. 等式 (7.5) において次元が合っていることを確認せよ. ■

7.2　シューア・ワイル双対性

S_k の表現 $V^{\otimes k}$ における V_λ の重複度の空間（p.114 参照）

$$\mathrm{Hom}_{S_k}(V_\lambda, V^{\otimes k})$$

を考える. $\phi \in \mathrm{Hom}_{S_k}(V_\lambda, V^{\otimes k})$ のとき, $g \in \mathrm{GL}(V)$ に対して

$$(\Delta_\lambda(g)\phi)(\alpha) = \Delta(g)\phi(\alpha) \quad (\alpha \in V_\lambda)$$

によって線型写像 $\Lambda_\lambda(g)\phi : V_\lambda \to V^{\otimes k}$ を定めるとき, 対称群と一般線型群の作用の可換性から $\Delta_\lambda(g)\phi \in \mathrm{Hom}_{S_k}(V_\lambda, V^{\otimes k})$ がわかる. このとき, $(\mathrm{Hom}_{S_k}(V_\lambda, V^{\otimes k}), \Delta_\lambda)$ は $\mathrm{GL}(V)$ の表現である.

S_k の表現として

$$V^{\otimes k} \cong \bigoplus_{\lambda \in \mathcal{P}_k} V_\lambda \otimes \mathrm{Hom}_{S_k}(V_\lambda, V^{\otimes k})$$

という直和分解（定理 5.3.4 参照）が存在する．$\boldsymbol{v} \in V_\lambda$, $\phi \in \mathrm{Hom}_{S_k}(V_\lambda, V^{\otimes k})$ に対して $\boldsymbol{v} \otimes \phi$ には $\phi(\boldsymbol{v}) \in V^{\otimes k}$ が対応するのである．

　一般の巾等元 ε について次のことが成り立つ．

命題 7.2.1 ε を $\mathbb{C}[S_k]$ の巾等元とする．このとき $\mathrm{Hom}_{S_k}(\mathbb{C}[S_k]\varepsilon, V^{\otimes k})$ は $\mathrm{GL}(V)$ の表現として $\mathrm{Im}(\rho(\varepsilon)) = \rho(\varepsilon)V^{\otimes k}$ と同値である．

証明 $\phi \in \mathrm{Hom}_{S_k}(\mathbb{C}[S_k]\varepsilon, V^{\otimes k})$ に対して

$$\phi(\varepsilon) = \phi(\varepsilon^2) = \rho(\varepsilon)\phi(\varepsilon) \in \rho(\varepsilon)V^{\otimes k}$$

なので，対応 $\phi \mapsto \phi(\varepsilon)$ は $\mathrm{Hom}_{S_k}(\mathbb{C}[S_k]\varepsilon, V^{\otimes k})$ から $\rho(\varepsilon)V^{\otimes k}$ への線型写像を与える．この写像は $\mathrm{GL}(V)$ 準同型である．実際，$F(\phi) = \phi(\varepsilon)$ と書くとき，$g \in \mathrm{GL}(V)$ に対して $F(g \cdot \phi) = (g \cdot \phi)(\varepsilon) = \Delta(g)\phi(\varepsilon) = \Delta(g)F(\phi)$ である．

　逆写像を与えるために，$\boldsymbol{u} \in \rho(\varepsilon)V^{\otimes k}$ に対して

$$\phi_{\boldsymbol{u}}(\alpha \cdot \varepsilon) = \rho(\alpha)\boldsymbol{u} \quad (\alpha \in \mathbb{C}[S_k])$$

によって線型写像 $\phi_{\boldsymbol{u}} \in \mathrm{Hom}(\mathbb{C}[S_k]\varepsilon, V^{\otimes k})$ を定めよう．実際，$\alpha \cdot \varepsilon = 0$ ならば，$\boldsymbol{u} = \rho(\varepsilon)\boldsymbol{v}$ $(\boldsymbol{v} \in V^{\otimes k})$ と書くとき，

$$\rho(\alpha)\boldsymbol{u} = \rho(\alpha)\rho(\varepsilon)\boldsymbol{v} = \rho(\alpha \cdot \varepsilon)\boldsymbol{v} = \boldsymbol{0}$$

となるので $\phi_{\boldsymbol{u}}$ は定義できる（well-defined である）．対応 $\boldsymbol{u} \mapsto \phi_{\boldsymbol{u}}$ は対応 $\phi \mapsto \phi(\varepsilon)$ の逆写像を与えていることが確認できる． $\square$

系 7.2.2 $\lambda \in \mathcal{P}_k$, $\ell(\lambda) \leq n$ とする．$\mathrm{GL}(V)$ の表現としての同値

$$\mathrm{Hom}_{S_k}(V_\lambda, V^{\otimes k}) \cong W_\lambda(V)$$

がある．

証明 命題 7.2.1 において $\varepsilon = \varepsilon_\lambda$ とすればよい． $\square$

命題 7.2.3 $V_\lambda \boxtimes W_\lambda$ は直積群 $S_k \times \mathrm{GL}(V)$ の表現として既約[*1]である.

証明 $V_\lambda \boxtimes W_\lambda$ の $S_k \times \mathrm{GL}(V)$ 不変部分空間 U であって 0 でないものをとる. $U \subset V_\lambda \boxtimes W_\lambda$ なので $\mathrm{Hom}_{S_k}(V_\lambda, U)$ から $W_\lambda = \mathrm{Hom}_{S_k}(V_\lambda, V^{\otimes k})$ への写像が引き起こされる. これは $GL(V)$ の表現としての準同型となる. W_λ の既約性 (7.3 節) から $\mathrm{Hom}_{S_k}(V_\lambda, U) = W_\lambda$ がしたがう. S_k の表現としては U は V_λ の直和なので命題 5.3.3 より $U = V_\lambda \otimes \mathrm{Hom}_{S_k}(V_\lambda, U)$ が成り立つ. よって $U = V_\lambda \otimes W_\lambda(= V_\lambda \boxtimes W_\lambda)$ を得る. ☐

注意 7.2.4 一般に群 G, H と,それぞれの有限次元既約表現 V, W に対して $V \boxtimes W$ は $G \times H$ の表現として既約であることが知られている. また,逆に $G \times H$ の任意の既約表現は $V \boxtimes W$(V, W はそれぞれ G, H の既約表現)と同値である. 以上のことは,G, H が有限群でなくても,任意の代数的閉体上で成立する([4] 定理 3.55 参照).

以上のことと,次節で証明するワイル表現 W_λ の既約性とを合わせると,次の定理が得られる.

定理 7.2.5 (シューア・ワイル双対性) $S_k \times \mathrm{GL}(V)$ の表現としての既約分解

$$V^{\otimes k} \cong \bigoplus_{\lambda \in \mathcal{P}_k, \ell(\lambda) \leq \dim V} V_\lambda \boxtimes W_\lambda \tag{7.6}$$

が成立する.

自然表現のテンソル積を分解することでワイル表現という無限個の既約表現が得られているわけである. これらは $\mathrm{GL}(V)$ の表現のうちでどのような位置付けを持つものなのだろうか? 実は,これらは**多項式表現**と呼ばれるクラスの中の既約表現の全体と(同値を除いて)一致していることが知られている([1], [2] 参照).

次元の比較をすると

$$(\dim V)^k = \sum_{\lambda \in \mathcal{P}_k, \ \ell(\lambda) \leq \dim V} \dim V_\lambda \cdot \dim W_\lambda \tag{7.7}$$

[*1] W_λ の既約性は定理 7.1.4 (1) として述べたが証明は次節 7.3 節で与える.

が成り立つことがわかる.

問 7.2 タブローの数え上げによる次元公式（事実 6.2.2, 事実 7.1.7）を用いて $n = 3, k = 4$ のときに (7.7) が成り立つことを確認せよ.

問 7.3 $\rho(a_\lambda)V^{\otimes k} = \bigotimes_i S^{\lambda_i}(V)$, $\rho(b_\lambda)V^{\otimes k} = \bigotimes_j A^{\lambda'_j}(V)$ を示せ.

7.3 ワイル表現の既約性

ワイル表現 W_λ が既約であること (定理 7.1.4(1)) の証明を行う. $\mathrm{End}_{S_k}(V^{\otimes k})$ は $\mathrm{End}(V^{\otimes k})$ の部分環である. 一方, $\mathrm{End}(V^{\otimes k})$ の元 ϕ であって $\phi = \sum_{i \text{ 有限和}} c_i \Delta(g_i)$ $(g_i \in \mathrm{GL}(V),\ c_i \in \mathbb{C})$ と書かれる元の全体を $\langle \Delta(\mathrm{GL}(V)) \rangle$ で表す. $\langle \Delta(\mathrm{GL}(V)) \rangle$ も $\mathrm{End}(V^{\otimes k})$ の部分環であることがわかる. S_k と $\mathrm{GL}(V)$ の作用の可換性は

$$\mathrm{End}_{S_k}(V^{\otimes k}) \supset \langle \Delta(\mathrm{GL}(V)) \rangle \tag{7.8}$$

を意味する. 次の結果が本質的である.

補題 7.3.1 $\mathrm{End}_{S_k}(V^{\otimes k}) = \langle \Delta(\mathrm{GL}(V)) \rangle$ が成り立つ.

$V^{\otimes k}$ の線型変換であって S_k の作用と可換なものはすべて $\mathrm{GL}(V)$ の作用から得られるということを意味している. この補題そのものをシューア・ワイルの双対性と呼ぶこともある. この補題の証明はやや難しいので後回しにする. まず, この補題の帰結として W_λ の既約性を導こう.

証明 (定理 7.1.4 (1))　分解 $V^{\otimes k} \cong \bigoplus_\lambda V_\lambda \boxtimes W_\lambda$ を用いることで

$$\mathrm{End}_{S_k}(V^{\otimes k}) = \mathrm{Hom}_{S_k}(V^{\otimes k}, V^{\otimes k})$$

$$\cong \bigoplus_{\lambda,\mu} \mathrm{Hom}_{S_k}(V_\lambda \boxtimes W_\lambda, V_\mu \boxtimes W_\mu)$$

$$= \bigoplus_{\lambda} \mathrm{Hom}_{S_k}(V_\lambda \boxtimes W_\lambda, V_\lambda \boxtimes W_\lambda) \quad （シューアの補題）$$

$$= \bigoplus_{\lambda} \mathrm{End}_{S_k}(V_\lambda \boxtimes W_\lambda)$$

$$\cong \bigoplus_{\lambda} \mathrm{End}_{S_k}(V_\lambda) \otimes \mathrm{End}(W_\lambda) \quad （S_k は W_\lambda に自明に作用する）$$

がわかる．よって，シューアの補題により

$$\mathrm{End}_{S_k}(V^{\otimes k}) \cong \bigoplus_{\lambda} \mathbb{C} \cdot \mathrm{Id}_{V_\lambda} \otimes \mathrm{End}(W_\lambda). \tag{7.9}$$

一方 $\langle \Delta(\mathrm{GL}(V)) \rangle$ の元 $\phi = \sum_i c_i \Delta(g_i)$ は $V_\lambda \boxtimes W_\lambda$ 上に

$$\boldsymbol{v} \otimes \boldsymbol{u} \mapsto \boldsymbol{v} \otimes \sum_i c_i \Delta_\lambda(g_i)(\boldsymbol{u}) \quad (\boldsymbol{v} \in V_\lambda,\ \boldsymbol{u} \in W_\lambda)$$

と作用する．したがって，$\Delta_\lambda(g)\ (g \in \mathrm{GL}(V))$ の線型結合として表せるものがなす $\mathrm{End}(W_\lambda)$ の部分環を $\langle \Delta_\lambda(\mathrm{GL}(V)) \rangle$ とするとき

$$\langle \Delta(\mathrm{GL}(V)) \rangle \cong \bigoplus_{\lambda} \mathbb{C} \cdot \mathrm{Id}_{V_\lambda} \otimes \langle \Delta_\lambda(\mathrm{GL}(V)) \rangle \tag{7.10}$$

である．補題 7.3.1 を使って (7.9) と (7.10) とを比較すれば

$$\mathrm{End}(W_\lambda) = \langle \Delta_\lambda(\mathrm{GL}(V)) \rangle$$

が得られる．

　このことから W_λ が既約であることを示す．$W \subset W_\lambda$ を 0 でない部分表現とし，$\boldsymbol{u} \in W$ を $\boldsymbol{0}$ でないベクトルとする．任意の $\boldsymbol{v} \in W_\lambda$ をとるとき $\phi(\boldsymbol{u}) = \boldsymbol{v}$ となる $\phi \in \mathrm{End}(W_\lambda)$ が存在する．ϕ は線型結合 $\sum_i c_i \Delta_\lambda(g_i)\ (g_i \in \mathrm{GL}(V))$ の形に書けるので $\boldsymbol{v} = \phi(\boldsymbol{u}) = \sum_i c_i \Delta_\lambda(g_i)\boldsymbol{u} \in W$ がしたがう．よって $W_\lambda = W$ である．　　　　　　　　　　　　□

　この節の残りにおいて補題 7.3.1 の証明を与える．

　$A := \mathrm{End}_{S_k}(V^{\otimes k})$, $B := \langle \Delta(\mathrm{GL}(V)) \rangle$ はいずれも $\mathrm{End}(V^{\otimes k})$ の線型部分空

間である. $A \subset B$ を示すためには $\mathrm{End}(V^{\otimes k})$ の双対空間 $\mathrm{End}(V^{\otimes k})^*$ のなか
で $A^{\perp} \supset B^{\perp}$ を示せばよい[*2]. $\Phi \in \mathrm{End}(V^{\otimes k})$ の行列表示を用いて計算しよ
う. $V^{\otimes k}$ の基底として

$$\boldsymbol{e}_{i_1,\dots,i_k} = \boldsymbol{e}_{i_1} \otimes \cdots \otimes \boldsymbol{e}_{i_k}, \quad (i_1,\dots,i_k) \in \{1,\dots,n\}^k$$

というベクトルの集合をとる. ここで

$$\Phi(\boldsymbol{e}_{j_1,\dots,j_k}) = \sum_{(i_1,\dots,i_k)} c_{(i_1,\dots,i_k),(j_1,\dots,j_k)} \boldsymbol{e}_{i_1,\dots,i_k}$$

により n^k 次の正方行列 $(c_{(i_1,\dots,i_k),(j_1,\dots,j_k)})$ を定める. $\Phi \in \mathrm{End}_{S_k}(V^{\otimes k})$ であ
るための条件を行列成分を用いて表すと

$$c_{(i_{\sigma(1)},\dots,i_{\sigma(k)}),(j_{\sigma(1)},\dots,j_{\sigma(k)})} = c_{(i_1,\dots,i_k),(j_1,\dots,j_k)} \quad (\text{すべての } \sigma \in S_k) \qquad (7.11)$$

となる. $\{\boldsymbol{e}_{i_1,\dots,i_k}\}$ の双対基底を $\{\boldsymbol{e}^*_{i_1,\dots,i_k}\}$ とし, $\mathrm{End}(V^{\otimes k}) \cong V^{\otimes k} \otimes (V^{\otimes k})^*$
の基底 $\{\boldsymbol{e}_{i_1,\dots,i_k} \otimes \boldsymbol{e}^*_{j_1,\dots,j_k}\}$ の双対基底を $\{f_{(i_1,\dots,i_k),(j_1,\dots,j_k)}\}$ とする. $\mathrm{GL}(V)$
の元 $g = (a_{ij})_{1 \le i,j \le n}$ に対して

$$\Delta(g)(\boldsymbol{e}_{j_1,\dots,j_k}) = g\,\boldsymbol{e}_{j_1} \otimes \cdots \otimes g\,\boldsymbol{e}_{j_k} = \sum_{(i_1,\dots,i_k)} a_{i_1,j_1} \cdots a_{i_k,j_k} \boldsymbol{e}_{i_1,\dots,i_k}$$

なので $\Delta(g)$ の行列成分は

$$c_{(i_1,\dots,i_k),(j_1,\dots,j_k)} = a_{i_1,j_1} \cdots a_{i_k,j_k}$$

により与えられる.

さて, $F = \sum \gamma_{(i_1,\dots,i_k),(j_1,\dots,j_k)} f_{(i_1,\dots,i_k),(j_1,\dots,j_k)} \in \mathrm{End}(V^{\otimes k})^*$ が $B^{\perp} =$
$\langle \Delta(\mathrm{GL}(V)) \rangle^{\perp}$ に属していると仮定する. このとき, 任意の $g = (a_{ij}) \in$
$\mathrm{GL}(V)$ に対して

$$0 = F(\Delta(g)) = \sum_{(i_1,\dots,i_k),(j_1,\dots,j_k)} \gamma_{(i_1,\dots,i_k),(j_1,\dots,j_k)} a_{i_1,j_1} \cdots a_{i_k,j_k} \qquad (7.12)$$

[*2] $A^{\perp} \subset \mathrm{End}(V^{\otimes k})^*$ は A の零化空間 (4.2 節参照). $B^{\perp}$ も同様.

が成り立つ．(7.12) の右辺を n^2 個の文字 a_{ij} の多項式とみなしたときに恒等的に 0 であると結論できる．a_{ij} たちは任意の複素数ではなく $\det(a_{ij}) \neq 0$ という条件をみたすものだけを動くので，議論が必要である．次の事実が使える．

命題 7.3.2　$P(x)(\neq 0), Q(x)$ を変数 $x = (x_1, \ldots, x_m)$ に関する複素係数多項式であるとする．$P(a) \neq 0$ であるすべての $a \in \mathbb{C}^m$ に対して $Q(a) = 0$ が成り立つならば $Q(x)$ は（恒等的に）0 である．

証明　P, Q を複素係数多項式とするとき，次の事実が基本的である：

(i) 任意の $a \in \mathbb{C}^m$ に対して $P(a) = 0$ ならば $P(x)$ は恒等的に 0 である[*3].

(ii) $P(x)Q(x) = 0$ ならば $P(x) = 0$ または $Q(x) = 0$[*4].

多項式 P, Q が命題の仮定をみたすとする．このとき任意の $a \in \mathbb{C}^m$ に対して $P(a)Q(a) = 0$ である．よって (i) より $P(x)Q(x) = 0$ である．$P(x) \neq 0$ なので (ii) より $Q(x) = 0$ である．　□

$n \times n$ 行列の成分 x_{ij} $(1 \leq i, j \leq n)$ に対する変数の組を x とし，$P(x) = \det(x)$ とし，$Q(x)$ を (7.12) の右辺の a_{i_r, j_r} $(1 \leq r \leq k)$ を x_{i_r, j_r} で置き換えたものとする．命題 7.3.2 から $Q(x) = 0$，すなわち

$$\sum_{(i_1, \ldots, i_k), (j_1, \ldots, j_k)} \gamma_{(i_1, \ldots, i_k), (j_1, \ldots, j_k)} x_{i_1, j_1} \cdots x_{i_k, j_k} = 0 \qquad (7.13)$$

がしたがう．

記号を簡単にするために $(i_1, \ldots, i_k) \in \{1, \ldots, n\}^k$ を単に I などと書く．例えば $e_{i_1, \ldots, i_k}$ は e_I, $f_{(i_1, \ldots, i_k), (j_1, \ldots, j_k)}$ は $f_{I,J}$ と書く．$\sigma \in S_k$ が存在して

$$i'_r = i_{\sigma(r)}, \ j'_r = j_{\sigma(r)} \ (1 \leq r \leq k)$$

が成り立つとき $(I, J) \sim (I', J')$ と書くことにする．$\mathrm{End}(V^{\otimes k})$ の元 $\sum_{I,J} c_{I,J} e_I \otimes e_J^*$ が $A = \mathrm{End}_{S_k}(V^{\otimes k})$ に属すための条件 (7.11) は

---

*3　無限個の元を持つ体を係数とする場合もこのことは成り立つ．

*4　任意の体（整域でも）を係数とする場合も成り立つ．

$$(I, J) \sim (I', J') \Longrightarrow c_{I,J} = c_{I',J'} \tag{7.14}$$

と書くことができる.

補題 7.3.3 $\sum_{I,J} \gamma_{I,J} f_{I,J} \in \mathrm{End}(V^{\otimes k})^*$ が $B^\perp$ に属すならば, 任意の (I, J) に対して

$$\sum_{(I',J'):(I',J')\sim(I,J)} \gamma_{I',J'} = 0 \tag{7.15}$$

が成り立つ.

証明 等式 (7.13) の同類項をまとめる作業を行う. $I = (i_1, \ldots, i_k)$, $J = (j_1, \ldots, j_k)$ とするとき, $(I, J) \sim (I', J')$ ならば置換 $\sigma \in S_k$ が存在して $I' = (i_{\sigma(1)}, \ldots, i_{\sigma(k)}), J' = (j_{\sigma(1)}, \ldots, j_{\sigma(k)})$ となる. このとき

$$x_{i_{\sigma(1)}, j_{\sigma(1)}} \cdots x_{i_{\sigma(k)}, j_{\sigma(k)}} = x_{i_1, j_1} \cdots x_{i_k, j_k}$$

であるから, (7.13) の左辺の多項式に現れる項

$$\gamma_{(i_{\sigma(1)}, \ldots, i_{\sigma(k)}), (j_{\sigma(1)}, \ldots, j_{\sigma(k)})} x_{i_{\sigma(1)}, j_{\sigma(1)}} \cdots x_{i_{\sigma(k)}, j_{\sigma(k)}}$$

は

$$\gamma_{(i_{\sigma(1)}, \ldots, i_{\sigma(k)}), (j_{\sigma(1)}, \ldots, j_{\sigma(k)})} x_{i_1, j_1} \cdots x_{i_k, j_k}$$

と書き直せる. したがって, 固定された (I, J) に対して, $(I', J') \sim (I, J)$ を満たす (I', J') に対応する項はすべて $x_{i_1, j_1} \cdots x_{i_k, j_k}$ の係数に寄与する. これらの和 $\sum_{(I',J'):(I',J')\sim(I,J)} \gamma_{I',J'}$ はしたがって 0 である. □

示したいことを改めて書くと, $F = \sum_{(I,J)} \gamma_{I,J} f_{I,J} \in B^\perp$ とするとき, 任意の $\sum_{(I,J)} c_{I,J} e_I \otimes e_J^* \in A$ に対して

$$\sum_{(I,J)} \gamma_{I,J} c_{I,J} = 0$$

ということである. 任意の (I, J) を固定し, これを含む類に関する部分和

$$\sum_{(I',J'):(I',J')\sim(I,J)} \gamma_{I',J'} c_{I',J'}$$

が 0 であることを示せばよい．等式 (7.14) と補題 7.3.3 を用いることで

$$\sum_{(I',J'):(I',J')\sim(I,J)} \gamma_{(I',J')} c_{I',J'} = \left(\sum_{(I',J'):(I',J')\sim(I,J)} \gamma_{I',J'} \right) c_{I,J} = 0$$

が得られる．以上で補題 7.3.1 の証明が完了した．

第8章　対称群と一般線型群の既約指標

一般線型群 $GL(V)$ の表現に対しても指標と呼ばれる関数を定義できる．本章では対称群と一般線型群の表現の指標を詳しく調べる．$GL(V)$ の既約表現であるワイル表現 W_λ の指標を決定することが 1 つの目標である．その過程で対称群の既約指標を計算する具体的な方法も導かれる．

8.1 節では，一般線型群の表現に対する指標を定義する．本書で現れる $GL(V)$ の表現については，その指標は固有値に関する対称な多項式になっている．シューア・ワイル双対性から，S_k の既約指標とワイル表現の指標を結びつける等式（フロベニウスの指標公式）が得られる．8.2 節では，シューア・ワイル双対性を背景として，フロベニウスの特性写像を導入する．8.3 節では，対称関数の理論を紹介する．この部分は，表現の文脈を離れてそれ自体でも興味深い内容であるし，幾何学などへの応用もある．8.4 節では，対称関数の理論を用いて特性写像のさらに本質的な性質を証明する．8.5 節では，これまでのことを用いて，対称群のすべての既約指標，およびワイル表現の指標を決定する．

8.1　一般線型群の指標

引き続き V を n 次元の線型空間とする．正則な対角行列全体がなす

$$\mathbb{T} = \{\mathrm{diag}(z_1, \ldots, z_n) \mid z_i \in \mathbb{C}^\times, 1 \le i \le n\}$$

は $GL(V)$ の部分群である．$\mathbb{T}$ は乗法群 $\mathbb{C}^\times$ の直積 $(\mathbb{C}^\times)^n$（代数的トーラスと

いう）と同一視できる．GL(V) の有限次元表現 (W, ρ) に対して，$\mathbb{T}$ 上の関数 ch W を

$$(\text{ch } W)(z) = \text{tr}_W \rho(z), \quad z = \text{diag}(z_1, \ldots, z_n) \in \mathbb{T}$$

と定め，これを (W, ρ) の **指標**（character）と呼ぶ．

命題 8.1.1　V_1, V_2 を GL(V) の有限次元表現とする．次が成り立つ．

  (1) ch$(V_1 \oplus V_2) = $ ch$(V_1) + $ ch(V_2),
  (2) ch$(V_1 \otimes V_2) = $ ch$(V_1) \cdot $ ch(V_2).

証明　それぞれ，トレースの加法性 (5.15) と乗法性（問 5.5）による．　　□

例 8.1.2　$W_{(k)}(V) = S^k(V)$, $W_{(1^k)}(V) = A^k(V)$ の指標を考えよう．それぞれの線型空間の標準的な基底（4.4 節の (4.12), (4.16)）は $z = \text{diag}(z_1, \ldots, z_n) \in \mathbb{T}$ の固有ベクトルになっているのでトレースを計算することはたやすい．実際

$$h_k(x_1, \ldots, x_n) = \sum_{1 \le i_1 \le \cdots \le i_k \le n} x_{i_1} \cdots x_{i_k}, \tag{8.1}$$

$$e_k(x_1, \ldots, x_n) = \sum_{1 \le i_1 < \cdots < i_k \le n} x_{i_1} \cdots x_{i_k} \tag{8.2}$$

とおくとき

$$\text{ch } W_{(k)} = h_k(z_1, \ldots, z_n), \quad \text{ch } W_{(1^k)} = e_k(z_1, \ldots, z_n)$$

が成り立つ．h_k, e_k をそれぞれ **完全対称式**（complete symmetric polynomials），**基本対称式**（elementary symmetric polynomials）と呼ぶ．　　■

　$f(x_1, \ldots, x_n)$ を $x_1, \ldots, x_n$ の複素係数の多項式とするとき，置換 $\sigma \in S_n$ に対して

$$(\sigma f)(x_1, \ldots, x_n) := f(x_{\sigma(1)}, \ldots, x_{\sigma(n)}) \tag{8.3}$$

と定める．任意の $\sigma \in S_n$ に対して $(\sigma f)(x_1, \ldots, x_n) = f(x_1, \ldots, x_n)$ をみたす多項式 $f(x_1, \ldots, x_n)$ は **対称多項式**（symmetric polynomial）であるという．$h_k(x_1, \ldots, x_n)$ や $e_k(x_1, \ldots, x_n)$ は対称多項式である．

テンソル積空間 $V^{\otimes k}$ におけるウェイトの概念は 4.4 節で述べたが，GL(V) の表現の観点から改めて考察しよう．$z = \mathrm{diag}(z_1, \ldots, z_n) \in \mathbb{T}$ とすると，$1 \leq i_1, \ldots, i_k \leq n$ に対して，

$$\Delta(z)(\boldsymbol{e}_{i_1} \otimes \cdots \otimes \boldsymbol{e}_{i_k}) = z_{i_1} \cdots z_{i_k} \boldsymbol{e}_{i_1} \otimes \cdots \otimes \boldsymbol{e}_{i_k}$$

が成り立つ．したがって $\Delta(z)$ $(z \in \mathbb{T})$ は $V^{\otimes k}$ 上で同時に対角化されている．固有値 $z_{i_1} \cdots z_{i_k}$ は $\alpha = (\alpha_1, \ldots, \alpha_n) \in \mathbb{N}^n$ によって z^α と表せる．ここに α_i は $(i_1, \ldots, i_k)$ に i が現れる個数である．このとき $|\alpha| = \sum_{i=1}^n \alpha_i = k$ である．$U \subset V^{\otimes k}$ を GL(V) 不変な部分空間とするとき，$\Delta(z)$ $(z \in \mathbb{T})$ が U に引き起こす線型変換は同時に対角化可能であることが示せる[*1]．ここで，

$$U(\alpha) := \{\boldsymbol{v} \in U \mid \Delta(z)\,\boldsymbol{v} = z^\alpha\,\boldsymbol{v} \quad (z \in \mathbb{T})\}$$

とするとき，直和分解

$$U = \bigoplus_{\alpha \in \mathbb{N}^n : |\alpha| = k} U(\alpha) \tag{8.4}$$

が成立する．$U(\alpha) \neq 0$ のとき α は U の**ウェイト** であるといい，$U(\alpha)$ をウェイト α の**ウェイト空間**（weight space）と呼ぶ．また (8.4) を**ウェイト空間分解**（weight space decomposition）と呼ぶ．U の指標 ch U は

$$(\mathrm{ch}\ U)(z) = \sum_{\alpha \in \mathbb{N}^n : |\alpha| = k} \dim U(\alpha) z^\alpha \tag{8.5}$$

と書ける．

命題 8.1.3 U を $V^{\otimes k}$ の GL(v) 不変な部分空間とする．ch U は $z_1, \ldots, z_n$ に関する k 次斉次の対称多項式である．

証明 ch U が k 次の多項式であることは (8.5) からわかる．$\sigma \in S_n$ に対して

[*1] ワイル表現について示せば十分である．$\rho(c_\lambda)V^{\otimes k}$ という構成法から，ワイル表現はウェイト・ベクトルによって生成されていることがわかる．一般に，代数的トーラス $\mathbb{T}$ の**有理的**な表現はウェイト空間の直和であることが示せる．例えば [16] の訳者による付録 C.2 節参照．本書の問 9.5 も参考にせよ．

$E_\sigma \in \mathrm{GL}(V)$ を対応する置換行列とする. $z = \mathrm{diag}(z_1, \ldots, z_n) \in \mathbb{T}$ とするとき $E_\sigma^{-1} z E_\sigma = \mathrm{diag}(z_{\sigma(1)}, \ldots, z_{\sigma(n)})$ が成り立つ. $\boldsymbol{v} \in U(\alpha)$ ならば

$$\Delta(z)\Delta(E_\sigma)\,\boldsymbol{v} = \Delta(E_\sigma)\,\mathrm{diag}(z_{\sigma(1)}, \ldots, z_{\sigma(n)})\,\boldsymbol{v} = z^{\sigma(\alpha)}\Delta(E_\sigma)\,\boldsymbol{v}$$

である. ここで $\alpha \in \mathbb{N}^n$ に対して

$$\sigma(\alpha) = (\alpha_{\sigma^{-1}(1)}, \ldots, \alpha_{\sigma^{-1}(n)}) \in \mathbb{N}^n \tag{8.6}$$

とした. よって $\Delta(E_\sigma)$ は $U(\alpha)$ から $U(\sigma(\alpha))$ への線型同型を与える(逆写像は $\Delta(E_{\sigma^{-1}})$). したがって $\dim U(\sigma(\alpha)) = \dim U(\alpha)$ なので (8.5) の右辺は対称多項式である. $\qquad \square$

今後の議論においては対称多項式に関する詳しい知識が必要になる. n 変数 $x_1, \ldots, x_n$ に関する複素係数の対称多項式であって k 次斉次であるものの空間を $\Lambda_{(n)}^k$ により表す. $p_m(x) = \sum_{i=1}^n x_i^m$ を $x = (x_1, \ldots, x_n)$ に関する m 次の巾和対称式(6.4 節にも現れた)とする. k の分割 $\mu = (\mu_1, \ldots, \mu_l)$ に対して

$$p_\mu(x) := p_{\mu_1}(x) \cdots p_{\mu_l}(x)$$

は $\Lambda_{(n)}^k$ に属す. 今後 $\Lambda_{(n)}^k$ の元 $f(x) = f(x_1, \ldots, x_n)$ を $\mathbb{T}$ 上の関数とみることが多い. そのときはトーラス $\mathbb{T}$ 上の座標 $z_1, \ldots, z_n$ ($z = \mathrm{diag}(z_1, \ldots, z_n) \in \mathbb{T}$) を用いて $f(z) = f(z_1, \ldots, x_n)$ と書く.

巾和対称式はテンソル積空間 $V^{\otimes k}$ 上のトレースとして現れる.

命題 8.1.4 μ を k の分割, $\sigma \in C_\mu$ とするとき

$$\mathrm{tr}_{V^{\otimes k}}\left(\rho(\sigma)\Delta(z)\right) = p_\mu(z) \quad (z = \mathrm{diag}(z_1, \ldots, z_n) \in \mathbb{T})$$

が成り立つ.

証明 まず $\mu = (k)$, つまり σ が長さ k の巡回置換の場合を計算しよう. 特に $\sigma = (12 \cdots k)^{-1}$ とすると, $g = (a_{ij})_{1 \le i, j \le n} \in \mathrm{GL}(V)$ に対して $\Delta(g)\rho(\sigma) = \rho(\sigma)\Delta(g)$ にも注意して

$$\Delta(g)\rho(\sigma)\boldsymbol{e}_{j_1, \ldots, j_k} = \sum_{i_1, \ldots, i_k} a_{i_1, j_2} a_{i_2, j_3} \cdots a_{i_{k-1}, j_k} a_{i_k, j_1} \boldsymbol{e}_{i_1, \ldots, i_k}$$

なので

$$\mathrm{tr}_{V^{\otimes k}}\left(\rho(\sigma)\Delta(g)\right) = \sum_{(j_1,\dots,j_k)} a_{j_1,j_2}a_{j_2,j_3}\cdots a_{j_{k-1},j_k}a_{j_k,j_1} = \mathrm{tr}(g^k)$$

を得る．よって $g = z = \mathrm{diag}(z_1,\dots,z_n)$ のときトレースの値は $z_1^k + \cdots + z_n^k = p_k(z)$ になる．μ が一般のときは C_μ の元 σ を

$$\sigma^{-1} = (1\cdots\mu_1)(\mu_1{+}1\cdots\mu_1{+}\mu_2)\cdots(\mu_1{+}\cdots{+}\mu_{k-1}{+}1\cdots\mu_1{+}\cdots{+}\mu_k)$$

と定めて計算すればトレースは $p_{\mu_1}(z)\cdots p_{\mu_k}(z)$ となることがわかる（σ ではなく σ^{-1} の方が添字がみやすくなる）．置換を共役なものに変えてもトレースは変化しないので命題が示された．　　　　　　　　　　　　　　　$\square$

定理 8.1.5　（フロベニウスの指標公式）　μ を k の分割とするとき

$$p_\mu(z) = \sum_{\lambda \in \mathcal{P}_k,\, l(\lambda)\leq n} \chi_\lambda(C_\mu)\cdot \mathrm{ch}\,W_\lambda(z). \tag{8.7}$$

証明　$\sigma \in C_\mu$, $z = \mathrm{diag}(z_1,\dots,z_n) \in \mathbb{T}$ とするとき

$$\mathrm{tr}_{V^{\otimes k}}\left(\rho(\sigma)\Delta(z)\right)$$

を 2 通りに計算する．命題 8.1.4 によると，このトレースは $p_\mu(z)$ になる．一方，$\lambda \in \mathcal{P}_k(l(\lambda) \leq n)$ に対して

$$\mathrm{tr}_{V_\lambda \otimes W_\lambda}\left(\rho(\sigma)\Delta(z)\right) = \mathrm{tr}_{V_\lambda}\left(\rho(\sigma)\right)\cdot \mathrm{tr}_{W_\lambda}\left(\Delta(z)\right) = \chi_\lambda(C_\mu)\cdot\mathrm{ch}\,W_\lambda(z)$$

なので，$S_k \times \mathrm{GL}(V)$ の表現としての直和分解 (7.6) を用いればトレースは (8.7) の右辺の和になる．　　　　　　　　　　　　　　　　　　　　　　$\square$

　関数 $\mathrm{ch}\,W_\lambda$ の具体形がわかれば，この等式を用いて対称群の指標値 $\chi_\lambda(C_\mu)$ を計算できる（$\mathrm{ch}\,W_\lambda$ たちは線型独立である[*2]）．我々は，最終的には $\mathrm{ch}\,W_\lambda$ がシューア関数と呼ばれるものと一致することを示す（系 8.5.3）．シューア関数を行列式の比として表す等式 (8.21) を用いるとき (8.7) はフロベニウスが導

[*2]　命題 8.3.13, 系 8.5.3 からわかる．

いた等式と一致する（問題 6.2(6.23)）.

例 8.1.6 $k = 2$ の場合は例 8.1.2 より $\mathrm{ch}\, W_\lambda$ がわかっているので, フロベニウスの指標公式を確かめてみよう. 実際

$$\mathrm{ch}\, W_2 = h_2 = \sum_i z_i^2 + \sum_{i<j} z_i z_j, \quad \mathrm{ch}\, W_{1^2} = e_2 = \sum_{i<j} z_i z_j$$

なので, $\sigma = e$ の場合に

$$\chi_2(e) \cdot \mathrm{ch}\, W_2 + \chi_{1^2}(e) \cdot \mathrm{ch}\, W_{1^2}$$
$$= 1 \cdot h_2 + 1 \cdot e_2 = \sum_i z_i^2 + 2\sum_{i<j} z_i z_j = p_1^2.$$

$\sigma = (12)$ の場合に

$$\chi_2(\sigma) \cdot \mathrm{ch}\, W_2 + \chi_{1^2}(\sigma) \cdot \mathrm{ch}\, W_{1^2}$$
$$= 1 \cdot h_2 + (-1) \cdot e_2 = \sum_i z_i^2 = p_2$$

なので確かに (8.7) が成立する. ∎

例 8.1.7 S_3 の既約指標はすでに決定できたので, 指標表（表 6.1）を用いてフロベニウスの指標公式を具体的に書くと

$$p_1^3 = 1 \cdot \mathrm{ch}\, W_3 + 2 \cdot \mathrm{ch}\, W_{21} + 1 \cdot \mathrm{ch}\, W_{1^3},$$
$$p_2 p_1 = 1 \cdot \mathrm{ch}\, W_3 + 0 \cdot \mathrm{ch}\, W_{21} - 1 \cdot \mathrm{ch}\, W_{1^3},$$
$$p_3 = 1 \cdot \mathrm{ch}\, W_3 - 1 \cdot \mathrm{ch}\, W_{21} + 1 \cdot \mathrm{ch}\, W_{1^3}$$

となる. これは一意的に解けて

$$\mathrm{ch}\, W_3 = \frac{p_1^3}{6} + \frac{p_2 p_1}{2} + \frac{p_3}{3}, \quad \mathrm{ch}\, W_{21} = \frac{p_1^3}{3} - \frac{p_3}{3},$$
$$\mathrm{ch}\, W_{1^3} = \frac{p_1^3}{6} - \frac{p_2 p_1}{2} + \frac{p_3}{3}$$

が得られる. これより

$$\mathrm{ch}\, W_3 = \sum_i z_i^3 + \sum_{i \neq j} z_i^2 z_j + \sum_{i<j<k} z_i z_j z_k = h_3, \tag{8.8}$$

$$\operatorname{ch} W_{21} = \sum_{i \neq j} z_i^2 z_j + 2 \sum_{i<j<k} z_i z_j z_k, \tag{8.9}$$

$$\operatorname{ch} W_{1^3} = \sum_{i<j<k} z_i z_j z_k = e_3 \tag{8.10}$$

がわかる. このように, S_k の既約指標がわかれば $\mathrm{GL}(V)$ の既約指標 $\operatorname{ch} W_\lambda$ ($\lambda \in \mathcal{P}_k$) が決定される. このように, フロベニウスの公式は, 正則行列 $(\chi_\lambda(C_\mu))_{\lambda\mu}$ が具体的にわかれば, $\operatorname{ch} W_\lambda$ を求めることのできる式であるともいえる. 図 8.1 は $n = 3$ のときに W_3 のウェイトの分布を (8.8) により表している. 例 4.4.3 とも比較せよ. ■

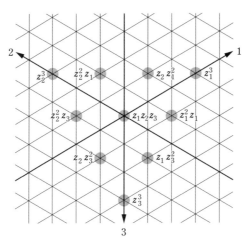

図 8.1 $W_3(\mathbb{C}^3)$ のウェイトの分布

8.2 フロベニウスの特性写像

S_k の表現 W が与えられたとき, $\mathrm{GL}(V)$ の表現 $\operatorname{Hom}_{S_k}(W, V^{\otimes k})$ ができる. この対応から, 指標のレベルにおける写像

$$\vartheta_k^{(n)} : \mathcal{C}(S_k) \ni \chi_W \longmapsto \operatorname{ch}\left(\operatorname{Hom}_{S_k}(W, V^{\otimes k})\right) \in \Lambda_{(n)}^k \tag{8.11}$$

が引き起こされる. 実際, 対称群 S_k の表現の既約指標たちは $\mathcal{C}(S_k)$ の基底をなすから, 写像 $\vartheta_k^{(n)}$ はこの等式で定義できる. $\vartheta_k^{(n)}$ は**フロベニウスの特性写**

像（characterisitc map）と呼ばれている．特に $U_{(k)}$ の指標 $\eta_{(k)}$ は $S^k(V)$ の指標に対応するから

$$\vartheta_k^{(n)}(\eta_{(k)}) = h_k(z_1, \dots, z_n) \tag{8.12}$$

である．$U_{(k)} \cong V_{(k)} \cong \mathbb{C}_{\mathrm{triv}}$ なので $\eta_{(k)}$ は S_k の自明表現の指標 $\chi_{(k)}$ と一致することにも注意しよう．以下，$\eta_{(k)}$ を単に η_k と書くことにする．

　フロベニウスの指標理論においては，すべての k をまとめて扱うという発想が本質的である．その際，対称関数の変数の個数 n は k に対して十分大きければよくて，特定の値にそれほど意味はない．そこで $n \to \infty$ の極限をとって $\Lambda_{(n)}^k$ の無限変数版 Λ^k を構成する（8.3 節参照）．それと合わせて，特性写像についても無限変数版 $\vartheta_k : \mathcal{C}(S_k) \to \Lambda^k$ を定めることができる（詳しくは 8.4 節参照）．

　線型写像 $\vartheta_k : \mathcal{C}(S_k) \to \Lambda^k$ を無限直和（A.4 節参照）に拡張して

$$\vartheta = \bigoplus_{k=0}^{\infty} \vartheta_k : \bigoplus_{k=0}^{\infty} \mathcal{C}(S_k) \longrightarrow \Lambda = \bigoplus_{k=0}^{\infty} \Lambda^k$$

を定める．この写像（特性写像）がとても良い性質を持っていることをこの後で説明する．右辺の Λ は自然に可換環の構造を持っているが，左辺にも自然な環構造があって，ϑ は次数付き環の同型になっている．また，$\mathcal{C}(S_k)$ の上の自然な内積は Λ^k 上における性質の良い内積に対応している．

　特性写像 ϑ を用いて，対称群と一般線型群の表現を関連付けながら，両方の既約指標をできるだけ明示的に求めることを目標とする．

例 8.2.1　λ を k の分割とする．命題 7.2.1 により $\mathrm{GL}(V)$ の表現としての同値

$$\mathrm{Hom}_{S_k}(U_\lambda, V^{\otimes k}) \cong \rho(a_\lambda) V^{\otimes k} = \bigotimes_{i=1}^{l} S^{\lambda_i}(V)$$

が存在することがわかる．これより

$$\vartheta_k(\eta_\lambda) = \mathrm{ch}\left(\bigotimes_i S^{\lambda_i}(V)\right)$$

$$= \prod_i \mathrm{ch}(S^{\lambda_i}(V)) \quad (\text{命題 8.1.1(2)})$$

$$= h_{\lambda_1} \cdots h_{\lambda_l} \tag{8.13}$$

がわかる. 同様に $E_\lambda = \mathrm{Ind}_{\mathcal{V}_\lambda}^{S_k}(\mathrm{sgn}_{\mathcal{V}_\lambda})$（問 6.4, 問 7.3 参照）に対しては

$$\mathrm{Hom}_{S_k}(E_\lambda, V^{\otimes k}) \cong \rho(b_\lambda) V^{\otimes k} = \bigotimes_{i=1}^m A^{\lambda_i'}(V)$$

であるから

$$\vartheta_k(\chi_{E_\lambda}) = e_{\lambda_1'} \cdots e_{\lambda_m'} \tag{8.14}$$

である. ∎

8.3 対称関数環 Λ

対称関数環 Λ を導入し，その自然な（いくつかの）基底，標準的な内積などを説明する．この節の内容は表現論とは独立している．8.4 節では，この節の内容を使って対称群および一般線型群の既約指標の決定を行う.

対称関数の空間とその基底

n 変数 $x_1, \ldots, x_n$ についての複素係数の対称多項式であって，k 次斉次であるものがなす空間を $\Lambda_{(n)}^k$ と表す.

例 8.3.1 $n \geq 3$ ならば $\Lambda_{(n)}^3$ は

$$\sum_{i=1}^n x_i^3, \quad \sum_{i \neq j} x_i^2 x_j, \quad \sum_{1 \leq i < j < k \leq n} x_i x_j x_k$$

を基底に持つ 3 次元線型空間である. ∎

$\sum_{i \neq j} x_i^2 x_j$ などと書いていたものを一般化しよう．$\alpha = (\alpha_1, \ldots, \alpha_n) \in \mathbb{N}^n$

に対して，単項式 $x_1^{\alpha_1} \cdots x_n^{\alpha_n}$ を x^α により表す．α の次数を $|\alpha| := \sum_{i=1}^n \alpha$ と定義する．$\alpha \in \mathbb{N}^n$ が与えられたとき，成分が非増加になるように並べ替えて得られる列 $\lambda = (\lambda_1, \dots, \lambda_n)$ は $k = |\alpha|$ の分割とみなせる．例えば $n = 6$，$\alpha = (1, 0, 2, 0, 2, 0)$ ならば $x^\alpha = x_1 x_3^2 x_5^2$ である．非増加列 $\lambda = (2, 2, 1, 0, 0, 0)$ の 0 となる成分を無視して $\lambda = (2, 2, 1)$ とすれば，これは 6.1 節で定義した意味で $k = 5$ の分割である．このように，分割の成分に 0 を許して，必要に応じて 0 を補ったり，無視したりすることは今後もよく行う．以上のようにして，次数 k の $\alpha \in \mathbb{N}^n$ に対して k の分割 λ が得られた．このとき $\lambda \in \mathcal{P}_k$ を α の**形** (shape) と呼ぶ．

$\lambda \in \mathcal{P}_k$ に対して，次数が k で形が λ であるすべての $\alpha \in \mathbb{N}^n$ に関する和

$$m_\lambda(x_1, \dots, x_n) = \sum_\alpha x^\alpha$$

は明らかに $\Lambda_{(n)}^k$ に属す．例えば

$$m_{(k)}(x_1, \dots, x_n) = p_k(x_1, \dots, x_n), \quad m_{(1^k)}(x_1, \dots, x_n) = e_k(x_1, \dots, x_n)$$

である．$m_\lambda(x_1, \dots, x_n)$ を**単項式対称式** (monomial symmetric polynomials) と呼ぶ．$\lambda \in \mathcal{P}_k$ であって $\ell(\lambda) \le n$ であるものすべてに対する $m_\lambda(x_1, \dots, x_n)$ たちは $\Lambda_{(n)}^k$ の基底をなす．特に $n \ge k$ であれば $\{m_\lambda(x_1, \dots, x_n) \mid \lambda \in \mathcal{P}_k\}$ は $\Lambda_{(n)}^k$ の基底である．

対称多項式を扱うとき，変数の個数は十分に大きくとっておけば，実際にいくつであるかを気にする必要はないことが多い．むしろ，変数が無限個あると考える方が便利なことが多い．$m \ge n$ として $\Lambda_{(m)}^k$ から $\Lambda_{(n)}^k$ への線型写像 $p_{n,m}^k$ を $x_{n+1} = \cdots = x_m = 0$ と代入することによって定義できる：

$$p_{n,m}^k : \Lambda_{(m)}^k \ni f(x_1, \dots, x_n, x_{n+1}, \dots, x_m) \mapsto f(x_1, \dots, x_n, 0, \dots, 0) \in \Lambda_{(n)}^k.$$

$p_{n,m}^k$ によって $m_\lambda(x_1, \dots, x_m) \in \Lambda_{(m)}^k$ は $\ell(\lambda) \le n$ ならば $m_\lambda(x_1, \dots, x_n) \in \Lambda_{(n)}^k$ に，そうでなければ 0 に写される．したがって $p_{n,m}^k$ は全射である．$m \ge n \ge k$ ならば $\dim \Lambda_{(m)}^k = \dim \Lambda_{(n)}^k$ なので $p_{n,m}^k$ は線型同型である．したがって $k \ge 0$ に対して，$\dim \Lambda_{(n)}^k$ $(n \ge k)$ はすべて自然に同一視される．この線型空間を Λ^k で表そう．例えば

$$\cdots \longmapsto x_1 + x_2 + \cdots + x_n \longmapsto \cdots \longmapsto x_1 + x_2 \longmapsto x_1$$

はすべて自然に同一視されて Λ^1 の元を定める．これを形式的な無限和

$$x_1 + x_2 + x_3 + \cdots$$

と思うこともできる．$\lambda \in \mathcal{P}_k$ に対して $m_\lambda \in \Lambda^k$ も同様に定まる．これを**単項式対称関数**（monomial symmetric functions）と呼ぶ．Λ^k を k 次の**対称関数の空間**と呼ぶ．明らかに $\{m_\lambda \mid \lambda \in \mathcal{P}_k\}$ は Λ^k の基底である．

より厳密には以下のように定式化する．$f_n \in \Lambda^k_{(n)}$ $(n = 1, 2, \ldots)$ が与えられていて，

$$\text{任意の } m \geq n \text{ に対して } p^k_{n,m}(f_m) = f_n$$

が成り立つとする．このような $\{f_n\}_{n=1}^\infty$ の全体がなす線型空間を Λ^k と定義[*3]する．各 $n \geq 0$ に対して $\Lambda^k \ni \{f_n\}_{n=1}^\infty \mapsto f_n \in \Lambda^k_{(n)}$ を自然な射影と呼び p^k_n で表す．$n \geq k$ ならば p^k_n は線型同型である．

関数という言葉を使っていても，Λ^k の元を写像としての関数とはみなしていない．無限個の斉次多項式を同時に扱っていると考えればよい．したがって無限和はあくまで形式的なものであって収束は問題にはならない．

線型空間 Λ^k の基底として何通りかの自然なものが存在する．それらの間の基底変換行列の成分にはしばしば重要な意味がある．

多項式としての自然な積写像 $\Lambda^k_{(n)} \times \Lambda^l_{(n)} \to \Lambda^{k+l}_{(n)}$ において n を $k + l$ 以上にとれば $\Lambda^k \times \Lambda^l \to \Lambda^{k+l}$ が定まる．無限直和空間（A.4 節を参照）

$$\Lambda = \bigoplus_{k=0}^\infty \Lambda^k$$

を考えよう．$\bigoplus_{k=0}^\infty \Lambda^k$ の元は $f = f_0 + f_1 + f_2 + \cdots$ $(f_k \in \Lambda^k)$ という和であって有限個を除いて $f_k = 0$ であるものである．$\Lambda = \bigoplus_{k=0}^\infty \Lambda^k$ は次数付き環の構造を持つ．これを**対称関数環**（ring of symmetric functions）と呼ぶ．

[*3] このような構成法は，一般に射影極限（projective limit）と呼ばれる．

基本対称関数，完全対称関数，巾和対称関数

これまでに導入した対称多項式

$$h_k(x_1, \ldots, x_n), \quad e_k(x_1, \ldots, x_n), \quad p_k(x_1, \ldots, x_n) \in \Lambda^k_{(n)}$$

を略記して $h_k^{(n)}, e_k^{(n)}, p_k^{(n)}$ と書く．$g = h, e, p$ のいずれの場合も

$$p_{n,m}^k(g_k^{(m)}) = g_k^{(n)} \quad (m \geq n)$$

をみたすので，それぞれ h_k, e_k, p_k と書かれる Λ^k の元を定める．それぞれ，
基本対称関数，完全対称関数，巾和対称関数という．

$\lambda = (\lambda_1 \geq \cdots \geq \lambda_l)$ を分割とするとき

$$e_\lambda = e_{\lambda_1} e_{\lambda_2} \cdots e_{\lambda_l}, \quad h_\lambda = h_{\lambda_1} h_{\lambda_2} \cdots h_{\lambda_l}, \quad p_\lambda = p_{\lambda_1} p_{\lambda_2} \cdots p_{\lambda_l}$$

とおく．これらの対称関数の間の関係を調べていこう．

e_λ を単項式対称関数の線型結合として表してみる．3次以下については以下のようになる：

$$e_2 = m_{1^2}, \quad e_{1^2} = m_2 + 2m_{1^2},$$

$$e_3 = m_{1^3}, \quad e_{21} = m_{21} + 3m_{1^3}, \quad e_{1^3} = m_3 + 3m_{21} + 6m_{1^3}.$$

辞書式順序の大きい順に m_λ を並べている．気がつくことがあるだろうか．
e_λ の並べ方を工夫して

$$e_{1^4} = m_4 + 4m_{31} + 6m_{2^2} + 12m_{21^2} + 24m_{1^4},$$

$$e_{21^2} = \qquad m_{31} + 2m_{2^2} + 5m_{21^2} + 12m_{1^4},$$

$$e_{2^2} = \qquad\qquad m_{2^2} + 2m_{21^2} + 6m_{1^4},$$

$$e_{31} = \qquad\qquad\qquad m_{21^2} + 4m_{1^4},$$

$$e_4 = \qquad\qquad\qquad\qquad m_{1^4}$$

とすると構造がみやすい．一般に，次が成り立つ．

補題 8.3.2　$\lambda \in \mathcal{P}_k$ とし，λ' をその共役とするとき

$$e_{\lambda'} = m_\lambda + \sum_{\mu \in \mathcal{P}_k,\ \mu < \lambda} l_{\mu\lambda} m_\mu \ (l_{\mu\lambda} \in \mathbb{Z}).$$

証明 $e_{\lambda'} = e_{\lambda'_1} e_{\lambda'_2} \cdots e_{\lambda'_r}$ を展開するとき $e_{\lambda'_i}$ に含まれる単項式のうち辞書式順序で最も大きいものは $x_1 \cdots x_{\lambda'_i}$ である. これらは

$$e_{\lambda'_1} \text{から}: \quad x_1 \quad x_2 \quad \cdots \quad x_{\lambda'_r} \quad \cdots \quad \cdots \quad x_{\lambda'_2} \quad \cdots \quad x_{\lambda'_1},$$
$$e_{\lambda'_2} \text{から}: \quad x_1 \quad x_2 \quad \cdots \quad x_{\lambda'_r} \quad \cdots \quad \cdots \quad x_{\lambda'_2},$$
$$\vdots \qquad \vdots \quad \vdots \qquad \vdots \quad \cdots,$$
$$e_{\lambda'_l} \text{から}: \quad x_1 \quad x_2 \quad \cdots \quad x_{\lambda'_r}$$

である. これらをかけ合せたものは x^λ である. これ以外に展開に現れる単項式は x^λ よりも辞書式順序で小さい. これより補題がしたがう. $\square$

定理 8.3.3 Λ^k の元は e_i を i 次とするとき $e_1, e_2, \ldots, e_k$ の k 次の多項式として一意的に書ける.

証明 各 $k \geq 0$ に対して $\{e_{\lambda'} \mid \lambda \in \mathcal{P}_k\}$ が Λ^k の基底であることを示せばよい. 補題 8.3.2 の等式は Λ^k の基底 $\{m_\lambda \mid \lambda \in \mathcal{P}_k\}$ から基底変換によって基底 $\{e_{\lambda'} \mid \lambda \in \mathcal{P}_k\}$ が得られる（命題 A.3.1）と読める. $\square$

注意 8.3.4 有限変数の場合に定理に相当する事実を「対称式の基本定理」と呼ぶ.

t を形式的な変数として母関数

$$E(t) = (1 + x_1 t)(1 + x_2 t) \cdots (1 + x_n t) \cdots,$$
$$H(t) = (1 - x_1 t)^{-1}(1 - x_2 t)^{-1} \cdots (1 - x_n t)^{-1} \cdots$$

を導入する. $E(t)$ については，形式的に積を展開して t^r の係数を集めると無限和としての e_r が得られる. したがって

$$E(t) = 1 + e_1 t + e_2 t^2 + \cdots$$

が成り立つ. $H(t)$ については $(1 - x_i t)^{-1} := 1 + x_i t + x_i^2 t^2 + \cdots$ と理解する. 実際，形式的な級数として

$$(1 - x_i t)(1 + x_i t + x_i^2 t^2 + \cdots) = 1$$

が成り立つ. $H(t)$ を展開すれば

$$H(t) = \prod_{i=1}^{\infty}(1 + x_i t + x_i^2 t^2 + \cdots) = 1 + h_1 t + h_2 t^2 + \cdots$$

が成り立つ.

$H(t)E(-t) = 1$ が成り立つので

$$(1 + h_1 t + h_2 t^2 + h_3 t^3 + \cdots)(1 - e_1 t + e_2 t^2 - e_3 t^3 + \cdots) = 1$$

の t^k $(k \geq 1)$ の係数を比較すると

$$h_k - h_{k-1}e_1 + h_{k-2}e_2 - \cdots + (-1)^{k-1}h_1 e_{k-1} + (-1)^k e_k = 0 \qquad (8.15)$$

が得られる. この等式を順に使うと各 h_i は $e_1, e_2, \ldots, e_i$ の多項式として書くことができる. 実際

$$h_1 = e_1, \quad h_2 = h_1 e_1 - e_2 = e_1^2 - e_2,$$
$$h_3 = h_2 e_1 - h_1 e_2 + e_3 = (e_1^2 - e_2)e_1 - e_1 e_2 + e_3 = e_1^3 - 2e_1 e_2 + e_3$$

などのようにである. 逆に各 e_i は $h_1, h_2, \ldots, h_i$ の多項式として書けることがわかるが, (8.15) の式の形は h_i と e_i を交換してもまったく同じなので

$$e_1 = h_1, \quad e_2 = h_1^2 - h_2, \quad e_3 = h_1^3 - 2h_1 h_2 + h_3$$

などのように e_i と h_i を交換した関係式が成り立つ. 以上のことから, 次がわかる.

定理 8.3.5 環の自己同型 $\omega : \Lambda \to \Lambda$ であって

$$\omega(e_i) = h_i \quad (i \geq 1)$$

をみたすものがある. また ω^2 は恒等写像である.

証明 $f \in \Lambda^k$ は $e_1, \ldots, e_k$ の多項式として一意的に書くことができる. その表示において $e_i \mapsto h_i$ $(1 \leq i \leq k)$ と代入して得られる多項式は Λ^k の元である. それを $\omega(f)$ とする. ω が環準同型であることはこの構成から明らかである. 定理の直前の考察は $\omega(h_i) = e_i$ を意味する. したがって $\omega^2(e_i) = e_i$ であ

り ω^2 は恒等写像である. □

系 8.3.6 Λ^k の元は h_i を i 次とするとき $h_1,\dots,h_k$ の k 次の多項式として一意的に書ける.

証明 定理 8.3.3 と 定理 8.3.5 からわかる. □

系 8.3.7 $\{e_\lambda \mid \lambda \in \mathcal{P}_k\}$, $\{h_\lambda \mid \lambda \in \mathcal{P}_k\}$ はいずれも Λ^k の基底である.

証明 それぞれ,定理 8.3.3, 系 8.3.6 の言い換えである. □

巾和対称関数については母関数 $P(t) = \sum_{r=1}^{\infty} p_r t^{r-1}$ を定める. 形式的な対数関数

$$\log(1-x)^{-1} = \sum_{r=1}^{\infty} \frac{x^r}{r}$$

を導入しよう. このとき

$$\frac{d}{dt}\log(1-xt)^{-1} = \sum_{r=1}^{\infty} x^r t^{r-1} = \frac{x}{1-xt},$$
$$\log(1-x)^{-1} + \log(1-y)^{-1} = \log\left((1-x)^{-1}(1-y)^{-1}\right)$$

などが成り立つ. これらを用いて次を得る:

$$P(t) = \sum_{r=1}^{\infty} p_r t^{r-1} = \sum_{r=1}^{\infty}\sum_{i=1}^{\infty} x_i^r t^{r-1} = \sum_{i=1}^{\infty} \frac{x_i}{1-x_i t}$$
$$= \frac{d}{dt}\sum_{i=1}^{\infty}\log(1-x_i t)^{-1} = \frac{d}{dt}\log\prod_{i=1}^{\infty}(1-x_i t)^{-1}$$
$$= \frac{d}{dt}\log H(t) = \frac{H'(t)}{H(t)}. \tag{8.16}$$

これから $H'(t) = P(t)H(t)$ の t^k $(k \geq 1)$ の係数を比較して

$$kh_k = p_1 h_{k-1} + p_2 h_{k-2} + \cdots + p_{k-1}h_1 + p_k \quad (k \geq 1) \tag{8.17}$$

が導かれる. これは**ニュートンの公式**と呼ばれる.

例 8.3.8 $k=1$ ならば $h_1 = p_1$, $k=2$ ならば $2h_2 = p_1 h_1 + p_2$, $k=3$ ならば

$3h_3 = p_1h_2 + p_2h_1 + p_3$ なので

$$h_2 = \frac{1}{2}p_1^2 + \frac{1}{2}p_2, \quad h_3 = \frac{1}{6}p_1^3 + \frac{1}{2}p_1p_2 + \frac{1}{3}p_3$$

などと小さい k からニュートンの公式を順に用いると h_k を $p_1, p_2, \ldots, p_k$ を用いて表すことができる. ■

$\lambda \in \mathcal{P}_k$ に対して

$$p_\lambda = p_{\lambda_1} p_{\lambda_2} \cdots p_{\lambda_l}$$

と定める.

定理 8.3.9 $\{p_\lambda \mid \lambda \in \mathcal{P}_k\}$ は Λ^k の基底である.

証明 ニュートンの公式 (8.17) により $\{h_\lambda \mid \lambda \in \mathcal{P}_k\}$ の元を $\{p_\lambda \mid \lambda \in \mathcal{P}_k\}$ の元の線型結合として書くこと,およびその逆ができる. □

問 8.1 $P(-t) = E'(t)/E(t)$ を示して

$$ke_k = p_1e_{k-1} - p_2e_{k-2} + \cdots + (-1)^{k-2}p_{k-1}e_1 + (-1)^{k-1}p_k \quad (k \geq 1) \tag{8.18}$$

を導け.またこれを用いて $\omega(p_k) = (-1)^{k-1}p_k$ を示せ.

分割 $\lambda = (1^{i_1}2^{i_2}\cdots)$ に対して $z_\lambda = \prod_r r^{i_r}i_r!$ とすることを思い出す ((6.5) 参照).

命題 8.3.10 次が成り立つ

$$h_k = \sum_{\lambda \in \mathcal{P}_k} z_\lambda^{-1} p_\lambda. \tag{8.19}$$

証明 $P(t) = \sum_{r=1}^\infty p_r t^{r-1}$ を思い出す.また (8.16) より $P(t) = \frac{d}{dt}\log H(t)$ である.形式的に積分して

$$\log H(t) = \sum_{r=1}^\infty \frac{p_r t^r}{r}$$

を得る. これより, すべての分割の集合を $\mathcal{P} := \bigcup_{k=0}^{\infty} \mathcal{P}_k$ とするとき

$$H(t) = \exp\left(\sum_{r=1}^{\infty} \frac{p_r t^r}{r}\right) = \prod_{r=1}^{\infty} \exp\left(\frac{p_r t^r}{r}\right)$$

$$= \prod_{r=1}^{\infty} \sum_{i_r=0}^{\infty} \frac{1}{i_r!} \frac{(p_r t^r)^{i_r}}{r^{i_r}} = \sum_{\lambda \in \mathcal{P}} z_\lambda^{-1} p_\lambda t^{|\lambda|}.$$

この等式の両辺の t^k の係数を比較すればよい. □

注意 8.3.11 証明の最後の等式は形式的な変数 t の巾 t^k $(k \geq 0)$ についての両辺の係数がすべて等しいという意味である. t^k の係数は Λ^k の元として意味を持つ. $t = 1$ を代入した形の表式

$$\prod_{i=1}^{\infty} (1 - x_i)^{-1} = \sum_{\lambda \in \mathcal{P}} z_\lambda^{-1} p_\lambda \tag{8.20}$$

もよく用いる. 両辺ともに Λ の元ではないが, 各 k 次部分は Λ^k の元である. それらがすべて等しいと解釈すれば意味がわかる.

シューア関数

n 個の変数をまとめて $x = (x_1, \ldots, x_n)$ と書く. 各 $\alpha = (\alpha_1, \ldots, \alpha_n) \in \mathbb{N}^n$ に対して $x^\alpha = x_1^{\alpha_1} \cdots x_n^{\alpha_n}$ と書くとき $\sigma \in S_n$ に対して $\sigma(x^\alpha) = x_{\sigma(1)}^{\alpha_1} \cdots x_{\sigma(n)}^{\alpha_n} = x^{\sigma(\alpha)}$ ($\mathbb{N}^n$ への S_n の作用については (8.6) 参照) が成り立つ. ここで

$$A_\alpha(x) = \begin{vmatrix} x_1^{\alpha_1} & x_1^{\alpha_2} & \cdots & x_1^{\alpha_n} \\ x_2^{\alpha_1} & x_2^{\alpha_2} & \cdots & x_2^{\alpha_n} \\ \vdots & \vdots & \ddots & \vdots \\ x_n^{\alpha_1} & x_n^{\alpha_2} & \cdots & x_n^{\alpha_n} \end{vmatrix} = \sum_{\sigma \in S_n} \mathrm{sgn}(\sigma) x^{\sigma(\alpha)}$$

とおく. $\sigma \in S_n$ によって変数の置換を行う (x_i を $x_{\sigma(i)}$ に置き換える). 行列式の行に関する交代性から $\sigma(A_\alpha(x)) = \mathrm{sgn}(\sigma) A_\alpha(x)$ がしたがう. 特に α_i に重複があると $A_\alpha(x) = 0$ である. よって $\alpha_1 > \cdots > \alpha_n \geq 0$ をみたす α を考える. このとき, $\delta_n = (n-1, n-2, \ldots, 1, 0)$ とおいて $\lambda = \alpha - \delta_n$ とすると λ は非増加列であり, $|\lambda| = \sum_i \lambda_i$ の分割になっている. またその長さ $\ell(\lambda)$ は n 以下である. $A_{\delta_n}(x)$ はヴァンデルモンド行列式に他ならず, 差積

$$\prod_{1 \leq i < j \leq n} (x_i - x_j)$$

と等しい. $A_\alpha(x)$ は交代的なので $x_i - x_j$ $(1 \leq i < j \leq n)$ で割り切れる (x_i の多項式として $x_i - x_j$ で割り算をして $x_i = x_j$ を代入すると 0 になるから余りが 0 になる). よってこれらの積 $A_{\delta_n}(x) = \prod_{1 \leq i < j \leq n} (x_i - x_j)$ で割り切れる[*4]. $k = |\lambda|$ とおくとき商

$$s_\lambda(x) := A_{\lambda + \delta_n}(x) / A_{\delta_n}(x) \tag{8.21}$$

は**シューア多項式**と呼ばれる $\Lambda_{(n)}^k$ の元である.

命題 8.3.12 λ を $\ell(\lambda) \leq n + 1$ をみたす分割であるとする. 次が成り立つ:

$$s_\lambda(x_1, \ldots, x_n, 0) = \begin{cases} s_\lambda(x_1, \ldots, x_n) & (\ell(\lambda) \leq n) \\ 0 & (\ell(\lambda) = n + 1) \end{cases}. \tag{8.22}$$

証明 $A_{\lambda + \delta_n}(x_1, \ldots, x_n)$ を $A_{\lambda + \delta_n}^{(n)}$ などと書くことにする. $\ell(\lambda) = n + 1$, つまり $\lambda_{n+1} > 0$ ならば行列式 $A_{\lambda + \delta_{n+1}}^{(n+1)}$ の第 $(n+1)$ 行の成分が x_{n+1} で割り切れるので $A_{\lambda + \delta_{n+1}}^{(n+1)} |_{x_{n+1} = 0} = 0$, したがって $s_\lambda(x_1, \ldots, x_n, 0) = 0$ である. 一方, $\ell(\lambda) \leq n$, つまり $\lambda_{n+1} = 0$ ならば

$$A_{\lambda + \delta_{n+1}}^{(n+1)} = \begin{vmatrix} x_1^{\lambda_1 + n} & x_1^{\lambda_2 + n - 1} & \cdots & x_1^{\lambda_n + 1} & 1 \\ x_2^{\lambda_1 + n} & x_2^{\lambda_2 + n - 1} & \cdots & x_2^{\lambda_n + 1} & 1 \\ \vdots & \vdots & & \vdots & \vdots \\ x_n^{\lambda_1 + n} & x_n^{\lambda_2 + n - 1} & \cdots & x_n^{\lambda_n + 1} & 1 \\ x_{n+1}^n & x_{n+1}^{n-1} & \cdots & x_{n+1} & 1 \end{vmatrix}$$

は $x_{n+1} = 0$ とすることで

[*4] n 変数の多項式環 $\mathbb{C}[x_1, \ldots, x_n]$ は一意分解整域である. 相異なる素元 $x_i - x_j$ $(1 \leq i < j \leq n)$ で割り切れるならばその積で割り切れる.

$$\begin{vmatrix} x_1^{\lambda_1+n} & x_1^{\lambda_2+n-1} & \cdots & x_1^{\lambda_n+1} & 1 \\ x_2^{\lambda_1+n} & x_2^{\lambda_2+n-1} & \cdots & x_2^{\lambda_n+1} & 1 \\ \vdots & \vdots & & \vdots & \vdots \\ x_n^{\lambda_1+n} & x_n^{\lambda_2+n-1} & \cdots & x_n^{\lambda_n+1} & 1 \\ 0 & 0 & \cdots & 0 & 1 \end{vmatrix} = x_1 \cdots x_n \cdot A_{\lambda+\delta_n}^{(n)}$$

となるから $A_{\delta_{n+1}}^{(n+1)}|_{x_{n+1}=0} = x_1 \cdots x_n \cdot A_{\delta_n}^{(n)}$ と合わせて (8.22) が成り立つ. $\square$

この命題により $\lambda \in \mathcal{P}_k$ に対して $\{s_\lambda(x_1,\ldots,x_n)\}_{n=1}^{\infty}$ (ただし $n < \ell(\lambda)$ のときは $s_\lambda(x_1,\ldots,x_n) = 0$) によって Λ^k の元が定まることがわかる. これを s_λ と書き, **シューア関数** (Schur function) と呼ぶ.

命題 8.3.13 s_λ $(\lambda \in \mathcal{P}_k)$ は Λ^k の基底をなす.

証明 $n \geq k$ として $\Lambda_{(n)}^k$ の元 $f(x) = f(x_1,\ldots,x_n)$ を任意にとり

$$A_{\delta_n}(x)f(x) = \sum_\alpha c_\alpha x^\alpha \quad (c_\alpha \in \mathbb{C})$$

と書く. 和は $\sum_{i=1}^n \alpha_i = k+n(n-1)/2$ をみたす $\alpha = (\alpha_1,\ldots,\alpha_n) \in \mathbb{N}^n$ についてとる. $A_{\delta_n}(x)f(x)$ は交代的であるので $c_\alpha \neq 0$ ならば α_i $(1 \leq i \leq n)$ には重複がない. そのような α は分割 $\lambda \in \mathcal{P}_k$ と $\sigma \in S_n$ を用いて $\alpha = \sigma(\lambda+\delta_n)$ と一意的に書ける. また, そのとき $c_{\sigma(\lambda+\delta_n)} = \mathrm{sgn}(\sigma)c_{\lambda+\delta_n}$ が成り立つ. よって

$$\begin{aligned} A_{\delta_n}(x)f(x) &= \sum_{\lambda \in \mathcal{P}_k} \sum_{\sigma \in S_n} c_{\sigma(\lambda+\delta_n)} x^{\sigma(\lambda+\delta_n)} \\ &= \sum_{\lambda \in \mathcal{P}_k} \sum_{\sigma \in S_n} \mathrm{sgn}(\sigma)c_{\lambda+\delta_n} x^{\sigma(\lambda+\delta_n)} \\ &= \sum_{\lambda \in \mathcal{P}_k} c_{\lambda+\delta_n} \sum_{\sigma \in S_n} \mathrm{sgn}(\sigma) x^{\sigma(\lambda+\delta_n)} \\ &= \sum_{\lambda \in \mathcal{P}_k} c_{\lambda+\delta_n} A_{\lambda+\delta_n}(x) \end{aligned}$$

となる. 両辺を $A_{\delta_n}(x)$ で割って $f = \sum_{\lambda \in \mathcal{P}_k} c_{\lambda+\delta_n} s_\lambda$ を得る. $\lambda, \mu \in \mathcal{P}_k$ が異なるとき $A_{\lambda+\delta_n}(x)$ と $A_{\mu+\delta_n}(x)$ には共通の単項式が現れないので $\{A_{\lambda+\delta_n}(x) \mid$

$\lambda \in \mathcal{P}_k$} は線型独立であり，このことから $\{s_\lambda \mid \lambda \in \mathcal{P}_k\}$ の線型独立性がしたがう． □

s_λ を完全対称関数を用いて書く次の公式は**ヤコビ・トゥルーディ公式** (Jacobi-Trudi identity) と呼ばれる．$h_0 = 1$ とし，$k < 0$ のとき $h_k = 0$ とする．

定理 8.3.14 （ヤコビ・トゥルーディ公式） λ を長さが l の分割とすると

$$s_\lambda = \begin{vmatrix} h_{\lambda_1} & h_{\lambda_1+1} & \cdots & h_{\lambda_1+l-1} \\ h_{\lambda_2-1} & h_{\lambda_2} & \cdots & h_{\lambda_2+l-2} \\ \vdots & \vdots & \ddots & \vdots \\ h_{\lambda_l-l+1} & h_{\lambda_l-l+2} & \cdots & h_{\lambda_l} \end{vmatrix}. \tag{8.23}$$

証明 $\lambda \in \mathcal{P}_k$ とするとき $n \geq k$ なる n を選び $x = (x_1, \ldots, x_n)$ を用いて計算する．$e_k^{\langle j \rangle}(x)$ $(1 \leq k \leq n-1)$ を $x_1, \ldots, x_n$ から x_j を除いた $(n-1)$ 変数に関する基本対称多項式とする．$E^{\langle j \rangle}(t) = \prod_{1 \leq i \leq n, \, i \neq j}(1 + x_i t)$ とすると $E^{\langle j \rangle}(t) = \sum_{k=0}^{n-1} e_k^{\langle j \rangle}(x) t^k$ が成り立つ．このとき

$$H(t)E^{\langle j \rangle}(-t) = (1 - x_j t)^{-1}$$

となるので t^l の係数を比較すると $\sum_{k=1}^{n} h_{l-n+k}(x) \cdot (-1)^{n-k} e_{n-k}^{\langle j \rangle}(x) = x_j^l$ が得られる．$l = \alpha_i$ を当てはめると

$$\sum_{k=1}^{n} h_{\alpha_i-n+k}(x) \cdot (-1)^{n-k} e_{n-k}^{\langle j \rangle}(x) = x_j^{\alpha_i} \tag{8.24}$$

が得られる．3つの行列を

$$H_\alpha = (h_{\alpha_i-n+j}(x))_{i,j}, \quad M = ((-1)^{n-i} e_{n-i}^{\langle j \rangle}(x))_{i,j}, \quad X_\alpha = (x_j^{\alpha_i})_{i,j}$$

と定めると (8.24) は $H_\alpha M = X_\alpha$ と書ける．両辺の行列式をとって $\det(H_\alpha)$ $\det(M) = \det(X_\alpha) = A_\alpha(x)$ を得る．特に $\alpha = \delta_n$ とすると $\det(H_{\delta_n}) \det(M) = A_{\delta_n}(x)$ となる．H_{δ_n} は対角成分が 1 の上三角行列なので $\det(H_{\delta_n}) = 1$ である．これから $\det(M) = A_{\delta_n}(x)$ が得られ，したがって

$$\det(H_\alpha) = A_\alpha(x)/A_{\delta_n}(x) \tag{8.25}$$

となる.$\alpha = \lambda + \delta_n$ とすれば

$$\det H_{\lambda+\delta_n} = \det(h_{\lambda_i+j-i}(x))_{1\leq i,j\leq n} = A_{\lambda+\delta_n}(x)/A_{\delta_n}(x) = s_\lambda(x)$$

となる.

$j > \ell(\lambda)$ ならば $\lambda_j = 0$ であるので,行列式 $\det(h_{\lambda_i+j-i}(x))_{1\leq i,j\leq n}$ の対応する対角成分はすべて 1 であって,その左側の成分は 0 である.よってこれは l 次の行列式 $\det(h_{\lambda_i+j-i}(x))_{1\leq i,j\leq l}$ と等しい.$\Lambda_{(n)}^k$ における等式 $s_\lambda(x) = \det(h_{\lambda_i+j-i}(x))_{1\leq i,j\leq l}$ から (8.23) がしたがう. $\square$

対称関数の空間上の内積

Λ 上に内積を導入する.2 組の変数 $x = (x_1, x_2, \ldots), y = (y_1, y_2, \ldots)$ を用意して $s_\lambda(x)$ や $h_\mu(y)$ などと書く.

命題 8.3.15 次が成り立つ.ただし,いずれも右辺はすべての分割 λ,つまり $\mathcal{P} = \bigcup_{k=0}^\infty \mathcal{P}_k$ の元全体にわたる和である(無限和については注意 8.3.11 も参照).

(1) $\prod_{i,j}(1 - x_i y_j)^{-1} = \sum_\lambda z_\lambda^{-1} p_\lambda(x) p_\lambda(y)$.

(2) $\prod_{i,j}(1 - x_i y_j)^{-1} = \sum_\lambda m_\lambda(x) h_\lambda(y) = \sum_\lambda h_\lambda(x) m_\lambda(y)$.

(3) $\prod_{i,j}(1 - x_i y_j)^{-1} = \sum_\lambda s_\lambda(x) s_\lambda(y)$.

証明 (1) 等式 (8.20) を用いる.変数の集合として $\{x_i \mid i \geq 1\}$ の代わりに $\{x_i y_j \mid i,j \geq 1\}$ に適用する.k 次の巾和対称関数は $\sum_{i,j\geq 1}(x_i y_j)^k = p_k(x) p_k(y)$ となるので (1) が得られる.

(2) $H^x(t) = \prod_i (1 - x_i t)^{-1}$ とおくとき

$$\prod_{i,j}(1 - x_i y_j)^{-1} = \prod_{j=1}^\infty H^x(y_j)$$
$$= \prod_{j=1}^\infty (1 + h_1(x) y_j + h_2(x) y_j^2 + \cdots)$$

$$= \prod_{j=1}^{\infty} \sum_{\alpha_j=0}^{\infty} h_{\alpha_j}(x) y_j^{\alpha_j}$$

$$= \sum_{\alpha=(\alpha_1,\alpha_2,\dots)} \prod_{j=1}^{\infty} h_{\alpha_j}(x) y_j^{\alpha_j} \tag{8.26}$$

となる. ここで $\alpha = (\alpha_1, \alpha_2, \dots)$ において各 α_j は非負整数であって, 有限個の j を除いて $\alpha_j = 0$ であるものとする. $\lambda \in \mathcal{P}$ とする. α が λ の置換である (α の「形」が λ) とき $\prod_{j=1}^{\infty} h_{\alpha_j}(x) y_j^{\alpha_j} = h_\lambda(x) y^\alpha$ となる. したがって上の和は $\sum_\lambda h_\lambda(x) m_\lambda(y)$ と等しい.

(3) 有限個の変数 $x = (x_1, \dots, x_n)$, $y = (y_1, \dots, y_n)$ でまず計算する. $\alpha \in \mathbb{Z}^n$ に対して $h_\alpha(x) = \prod_j h_{\alpha_j}(x)$ と書く. ただし $h_0(x) = 1$, $h_k(x) = 0$ $(k < 0)$ とする. このとき (8.25) は

$$A_\alpha(x) = A_{\delta_n}(x) \sum_{\sigma \in S_n} \mathrm{sgn}(\sigma) h_{\alpha - \sigma(\delta_n)}(x) \tag{8.27}$$

と書ける. さて (8.26) の有限変数版を用いて

$$
\begin{aligned}
A_{\delta_n}(x) A_{\delta_n}(y) \prod_{i,j=1}^{n} (1 - x_i y_j)^{-1} &= A_{\delta_n}(x) \sum_{\sigma \in S_n} \mathrm{sgn}(\sigma) y^{\sigma(\delta_n)} \sum_\alpha h_\alpha(x) y^\alpha \\
&= A_{\delta_n}(x) \sum_{\sigma \in S_n} \mathrm{sgn}(\sigma) \sum_\alpha h_\alpha(x) y^{\alpha + \sigma(\delta_n)} \\
&= A_{\delta_n}(x) \sum_{\sigma \in S_n} \mathrm{sgn}(\sigma) \sum_\alpha h_{\alpha - \sigma(\delta_n)}(x) y^\alpha \\
&= \sum_\alpha A_{\delta_n}(x) \sum_{\sigma \in S_n} \mathrm{sgn}(\sigma) h_{\alpha - \sigma(\delta_n)}(x) y^\alpha \\
&= \sum_\alpha A_\alpha(x) y^\alpha
\end{aligned}
$$

を得る. 最後に (8.27) を用いた. $A_{\sigma(\alpha)}(x) = \mathrm{sgn}(\sigma) A_\alpha(x)$ なので最後の和は $\alpha_1 > \dots > \alpha_n \geq 0$ をみたす α をわたる和 $\sum_\alpha A_\alpha(x) A_\alpha(y)$ と一致する. それはさらに $\ell(\lambda) \leq n$ であるすべての分割 λ にわたる和 $\sum_\lambda A_{\lambda+\delta_n}(x) A_{\lambda+\delta_n}(y)$ と等しい. 得られた等式の両辺を $A_{\delta_n}(x) A_{\delta_n}(y)$ で割って

$$\prod_{1 \le i,j \le n} (1 - x_i y_j)^{-1} = \sum_{\lambda : \ell(\lambda) \le n} s_\lambda(x_1, \ldots, x_n) s_\lambda(y_1, \ldots, y_n) \tag{8.28}$$

を得る.

等式 (8.28) の n を $n+1$ に置き換えた式において $x_{n+1} = y_{n+1} = 0$ とすると n 変数の場合の等式と一致する. このことはシューア多項式の性質 (8.22) からわかる. よって変数を無限個にした等式 (3) が成り立つ.　　　□

$\prod_{i,j}(1 - x_i y_j)^{-1}$ を**コーシー核** (Cauchy kernel function) と呼び, 命題 8.3.15 の (3) をシューア関数に対する**コーシーの公式** (Cauchy identity) と呼ぶ.

双線型形式 $\Lambda \times \Lambda \to \mathbb{C}$ を

$$\langle h_\lambda, m_\mu \rangle = \delta_{\lambda\mu} \quad (\lambda, \mu \in \mathcal{P}) \tag{8.29}$$

により定める.

巾和対称関数, シューア関数は次の直交性を持つ.

定理 8.3.16　(1) $\langle p_\lambda, p_\mu \rangle = z_\lambda \delta_{\lambda\mu}$, (2) $\langle s_\lambda, s_\mu \rangle = \delta_{\lambda\mu}$. 特に $\langle f, g \rangle = \langle g, f \rangle$ が成り立つ.

この定理を証明するには次を示して命題 8.3.15 を使えばよい.

補題 8.3.17　各 $k \ge 0$ に対して $\{u_\lambda \mid \lambda \in \mathcal{P}_k\}$, $\{v_\lambda \mid \lambda \in \mathcal{P}_k\}$ がともに Λ^k の基底であるとする. このとき次は同値である:

(1) $\langle u_\lambda, v_\mu \rangle = \delta_{\lambda\mu}$ $(\lambda, \mu \in \mathcal{P})$.

(2) $\sum_{\lambda \in \mathcal{P}} u_\lambda(x) v_\lambda(y) = \prod_{i,j}(1 - x_i y_j)^{-1}$.

証明　$u_\lambda = \sum_\nu c_{\nu\lambda} h_\nu$, $v_\mu = \sum_\kappa d_{\kappa\mu} m_\kappa$ とする. このとき

$$\langle u_\lambda, v_\mu \rangle = \sum_{\nu, \kappa} c_{\nu\lambda} d_{\kappa\mu} \langle h_\nu, m_\kappa \rangle = \sum_\nu c_{\nu\lambda} d_{\nu\mu}$$

なので (1) は

$$\sum_\nu c_{\nu\lambda} d_{\nu\mu} = \delta_{\lambda\mu} \tag{8.30}$$

と同値である. また

$$\sum_\lambda u_\lambda(x)v_\lambda(y) = \sum_{\lambda,\nu,\kappa} c_{\nu\lambda}d_{\kappa\mu}h_\nu(x)m_\kappa(y)$$

であるが (2) が成り立つならば

$$\sum_{\lambda,\nu,\kappa} c_{\nu\lambda}d_{\kappa\mu}h_\nu(x)m_\kappa(y) = \sum_\lambda h_\lambda(x)m_\lambda(y)$$

が成り立つ. $h_\lambda(x)m_\mu(y)$ $(\lambda,\mu \in \mathcal{P})$ は線型独立だから (8.30) が導かれる. 逆に (8.30) から (2) が導かれることもわかる. □

ピエリの規則とコストカ数

ヤング・タブロー T に n 以下の数字が含まれているとして, i $(1 \le i \le n)$ が α_i 個現れるとき $(\alpha_1, \alpha_2, \ldots, \alpha_n)$ を T の**ウェイト**(weight) と呼ぶ.

定義 8.3.18 $\lambda, \mu \in \mathcal{P}_k$ とする. ヤング図形 λ 上のウェイト μ の半標準タブローの総数を $K_{\lambda\mu}$ と書く. これを**コストカ数**(Kostka number) と呼ぶ.

例 8.3.19 $\lambda = (3,2)$ 上の重み $\mu = (2,2,1)$ の半標準タブローは

$$\begin{array}{|c|c|c|} \hline 1 & 1 & 2 \\ \hline 2 & 3 \\ \cline{1-2} \end{array} , \quad \begin{array}{|c|c|c|} \hline 1 & 1 & 3 \\ \hline 2 & 2 \\ \cline{1-2} \end{array}$$

の 2 つなので $K_{\lambda\mu} = 2$ である. ■

問 8.2 $\lambda, \mu \in \mathcal{P}_k$ とする. $K_{\lambda\mu} > 0$ ならば

$$\lambda_1 + \cdots + \lambda_r \ge \mu_1 + \cdots + \mu_r \quad (r \ge 1) \tag{8.31}$$

であることを示せ.

注意 8.3.20 (8.31) が成り立つとき $\lambda \trianglerighteq \mu$ と書く. $\trianglerighteq$ は $\mathcal{P}_k$ 上の半順序関係であり**ドミナンス順序**(dominance order) と呼ばれる. $\lambda \trianglerighteq \mu$ ならば $\lambda > \mu$ (辞書式順序) である.

例 8.3.21 $2 \le k \le 4$ の場合のコストカ数は表 8.1-8.3 の通りである.

表 8.1 $k = 2$ のコストカ数

$\lambda \backslash \mu$	(2)	(1^2)
(2)	1	1
(1^2)	0	1

表 8.2 $k = 3$ のコストカ数

$\lambda \backslash \mu$	(3)	(21)	(1^3)
(3)	1	1	1
(21)	0	1	2
(1^3)	0	0	1

表 8.3 $k = 4$ のコストカ数

$\lambda \backslash \mu$	(4)	(31)	(2^2)	(21^2)	(1^4)
(4)	1	1	1	1	1
(31)	0	1	1	2	3
(2^2)	0	0	1	1	2
(21^2)	0	0	0	1	3
(1^4)	0	0	0	0	1

■

$T \in \mathrm{SST}(\lambda) := \bigcup_n \mathrm{SST}_n(\lambda)$ のウェイトが α のとき，$x^T := x^\alpha$ とする．

定理 8.3.22 $\lambda \in \mathcal{P}$ とするとき次が成り立つ：

$$s_\lambda = \sum_{T \in \mathrm{SST}(\lambda)} x^T.$$

以下，定理 8.3.22 の証明を行う．ヤング図形 λ, μ に対して，λ が図形として μ に含まれるとき，差集合を μ/λ と書く．μ/λ が各列に高々 1 つしか箱を含まないとき μ/λ は**水平帯**（horizontal strip）であるという．

例 8.3.23 $\lambda = (3,2)$, $\mu = (4,3,2)$ とすると μ/λ は下のようなグレーの箱の集合である：

これは水平帯である. ■

定理 8.3.24 （ピエリの規則） $\lambda \in \mathcal{P}_k$ とする. このとき

$$h_r s_\lambda = \sum_\mu s_\mu$$

が成り立つ. 右辺の μ はヤング図形として λ を含む $\mathcal{P}_{k+r}$ の元であって μ/λ が水平帯であるものについての和である.

例 8.3.25 $r = 2$, $\lambda = (2,1)$ とすると

$$h_2 s_{2,1} = s_{4,1} + s_{3,2} + s_{3,1,1} + s_{2,2,1}.$$

右辺の各項に対応するヤング図形は

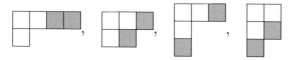

である. ■

証明 （定理 8.3.24） n 変数で計算する. λ を長さが n 以下の分割とするとき

$$h_r A_{\lambda+\delta_n} = \sum_{|\alpha|=r} x^\alpha \sum_{\sigma \in S_n} \mathrm{sgn}(\sigma) \cdot x^{\sigma(\lambda+\delta_n)}$$

$$= \sum_{\sigma \in S_n} \mathrm{sgn}(\sigma) \cdot \sum_{|\alpha|=r} x^{\sigma(\lambda+\alpha+\delta_n)}$$

$$= \sum_{|\alpha|=r} A_{\lambda+\alpha+\delta_n}$$

が成り立つ. ここで, 最後の和において $\mu = \lambda+\alpha$ は分割（ヤング図形）になるとは限らないし, μ/λ が水平帯であるとも限らない. $\alpha \in \mathbb{N}^n$ が

$$\alpha_{i+1} \leq \lambda_i - \lambda_{i+1} \quad (1 \leq i \leq n-1)$$

をみたすとき, そのときに限り $\mu = \lambda+\alpha$ は λ を含むヤング図形であって μ/λ は水平帯である. 両辺を A_{δ_n} で割ると s_μ として右辺に現れる. そのような項以外はキャンセルされて右辺に現れないことを示そう. $\alpha_{i+1} > \lambda_i - \lambda_{i+1}$ をみたす i があるとして, i はそのような値の最大値であるとする. このとき

$$\beta_i = \alpha_{i+1} - \lambda_i + \lambda_{i+1} - 1, \quad \beta_{i+1} = \alpha_i + \lambda_i - \lambda_{i+1} + 1$$

とし，$\beta_j = \alpha_i \ (j \neq i, i+1)$ とすることで $\beta \in \mathbb{N}^n$ を定める（確かに $\beta_i \geq 0$ である）．このとき $\beta_{i+1} > \lambda_i - \lambda_{i+1}$ が成り立つ．i はそのような最大の値である．実際 $j > i$ とすると

$$\beta_{j+1} = \alpha_{j+1} \leq \lambda_j - \lambda_{j+1}$$

である．このことに注意すると，β に対して同様の操作で新しい $\mathbb{N}^n$ の元を作ると元の α になることもわかる．$\lambda + \beta + \delta_n$ と $\lambda + \alpha + \delta_n$ は i 番目と $i+1$ 番目の成分が交換されている（一致している場合もある）ので $A_{\lambda+\beta+\delta_n} = -A_{\lambda+\alpha+\delta_n}$ が成り立つ．　　　　　　　　□

例 8.3.26　ピエリの規則を繰り返し用いると h_μ をシューア関数の線型結合として書くことができる．例えば $h_{2,2,1}$ の場合を考えよう．$s_\emptyset = 1$ に h_2 をかけて $h_2 = s_2 = s_{\square\square}$ が得られ，次にこれに h_2 をかけて

$$h_{2,2} = h_2 s_{\square\square} = s_{\square\square\square\square} + s_{\square\square\square} + s_{\square\square}$$

を得る．さらにこれに h_1 をかけて

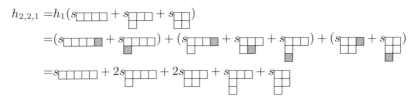

を得る．例えば s の係数 2 の意味を考えよう．$\emptyset$ から次々と水平帯が付け加わってヤング図形が成長していき $\lambda = \square$ に至る過程が

のように 2 通りある．$1 = s_\emptyset$ から始めて $h_\mu = h_{\mu_1} \cdots h_{\mu_l}$ の因子を左のものから順にかけていく．i 回目に増えた箱には i を書き込むことにすると

$$\begin{array}{|c|c|c|}\hline 1 & 1 & 2 \\\hline 2 & 3 \\\cline{1-2}\end{array}, \quad \begin{array}{|c|c|c|}\hline 1 & 1 & 3 \\\hline 2 & 2 \\\cline{1-2}\end{array}$$

のように，それぞれの成長過程に応じて半標準タブローができる． ∎

この例から次の系が理解できるであろう．

系 8.3.27　$\mu \in \mathcal{P}_k$ とするとき次が成り立つ：

$$h_\mu = \sum_{\lambda \in \mathcal{P}_k} K_{\lambda\mu} s_\lambda. \tag{8.32}$$

したがって，$K = (K_{\lambda\mu})$ は基底変換 $\{s_\lambda\} \to \{h_\lambda\}$ の行列である．

例 8.3.28　$k = 3$ の場合，行列は次のようになる：

$$(h_3, h_{21}, h_{1^3}) = (s_3, s_{21}, s_{1^3}) \begin{pmatrix} 1 & 1 & 1 \\ 0 & 1 & 2 \\ 0 & 0 & 1 \end{pmatrix}. $$

∎

系 8.3.29　$\lambda \in \mathcal{P}_k$ とするとき次が成り立つ：

$$s_\lambda = \sum_{\mu \in \mathcal{P}_k} K_{\lambda\mu} m_\mu. \tag{8.33}$$

証明　$\langle h_\lambda, m_\mu \rangle = \delta_{\lambda\mu}$ なので $s_\lambda = \sum_{\mu \in \mathcal{P}_k} \langle s_\lambda, h_\mu \rangle m_\mu$ である．ここで系 8.3.27 と定理 8.3.16 (2) を使うと

$$\langle s_\lambda, h_\mu \rangle = \langle s_\lambda, \sum_{\nu \in \mathcal{P}_k} K_{\nu\mu} s_\nu \rangle = \sum_{\nu \in \mathcal{P}_k} K_{\nu\mu} \langle s_\lambda, s_\nu \rangle = \sum_{\nu \in \mathcal{P}_k} K_{\nu\mu} \delta_{\lambda\nu} = K_{\lambda\mu}$$

である． □

この結果は s_λ を半標準タブローに関する和として表す結果（定理 8.3.22）と等価である．

証明　（定理 8.3.22）　系 8.3.29 によると s_λ における x^μ の係数はコストカ数 $K_{\lambda\mu}$ と一致する．s_λ は対称関数なので x^μ に変数の置換を施して得られる単項式の係数はすべて $K_{\lambda\mu}$ である．このことは定理 8.3.22 を意味する． □

8.4 特性写像の基本性質

各 $k, l \in \mathbb{Z}_{\geq 0}$ に対して,双線型写像 $\mathcal{C}(S_k) \times \mathcal{C}(S_l) \to \mathcal{C}(S_{k+l})$, $(f, g) \mapsto f \cdot g$ を定義する. $f \in \mathcal{C}(S_k)$, $g \in \mathcal{C}(S_l)$ とするとき $(f \times g)(\sigma, \tau) = f(\sigma)g(\tau)$ $(\sigma \in S_k, \tau \in S_l)$ と定めると明らかに $f \times g \in \mathcal{C}(S_k \times S_l)$ である.類関数の誘導 $\mathrm{ind}_{S_k \times S_l}^{S_{k+l}} : \mathcal{C}(S_k \times S_l) \to \mathcal{C}(S_{k+l})$ を用いて

$$f \cdot g = \mathrm{ind}_{S_k \times S_l}^{S_{k+l}}(f \times g) \tag{8.34}$$

と定める.誘導表現の推移律(命題 5.6.6)を用いて,この積が結合律をみたすことが示せる.この積によって $\bigoplus_{k=0}^{\infty} \mathcal{C}(S_k)$ は次数付き環の構造を持つ.

積の意味を表現の指標の言葉で理解しよう.W_1, W_2 を S_k, S_l の表現とする.このとき

$$\chi_{W_1} \cdot \chi_{W_2} = \mathrm{ind}_{S_k \times S_l}^{S_{k+l}}(\chi_{W_1 \boxtimes W_2}) = \chi_{\mathrm{Ind}_{S_k \times S_l}^{S_{k+l}}(W_1 \boxtimes W_2)} \tag{8.35}$$

が成り立つ.

S_k の自明表現の指標 $\chi_{(k)}$ は η_k と一致することを思い出そう.$\eta_k \cdot \eta_l$ は $\mathrm{Ind}_{S_k \times S_l}^{S_{k+l}} \mathbf{1}_{S_k \times S_l} = U_{(k,l)}$ の指標なので,$k \geq l$ とするとき $\eta_{(k,l)}$ と等しい.一般に,k の分割 λ に対して $U_\lambda = \mathrm{Ind}_{\mathcal{H}_\lambda}^{S_k}(\mathbf{1}_{\mathcal{H}_\lambda})$ の指標 η_λ は S_{λ_i} の自明表現の指標 η_{λ_i} たちの積

$$\eta_\lambda = \eta_{\lambda_1} \cdots \eta_{\lambda_l} \tag{8.36}$$

と等しい.$\{\eta_\lambda \mid \lambda \in \mathcal{P}_k\}$ は $\mathcal{C}(S_k)$ の基底である(系 6.4.7).このことと (8.36) とを合わせると次がわかる.

命題 8.4.1 $\bigoplus_{k=0}^{\infty} \mathcal{C}(S_k)$ は次数付き環として多項式環 $\mathbb{C}[\eta_1, \eta_2, \ldots, \eta_k, \ldots]$ と一致する.ただし η_i は i 次であるとする.

8.2 節で導入した特性写像 $\vartheta_k^{(n)} : \mathcal{C}(S_k) \to \Lambda_{(n)}^k$ について調べる.

命題 8.4.2 $m \geq n$ とするとき下の図式は可換である:

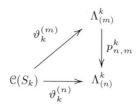

証明　$E_\lambda = \mathbb{C}[S_k]b_\lambda \cong \mathrm{Ind}_{\mathcal{V}_\lambda}^{S_k}\mathrm{sgn}_{\mathcal{V}_\lambda}$ の指標を ψ_λ と書く．$\{\psi_\lambda\}_{\lambda \in \mathcal{P}_k}$ は $\mathcal{C}(S_k)$ の基底をなす（問 6.4 参照，系 6.4.7 と同様の議論でわかる）．よって $\vartheta_k^{(n)}(\psi_\lambda) = p_{n,m}^k(\vartheta_k^{(m)}(\psi_\lambda))$ を示せばよい．$\mathrm{Hom}_{S_k}(E_\lambda, V^{\otimes k}) \cong \otimes_{i=1}^r A^{\lambda_i'}(V)$ であるから $\vartheta_k^{(m)}(\psi_\lambda) = e_{\lambda_1'}^{(m)} \cdots e_{\lambda_r'}^{(m)}$ となる．ただし $\lambda_1' = \ell(\lambda) > m$ ならば $e_{\lambda_1'}^{(m)} = 0$ である．したがって，このとき $\vartheta_k^{(m)}(\psi_\lambda) = 0$ である．よって

$$p_{n,m}^k(\vartheta_k^{(m)}(\psi_\lambda)) = p_{n,m}^k(e_{\lambda_1'}^{(m)} \cdots e_{\lambda_r'}^{(m)}) = \begin{cases} e_{\lambda_1'}^{(n)} \cdots e_{\lambda_r'}^{(n)} & (\ell(\lambda) \leq n) \\ 0 & (\ell(\lambda) > n) \end{cases}$$

となる．これは $\vartheta_k^{(n)}(\psi_\lambda)$ と等しい．　　　　　　　　　□

　$f \in \mathcal{C}(S_k)$ に対して $f_n = \vartheta_k^{(n)}(f) \in \Lambda_{(n)}^k$ とおくとき，$m \geq n$ ならば命題 8.4.2 より

$$p_{n,m}^k(f_m) = p_{n,m}^k(\vartheta_k^{(m)}(f)) = \vartheta_k^{(n)}(f) = f_n$$

が成り立つ．よって $\{f_n\}_{n=1}^\infty$ は Λ^k の元を定める．これを $\vartheta_k(f) \in \Lambda^k$ とする．定義の仕方から，$f \in \mathcal{C}(S_k)$ に対して

$$\vartheta_k^{(n)}(f) = p_n^k(\vartheta_k(f)) \tag{8.37}$$

が成り立つ．

　無限直和空間上の特性写像を

$$\vartheta = \sum_{k=0}^\infty \vartheta_k : \bigoplus_{k=0}^\infty \mathcal{C}(S_k) \longrightarrow \Lambda = \bigoplus_{k=0}^\infty \Lambda^k$$

と定める．

定理 8.4.3　特性写像

$$\vartheta : \bigoplus_{k=0}^{\infty} \mathcal{C}(S_k) = \mathbb{C}[\eta_1, \eta_2, \ldots] \longrightarrow \Lambda = \mathbb{C}[h_1, h_2, \ldots]$$

は $f \in \mathbb{C}[\eta_1, \eta_2, \ldots]$ に対して $\eta_i = h_i$ $(i = 1, 2, \ldots)$ を代入する写像である. 特に ϑ は次数付き環の同型である.

証明 $\lambda \in \mathcal{P}_k$ に対して

$$\vartheta_k(\eta_\lambda) = h_\lambda$$

が成り立つ (例 8.2.1). このことから明らかである. $\qquad\square$

ϑ の簡明な記述が得られたので, 積を保つこともわかった. 論理的には必要ないが, 指標の意味に戻って ϑ が積を保つことの意味を考えよう.

補題 8.4.4 W_1, W_2 をそれぞれ S_k, S_l の表現とする. $GL(V)$ の表現として次の同値が存在する:

$$\mathrm{Hom}_{S_k \times S_l}(W_1 \boxtimes W_2, V^{\otimes(k+l)}) \cong \mathrm{Hom}_{S_k}(W_1, V^{\otimes k}) \otimes \mathrm{Hom}_{S_l}(W_2, V^{\otimes l}).$$

証明 $V^{\otimes(k+l)}$ が $S_k \times S_l$ の表現として外部テンソル積 $V^{\otimes k} \boxtimes V^{\otimes l}$ とみなせることに注意する. このとき, 問 5.4 と問題 5.4 の結果を用いて

$$\begin{aligned}
&\mathrm{Hom}_{S_k \times S_l}(W_1 \boxtimes W_2, V^{\otimes k} \boxtimes V^{\otimes l}) \\
&\cong \mathrm{Hom}(W_1 \boxtimes W_2, V^{\otimes k} \boxtimes V^{\otimes l})^{S_k \times S_l} \\
&\cong \left[(V^{\otimes k} \otimes W_1^*) \boxtimes (V^{\otimes l} \otimes W_2^*) \right]^{S_k \times S_l} \\
&\cong (V^{\otimes k} \otimes W_1^*)^{S_k} \otimes (V^{\otimes l} \otimes W_2^*)^{S_l} \quad (\text{問題 5.4}) \\
&\cong \mathrm{Hom}_{S_k}(W_1, V^{\otimes k}) \otimes \mathrm{Hom}_{S_l}(W_2, V^{\otimes l}).
\end{aligned}$$

ここで用いた同型はすべて $GL(V)$ の表現としての同値である. $\qquad\square$

注意 8.4.5 群 G_1, G_2 (有限でなくてもいい) に対して, V_i, W_i を G_i の (有限次元) 表現とする $(i = 1, 2)$. このとき $\mathrm{Hom}_{G_1 \times G_2}(V_1 \boxtimes V_2, W_1 \boxtimes W_2) \cong \mathrm{Hom}_{G_1}(V_1, W_1) \otimes \mathrm{Hom}_{G_2}(V_2, W_2)$ が成り立つ (線型同型). 証明は補題 8.4.4 の証明と同じである.

定理 8.4.6 ϑ は積を保つ. つまり $f \in \mathcal{C}(S_k)$, $g \in \mathcal{C}(S_l)$ のとき

$$\vartheta_{k+l}(f \cdot g) = \vartheta_k(f)\,\vartheta_l(g).$$

証明 十分大きな n（具体的には $n \geq k+l$ とすればよい）に対して $\vartheta_{k+l}^{(n)}(f \cdot g) = \vartheta_k^{(n)}(f)\vartheta_l^{(n)}(g)$ を示せばよい. W_1, W_2 をそれぞれ S_k, S_l の表現とするとき，フロベニウスの相互律（定理 5.6.11）および補題 8.4.4 を用いて

$$\begin{aligned}
\vartheta_{k+l}^{(n)}(\chi_{W_1} \cdot \chi_{W_2}) &= \vartheta_{k+l}^{(n)}(\chi_{\mathrm{Ind}_{S_k \times S_l}^{S_{k+l}} W_1 \boxtimes W_2}) \quad ((8.35)\ \text{より}) \\
&= \mathrm{ch}(\mathrm{Hom}_{S_{k+l}}(\mathrm{Ind}_{S_k \times S_l}^{S_{k+l}} W_1 \boxtimes W_2, V^{\otimes(k+l)})) \\
&= \mathrm{ch}(\mathrm{Hom}_{S_k \times S_l}(W_1 \boxtimes W_2, \mathrm{Res}_{S_k \times S_l}^{S_{k+l}} V^{\otimes(k+l)})) \quad (\text{定理 5.6.11}) \\
&= \mathrm{ch}(\mathrm{Hom}_{S_k}(W_1, V^{\otimes k}) \otimes \mathrm{Hom}_{S_l}(W_2, V^{\otimes l})) \quad (\text{補題 8.4.4}) \\
&= \mathrm{ch}(\mathrm{Hom}_{S_k}(W_1, V^{\otimes k})) \cdot \mathrm{ch}(\mathrm{Hom}_{S_k}(W_2, V^{\otimes l})) \, (\text{命題 8.1.1(2)}) \\
&= \vartheta_k^{(n)}(\chi_{W_1})\,\vartheta_l^{(n)}(\chi_{W_2})
\end{aligned}$$

を得る. 表現の指標は類関数の空間を生成するので，定理が示された. □

　ϑ_k に対する次のような表示もある.

定理 8.4.7 $f \in \mathcal{C}(S_k)$ とするとき

$$\vartheta_k(f) = \sum_{\mu \in \mathcal{P}_k} \frac{1}{z_\mu} f(C_\mu) p_\mu. \tag{8.38}$$

証明 $|C_\mu| = k!/z_\mu$ なので (8.38) の右辺は

$$\sum_{\mu \in \mathcal{P}_k} \frac{1}{z_\mu} f(C_\mu) p_\mu = \frac{1}{k!} \sum_{\sigma \in S_k} f(\sigma) p_{\mathrm{cyc}(\sigma)}$$

と書き直せる. $\sigma \mapsto p_{\mathrm{cyc}(\sigma)}$ という対応で定まる Λ^k に値をとる類関数を ψ_k と書く. $\psi_k(\sigma^{-1}) = \psi_k(\sigma)$ にも注意すると $\mathcal{C}(S_k)$ 上の内積を用いて (8.38) の右辺は

$$(f \,|\, \psi_k)_{S_k}$$

と書ける.

$\dim(V) = n \geq k$ として $V^{\otimes k}$ の分解（シューア・ワイル双対性）を用いる. Λ^k と $\Lambda^k_{(n)}$ を同一視するとき，命題 8.3.10 は

$$\psi_k(\sigma) = \operatorname{tr}_{V^{\otimes k}}(\rho(\sigma)\Delta(z)) \quad (\sigma \in S_k,\ z \in \mathbb{T})$$

という内容である. $\lambda \in \mathcal{P}_k$ として，ワイル表現 W_λ のウェイト全体の集合を $\mathcal{W}(W_\lambda)$ とする. 各 $\lambda \in \mathcal{P}_k$ と $\alpha \in \mathcal{W}(W_\lambda)$ に対して

$$\operatorname{tr}_{V_\lambda \otimes W_\lambda(\alpha)}(\rho(\sigma)\Delta(z)) = \operatorname{tr}_{V_\lambda \otimes W_\lambda(\alpha)}(\rho(\sigma) \otimes z^\alpha \operatorname{Id}_{W_\lambda(\alpha)}) = \chi_\lambda(\sigma) \cdot \dim W_\lambda(\alpha)\, z^\alpha$$

となる. したがって W を S_k の表現とするとき

$$
\begin{aligned}
(\chi_W | \psi_k)_{S_k} &= \sum_{\lambda \in \mathcal{P}_k} \sum_{\alpha \in \mathcal{W}(W_\lambda)} (\chi_W | \chi_\lambda)_{S_k} \dim W_\lambda(\alpha)\, z^\alpha \\
&= \sum_{\lambda \in \mathcal{P}_k} (\chi_W | \chi_\lambda)_{S_k}\ \operatorname{ch} W_\lambda \\
&= \sum_{\lambda \in \mathcal{P}_k} \dim \operatorname{Hom}_{S_k}(W, V_\lambda)\, \operatorname{ch} W_\lambda \\
&= \sum_{\lambda \in \mathcal{P}_k} \operatorname{ch} \operatorname{Hom}_{S_k}(W, V_\lambda \boxtimes W_\lambda) \\
&= \operatorname{ch} \operatorname{Hom}_{S_k}(W, V^{\otimes k}) \\
&= \vartheta_k(\chi_W)
\end{aligned}
$$

となる. つまり $f = \chi_W$ のとき (8.38) が成立するので定理が示せた. $\square$

さらに ϑ_k は内積を保つというよい性質を持っている.

定理 8.4.8 $f, g \in \mathcal{C}(S_k)$ とするとき $(f|g)_{S_k} = \langle \vartheta_k(f), \vartheta_k(g) \rangle$.

証明 巾和対称関数を用いた ϑ_k の表示（定理 8.4.7）を用いて計算する.

$$
\begin{aligned}
\langle \vartheta_k(f), \vartheta_k(g) \rangle &= \langle \sum_{\mu \in \mathcal{P}_k} z_\mu^{-1} f(C_\mu) p_\mu, \ \sum_{\nu \in \mathcal{P}_k} z_\nu^{-1} g(C_\nu) p_\nu \rangle \\
&= \sum_{\mu \in \mathcal{P}_k} z_\mu^{-1} f(C_\mu) g(C_\mu) \quad (\langle p_\lambda, p_\mu \rangle = z_\lambda \delta_{\lambda\mu})
\end{aligned}
$$

$$= \frac{1}{k!} \sum_{\sigma \in S_k} f(\sigma)g(\sigma)$$

$$= \frac{1}{k!} \sum_{\sigma \in S_k} f(\sigma^{-1})g(\sigma)$$

$$= (f|g)_{S_k}.$$

□

8.5 既約指標の決定

この節では，対称群の既約表現 V_λ と一般線型群の既約表現 W_λ の指標を決定する．次の定理は本書全体を通した主結果である．

定理 8.5.1 $\lambda \in \mathcal{P}_k$ とすると $\vartheta_k(\chi_\lambda) = s_\lambda$.

系 8.5.2（フロベニウスの指標公式） $\lambda \in \mathcal{P}_k$ とすると

$$s_\lambda = \sum_{\mu \in \mathcal{P}_k} \frac{1}{z_\mu} \chi_\lambda(C_\mu) p_\mu. \tag{8.39}$$

証明 定理 8.4.7, 定理 8.5.1 からしたがう． □

この結果からワイル表現 W_λ の指標も得られる．

系 8.5.3（ワイル表現の指標） $\lambda \in \mathcal{P}_k$, $\ell(\lambda) \le n$ に対し，$\mathrm{GL}_n(\mathbb{C})$ の既約表現 $W_\lambda(\mathbb{C}^n)$ の指標は

$$\mathrm{ch}(W_\lambda(\mathbb{C}^n)) = s_\lambda(z_1, \ldots, z_n)$$

と与えられる．

証明 $\vartheta_k^{(n)}$ の定義と定理 8.5.1 を使うと

$$\mathrm{ch}\,(W_\lambda(\mathbb{C}^n)) = \mathrm{ch}\,(\mathrm{Hom}_{S_k}(V_\lambda, (\mathbb{C}^n)^{\otimes k}))$$

$$= \vartheta_k^{(n)}(\chi_\lambda) \quad (\vartheta_k^{(n)} \text{ の定義})$$

$$= p_n^k(\vartheta_k(\chi_\lambda)) \quad ((8.37) \, \text{より})$$

$$= p_n^k(s_\lambda) \quad (\text{定理 8.5.1})$$

$$= s_\lambda(z_1, \ldots, z_n)$$

が得られる. □

系 8.5.4 $\lambda \in \mathcal{P}_k, \ell(\lambda) \leq n$ に対し, $\dim(W_\lambda(\mathbb{C}^n)) = \# \mathrm{SST}_n(\lambda)$.

証明 $\mathrm{ch}(W_\lambda(\mathbb{C}^n)) = s_\lambda(z_1, \ldots, z_n)$ (系 8.5.3) なので $\dim(W_\lambda(\mathbb{C}^n)) = s_\lambda$ $(1, \ldots, 1)$ である. また, 定理 8.3.22 を用いると $s_\lambda(z_1, \ldots, z_n) = \sum_{T \in \mathrm{SST}_n(\lambda)} z^T$ である. よって $\mathrm{ch}(W_\lambda(\mathbb{C}^n)) = \sum_{T \in \mathrm{SST}_n(\lambda)} 1 = \# \mathrm{SST}_n(\lambda)$ が得られる. □

$\lambda \in \mathcal{P}_k$ に対し, $\xi_\lambda := \det(\eta_{\lambda_i + j - i}) \in \mathcal{C}(S_k)$ とおく. ただし $\eta_i = 0 \, (i < 0)$ とする. ϑ の記述 (定理 8.4.3) とヤコビ・トゥルーディ公式 (定理 8.3.14) から

$$\vartheta_k(\xi_\lambda) = s_\lambda \qquad (8.40)$$

がしたがう. よって

$$\xi_\lambda = \chi_\lambda$$

を示せば定理 8.5.1 の証明が終わる.

補題 8.5.5 ξ_λ は S_k のある既約表現の指標である.

証明 行列式として定義された ξ_λ は指標 η_ν たちの整数係数線型結合である. したがって既約指標の整数係数線型結合として $\xi_\lambda = \sum_\nu n_\nu \chi_\nu \, (n_\nu \in \mathbb{Z})$ と書ける. ϑ が内積を保つこと (定理 8.4.8) とシューア関数の正規直交性 (定理 8.3.16 (2)) から

$$(\xi_\lambda | \xi_\mu)_{S_k} = (\vartheta_k^{-1}(s_\lambda) | \vartheta_k^{-1}(s_\mu))_{S_k} = \langle s_\lambda, s_\mu \rangle = \delta_{\lambda\mu}$$

となる. 特に $(\xi_\lambda | \xi_\lambda)_{S_k} = 1$ なので既約指標の正規直交性 (定理 5.4.6) から $\sum_\nu n_\nu^2 = 1$ を得る. これから, ある ν に対して $n_\nu = \pm 1$ でそれ以外の係数は

0 であることがわかる. 符号が正であることを示せば補題の証明が終わる.

ξ_λ は既約指標と一致するか, もしくは既約指標の -1 倍かのどちらかなの
で $\xi_\lambda(e) \geq 0$ を示せばよい. 巾和を用いた ϑ の表示（定理 8.4.7）より $\vartheta_k(\xi_\lambda)$
$= s_\lambda$ は

$$s_\lambda = \sum_{\mu \in \mathcal{P}_k} \frac{1}{z_\mu} \xi_\lambda(C_\mu) p_\mu \tag{8.41}$$

と書ける. よって $\langle p_\mu, p_\nu \rangle = z_\lambda \delta_{\lambda\mu}$（定理 8.3.16 (1)）により

$$\xi_\lambda(C_\mu) = \langle s_\lambda, p_\mu \rangle.$$

特に

$$\xi_\lambda(e) = \xi_\lambda(C_{(1^k)}) = \langle s_\lambda, p_{1^k} \rangle = \langle s_\lambda, h_{1^k} \rangle = K_{\lambda, 1^k}. \tag{8.42}$$

最後の等号は系 8.3.27 と定理 8.3.16(2) による. これはヤング図形 λ 上の標
準タブローの個数であるから正である. □

注意 8.5.6 表現の指標の整数係数線型結合として表せる類関数のことを**仮想指標**
（virtual character）という（一般の有限群 G でも同様）. $\psi \in \mathcal{C}(G)$ が仮想指標であ
って $(\psi | \psi)_G = 1$ および $\psi(e) \geq 0$ をみたすならば, ψ はある既約表現の指標である
（補題と同じ論理によりしたがう）. この論法はよく用いられる.

$\xi_\lambda = \chi_\lambda$ を証明するために, ξ_λ を $\{\eta_\mu\}$ の線型結合として書いて観察する.
まず, 例を計算してみよう.

例 8.5.7 S_3 の場合は

$$\xi_3 = \eta_3, \quad \xi_{21} = \begin{vmatrix} \eta_2 & \eta_3 \\ 1 & \eta_1 \end{vmatrix} = \eta_{21} - \eta_3,$$

$$\xi_{1^3} = \begin{vmatrix} \eta_1 & \eta_2 & \eta_3 \\ 1 & \eta_1 & \eta_2 \\ 0 & 1 & \eta_1 \end{vmatrix} = \eta_{1^3} - 2\eta_{21} + \eta_3.$$

したがって

$$(\xi_3, \xi_{21}, \xi_{1^3}) = (\eta_3, \eta_{21}, \eta_{1^3}) \begin{pmatrix} 1 & -1 & 1 \\ 0 & 1 & -2 \\ 0 & 0 & 1 \end{pmatrix}.$$

対角成分がすべて 1 の上三角行列なので逆に解くことができて

$$(\eta_3, \eta_{21}, \eta_{1^3}) = (\xi_3, \xi_{21}, \xi_{1^3}) \begin{pmatrix} 1 & 1 & 1 \\ 0 & 1 & 2 \\ 0 & 0 & 1 \end{pmatrix}$$

を得る．この行列はコストカ数の行列と一致している（例 8.3.28 参照）．このことは偶然ではない（後述の系 8.5.9 参照）．∎

補題 8.5.8　次が成り立つ：

$$\xi_\lambda = \eta_\lambda + \sum_{\mu > \lambda} a_{\mu\lambda}\, \eta_\mu. \tag{8.43}$$

ここに $a_{\lambda\mu}$ は整数である．

証明　行列式は正方行列の各行，各列から 1 つずつ成分を選んでかけ合わせ，それに符号をかけて得られる項をすべて足すことで得られる．このことを思い出して

$$\xi_\lambda = \begin{vmatrix} \eta_{\lambda_1} & \eta_{\lambda_1+1} & \cdots & \eta_{\lambda_1+l-1} \\ \eta_{\lambda_2-1} & \eta_{\lambda_2} & \cdots & \eta_{\lambda_2+l-2} \\ \vdots & \vdots & \ddots & \vdots \\ \eta_{\lambda_l-l+1} & \eta_{\lambda_l-l+2} & \cdots & \eta_{\lambda_l} \end{vmatrix} \tag{8.44}$$

を眺める．まず，対角成分の積は η_λ である．それ以外の項は，辞書式順序で $\mu > \lambda$ をみたす $\mu \in \mathcal{P}_k$ を用いて $\pm\eta_\mu$ と書ける．その理由は以下の通りである．第 1 行において η_{λ_1} 以外の成分を選ぶと，第 2 行以降の成分をどのように選んだとしても，対応する単項式は辞書式順序で η_λ よりも大きくなる（$\lambda_2, \ldots, \lambda_l$ は λ_1 以下であることに注意）．第 1 行から η_{λ_1} を選んだとき，第 2 行からは $\eta_{\lambda_2}, \eta_{\lambda_2+1}, \ldots, \eta_{\lambda_2+l-2}$ のうちから 1 つ選ぶことになる．η_{λ_2} 以外を選ぶと，対応する単項式は辞書式順序で η_λ よりも大きくなる．以下同様で

ある. すべての項を足すと η_μ $(\mu > \lambda)$ の係数は $1, -1$ の和なので整数である.

$\square$

証明 (定理 8.5.1) $\xi_\lambda = \chi_\nu$ となる $\nu \in \mathcal{P}_k$ が存在することがわかった (補題 8.5.5) ので, $\nu = \lambda$ を示せばよい. ξ_λ を η_μ たちの線型結合として表す式 (8.43) を η_λ について逆に解くことができる:

$$\eta_\lambda = \xi_\lambda + \sum_{\mu > \lambda} b_{\mu\lambda}\, \xi_\mu \quad (b_{\mu\lambda} \in \mathbb{Z}). \tag{8.45}$$

この等式と, 弱い形のヤングの規則 (定理 6.4.4) から得られる指標の等式

$$\eta_\lambda = \chi_\lambda + \sum_{\mu > \lambda} k_{\mu\lambda}\, \chi_\mu \tag{8.46}$$

を比較する. 辞書式順序に関する帰納法を用いる. $\lambda = (k)$ の場合, $\mu > (k)$ となる μ はないので $\eta_{(k)} = \xi_{(k)} = \chi_{(k)}$ が成り立つ. 辞書式順序に関して $\mu > \lambda$ であるすべての μ について $\xi_\mu = \chi_\mu$ が成り立つと仮定すると $\xi_\lambda = \chi_\nu$ と合わせて (8.45) から

$$\eta_\lambda = \chi_\nu + \sum_{\mu > \lambda} b_{\mu\lambda}\, \chi_\mu \tag{8.47}$$

を得る. (8.46) と (8.47) を比較することで ($\{\chi_\mu\}$ の線型独立性より)

$$\chi_\lambda = \chi_\nu (= \xi_\lambda)$$

がしたがう. $\square$

系 8.5.9 (ヤングの規則) 誘導表現 U_λ の既約分解は

$$U_\lambda = V_\lambda \oplus \bigoplus_{\mu > \lambda} V_\mu^{\oplus K_{\mu\lambda}}$$

と与えられる. ここに $K_{\mu\lambda}$ はコストカ数である.

証明 $\vartheta_k(\chi_\lambda) = s_\lambda$ が示せたので, $\vartheta_k(\eta_\lambda) = h_\lambda$ と系 8.3.27 より

$$\eta_\lambda = \sum_{\mu \in \mathcal{P}_k} K_{\mu\lambda} \chi_\mu$$

が得られる. この等式と (8.46) を比較すると $\{\chi_\nu\}$ の線型独立性から $\mu < \lambda$ ならば $K_{\mu\lambda} = 0$ であることがわかり, $K_{\lambda\lambda} = 1$ と合わせれば

$$\eta_\lambda = \chi_\lambda + \sum_{\mu > \lambda} K_{\mu\lambda} \chi_\mu$$

が得られる. $\qquad\qquad\qquad\qquad\qquad\qquad\qquad\qquad\square$

系 8.5.10　（事実 6.2.2）S_k の既約表現 V_λ の次元はヤング図形 λ 上の標準タブローの個数と等しい.

証明　$\xi_\lambda = \chi_\lambda$ なので, (8.42) から $\dim V_\lambda = \chi_\lambda(e) = K_{\lambda, 1^k}$. $\qquad\square$

課題 8.1　S_4, S_5 の場合に, 例 8.5.7 にならって, ヤコビ・トゥルーディ公式を用いて $\{\eta_\lambda\}$ から $\{\chi_\lambda\}$ への基底変換行列を求め, その逆行列としてコストカ数を求めよ.

章末問題

問題 8.1　$\bigoplus_{k=0}^\infty \mathcal{C}(S_k)$ の線型変換 ι を, $\mathcal{C}(S_k)$ 上においては S_k の既約表現 V に対して $\iota(\chi_V) = \chi_{V^*}$ （V^* については (p.145, (6.3) 参照) となるように定める. Λ の線型変換 $\tilde\omega := \vartheta \circ \iota \circ \vartheta^{-1}$ について次を示せ.
(1) $\tilde\omega$ が Λ の環としての対合的な自己同型である.
(2) $\tilde\omega(h_k) = e_k$.
(3) $\tilde\omega = \omega$.
(4) $\omega(s_\lambda) = s_{\lambda'}$ を示せ.
(5) **双対ヤコビ・トゥルーディ公式**

$$s_\lambda = \det(e_{\lambda'_i + j - i}). \tag{8.48}$$

問題 8.2　$\lambda \in \mathcal{P}_k$ として $E_\lambda = \mathbb{C}[S_k]b_\lambda$ とする (問 6.4). $\lambda \in \mathcal{P}_k$ に対して次が成り立つことを特性写像を用いて示せ.

$$E_{\lambda'} \cong V_\lambda \oplus \bigoplus_{\mu < \lambda} V_\mu^{\oplus K_{\mu'\lambda'}}. \tag{8.49}$$

注意 8.5.11　V_λ は U_λ と $E_{\lambda'}$ の両方に含まれる唯一の既約表現である.

第9章　リー環の表現論入門

　ワイル表現を主な題材として，リー環とその表現に関する基礎事項を解説する．これまで扱った $\mathrm{GL}(V) \cong \mathrm{GL}_n(\mathbb{C})$ は（複素）多様体の構造を持つ群であり，（複素）リー群と呼ばれるものの1つである．リー群 G の単位元 e における接空間 $T_e G$ を G のリー環と呼びドイツ文字で $\mathfrak{g}$ と表す．G の演算から，$\mathfrak{g}$ の上にはリー括弧と呼ばれる演算（双線型写像）が定まる．$\mathrm{GL}_n(\mathbb{C})$ のリー環を $\mathfrak{gl}_n(\mathbb{C})$ と書く．これは線型空間としては $M_n(\mathbb{C})$ と同じであって交換子をリー括弧とする．リー群 G の表現と，そのリー環 $\mathfrak{g}$ の表現は密接に関係している．リー群 $\mathrm{GL}_n(\mathbb{C})$ の表現であるワイル表現を「微分して」得られるリー環の表現を調べよう．

　9.1 節ではリー環とその表現の定義をして，いくつかの具体例を説明する．$\mathrm{SL}_n(\mathbb{C})$ のリー環 $\mathfrak{sl}_n(\mathbb{C})$ は半単純リー環と呼ばれるクラスの典型例である．半単純リー環の理論はよく整備されていて，線型代数学の応用として最も深いものの1つである．9.2 節では $\mathfrak{sl}_2(\mathbb{C})$ の表現論を考察する．9.3 節では完全可約性と，ウェイト空間分解について述べる．9.4 節では最高ウェイト表現の理論について解説する．

9.1　リー環の定義

　$\mathrm{GL}_n(\mathbb{C})$ は複素リー群である．そのリー環 $\mathfrak{gl}_n(\mathbb{C})$ は線型空間としては

$M_n(\mathbb{C}) \cong \mathrm{End}(\mathbb{C}^n)$ である[*1]. 双線型写像 $\mathfrak{gl}_n(\mathbb{C}) \times \mathfrak{gl}_n(\mathbb{C}) \to \mathfrak{gl}_n(\mathbb{C})$ を $(X, Y) \mapsto [X, Y] := XY - YX$ と定める[*2]. これを**リー括弧** (Lie bracket) あるいは**交換子** (commutator) と呼ぶ. 交代性 $[X, Y] = -[Y, X]$ および

$$[[X, Y], Z] + [[Y, Z], X] + [Z, [X, Y]] = 0 \tag{9.1}$$

が成り立つことはすぐにわかる. (9.1) は**ヤコビ恒等式** (Jacobi identity) と呼ばれる. 一般に線型空間に交代的な双線型写像が与えられていてヤコビ恒等式が成り立つとき, **リー環**あるいは**リー代数** (Lie algebra) であるという. 本書では特に断らない限り有限次元[*3]のリー環のみを考える. 任意の線型空間 $\mathfrak{a}$ において, すべての元 $X, Y \in \mathfrak{a}$ に対して $[X, Y] = 0$ と定めると明らかにリー環になる. これを**可換なリー環**と呼ぶ.

例 9.1.1　V を線型空間とするとき $\mathrm{End}(V)$ は $[f, g] := f \circ g - g \circ f$ ($f, g \in \mathrm{End}(V)$) をリー括弧としてリー環になる. これを $\mathfrak{gl}(V)$ と書く. $\mathfrak{gl}(\mathbb{C}^n)$ は $\mathfrak{gl}_n(\mathbb{C})$ と同じものである. ∎

　$\mathfrak{g}$ をリー環とする. V を線型空間とし, 線型写像 $\rho : \mathfrak{g} \to \mathfrak{gl}(V)$ が $\rho([X, Y]) = [\rho(X), \rho(Y)]$ をみたすとき (V, ρ) は $\mathfrak{g}$ の V における**表現**であるという.

例 9.1.2（随伴表現）　$\mathfrak{g}$ をリー環とする. $\mathfrak{g} \ni X$ に対して $\mathrm{ad}(X) \in \mathrm{End}(\mathfrak{g})$ を $\mathrm{ad}(X)(Y) = [X, Y]$ ($Y \in \mathfrak{g}$) により定める. ヤコビ恒等式は

$$\mathrm{ad}([X, Y])(Z) = \mathrm{ad}(X)\mathrm{ad}(Y)(Z) - \mathrm{ad}(Y)\mathrm{ad}(X)(Z)$$

と等価である. よって $\mathrm{ad} : \mathfrak{g} \to \mathfrak{gl}(\mathfrak{g})$ は $\mathfrak{g}$ 上の $\mathfrak{g}$ の表現である. これを**随伴表現** (adjoint representation) と呼ぶ. ∎

　(V, ρ) をリー環 $\mathfrak{g}$ の表現とする. V の部分空間 W は, 任意の $X \in \mathfrak{g}$ に対して $\rho(X)$ 不変であるとき $\mathfrak{g}$ **不変な部分空間**であるという. $\mathfrak{g}$ の表現 (V, ρ)

[*1]　$\mathrm{GL}_n(\mathbb{C})$ は $M_n(\mathbb{C}) \cong \mathbb{C}^{n^2}$ において $\det(A) \neq 0$ をみたす $A \in M_n(\mathbb{C}) \cong \mathbb{C}^{n^2}$ の集まりであるから $\mathbb{C}^{n^2}$ の開集合である（特に複素多様体の構造を持つ）. $\mathrm{GL}_n(\mathbb{C})$ の任意の点における接空間は $M_n(\mathbb{C}) \cong \mathbb{C}^{n^2}$ そのものと同一視できる. $\mathrm{GL}(V)$ を $\mathrm{GL}_n(\mathbb{C})$ と同一視するとき（単位元における）接空間は $\mathrm{End}(V) \cong M_n(\mathbb{C})$ と同一視される.

[*2]　XY は行列の積（線型変換の合成）である.

[*3]　無限次元のリー環のなかで重要なものとしてハイゼンベルク・リー環（無限次元の）やアフィン・リー環などがある.

において $V \neq 0$ であり，0 と V 以外に $\mathfrak{g}$ 不変な部分空間が存在しないとき (V, ρ) は**既約表現**（irreducible representation）であるという．表現 (V_1, ρ_1)，(V_2, ρ_2) に対して，線型写像 $\Phi : V_1 \to V_2$ が存在して，任意の $X \in \mathfrak{g}$ に対して $\Phi \circ \rho_1(X) = \rho_2(X) \circ \Phi$ が成り立つとき $\mathfrak{g}$ の表現としての**準同型写像**であるという．Φ がさらに線型同型であるとき Φ は $\mathfrak{g}$ の表現としての**同型写像**であるという．同型写像 $\Phi : V_1 \to V_2$ が存在するとき V_1 と V_2 は**同値**（equivalent）であるという．既約な表現の（有限個の）直和と同値な表現は**完全可約**（completely reducible）であるという．

例 9.1.3　$V = \mathbb{C}^n$ とする．$X \in \mathfrak{gl}_n(\mathbb{C})$ に対して $V^{\otimes k}$ 上の線型変換を

$$\rho_k(X) = \sum_{i=1}^{k} X^{(i)}, \quad X^{(i)} := 1 \otimes \cdots \otimes \overset{i}{X} \otimes \cdots \otimes 1 \in \mathrm{End}(V^{\otimes k}) \quad (9.2)$$

により定める．ここで $X^{(i)}$ は $X \in \mathfrak{gl}(V)$ がテンソル積の i 番目の成分にある．このとき

$$\rho_k([X, Y]) = [\rho_k(X), \rho_k(Y)] \quad (X, Y \in \mathfrak{gl}(V))$$

が成り立つ．つまりリー環としての表現である．$\rho_k(X)$ が $V^{\otimes k}$ への S_k の作用と可換であることは明らかである．このことから $\mathrm{GL}(V) \cong \mathrm{GL}_n(\mathbb{C})$ のワイル加群 $W_\lambda \subset V^{\otimes k}$ は，$\mathfrak{gl}_n(\mathbb{C})$ 不変であることがしたがう．以下 $V = \mathbb{C}^n$ のテンソル積空間 $V^{\otimes k}$ から構成したワイル表現 W_λ（λ は長さ n 以下の k の分割）を $W_\lambda(\mathbb{C}^n)$ と書くことにする．n を明記するためである．$S^k(\mathbb{C}^n)$, $A^k(\mathbb{C}^n)$ などもそれと同様である．　■

注意 9.1.4　$V_1, \ldots, V_k$ を $\mathfrak{g}$ の表現とするときテンソル積空間 $V_1 \otimes \cdots \otimes V_k$ には (9.2) と同様にして $\mathfrak{g}$ の表現の構造を定められる．

$n \geq 2$ とする．$\mathfrak{gl}_n(\mathbb{C})$ のなかで

$$\mathfrak{sl}_n(\mathbb{C}) := \{ X \in \mathfrak{gl}_n(\mathbb{C}) \mid \mathrm{tr}(X) = 0 \}$$

はリー括弧に関して閉じている．つまり $X, Y \in \mathfrak{sl}_n(\mathbb{C})$ ならば $[X, Y] \in \mathfrak{sl}_n(\mathbb{C})$ である．このようなものを**部分リー環**（Lie subalgebra）と呼ぶ．これを**特殊線型リー環**（special linear Lie algebra）と呼ぶ．

9.2　$\mathfrak{sl}_2(\mathbb{C})$ の表現

$\mathfrak{sl}_2(\mathbb{C})$ は

$$E = \begin{pmatrix} 0 & 1 \\ 0 & 0 \end{pmatrix}, \ H = \begin{pmatrix} 1 & 0 \\ 0 & -1 \end{pmatrix}, \ F = \begin{pmatrix} 0 & 0 \\ 1 & 0 \end{pmatrix} \tag{9.3}$$

を基底に持つ 3 次元のリー環である．リー括弧を計算すると

$$[H, E] = 2E, \quad [H, F] = -2F, \quad [E, F] = H$$

を得る．

　この小さなリー環 $\mathfrak{sl}_2(\mathbb{C})$ は，半単純リー環[*4]と呼ばれるクラスのなかで，特別な位置を占めている．一般の半単純リー環（$\mathfrak{sl}_n(\mathbb{C})$ はその典型例）は，部分リー環として $\mathfrak{sl}_2(\mathbb{C})$ のコピーをいくつも含んでいる．半単純リー環の表現論は $\mathfrak{sl}_2(\mathbb{C})$ とワイル群と呼ばれる有限群（$\mathfrak{sl}_n(\mathbb{C})$ ならばワイル群は対称群 S_n）によって驚くほどよく統制されるのである．

　対称テンソル空間 $S^k(\mathbb{C}^2)$ を考えよう．これは $\mathfrak{gl}_2(\mathbb{C})$ 不変なので $\mathfrak{sl}_2(\mathbb{C})$ 不変でもある．$\mathfrak{sl}_2(\mathbb{C})$ の表現としての構造を調べよう．

命題 9.2.1　$k \in \mathbb{N}$ とする．$S^k(\mathbb{C}^2)$ の基底

$$\boldsymbol{v}_{k-2i} := \binom{k}{i} \mathcal{S}(\underbrace{\boldsymbol{e}_1 \otimes \cdots \otimes \boldsymbol{e}_1}_{k-i} \otimes \underbrace{\boldsymbol{e}_2 \otimes \cdots \otimes \boldsymbol{e}_2}_{i}) \quad (0 \le i \le k)$$

に関して

[*4]　リー環 $\mathfrak{g}$ に対し，部分空間 $\mathfrak{a} \subset \mathfrak{g}$ が**イデアル**であるとは $[X, Y] \in \mathfrak{a}$（$X \in \mathfrak{g}$，$Y \in \mathfrak{a}$）が成り立つことをいう．イデアルは部分リー環である（逆は一般には成り立たない）．$[X, Y]$（$X, Y \in \mathfrak{g}$）が生成する部分空間を $D\mathfrak{g}$ とする．$D\mathfrak{g}$ は $\mathfrak{g}$ のイデアル（特に部分リー環）である．$D^2\mathfrak{g} := D(D\mathfrak{g})$，$D^3\mathfrak{g} := D(D^2\mathfrak{g})$ などと $D^k\mathfrak{g}$（$k \ge 1$）を定める．ある $k \ge 1$ に対して $D^k\mathfrak{g} = 0$ となるとき $\mathfrak{g}$ は**可解**（solvable）であるという．リー環（有限次元の）$\mathfrak{g}$ は可解なイデアルが 0 しかないとき**半単純リー環**（semisimple Lie algebra）であるという．例えば $\mathfrak{gl}_n(\mathbb{C})$ は 1 次元の可換な（したがって可解な）イデアル $\mathfrak{a} = \mathbb{C}E_n$ を含んでいるので半単純ではない．半単純リー環の理論は [6], [23] で学ぶことができる．また [13] は半単純リー環を無限次元にまで拡張したカッツ・ムーディー・リー環や量子展開環をも含めた教科書である．

$$\rho_k(H)\,\boldsymbol{v}_{k-2i} = (k - 2i)\,\boldsymbol{v}_{k-2i}, \tag{9.4}$$

$$\rho_k(F)\,\boldsymbol{v}_{k-2i} = (i + 1)\,\boldsymbol{v}_{k-2i-2}, \tag{9.5}$$

$$\rho_k(E)\,\boldsymbol{v}_{k-2i} = (k - i + 1)\,\boldsymbol{v}_{k-2i+2}. \tag{9.6}$$

ただし $\boldsymbol{v}_l = \boldsymbol{0}$ $(l < -k$ または $l > k)$ とする.

証明 $E\,\boldsymbol{e}_1 = \boldsymbol{0}$, $E\,\boldsymbol{e}_2 = \boldsymbol{e}_1$, $F\,\boldsymbol{e}_1 = \boldsymbol{e}_2$, $F\,\boldsymbol{e}_2 = \boldsymbol{0}$, $H\,\boldsymbol{e}_1 = \boldsymbol{e}_1$, $H\,\boldsymbol{e}_2 = -\boldsymbol{e}_2$ を使って計算する. $\rho_k(X)\mathcal{S} = \mathcal{S}\rho_k(X)$ に注意して,例えば $\rho_k(F)\,\boldsymbol{v}_i = \sum_{j=1}^{k} F^{(j)}\boldsymbol{v}_i$ をみる. $F^{(j)}(\underbrace{\boldsymbol{e}_1 \otimes \cdots \otimes \boldsymbol{e}_1}_{k-i} \otimes \underbrace{\boldsymbol{e}_2 \otimes \cdots \otimes \boldsymbol{e}_2}_{i})$ は $j > k-i$ のとき $\boldsymbol{0}$ であり $1 \le j \le k-i$ のとき $\boldsymbol{e}_1 \otimes \cdots \otimes \boldsymbol{e}_1$ の部分の 1 つの $\boldsymbol{e}_1$ を $\boldsymbol{e}_2$ に置き換える. それら $k-i$ 個の項に $\mathcal{S}$ を施すといずれも $\mathcal{S}(\underbrace{\boldsymbol{e}_1 \otimes \cdots \otimes \boldsymbol{e}_1}_{k-i-1} \otimes \underbrace{\boldsymbol{e}_2 \otimes \cdots \otimes \boldsymbol{e}_2}_{i+1})$ になる. よって

$$\rho_k(F)\boldsymbol{v}_{k-2i} = (k-i)\binom{k}{i}\mathcal{S}(\underbrace{\boldsymbol{e}_1 \otimes \cdots \otimes \boldsymbol{e}_1}_{k-i-1} \otimes \underbrace{\boldsymbol{e}_2 \otimes \cdots \otimes \boldsymbol{e}_2}_{i+1})$$
$$= (i+1)\,\boldsymbol{v}_{k-2i-2}$$

である. 他も同様である. $\qquad\square$

例 9.2.2 $S^4(\mathbb{C}^2)$ 上に E, F が作用する様子を図にすると次のようになる.

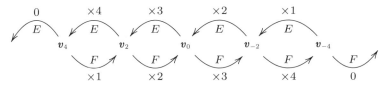

表現行列は $\rho_4(H) = \mathrm{diag}(4, 2, 0, -2, -4)$ および

$$\rho_4(E) = \begin{pmatrix} 0 & 4 & & & \\ & 0 & 3 & & \\ & & 0 & 2 & \\ & & & 0 & 1 \\ & & & & 0 \end{pmatrix}, \quad \rho_4(F) = \begin{pmatrix} 0 & & & & \\ 1 & 0 & & & \\ & 2 & 0 & & \\ & & 3 & 0 & \\ & & & 4 & 0 \end{pmatrix}.$$

$\blacksquare$

定理 9.2.3 $k \ge 1$ とする. $S^k(\mathbb{C}^2)$ における $\mathfrak{sl}_2(\mathbb{C})$ の表現は既約である.

証明 $W \subset S^k(\mathbb{C}^2)$ を 0 でない $\mathfrak{sl}_2(\mathbb{C})$ 不変部分空間であるとする. $\boldsymbol{v}_k \in W$ を示す. (9.5) より

$$\boldsymbol{v}_{k-2i} = \frac{1}{i!}\,\rho_k(F)^i \boldsymbol{v}_k \quad (0 \le i \le k) \tag{9.7}$$

なので, すべての $\boldsymbol{v}_i$ が W に属することになって $W = S^k(\mathbb{C}^2)$ が得られる.

$\boldsymbol{w} \ne \boldsymbol{0}$ を W からとって $\boldsymbol{w} = \sum_{i=0}^k c_{k-2i}\boldsymbol{v}_{k-2i}$ と書く. $c_{k-2j} \ne 0$ であって $c_{k-2i} = 0$ $(j < i \le k)$ とする. $c_{k-2j} = 1$ としてかまわない. $\rho(E)^j \boldsymbol{v}_{k-2j}$ $= (k-j+1)(k-j+2)\cdots k\,\boldsymbol{v}_k$ であり $0 \le i < j$ ならば $\rho(E)^j \boldsymbol{v}_{k-2i} = \boldsymbol{0}$ となる. したがって $\rho(E)^j \boldsymbol{w} = (k-j+1)(k-j+2)\cdots k\,\boldsymbol{v}_k \in W$ となる. $(k-j+1)(k-j+2)\cdots k \ne 0$ なので $\boldsymbol{v}_k \in W$ がしたがう. □

上の定理の証明で着目した $\boldsymbol{v}_k$ は**最高ウェイト・ベクトル** (highest weight vector) と呼ばれる性質を持っている ($\mathfrak{sl}_n(\mathbb{C})$ の場合の定義は 9.4 節参照). (V, ρ) を $\mathfrak{sl}_2(\mathbb{C})$ の表現とする. $\boldsymbol{v} \in V$ が $\rho(H)$ の固有ベクトルであって $\rho(E)\boldsymbol{v} = \boldsymbol{0}$ をみたし, かつ $\rho(F)^m \boldsymbol{v}$ $(m \ge 0)$ が V を生成するとき, **最高ウェイト・ベクトル**であるという. 最高ウェイト・ベクトル $\boldsymbol{v}$ の $\rho(H)$ の固有値を**最高ウェイト** (highest weight) と呼ぶ.

命題 9.2.1 で定まる $\mathfrak{sl}_2(\mathbb{C})$ の既約表現を $L(k)$ で表す. $L(k) \cong S^k(\mathbb{C}^2)$ は最高ウェイト k を持つ最高ウェイト表現である.

定理 9.2.4 $\mathfrak{sl}_2(\mathbb{C})$ の有限次元既約表現 (V, ρ) に対して $k \in \mathbb{N}$ が存在して V は $L(k)$ と同値である.

k が異なると $L(k)$ の次元が異なるので, これらは互いに同値でない. つまり $\{L(k) \mid k \ge 0\}$ は $\mathfrak{sl}_2(\mathbb{C})$ の有限次元既約表現の同値類の代表系になっているのである. 以下, この結果を証明する.

補題 9.2.5 $\mathfrak{sl}_2(\mathbb{C})$ の有限次元既約表現 (V, ρ) において $\rho(H)$ は対角化可能.

証明 $\beta \in \mathbb{C}$ に対して $V(\beta) := \mathrm{Ker}(\rho(H) - \beta\,\mathrm{Id}_V)$ とする. $V(\beta)$ は 0 でなければ $\rho(H)$ の固有値 β の固有空間である. このとき

$$\rho(E)V(\beta) \subset V(\beta+2), \quad \rho(F)V(\beta) \subset V(\beta-2) \tag{9.8}$$

が成り立つ（問題 1.4(1) 参照）.

　U を $\rho(H)$ のすべての固有空間の和とする. U は $\rho(H)$ 不変である. U が $\rho(E)$ 不変かつ $\rho(F)$ 不変でもあることを示そう. そのとき U は $\mathfrak{sl}_2(\mathbb{C})$ 不変なので, 既約性から $U = V$ がしたがう. つまり $\rho(H)$ は対角化可能である. U が $\rho(E)$ 不変でないと仮定すると $\boldsymbol{u} \in U$ であって $\rho(E)\boldsymbol{u} \notin U$ をみたす $\boldsymbol{u}$ が存在する. このとき $\rho(E)\boldsymbol{u}$ は $\rho(H)$ の固有値 $\beta + 2$ の固有ベクトルである. したがって $\rho(E)\boldsymbol{u} \in U$ だが, これは矛盾である. 同様に, U が $\rho(F)$ 不変でないとしても矛盾が導かれる. □

　この補題は非常に基本的であって, 一般の半単純リー環の場合はカルタン部分環[*5]（Cartan subalgebra）と呼ばれるものの性質として知られている. すなわち, カルタン部分環の元の作用は任意の（既約でなくても）有限次元表現において対角化可能であることが知られている. $\mathfrak{sl}_n(\mathbb{C})$ の標準的なカルタン部分環としてトレースが 0 の対角行列全体がとれる.

系 9.2.6　(V, ρ) を $\mathfrak{sl}_2(\mathbb{C})$ の有限次元既約表現とする. $\rho(H)$ の固有ベクトルであって $\rho(E)\boldsymbol{v} = \boldsymbol{0}$ をみたすものが V のなかに存在する.

証明　補題 9.2.5 から

$$V = \bigoplus_{\beta \in \mathbb{C}} V(\beta)$$

が成り立つ. ある固有値 $\beta_0 \in \mathbb{C}$ を選んで $V' := \bigoplus_{n \in \mathbb{Z}} V(\beta_0 + 2n)$ とすると, V' は $\mathfrak{sl}_2(\mathbb{C})$ 不変であることが (9.8) からわかる. $V'(\subset V)$ は有限次元なので $V(\beta_0 + 2n)$ $(n \in \mathbb{Z})$ は有限個を除いて 0 である. $V(\beta_0 + 2n) \neq 0$ となる最大の n をとる. $\boldsymbol{0} \neq \boldsymbol{v} \in V(\beta_0 + 2n)$ をとると

$$\rho(E)\boldsymbol{v} = \boldsymbol{0}$$

が成り立つ. □

証明　（定理 9.2.4）系 9.2.6 により $\rho(E)\boldsymbol{v} = \boldsymbol{0}$, $\boldsymbol{v} \neq \boldsymbol{0}$ となる $\rho(H)$ の固

[*5] $\mathfrak{g}$ を半単純リー環とする. $\mathfrak{g}$ の元は $\mathrm{ad}(X) \in \mathrm{End}(\mathfrak{g})$ が対角化可能であるとき**半単純元**（semisimple element）であるという. 半単純元ばかりからなる $\mathfrak{g}$ の部分リー環であって極大なものを**カルタン部分環**（Cartan subalgebra）と呼ぶ. 任意のカルタン部分環は可換である（問題 9.1）.

有ベクトルをとることができる．その固有値を $\beta \in \mathbb{C}$ とする．このとき

$$\rho(E)\rho(F)\,\boldsymbol{v} = \rho([E,F])\,\boldsymbol{v} + \rho(F)\rho(E)\,\boldsymbol{v} = \rho(H)\,\boldsymbol{v} + \boldsymbol{0} = \beta\,\boldsymbol{v}.$$

さらに

$$\begin{aligned}
\rho(E)\rho(F)^2\,\boldsymbol{v} &= \rho([E,F])\rho(F)\,\boldsymbol{v} + \rho(F)\rho(E)\rho(F)\,\boldsymbol{v} \\
&= \rho(H)\rho(F)\,\boldsymbol{v} + \rho(F)(\beta\,\boldsymbol{v}) \\
&= (\beta - 2)\rho(F)\,\boldsymbol{v} + \beta\rho(F)\,\boldsymbol{v} \\
&= 2(\beta - 1)\rho(F)\,\boldsymbol{v}
\end{aligned}$$

が成り立つ．m に関して帰納的に

$$\begin{aligned}
\rho(E)\rho(F)^m\boldsymbol{v} &= (\beta + (\beta - 2) + (\beta - 4) + \cdots + (\beta - 2m + 2))\,\rho(F)^{m-1}\boldsymbol{v} \\
&= m(\beta - m + 1)\rho(F)^{m-1}\boldsymbol{v} \tag{9.9}
\end{aligned}$$

を得る．ここで $\rho(F)^{k+1}\boldsymbol{v} = \boldsymbol{0}$ となる最小の $k \geq 0$ をとる．(9.9) において $m = k + 1$ とおくと

$$\boldsymbol{0} = \rho(E)\rho(F)^{k+1}\boldsymbol{v} = (k+1)(\beta - k)\rho(F)^k\boldsymbol{v} \tag{9.10}$$

であるから $\rho(F)^k\boldsymbol{v} \neq \boldsymbol{0}$ より $\beta = k$ が得られる．

$\boldsymbol{v}, \rho(F)\,\boldsymbol{v}, \ldots, \rho(F)^k\boldsymbol{v}$ は $\rho(H)$ の線型独立な固有ベクトルであって，これらが張る空間 $W := \langle \boldsymbol{v}, \rho(F)\boldsymbol{v}, \ldots, \rho(F)^k\boldsymbol{v} \rangle$ は $\rho(E), \rho(F)$ に関して不変である．このことは，$\rho(E)$ については (9.9) から，$\rho(F)$ については $\rho(F)^{k+1}\boldsymbol{v} = \boldsymbol{0}$ からわかる．したがって W は $\mathfrak{sl}_2(\mathbb{C})$ 不変である．よって V の既約性から $V = W$ である．したがって (V, ρ) は $\boldsymbol{v}$ を最高ウェイト・ベクトルに持つ最高ウェイト表現であり，その最高ウェイトは k である．

$\boldsymbol{v}_k = \boldsymbol{v}$ として (9.7) によって $\boldsymbol{v}_{k-2i}$ $(0 \leq i \leq k)$ を定めると (9.4),(9.5) と同じ式が成り立つことはすぐにわかる．(9.6) を示すために (9.9) を使うことができて

$$\rho(E)\,\boldsymbol{v}_{k-2i} = \frac{1}{i!}\,\rho(E)\rho(F)^i\boldsymbol{v}_k$$

$$= \frac{1}{i!}\,\left(i\,(k-i+1)\rho(F)^{i-1}\boldsymbol{v}_k\right)$$

$$= (k-i+1)\frac{1}{(i-1)!}\rho(F)^{i-1}\boldsymbol{v}_k$$

$$= (k-i+1)\,\boldsymbol{v}_{k-2i+2}. \qquad\qquad \square$$

9.3 表現の完全可約性とウェイト空間分解

定理 9.3.1 $\mathfrak{sl}_2(\mathbb{C})$ の有限次元表現 V は完全可約である.

証明 一般に半単純リー環の有限次元表現は完全可約である（ワイルの定理）. 証明については [6], [23] を参照されたい. $\mathfrak{sl}_2(\mathbb{C})$ の場合の初等的な証明（けっして簡単という意味ではない）を問題 9.4 とした. $\qquad\square$

したがって，定理 9.2.4 と合わせると，$\mathfrak{sl}_2(\mathbb{C})$ の有限次元表現は $L(k)$ $(k \geq 0)$ のいくつかの直和と同値であることがしたがう.

系 9.3.2 $\mathfrak{sl}_2(\mathbb{C})$ の（既約とは限らない）有限次元表現 (V,ρ) において $\rho(H)$ は対角化可能である.

証明 定理 9.3.1 により既約表現の場合に帰着される. 補題 9.2.5 により系がしたがう. $\qquad\square$

注意 9.3.3 純代数的な証明方法にこだわらなければ別な論法も可能である. $\mathfrak{sl}_2(\mathbb{C})$ の有限次元表現 (V,ρ) を連結かつ単連結な複素リー群 $\mathrm{SL}_2(\mathbb{C})$ の（複素解析的な）表現に持ち上げて，複素トーラス $\mathbb{T} := \{\mathrm{diag}(z,z^{-1}) \mid z \in \mathbb{C}^\times\} \subset \mathrm{SL}_2(\mathbb{C})$ の表現を得る. そして，複素トーラスの複素解析的な（あるいは有理的な）有限次元表現は対角化可能であるという事実に持ち込む.

命題 9.3.4 λ を長さ n 以下の分割（ヤング図形）とする. $\mathfrak{sl}_n(\mathbb{C})$ の表現としてのワイル表現 $W_\lambda(\mathbb{C}^n)$ は既約である.

証明 $\mathrm{GL}(V) = \mathrm{GL}_n(\mathbb{C})$ の表現としての既約性は示した（7.3 節）. ワイル

加群 W_λ が $SL_n(\mathbb{C})$ の表現としても既約であることは $GL_n(\mathbb{C})$ の元が $SL_n(\mathbb{C})$ の元の 0 でないスカラー倍であることからわかる．$SL_n(\mathbb{C})$ の複素解析的な有限次元表現は $\mathfrak{sl}_n(\mathbb{C})$ の有限次元表現と一対一に対応し，その対応で既約性も保たれることが知られている（[4] 定理 12.19）．　　　　　　　　□

　ワイル表現 $W_\lambda(\mathbb{C}^n)$ を $\mathfrak{gl}_n(\mathbb{C})$（あるいは $\mathfrak{sl}_n(\mathbb{C})$）の表現としてみる際に，ヤング図形 λ の役割について説明しよう．リー環の表現論の文脈のなかでは，λ は表現 W_λ の最高ウェイトであると解釈できるのである．ウェイトについては，テンソル積空間の文脈で導入しておいたが，以下これをリー環論的に取り扱う．$\mathfrak{gl}_n(\mathbb{C})$ に含まれる対角行列全体の空間を $\mathfrak{t}$ とし，その基底として E_{ii} $(1 \leq i \leq n)$ をとる．また，その双対基底を $\epsilon_1, \ldots, \epsilon_n$ とする．$t = \mathrm{diag}(t_1, \ldots, t_n) \in \mathfrak{t}$ の $V^{\otimes k}$ への作用を調べる．$\beta \in \mathbb{N}^n$ とし $e_{i_1} \otimes \cdots \otimes e_{i_k} \in V^{\otimes k}(\beta)$ をとる（$\{i_1, \ldots, i_k\}$ のなかに i が β_i 個）．このとき $\epsilon_i(t) = t_i$ に注意して

$$
\begin{aligned}
\rho_k(t)(e_{i_1} \otimes \cdots \otimes e_{i_k}) &= (\sum_{j=1}^k t_{i_j})(e_{i_1} \otimes \cdots \otimes e_{i_k}) \\
&= (\sum_{j=1}^k \epsilon_{i_j}(t))(e_{i_1} \otimes \cdots \otimes e_{i_k}) \\
&= (\sum_{i=1}^n \beta_i \epsilon_i(t))(e_{i_1} \otimes \cdots \otimes e_{i_k}).
\end{aligned}
$$

つまり $e_{i_1} \otimes \cdots \otimes e_{i_k}$ は $\rho_k(t)$ $(t \in \mathfrak{t})$ の同時固有ベクトルになっている．4.4 節で導入した意味のウェイトは $\mathbb{N}^n$ の元であったが，$\beta \in \mathbb{N}^n$ を $\sum_{i=1}^n \beta_i \epsilon_i \in \mathfrak{t}^*$ と対応付けることで $\mathfrak{t}^*$ の元とみなすことができる．

　上の例を一般化しよう．$\mathfrak{gl}_n(\mathbb{C})$ の表現 (V, ρ) において，$\lambda \in \mathfrak{t}^*$ に対して

$$
V(\lambda) := \{v \in V \mid \rho(t)\,v = \lambda(t)\,v\ (t \in \mathfrak{t})\}
$$

とする．$V(\lambda) \neq 0$ のとき $V(\lambda)$ を**ウェイト空間**（weight space）であるといい，λ は V の**ウェイト**（weight）であるという．また 0 でない $v \in V(\lambda)$ はウェイト λ の**ウェイト・ベクトル**（weight vector）であるという．

問 9.1　$\mathfrak{gl}_n(\mathbb{C})$ の随伴表現において E_{ij} はウェイト $\epsilon_i - \epsilon_j$ を持つウェイト・ベクトルであることを示せ．

$\mathfrak{gl}_n(\mathbb{C})$ の表現 (V, ρ) において，任意の $t \in \mathfrak{t}$ に対して $\rho(t)$ が対角化可能であると仮定する．このとき特に $\rho(E_{ii})$ $(1 \leq i \leq n)$ は対角化可能であって互いに可換なので，これらが同時対角化されるような V の基底 $\boldsymbol{v}_1, \dots, \boldsymbol{v}_m$ がとれる（問題 1.3）．このとき任意の $t \in \mathfrak{t}$ がこの基底により同時に対角化される．$\rho(t)$ $(t \in \mathfrak{t})$ の表現行列を

$$\begin{pmatrix} \lambda_1(t) & & O \\ & \ddots & \\ O & & \lambda_m(t) \end{pmatrix}$$

と表すとき，各対角成分は $t \in \mathfrak{t}$ に関して線型なので $\lambda_1, \dots, \lambda_m$ は $\mathfrak{t}^*$ の元である．これらの元たちには重複があるかもしれないので，重複を除いたものたちに改めて番号を付け替えて $\lambda_1, \dots, \lambda_s$ とするとこれらが V のウェイトの全体になり

$$V = V(\lambda_1) \oplus \cdots \oplus V(\lambda_s) \tag{9.11}$$

が成り立つ．これを**ウェイト空間分解**（weight space decomposition）と呼ぶ．

9.4 $\mathfrak{sl}_n(\mathbb{C})$ の最高ウェイト表現

$\mathfrak{h}$ を $\mathfrak{sl}_n(\mathbb{C})$ に属す対角行列全体がなす可換な部分リー環とする．$\mathfrak{h}$ の双対空間は $\mathfrak{t}^* = \bigoplus_{i=1}^n \mathbb{C}\epsilon_i$ の商空間として

$$\mathfrak{h}^* = \mathfrak{t}^* / \langle \epsilon_1 + \cdots + \epsilon_n \rangle$$

と記述される．$h = \mathrm{diag}(t_1, \dots, t_n) \in \mathfrak{h}$ はトレースが 0 なので $\sum_{i=1}^n \epsilon_i(h) = \sum_{i=1}^n t_i = 0$ であることに注意しよう．

(V, ρ) を $\mathfrak{sl}_n(\mathbb{C})$ の表現とする．$\lambda \in \mathfrak{h}^*$ に対して

$$V(\lambda) := \{ \boldsymbol{v} \in V \mid \rho(h)\,\boldsymbol{v} = \lambda(h)\,\boldsymbol{v} \ (h \in \mathfrak{h}) \} \tag{9.12}$$

とする．ウェイト空間やウェイト・ベクトルなどの概念を $\mathfrak{gl}_n(\mathbb{C})$ のときと同様に（$\mathfrak{t}$ の代わりに $\mathfrak{h}$ に対して）定義する．

$\mathfrak{sl}_n(\mathbb{C})$ の随伴表現において E_{ij} $(1 \le i, j \le n,\ i \ne j)$ はウェイト $\overline{\epsilon}_i - \overline{\epsilon}_j$ を持つウェイト・ベクトルである（問 9.1 を参照）．ここで $\overline{\epsilon}_i$ は $\epsilon_i \in \mathfrak{t}^*$ の $\mathfrak{h}^*$ における像である．$\mathfrak{h}^*$ の部分集合

$$\Delta_+ := \{\overline{\epsilon}_i - \overline{\epsilon}_j \mid 1 \le i < j \le n\},$$

$$\Delta_- := \{\overline{\epsilon}_j - \overline{\epsilon}_i \mid 1 \le i < j \le n\}, \quad \Delta := \Delta_+ \cup \Delta_-$$

を定めると $\mathfrak{g} = \mathfrak{sl}_n(\mathbb{C})$ は随伴表現に関するウェイト空間分解

$$\mathfrak{sl}_n(\mathbb{C}) = \mathfrak{h} \oplus \bigoplus_{\alpha \in \Delta} \mathfrak{g}_\alpha, \quad \mathfrak{g}_\alpha := \{x \in \mathfrak{g} \mid [h, x] = \alpha(h)x\ (h \in \mathfrak{h})\}$$

を持つ．$\mathfrak{h}$ はウェイト 0 のウェイト空間である．また Δ は随伴表現における 0 以外のウェイト全体の集合である．これを**ルート分解**（root space decomposition）と呼び Δ の元を**ルート**（root）と呼ぶ．各 $\alpha \in \Delta$ に対して $\mathfrak{g}_\alpha$ は 1 次元であり $\alpha = \overline{\epsilon}_i - \overline{\epsilon}_j \in \Delta$ ならば $\mathfrak{g}_\alpha = \mathbb{C}\,E_{ij}$ である．Δ_+ の元 α を**正ルート**（positive root），Δ_- の元 α を**負ルート**（negative root）と呼ぶ．

正ルートのうちで，以下の元を**単純ルート**（simple roots）と呼ぶ．

$$\alpha_1 = \overline{\epsilon}_1 - \overline{\epsilon}_2, \quad \alpha_2 = \overline{\epsilon}_2 - \overline{\epsilon}_3, \ldots, \quad \alpha_{n-1} = \overline{\epsilon}_{n-1} - \overline{\epsilon}_n.$$

単純ルートたち $\alpha_1, \ldots, \alpha_{n-1}$ は $\mathfrak{h}^*$ の基底をなす．また

$$Q := \left\{ \sum_{i=1}^{n-1} n_i \alpha_i \mid n_i \in \mathbb{Z} \right\}, \quad Q_+ := \left\{ \sum_{i=1}^{n-1} n_i \alpha_i \mid n_i \in \mathbb{N} \right\}$$

とおく．Q を**ルート格子**（root lattice）と呼ぶ．単純ルートたちは線型独立なので Q は加法群として $\mathbb{Z}^{n-1}$ と同型である（格子という言葉は $\mathbb{Z}^r$ と同型な加法群に対して用いる）．

問 9.2　Δ_+ の任意の元 α を単純ルートの線型結合として表せ．

各 $1 \le i \le n-1$ に対して

$$E_i := E_{i,i+1}, \quad F_i := E_{i+1,1}, \quad H_i := E_{i,i} - E_{i+1,i+1} \quad (1 \le i \le n-1)$$

とおくと，

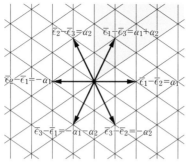

図 9.1 $\mathfrak{sl}_3(\mathbb{C})$ のルート

$$[E_i, F_i] = H_i, \quad [H_i, E_i] = 2E_i, \quad [H_i, F_i] = -2F_i$$

が成り立つ. つまり $\langle E_i, H_i, F_i \rangle$ は $\mathfrak{sl}_2(\mathbb{C})$ と同型な部分リー環であることが わかる. E_i, F_i を随伴表現の元とみるとき, それぞれウェイト $\alpha_i, -\alpha_i$ を持 つウェイト・ベクトルである (問 9.1 参照). 随伴表現の 0 でないウェイトを 持つウェイト・ベクトルは**ルート・ベクトル** (root vector) と呼ばれる.

例 9.4.1 $\mathfrak{sl}_2(\mathbb{C})$ のルートは $\alpha_1, -\alpha_1$ の 2 つのみであり, $\mathfrak{g}_{\alpha_1} = \mathbb{C}E_1$, $\mathfrak{g}_{-\alpha_1}$ $= \mathbb{C}F_1$ である (E_1, F_1 は (9.3) の E, F と同じ). ∎

以下, ウェイトやルートを図示したり, 幾何学的に理解するために, 実数体 $\mathbb{R}$ 上の線型空間 $\mathfrak{t}_{\mathbb{R}}^* := \bigoplus_{i=1}^n \mathbb{R}\epsilon_i \cong \mathbb{R}^n$, $\mathfrak{h}_{\mathbb{R}}^* := \mathfrak{t}_{\mathbb{R}}^*/\langle \epsilon_1 + \cdots + \epsilon_n \rangle$ を考える. $\langle \epsilon_1 + \cdots + \epsilon_n \rangle$ は $\epsilon_1 + \cdots + \epsilon_n$ が $\mathbb{R}$ 上生成する部分空間である. 特に $n = 3$ の 場合に $\mathfrak{h}_{\mathbb{R}}^* = \mathfrak{t}_{\mathbb{R}}^*/\langle \epsilon_1 + \epsilon_2 + \epsilon_3 \rangle \cong \mathbb{R}^2$ を $\mathfrak{t}_{\mathbb{R}}^* \cong \mathbb{R}^3$ において $\epsilon_1 + \epsilon_2 + \epsilon_3$ 方向に直 交射影して得られる像 (平面) と同一視すると便利である.

例 9.4.2 $\mathfrak{sl}_3(\mathbb{C})$ のルートは $\pm\alpha_1$, $\pm\alpha_2$, $\pm(\alpha_1+\alpha_2)$ の 6 個からなる (図 9.1). 影をつけた領域 (境界を含む) は**ワイルの部屋** (Weyl chamber) と呼ばれ る. $\mathfrak{sl}_n(\mathbb{C})$ に対して, ワイルの部屋は $\{\lambda \in \mathfrak{h}_{\mathbb{R}}^* \mid \lambda(H_i) \geq 0 \ (1 \leq i \leq n-1)\}$ と定義される. 後で導入する最高ウェイトはワイルの部屋に属す. ∎

問 9.3 $\mathfrak{sl}_n(\mathbb{C})$ はリー環として E_i, F_i $(1 \leq i \leq n-1)$ により生成される. つ まり, E_i, F_i $(1 \leq i \leq n-1)$ からリー括弧を有限回とって, それらの線型結 合をとれば $\mathfrak{sl}_n(\mathbb{C})$ の任意の元が作れる. このことを示せ.

$\mathfrak{h}$ の基底 $\{H_1, \ldots, H_{n-1}\}$ の双対基底を ϖ_i $(1 \leq i \leq n-1)$ とする. 容易に確かめられるように

$$\varpi_i = \bar{\epsilon}_1 + \cdots + \bar{\epsilon}_i \quad (1 \leq i \leq n-1)$$

である. ϖ_i を i 番目の **基本ウェイト** (i-th fundamental weight) と呼ぶ.

例 9.4.3　$\mathfrak{sl}_3(\mathbb{C})$ の単純ルート α_1, α_2 を基本ウェイト ϖ_1, ϖ_2 の線型結合として表すと, $\alpha_1 = 2\varpi_1 - \varpi_2$, $\alpha_2 = -\varpi_1 + 2\varpi_2$. ■

問 9.4　$(\alpha_1, \ldots, \alpha_{n-1}) = (\varpi_1, \ldots, \varpi_{n-1})C$ により定まる $(n-1)$ 次正方行列 C を求めよ. C は **カルタン行列** (Cartan matrix) と呼ばれる.

定理 9.4.4　V を $\mathfrak{sl}_n(\mathbb{C})$ の有限次元表現とする. このとき

$$V = \bigoplus_{\lambda \in \mathfrak{h}^*} V(\lambda) \quad (V(\lambda) \text{ は有限個を除いて } 0) \tag{9.13}$$

が成り立つ. これを $\mathfrak{sl}_n(\mathbb{C})$ の表現のウェイト空間分解と呼ぶ.

証明　V を $\langle E_i, H_i, F_i \rangle \cong \mathfrak{sl}_2(\mathbb{C})$ の表現としてみる. 系 9.3.2 により $\rho(H_i)$ は対角化可能である. $\rho(H_1), \ldots, \rho(H_{n-1})$ は互いに可換なので (9.11) の説明とまったく同様に (9.13) の成立がわかる. □

問 9.5　ウェイト空間分解を持つ表現 $V = \bigoplus_\lambda V(\lambda)$ の部分表現 W はウェイト空間分解を持つ, つまり $W = \bigoplus_\lambda W \cap V(\lambda)$ が成り立つことを示せ.

例 9.4.5　$\mathfrak{sl}_3(\mathbb{C})$ の対称テンソル表現 $S^2(\mathbb{C}^3)$ のウェイトは図 9.2 のように分布している. ウェイト空間の基底をなすベクトルは $\operatorname{ch} S^2(\mathbb{C}^3) = h_2(z_1, z_2, z_3)$ の単項式に対応している. ■

例 9.4.6　$W_{31}(\mathbb{C}^3)$ を $\mathfrak{sl}_3(\mathbb{C})$ の表現とみたときのウェイトの分布は図 9.3 のようになる. 各ウェイトに対応する半標準タブローも書き込んである. ■

課題 9.1　$\operatorname{ch} W_{31} = s_{31} = m_{31} + m_{2^2} + 2m_{21^2}$ を用いて図 9.3 を確認せよ.

命題 9.4.7　$\alpha \in \Delta$ とする. $X \in \mathfrak{g}_\alpha$ ならば $\rho(X)V(\lambda) \subset V(\lambda + \alpha)$ が成り立つ. 特に

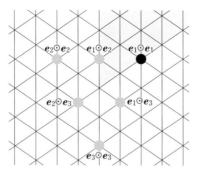

図 9.2　$S^2(\mathbb{C}^3)$ のウェイト

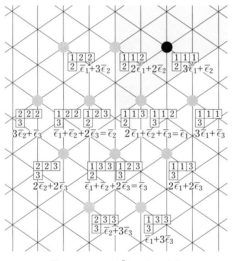

図 9.3　$W_{31}(\mathbb{C}^3)$ のウェイト

$$\rho(E_i)V(\lambda) \subset V(\lambda + \alpha_i), \quad \rho(F_i)V(\lambda) \subset V(\lambda - \alpha_i).$$

証明　$\boldsymbol{v} \in V(\lambda)$, $\alpha \in \Delta$, $X \in \mathfrak{g}_\alpha$ とする．このとき

$$\rho(H)\rho(X)\,\boldsymbol{v} = \rho([H,X])\,\boldsymbol{v} + \rho(X)\rho(H)\,\boldsymbol{v} = \alpha(H)\rho(X)\,\boldsymbol{v} + \lambda(H)\rho(X)\,\boldsymbol{v}$$

$$= (\lambda + \alpha)(H)\rho(X)\,\boldsymbol{v} \quad (H \in \mathfrak{h}).$$

つまり $\rho(X)\,\boldsymbol{v} \in V(\lambda + \alpha)$ である. $\qquad\qquad\qquad\qquad$ □

つまり表現空間において E_i はウェイトを α_i だけ上げるように (F_i はウェイトを α_i だけ下げるように) 作用する. ただし $\mathfrak{sl}_2(\mathbb{C})$ のときと違って, 一般に $\mathfrak{h}^*$ は 1 次元とは限らないので, 上げる, 下げる, というのは適当な半順序構造に関していうのである. ここで $\lambda, \mu \in \mathfrak{h}^*$ に対して

$$\lambda \succeq \mu \Longleftrightarrow \lambda - \mu \in Q_+$$

と定めよう (同じ意味で $\mu \preceq \lambda$ とも書く). このとき, $\lambda, \mu, \nu \in \mathfrak{h}^*$ に対して

(1) $\lambda \succeq \lambda$ (反射律),

(2) $\lambda \succeq \mu$ かつ $\mu \succeq \nu$ であれば $\lambda \succeq \nu$ (推移律),

(3) $\lambda \succeq \mu$ かつ $\mu \succeq \lambda$ であれば $\lambda = \mu$ (反対称律)

が成り立つことは容易にわかる. 例えば $\lambda + \alpha_i \succeq \lambda$ および $\lambda - \alpha_i \preceq \lambda$ である. 例 9.4.5 を見ると $S^2(\mathbb{C}^3)$ において $\boldsymbol{e}_1 \odot \boldsymbol{e}_1$ が $\lambda = 2\varpi_1$ というウェイトを持ち, その他のすべてのウェイト μ は $\mu \preceq \lambda$ をみたしていることがわかる. つまり $2\varpi_1$ が「最高の」ウェイトである. 同様に, 例 9.4.6 では $\lambda = 2\varpi_1 + \varpi_2$ が「最高の」ウェイトである. このような特徴を持つ表現について考えよう.

$\mathfrak{sl}_n(\mathbb{C})$ の表現 (V, ρ) がウェイト $\lambda \in \mathfrak{h}^*$ の**最高ウェイト表現** (highest weight representation) であるとは, 以下をみたすベクトル $\boldsymbol{v} \neq \boldsymbol{0}$ が存在することをいう:

(i) $\boldsymbol{v} \in V(\lambda)$.

(ii) $\rho(E_i)\,\boldsymbol{v} = 0 \ (1 \leq i \leq n-1)$.

(iii) V は $\mathfrak{sl}_n(\mathbb{C})$ の表現として $\boldsymbol{v}$ から生成される.

条件 (iii) は $\{\rho(X_1) \cdots \rho(X_m)\,\boldsymbol{v} \mid X_1, \ldots, X_m \in \mathfrak{sl}_n(\mathbb{C}),\ m \geq 0\}$ が線型空間として V を生成することを意味する. このようなベクトル $\boldsymbol{v}$ のことを**最高ウェイト・ベクトル**と呼ぶ. また (i), (ii) をみたすベクトルをウェイト λ の**極大ベクトル** (maximal vector) と呼ぶ.

定理 9.4.8 V を $\mathfrak{sl}_n(\mathbb{C})$ の既約表現とする. $\boldsymbol{v} \in V$ が極大ベクトルならば $\boldsymbol{v}$ は最高ウェイト・ベクトルである. また, このとき $\boldsymbol{v}$ は定数倍を除いて唯一つの最高ウェイト・ベクトルである.

例 9.4.9　$A^k(\mathbb{C}^n)$ $(1 \le k \le n-1)$ における $e_1 \wedge \cdots \wedge e_k$, および $S^k(\mathbb{C}^n)$ $(k \ge 1)$ における $e_1 \odot \cdots \odot e_1$ はいずれも極大ベクトルであることが容易にわかる. それぞれのウェイトは ϖ_k, $k\varpi_1$ である. どちらの場合も既約であることはわかっている（命題 9.3.4）ので, 定理 9.4.8 よりいずれも最高ウェイト表現である.　　∎

補題 9.4.10　$\mathfrak{g} = \mathfrak{sl}_n(\mathbb{C})$ の表現 (V, ρ) が極大ベクトル $\boldsymbol{v} \in V$ を含むとする. このとき $\boldsymbol{v}$ から部分リー環 $\mathfrak{n}_- := \bigoplus_{\alpha \in \Delta_-} \mathfrak{g}_\alpha$ によって生成される部分空間 W は $\mathfrak{g}$ 不変である.

証明　定義により W は

$$\rho(F_{i_1}) \cdots \rho(F_{i_m}) \boldsymbol{v} \quad (m \ge 0)$$

の形の元が生成する部分空間である. $\rho(F_i)W \subset W$ であることは W の定義から明らかである. 問 9.3 により, $\rho(E_i)W \subset W$ を示せばよい. $\rho(E_i)\rho(F_{i_1}) \cdots \rho(F_{i_m}) \boldsymbol{v} \in W$ を m に関する帰納法で示そう. $m = 1$ のときは

$$\rho(E_i)\rho(F_{i_1}) \boldsymbol{v} = \rho(F_{i_1})\rho(E_i) \boldsymbol{v} + \rho([E_i, F_{i_1}]) \boldsymbol{v} = \rho([E_i, F_{i_1}]) \boldsymbol{v}$$

である. $i \ne i_1$ のときは $[E_i, F_{i_1}] = 0$ である. $i = i_1$ のときは $[E_i, F_{i_1}] = H_i$ であるので $\rho([E_i, F_{i_1}]) \boldsymbol{v} = \rho(H_i) \boldsymbol{v} = \lambda(H_i) \boldsymbol{v} \in W$ である. したがって $m = 1$ のときは成り立つ. $m \ge 2$ として $m - 1$ のとき成り立つと仮定する. $\boldsymbol{w} = \rho(F_{i_2}) \cdots \rho(F_{i_m}) \boldsymbol{v}$ とおく. このとき $\boldsymbol{w} \in V(\lambda - \alpha_{i_2} - \cdots - \alpha_m)$ である. 上と同様の計算で

$$\rho(E_i)\rho(F_{i_1})\rho(F_{i_2}) \cdots \rho(F_{i_m}) \boldsymbol{v} = \rho(E_i)\rho(F_{i_1}) \boldsymbol{w}$$
$$= \rho(F_{i_1})\rho(E_i) \boldsymbol{w} + \rho([E_i, F_{i_1}]) \boldsymbol{w}.$$

帰納法の仮定により $\rho(E_i) \boldsymbol{w} \in W$ であるから $\rho(F_{i_1})\rho(E_i) \boldsymbol{w} \in W$ である. $\boldsymbol{w}$ はウェイト・ベクトルなので $\rho([E_i, F_{i_1}]) \boldsymbol{w} \in W$ となる理由は先ほどの $m = 1$ の場合と同様である.　　□

　証明からわかるように, この補題は V が無限次元でも成立する.

注意 9.4.11　任意の $\lambda \in \mathfrak{h}^*$ に対して λ を最高ウェイトに持つ表現（一般には無限次

元）が存在することが示せる．特に**ヴァーマ表現**（Verma module）と呼ばれる最高ウェイト表現が存在し，任意の最高ウェイト表現はヴァーマ表現の商として得られる．

命題 9.4.12　V を $\mathfrak{sl}_n(\mathbb{C})$ の最高ウェイト λ の最高ウェイト表現とする．

(1) V はウェイト空間の直和である．

(2) V のウェイト μ は $\mu \preceq \lambda$ をみたす．

(3) V の各ウェイト空間は有限次元である．

(4) $V(\lambda)$ は最高ウェイト・ベクトルが生成する 1 次元の線型空間である．

証明　(1), (2) $\boldsymbol{v} \in V(\lambda)$ を最高ウェイト・ベクトルとし W を補題 9.4.10 のようにとる．W は $\rho(F_{i_1})\rho(F_{i_2})\cdots\rho(F_{i_m})\boldsymbol{v}$ $(m \geq 0)$ と表される元たちによって線型空間として生成される．これらのベクトルはウェイト $\lambda - \alpha_{i_1} - \cdots - \alpha_{i_m}$ のウェイト・ベクトルである．したがって W はウェイト空間の直和である．W は $\boldsymbol{v}$ から $\mathfrak{n}_-$ によって生成される $\mathfrak{sl}_n(\mathbb{C})$ 不変な部分空間なので，特に $\mathfrak{sl}_n(\mathbb{C})$ により生成される．V は $\boldsymbol{v}$ により $\mathfrak{sl}_n(\mathbb{C})$ の表現として生成されるので $W = V$ が成り立つ．よって V はウェイト空間の直和である．

(3) $\mu \preceq \lambda$ なる μ に対して $\mu = \lambda - \alpha_{i_1} - \cdots - \alpha_{i_m}$ となる $i_1, \ldots, i_m$ は有限通りなのでウェイト空間 $V(\mu)$ は有限次元である．

(4) ウェイト・ベクトル $\rho(F_{i_1})\rho(F_{i_2})\cdots\rho(F_{i_m})\boldsymbol{v}$ がウェイト λ を持つのは $m = 0$ の場合の $\boldsymbol{v}$ だけなので $\dim V(\lambda) = 1$ である． $\square$

証明　（定理 9.4.8）V を既約表現とし，$\boldsymbol{v} \in V$ が極大ベクトルであるとする．$W \subset V$ を補題 9.4.10 のようにとる．$\boldsymbol{v} \in W$ であるから $W \neq 0$ なので V の規約性から $W = V$ がしたがう．よって V と $\boldsymbol{v}$ に対して (iii) が成り立つので V は $\boldsymbol{v}$ を最高ウェイト・ベクトルにもつ最高ウェイト表現である．

$\boldsymbol{v}'$ が最高ウェイト・ベクトルであるとし，そのウェイトを λ' とする．命題 9.4.12 (2) により $\lambda' \preceq \lambda$, $\lambda \preceq \lambda'$ なので $\lambda' = \lambda$ を得る．よって $\boldsymbol{v}' \in V(\lambda)$ である．命題 9.4.12 (4) より $\boldsymbol{v}'$ は $\boldsymbol{v}$ の定数倍である． $\square$

最高ウェイト表現は次の性質を持つ（無限次元でも成り立つ）．

定理 9.4.13　$\mathfrak{sl}_n(\mathbb{C})$ の最高ウェイト表現 V について，次が成り立つ．

(1) V には極大な $\mathfrak{sl}_n(\mathbb{C})$ 不変部分空間が一意的に存在する．

(2) V が $\mathfrak{sl}_n(\mathbb{C})$ 不変部分空間 V_1, V_2 の直和になるならば V_1 もしくは V_2 が 0 である（このとき V が **直既約** であるという）.

証明 $v \in V(\lambda)$ を V の最高ウェイト・ベクトルとする.

(1) V に真に含まれる $\mathfrak{sl}_n(\mathbb{C})$ 不変部分空間 W は λ 以外のウェイト空間の直和 $\bigoplus_{\mu(\neq\lambda)} V(\mu)$ に含まれる. 仮にそうでないとすると $W \cap V(\lambda) \neq 0$ となる（命題 9.4.12 (1) と問 9.5 に注意）, すると命題 9.4.12 (4) より W は v を含むので $W = V$ となり矛盾である. よって V に真に含まれる $\mathfrak{sl}_n(\mathbb{C})$ 不変部分空間のすべての和 W_0 はやはり $\bigoplus_{\mu(\neq\lambda)} V(\mu)$ に含まれる. 特に $W_0 \neq V$ である. よって W_0 は唯一つの極大な $\mathfrak{sl}_n(\mathbb{C})$ 不変部分空間である.

(2) 仮に V_1, V_2 がいずれも 0 でないとすると, いずれも真部分空間なので, (1) の証明より $V_1 \subset W_0, V_2 \subset W_0$ である. よって $V_1 \oplus V_2 \subset W_0 \subsetneqq V$ となり矛盾である. $\square$

ワイルの完全可約性定理を用いれば次も示せる.

定理 9.4.14 有限次元の最高ウェイト表現は既約である.

証明 V が有限次元ならば完全可約性が成立する（ワイルの定理）. 定理 9.4.13 (2) により V は直既約である. 完全可約かつ直既約ゆえ既約である. $\square$

問 9.6 $\mathfrak{sl}_3(\mathbb{C})$ の随伴表現は最高ウェイト $\varpi_1 + \varpi_2$ の最高ウェイト表現である（例 9.4.5 参照）. 一般に $\mathfrak{sl}_n(\mathbb{C})$ の随伴表現は最高ウェイト $\varpi_1 + \varpi_{n-1}$ を持つ最高ウェイト表現である. これを示せ. したがって定理 9.4.14 より既約である.

命題 9.4.15 V を $\mathfrak{sl}_n(\mathbb{C})$ の最高ウェイト表現とする. V が有限次元ならば最高ウェイト $\lambda \in \mathfrak{h}^*$ は $\lambda(H_i) \in \mathbb{N}$ $(1 \leq i \leq n-1)$ をみたす.

証明 $v \in V$ をウェイト λ の最高ウェイト・ベクトルとする. $\mathfrak{sl}_2(\mathbb{C})$ と同型な部分リー環 $\langle E_i, H_i, F_i \rangle$ の表現として, v が生成する部分表現を考えると定理 9.2.4 の証明の第 1 段落から $\lambda(H_i) \in \mathbb{N}$ がしたがう. $\square$

問 9.7 V_1, V_2 はともに最高ウェイト λ を持つ既約な最高ウェイト表現であるとする. このとき V_1 と V_2 が同値であることを示せ.

命題 9.4.15 の条件をみたす $\lambda \in \mathfrak{h}^*$ の集合は

$$P_+ := \{\lambda = \sum_{i=1}^{n-1} m_i \varpi_i \mid m_i \in \mathbb{N}\}$$

と記述できる．P_+ の元を**ドミナント・ウェイト**（dominant integral weight）と呼ぶ．ドミナント・ウェイトはワイルの部屋に属すことが $\langle \varpi_i, H_j \rangle = \delta_{ij}$ よりわかる．

定理 9.4.16　任意のドミナント・ウェイト $\lambda \in P_+$ に対して λ を最高ウェイトに持つ有限次元の既約な最高ウェイト表現 $L(\lambda)$ が同値を除いて一意的に存在する．$\mathfrak{sl}_n(\mathbb{C})$ の任意の有限次元既約表現は，ある（一意的に定まる）$\lambda \in P_+$ に対する $L(\lambda)$ と同値である．

証明　$\lambda = \sum_{i=1}^{n-1} m_i \varpi_i \in P_+$ に対してテンソル積表現 $(A^1(\mathbb{C}^n))^{\otimes m_1} \otimes \cdots \otimes (A^{n-1}(\mathbb{C}^n))^{\otimes m_{n-1}}$ を考える（注意 9.1.4 参照）．各 $A^i(\mathbb{C}^n)$ の最高ウェイト・ベクトルを v_i とする．v_i はウェイト ϖ_i を持つ．これらのベクトルのテンソル積 $v_1^{\otimes m_1} \otimes \cdots \otimes v_{n-1}^{\otimes m_{n-1}}$ はウェイト $\lambda = \sum_{i=1}^{n-1} m_i \varpi_i$ を持つ極大ベクトルである．よってそのベクトルにより生成される $\mathfrak{sl}_n(\mathbb{C})$ の部分表現は（有限次元の）最高ウェイト表現である．定理 9.4.14 によりそれは既約である．よって λ を最高ウェイトに持つ既約な最高ウェイト表現は存在する．一意性は問 9.7 による．

V を任意の有限次元既約表現とする．V は有限次元ゆえ，ウェイトの集合は有限である．そこで，半順序 $\succeq$ に関する極大なウェイト λ をとれば $V(\lambda)$ の 0 でないベクトル v は極大ベクトルである．V は既約なので定理 9.4.8 より v は最高ウェイト・ベクトルである．また，命題 9.4.15 より $\lambda \in P_+$ である．V は前半で存在を示した最高ウェイト表現 $L(\lambda)$ と同値である． $\square$

注意 9.4.17　ヴァーマ表現（問題 9.2 における普遍展開環を用いて構成する）を用いて議論するのが簡明である（[23] 参照）．任意の $\lambda \in \mathfrak{h}^*$ に対して λ を最高ウェイトに持つ既約な最高ウェイト表現が同値を除いて唯一つ存在することが示せる．これを $L(\lambda)$ と書くとき，$L(\lambda)$ が有限次元であるための条件が $\lambda \in P_+$ と同値であることが示せる．

定理 9.4.18　長さ n 以下の分割 $\lambda = (\lambda_1, \ldots, \lambda_n)$ に対して，ワイル表現

1	1	1	1	1
2	2	2	2	
3	3			
4				

図 9.4 最高ウェイト・ベクトルに対応する半標準タブロー

$W_\lambda(\mathbb{C}^n)$ は $\mathfrak{sl}_n(\mathbb{C})$ の最高ウェイト

$$(\lambda_1 - \lambda_2)\varpi_1 + (\lambda_2 - \lambda_3)\varpi_2 + \cdots + (\lambda_{n-1} - \lambda_n)\varpi_{n-1}$$

の既約な最高ウェイト表現である.

証明 $\beta \in \mathbb{N}^n$ を $\mathfrak{gl}_n(\mathbb{C})$ の表現としてのウェイト

$$\beta_1\epsilon_1 + \cdots + \beta_n\epsilon_n \in \mathfrak{t}^*$$

とみなすとき β のウェイト空間を $W_\lambda(\mathbb{C}^n)(\beta)$ と書く (p.75 の記号と整合的). β の成分を置換して得られる分割を μ とするとき $\dim W_\lambda(\mathbb{C}^n)(\beta) = K_{\lambda\mu}$ である (系 8.3.29, 系 8.5.3). 特に $\dim W_\lambda(\mathbb{C}^n)(\lambda) = K_{\lambda\lambda} = 1$ である. $K_{\lambda\lambda} = 1$ はヤング図形 λ 上に重み λ の半標準タブローが唯一つだけ存在することを意味する. 例えば図 9.4 のようなものである. 対応する $W_\lambda(\mathbb{C}^n)(\lambda)$ の元を ψ_λ とする. 重み $\epsilon_i - \epsilon_{i+1}$ を加えることは $i+1$ と書かれている箱を i に書き換えることである. 半標準タブローの条件のもとでそれが不可能であることがわかる. よって $\rho_k(E_{i,i+1})\boldsymbol{v}_\lambda = \boldsymbol{0}$ ($1 \le i \le n-1$) である ($E_{i,i+1} = E_i \in \mathfrak{sl}_n(\mathbb{C})$ に注意). よって $\boldsymbol{v}_\lambda$ は極大ベクトルである. $W_\lambda(\mathbb{C}^n)$ は既約なので定理 9.4.8 より最高ウェイト表現である.

$\boldsymbol{v}_\lambda$ は $\mathfrak{gl}_n(\mathbb{C})$ の意味でのウェイト $\sum_{i=1}^n \lambda_i\bar{\epsilon}_i \in \mathfrak{t}^*$ をもつ. この元の $\mathfrak{h}^*$ における像は $\sum_{i=1}^{n-1}(\lambda_i - \lambda_{i+1})\varpi_i$ と等しい. □

例 9.4.19 $W_{(3,2)}(\mathbb{C}^3) \cong L(\varpi_1 + 2\varpi_2)$ である. ウェイトの分布は図 9.5 のようになっている. 各ウェイト空間と半標準タブローの関係を書き込んだ. ∎

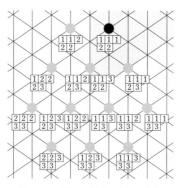

図 9.5　$W_{(3,2)}(\mathbb{C}^3)$ のウェイト

章末問題

問題 9.1　$\mathfrak{t} \subset \mathfrak{g}$ が半単純元ばかりからなるリー部分環とする．$\mathfrak{t}$ は可換である．このことを次のようにして示せ．

(1) $A \in \mathfrak{t}$ が $\mathrm{ad}(A)|_{\mathfrak{t}} \neq 0$ をみたすと仮定すると $[A, B] = cB$ をみたす $c \neq 0$, $B \in \mathfrak{t}$ が存在する．

(2) $\mathrm{ad}(B)A$ は $\mathrm{ad}(B)$ の固有値 0 の固有ベクトルである．

(3) $\mathrm{ad}(B)$ は対角化可能なので A を $\mathrm{ad}(B)$ の固有ベクトルの和として書くことができる．このことから矛盾が導かれる．

(4) $\mathfrak{t}$ が可換である．

問題 9.2　$\mathfrak{g}$ をリー環とする．テンソル代数 $T(\mathfrak{g})$ を $X \otimes Y - Y \otimes X - [X, Y]$ $(X, Y \in \mathfrak{g})$ により生成される両側イデアル J で割って得られる $\mathbb{C}$ 代数[*6]を $U(\mathfrak{g})$ と書き，$\mathfrak{g}$ の**普遍展開環**（universal enveloping algebra）と呼ぶ．

(1) 自然な商写像 $\pi : T(\mathfrak{g}) \to U(\mathfrak{g})$ を $\mathfrak{g} = T^1(\mathfrak{g})$ に制限して得られる線型写像を $i : \mathfrak{g} \to U(\mathfrak{g})$ とするとき，次が成り立つことを示せ：

$$i([X,Y]) = i(X)i(Y) - i(Y)i(Y). \tag{9.14}$$

(2) A を $\mathbb{C}$ 代数とする．線型写像 $f : \mathfrak{g} \to A$ が $f([X,Y]) = f(X)f(Y) - f(Y)f(Y)$ をみたすとする．このとき $\mathbb{C}$ 代数の準同型 $\tilde{f} : U(\mathfrak{g}) \to A$ であって $\tilde{f} \circ i = f$ をみたすものが一意的に存在する．

(3) (V, ρ) を $\mathfrak{g}$ の表現とする．V には左 $U(\mathfrak{g})$ 加群の構造 $U(\mathfrak{g}) \times V \to V$ であって $(i(X), \boldsymbol{v}) \mapsto \rho(X)\boldsymbol{v}$ $(X \in \mathfrak{g}, \boldsymbol{v} \in V)$ をみたすものが一意的に存在する．$a \in U(\mathfrak{g})$ に対し $(a, \boldsymbol{v}) \mapsto \rho(a)\boldsymbol{v}$ $(\boldsymbol{v} \in V)$ と書く．

[*6]　J は斉次イデアルではないので $U(\mathfrak{g})$ は次数付き代数の構造は持たない．その代わりに自然なフィルター付けがあって，対応する次数付き $\mathbb{C}$ 代数が対称代数 $S^*(\mathfrak{g})$ と自然に同型になる．これがポアンカレ・バーコフ・ウィットの定理である．

注意 9.4.20　リー環 $\mathfrak{g}$ から普遍展開環 $U(\mathfrak{g})$ を作るのは有限群 G から群環 $\mathbb{C}[G]$ を作るのと似ている. $X, Y \in \mathfrak{g}$ の「積」XY は $\mathfrak{g}$ の元としては意味を持たないが任意の表現 (V, ρ) において $\rho(X)\rho(Y)$ は V の自己準同型環 $\mathrm{End}(V)$ の元として意味がある. $U(\mathfrak{g})$ の元として XY があって, $\mathbb{C}$ 代数の準同型 $\rho : U(\mathfrak{g}) \to \mathrm{End}(V)$ によって $\rho(XY) = \rho(X)\rho(Y)$ となると考えることができる.

注意 9.4.21　i は単射であることが知られている. ポアンカレ・バーコフ・ウィットの定理の帰着である. $i(X) \in U(\mathfrak{g})$ を単に $X \in U(\mathfrak{g})$ のように表記する（単射であることを証明していなくてもこの表記を用いること自体には問題はない）. (9.14) は単に $[X, Y] = XY - YX$ となる. 交換子の定義式（？）と思わないように！ 左辺は $i(\mathfrak{g})$ の元であって, 右辺は $X \otimes Y - Y \otimes X \in T^2(\mathfrak{g})$ の像である.

問題 9.3　(1) $C := (1/2)H^2 + H + 2FE \in U(\mathfrak{sl}_2(\mathbb{C}))$ とおく.

$$[C, X] = 0 \quad (X \in \mathfrak{sl}_2(\mathbb{C}))$$

を示せ. C は**カシミール作用素**と呼ばれる.

(2) $(L(k), \rho_k)$ 上において $\rho_k(C) = (1/2)k(k+2)\mathrm{Id}$.

(3) $\mathfrak{sl}_2(\mathbb{C})$ の有限次元表現 (V, ρ) において $\rho(C)$ の固有値はある $k \in \mathbb{N}$ によって $c_k := (1/2)k(k+2)$ と書き表せる.

ヒント：$0 \subsetneq V_1 \subsetneq V_2 \subsetneq \cdots \subsetneq V_r = V$ という部分表現の列であって V_i/V_{i-1} が既約であるものが存在する[*7].

(4) $\rho(C)$ の固有値 c_k の広義固有空間 $\widetilde{W}(c_k)$ は $\mathfrak{sl}_2(\mathbb{C})$ 不変である.

(5) $\widetilde{W}(c_k)$ における $\rho(H)$ の固有値は $k - 2i$ $(0 \le i \le k)$ に限られる.

問題 9.4　$\mathfrak{sl}_2(\mathbb{C})$ の有限次元表現 (V, ρ) は完全可約である. これを以下のようにして示せ（[13] 定理 1.65）.

(1) 問題 9.3 の記号で $V = \widetilde{W}(c_k)$ の場合に完全可約性を示せば十分である.

(2) $V = \widetilde{W}(c_k) \ne 0$ とする. V の完全可約な部分表現であって次元が最大のものを U とする. $V \ne U$ と仮定して矛盾を導く. U を含む $\mathfrak{sl}_2(\mathbb{C})$ 不変な部分空間 U' を U'/U が既約になるようにとる. U' 上の $\rho(H)$ の広義固有空間で固有値が $k - 2i$ のものを U'_{k-2i} とする. このとき

$$\rho(H)(U'_{k-2i}) \subset U'_{k-2i}, \quad \rho(E)(U'_{k-2i}) \subset U'_{k-2i+2}, \quad \rho(F)(U'_{k-2i}) \subset U'_{k-2i-2}.$$

(3) 自然な射影 $\pi : U' \to U'/U$ により U'_{k-2i} が $(U'/U)(k-2i)$ の上に写される.

(4) $\pi(\boldsymbol{v})$ が $U'/U \cong L(k)$ の最高ウェイト・ベクトル $\boldsymbol{v}_k$ と一致するように $\boldsymbol{v} \in U'_k$ をとる. $\boldsymbol{v}$ は U' のなかで $L(k)$ と同型な部分表現 W を生成する.

(5) $W \cap U = \{\boldsymbol{0}\}$ が成り立つ. $W + U = W \oplus U$ は U を真に含む完全可約な部分表現なので U のとり方に矛盾する.

[*7]　$\dim V$ に関する帰納法. 既約な部分表現 V_1 を問 5.1 と同じ考え方でとれる. V/V_1 に対して帰納法の仮定を用いる.

付録 A　線型代数学ミニマム

　この付録の目的は，線型代数学に関して，予備知識として何を仮定しているかを明示することである．線型空間（ベクトル空間と同義），線型独立性，部分空間（線型部分空間），線型写像などの概念は既知とする．

A.1　行列のブロック分け

　行列の行と列をブロック分けして議論することがある．(m, n) 型行列 A に対して $m = m_1 + \cdots + m_s$, $n = n_1 + \cdots + n_t$ として (m_i, n_j) 型の行列 A_{ij} によって

$$A = \begin{pmatrix} A_{11} & A_{12} & \ldots & A_{1t} \\ A_{21} & A_{22} & \ldots & A_{2t} \\ \vdots & \vdots & & \vdots \\ A_{s1} & A_{s2} & \ldots & A_{st} \end{pmatrix}$$

と区分けするのである．特に $m = n$ のとき，行も列も $n = n_1 + \cdots + n_s$ にしたがって区分けを行ったときに，

$$A = \begin{pmatrix} A_1 & & & \\ & A_2 & & \\ & & \ddots & \\ & & & A_s \end{pmatrix}$$

という形の行列を**ブロック対角型の行列**（block diagonal matrix）と呼ぶ.
書いていないところは零行列であり A_i は n_i 次の正方行列である. また, こ
のような行列を

$$A_1 \oplus \cdots \oplus A_s$$

と書く（正方行列 $A_1, \ldots, A_s$ の**直和**という）.

A.2　基底と次元

　線型空間 V を考える. V の元を**ベクトル**（vector）と呼ぶ. 任意の自然数
n に対して, V のなかに n 個の線型独立なベクトルが存在するとき, V は**無
限次元**（infinite dimensional）であるといい, そうでないとき V は**有限次元**
（finite dimensional）であるという. 例えば, すべての多項式 $f(t) = a_n t^n +$
$\cdots + a_1 t + a_0$ $(a_i \in \mathbb{C})$ の集合 $\mathbb{C}[t]$ は無限次元の線型空間である. 実際,
$1, t, \ldots, t^{n-1}$ は線型独立である.

　V を, 零空間ではない, 有限次元の線型空間とする. このとき, ある自然
数 n が存在して, V において次が成り立つ:

　(1) n 個の線型独立なベクトルが（少なくとも 1 組）存在する.

　(2) n 個を超えるベクトルからなる集合は必ず線型従属である.

そのような n は明らかに一意的である. このとき V の**次元**（dimension）が
n であるといい $\dim V = n$ と書く. 零空間 $\{\mathbf{0}\}$ の次元は 0 と定める.

　V を線型空間とする. $\boldsymbol{v}_1, \ldots, \boldsymbol{v}_m \in V$ に対して

$$\langle \boldsymbol{v}_1, \ldots, \boldsymbol{v}_m \rangle = \left\{ \sum_{i=1}^{m} c_i \boldsymbol{v}_i \mid c_i \in \mathbb{C}, \, 1 \leq i \leq m \right\}$$

を $\boldsymbol{v}_1, \ldots, \boldsymbol{v}_m \in V$ が**生成する**（generate）部分空間という.

命題 A.2.1　有限個のベクトルから生成される線型空間は有限次元である.

　線型空間の次元について議論する際に, 基底の概念を用いると便利であ
る. 線型空間 V の**基底**（basis）とは, V に属す線型独立なベクトルの集合
$\{\boldsymbol{v}_1, \ldots, \boldsymbol{v}_n\}$ であって, V を生成するもの, つまり $\langle \boldsymbol{v}_1, \ldots, \boldsymbol{v}_n \rangle = V$ をみた

すもののことである．次の結果が成り立つ．

定理 A.2.2 V を有限次元の線型空間とする．次は同値である．
(1) V は n 次元である．
(2) n 個のベクトルからなる V の基底が存在する．
(3) V の任意の基底が n 個のベクトルからなる．

与えられたベクトルの集合が基底をなすかどうかを判定する際に，線型空間の次元がわかっていれば，次の結果を用いることができる．

定理 A.2.3 V を n 次元の線型空間とする．n 個のベクトルからなる V の部分集合 $S = \{\boldsymbol{v}_1, \ldots, \boldsymbol{v}_n\}$ に対して，次は同値である．
(1) S は線型独立である．
(2) S は V を生成する．
(3) S は V の基底である．

次の結果は，2 つの線型空間が一致することを示す際に便利である．

定理 A.2.4 V を線型空間，W をその部分空間とする．このとき $\dim W \leq \dim V$ が成り立つ．$\dim W = \dim V$ が成り立つならば $W = V$ である．

部分空間を扱うときは，次の命題が基本的である．

命題 A.2.5 V を n 次元の線型空間とし，W をその部分空間とする．W の基底 $\{\boldsymbol{v}_1, \ldots, \boldsymbol{v}_m\}$ を任意にとるとき，必要ならば $\boldsymbol{v}_{m+1}, \ldots, \boldsymbol{v}_n \in V$ を追加して $\{\boldsymbol{v}_1, \ldots, \boldsymbol{v}_n\}$ が V の基底になるようにできる．

系 A.2.6 V を線型空間，W をその部分空間とする．$V = W \oplus U$ となる部分空間 U が存在する．

証明   命題 A.2.5 のように V の基底 $\{\boldsymbol{v}_1, \ldots, \boldsymbol{v}_n\}$ をとり，$U = \langle \boldsymbol{v}_{m+1}, \ldots, \boldsymbol{v}_n \rangle$ とすればよい．   □

例 A.2.7 X を任意の有限集合とする．X の元 x ごとに $\boldsymbol{v}_x$ という記号を準備し，これらについての形式的な線型結合 $\sum_{x \in X} c_x \boldsymbol{v}_x$ 全体からなる集合を考え，$\{\boldsymbol{v}_x \mid x \in X\}$ が線型独立であると宣言することで線型空間が定まる．こ

れを，X の元により添字付けられる基底を持つ線型空間と呼ぶ．$|X| = n$ な
らば，$\mathbb{C}^n$ の標準基底に X の元によるラベル付けをしたものだと考えてよい．

■

A.3　線型写像の表現行列

V, W を有限次元の線型空間とし，$f : V \to W$ を線型写像とする．V およ
び W の基底 $\{\boldsymbol{v}_1, \ldots, \boldsymbol{v}_n\}$，$\{\boldsymbol{w}_1, \ldots, \boldsymbol{w}_m\}$ を選ぶとき，$f(\boldsymbol{v}_j) = \sum_{i=1}^{n} a_{ij} \boldsymbol{w}_i$
により (m, n) 型行列 $A = (a_{ij})$ が定まる．A を基底 $\{\boldsymbol{v}_1, \ldots, \boldsymbol{v}_n\}$，$\{\boldsymbol{w}_1, \ldots,$
$\boldsymbol{w}_m\}$ に関する f の**表現行列**（representation matrix）という．A を定める等
式は

$$f(\boldsymbol{v}_1, \ldots, \boldsymbol{v}_n) = (\boldsymbol{w}_1, \ldots, \boldsymbol{w}_m) \begin{pmatrix} a_{11} & \cdots & a_{1n} \\ \vdots & & \vdots \\ a_{m1} & \cdots & a_{mn} \end{pmatrix}$$

と書くことができる．ここで $(\boldsymbol{w}_1, \ldots, \boldsymbol{w}_m)$ などはベクトルを成分とする横ベ
クトルであり，右辺は行列の積と同じ規則で計算する．また $f(\boldsymbol{v}_1, \ldots, \boldsymbol{v}_n) =$
$(f(\boldsymbol{v}_1), \ldots, f(\boldsymbol{v}_n))$ である．

V の基底を $\{\boldsymbol{v}_1, \ldots, \boldsymbol{v}_n\}$ から $\{\boldsymbol{v}'_1, \ldots, \boldsymbol{v}'_n\}$ に取り替えることを考える．n
次正方行列 P を

$$(\boldsymbol{v}'_1, \ldots, \boldsymbol{v}'_n) = (\boldsymbol{v}_1, \ldots, \boldsymbol{v}_n)P \tag{A.1}$$

により定める．P は正則行列である．P を $\{\boldsymbol{v}_1, \ldots, \boldsymbol{v}_n\}$ から $\{\boldsymbol{v}'_1, \ldots, \boldsymbol{v}'_n\}$ へ
の**基底変換行列**（basis transformation matrix）という．逆に次が成り立つ．

命題 A.3.1　P を任意の n 次正則行列とするとき (A.1) によって $\boldsymbol{v}'_1, \ldots, \boldsymbol{v}'_n$
を定めると，これらのベクトルは V の基底をなす．

P を $\{\boldsymbol{v}_1, \ldots, \boldsymbol{v}_n\}$ から $\{\boldsymbol{v}'_1, \ldots, \boldsymbol{v}'_n\}$ への，Q を W の基底を $\{\boldsymbol{w}_1, \ldots, \boldsymbol{w}_n\}$
から $\{\boldsymbol{w}'_1, \ldots, \boldsymbol{w}'_m\}$ への基底変換行列とする．基底 $\{\boldsymbol{v}'_1, \ldots, \boldsymbol{v}'_n\}$，$\{\boldsymbol{w}'_1, \ldots,$
$\boldsymbol{w}'_m\}$ に関する f の表現行列を B とするとき

$$B = Q^{-1}AP$$

が成り立つ. 実際

$$f(\boldsymbol{v}_1', \dots, \boldsymbol{v}_n') = f(\boldsymbol{v}_1, \dots, \boldsymbol{v}_n)P = (\boldsymbol{w}_1, \dots, \boldsymbol{w}_m)AP = (\boldsymbol{w}_1', \dots, \boldsymbol{w}_m')Q^{-1}AP$$

となる.

f が V の線型変換であるとき, つまり V から V 自身への線型写像であるときは,

$$f(\boldsymbol{v}_1, \dots, \boldsymbol{v}_n) = (\boldsymbol{v}_1, \dots, \boldsymbol{v}_n) \begin{pmatrix} a_{11} & \cdots & a_{1n} \\ \vdots & \ddots & \vdots \\ a_{n1} & \cdots & a_{nn} \end{pmatrix}$$

によって表現行列 A を定めるのが通例である（つまり V の基底は 1 組だけ用いる）.

A.4　線型空間の直和

V_1, V_2 を線型空間とする. 直積集合 $V_1 \times V_2$ には自然に線型空間の構造が定まる. 和は $(\boldsymbol{v}_1, \boldsymbol{v}_2) + (\boldsymbol{u}_1, \boldsymbol{u}_2) = (\boldsymbol{v}_1 + \boldsymbol{u}_1, \boldsymbol{v}_2 + \boldsymbol{u}_2)$ により, スカラー倍は $c(\boldsymbol{v}_1, \boldsymbol{v}_2) = (c\,\boldsymbol{v}_1, c\,\boldsymbol{v}_2)$ により定めるのである. このとき $V_1 \times V_2$ を $V_1 \oplus V_2$ と書く. 線型写像

$$i_1 : V_1 \to V_1 \times V_2\ (\boldsymbol{v}_1 \mapsto (\boldsymbol{v}_1, \boldsymbol{0})), \quad i_2 : V_2 \to V_1 \times V_2\ (\boldsymbol{v}_2 \mapsto (\boldsymbol{0}, \boldsymbol{v}_2))$$

は単射であり, それらの像 $i_1(V_1)$, $i_2(V_2)$ は, それぞれ $V_1 \times \{\boldsymbol{0}\}$, $\{\boldsymbol{0}\} \times V_2$ である. これらをそれぞれ V_1, V_2 と同一視して $V_1 \oplus V_2$ の部分空間と考えるならば, 1.1 節で述べた部分空間の直和の概念とも一致する. $\boldsymbol{v}_1 \in V_1$, $\boldsymbol{v}_2 \in V_2$ に対して $(\boldsymbol{v}_1, \boldsymbol{v}_2) = (\boldsymbol{v}_1, \boldsymbol{0}) + (\boldsymbol{0}, \boldsymbol{v}_2)$ なので $i_1(\boldsymbol{v}_1), i_2(\boldsymbol{v}_2)$ を単に $\boldsymbol{v}_1, \boldsymbol{v}_2$ と書くとき $(\boldsymbol{v}_1, \boldsymbol{v}_2)$ を $\boldsymbol{v}_1 + \boldsymbol{v}_2$ と書くことができる. したがって $V_1 \oplus V_2$ とは $\boldsymbol{v}_1 + \boldsymbol{v}_2$ と書かれるものの集まりであるとしてよい. ただし $\boldsymbol{v}_1 + \boldsymbol{v}_2 = \boldsymbol{u}_1 + \boldsymbol{u}_2$ が成り立つのは $\boldsymbol{v}_1 = \boldsymbol{u}_1$, $\boldsymbol{v}_2 = \boldsymbol{u}_2$ が成り立つとき, そのときに限ると考える. 任意の個数の線型空間 $V_1, \dots, V_r$ の直和 $V_1 \oplus \cdots \oplus V_r$ も同様に構成できる.

　無限個の場合も含めた線型空間の直和のことを説明しておく．I を任意の集合として，各 $i \in I$ ごとに線型空間 V_i が与えられているとする．上記と同じ考え方で，直積集合 $\prod_{i \in I} V_i$ には線型空間の構造を定めることができる．$I = \{1, \ldots, r\}$ ならば $V_1 \oplus \cdots \oplus V_r$ と同じである．I が無限集合の場合は，$\prod_{i \in I} V_i$ の部分空間としての直和空間 $\bigoplus_{i \in I} V_i$ が定義される．$\prod_{i \in I} V_i$ の元 $(\boldsymbol{v}_i)_{i \in I} = \sum_{i \in I} \boldsymbol{v}_i$ であって，有限個の i を除いて $\boldsymbol{v}_i = \boldsymbol{0}$ であるもの全体の集合を $\bigoplus_{i \in I} V_i$ により表し，$V_i \; (i \in I)$ の **直和**（空間）という．

例 A.4.1　有限集合 X に対して例 A.2.7 で考えた線型空間は，$x \in X$ に対して $V_x = \mathbb{C}\,\boldsymbol{v}_x$ とすれば $\bigoplus_{x \in X} V_x$ と表される．この構成は X が無限集合でも意味を持つ．　■

付録 B　代数学の基礎

　本書は代数学，すなわち群，環，体，および環上の加群などに関する知識を
あらかじめ仮定していない．議論は具体例を通して行っているので，抽象的な
結果を引用することはごく一部の例外を除いてない．しかし，一方で，抽象的
な概念を知る方が理解が深まることはあるので，代数学の用語に読者が徐々に
慣れることも期待している．この付録では代数学の基礎概念の定義と例を中心
に述べる．より詳しい内容については代数学の教科書をみてほしい．群の作用
に関する事項は本文中で用いるのでやや詳しく書いた．

B.1　代数演算の基礎——モノイド，群

　X を集合とする．第 1 の元 $x_1 \in X$ と第 2 の元 $x_2 \in X$ が任意に与えられ
たときに第 3 の元 $x_1 \star x_2 \in X$ が定まる規則が与えられているとする．この
ようなとき X は**二項演算** $\star$ をもつという．以下，二項演算を単に演算という．
$x_1 \star x_2$ と $x_2 \star x_1$ は別々に与えられることに注意しよう（もちろん $x_1 \star x_2 =$
$x_2 \star x_1$ が成り立つ場合もある）．$x_1, x_2, x_3 \in X$ が与えられたとする．$y =$
$x_1 \star x_2$ とおくとき $y \star x_3$ を $(x_1 \star x_2) \star x_3$ と書く．$x_1 \star (x_2 \star x_3)$ なども同様で
ある．$(x_1 \star x_2) \star x_3$ と $x_1 \star (x_2 \star x_3)$ がどんな $x_1, x_2, x_3 \in X$ に対しても一致
するとき演算 $\star$ は**結合的**（associative）であるという．$e \in X$ が演算 $\star$ の**単
位元**（identity）であるとは $x \star e = e \star x = x$ が任意の $x \in X$ に対して成り立
つことをいう．集合 X と，その上の結合的な演算 $\star$ が与えられていて，単位
元 e が存在するとき $(X, \star, e)$ のことを**モノイド**（monoid）という．

例 B.1.1 A を n 次正方行列とする．集合 $X = \{E, A, A^2, A^3, \ldots\}$ を考える（E は単位行列）．$A^0 = E$ と書き，$A^m, A^n \in X$ $(m, n \geq 0)$ に対して $A^m \star A^n = A^{m+n}$ と定めれば $(X, \star, E)$ はモノイドである．∎

例 B.1.2 t を文字（変数）とする．$X = \{1, t, t^2, t^3, \ldots\}$ を考える．$t^0 = 1$ と書く．$t^m = t^n$ $(m, n \geq 0)$ は $m = n$ のときに限り成り立つと考える．$t^m, t^n \in X$ $(m, n \geq 0)$ に対して $t^m \star t^n = t^{m+n}$ と定めれば $(X, \star, 1)$ はモノイドである．∎

$(X, \star, e)$ をモノイドとする．$x \in X$ に対して，ある $y \in X$ が存在して

$$x \star y = y \star x = e \tag{B.1}$$

が成り立つとき x は**可逆**（invertible）であるという．x が可逆であるとき (B.1) をみたす y は一意的である．実際，もしも $x \star z = z \star x = e$ をみたす z があるとすると

$$z = z \star e = z \star (x \star y) = (z \star x) \star y = e \star y = y$$

となる．x が可逆であるとき (B.1) をみたす y を x^{-1} と書き x の**逆元**（inverse）と呼ぶ．

モノイド $(G, \star, e)$ においてすべての元 x が可逆であるとき $(G, \star, e)$ は**群**（group）であるという．通常は $\star, e$ を了解した上で省略して G が群であるという言い方をする．$(G, \star, e)$ において，すべての $x, y \in G$ に対して $x \star y = y \star x$ が成り立つとき $(G, \star, e)$ は**可換群**であるという．

例 B.1.3 例 B.1.1 において $A^m = E$ となる自然数 m が存在するならば $X = \{E, A, A^2, \ldots, A^{m-1}\}$ であり，$(X, \star, E)$ は可換群である．実際 $0 \leq i \leq m - 1$ に対して

$$A^i \star A^{m-i} = A^{m-i} \star A^i = A^m = E$$

なので A^i は可逆である．∎

以下の 2 つの群は本書の主役である．

例 B.1.4（一般線型群 $\mathrm{GL}(V)$）　V を n 次元の線型空間とする．V の正則線型変換全体の集合 $\mathrm{GL}(V)$ は合成を演算として群である．これを一般線型群と呼ぶ．V の基底をとれば $\mathrm{GL}(V)$ は n 次正則行列全体の集合 $\mathrm{GL}_n(\mathbb{C})$ と同一視される．$\mathrm{GL}_n(\mathbb{C})$ は行列の積によって群の構造を持つ． ∎

例 B.1.5（対称群 S_k）　k を自然数とする．$\{1, 2, \ldots, k\}$ からそれ自身への全単射の全体 S_k に対して，写像の合成によって演算を定める．$\sigma, \tau \in S_k$ に対して $(\sigma\tau)(i) = \sigma(\tau(i))$ $(1 \le i \le k)$ とするのである．S_k の元はいわゆる k 次の**置換**（permutation）である．k 次の置換 σ を

$$\begin{pmatrix} 1 & 2 & \cdots & k \\ \sigma(1) & \sigma(2) & \cdots & \sigma(k) \end{pmatrix}$$

のように書く．S_k は，恒等置換を単位元とする群になる．これを k **次対称群**（symmetric group）と呼ぶ． ∎

例 B.1.6（一般の対称群 $S(X)$）　X を集合とする．X から X への全単射全体の集合 $S(X)$ は，写像の合成を演算として群の構造を持つ．$X = \{1, \ldots, k\}$ の場合は k 次対称群である． ∎

$(G, \star, e)$ を群とする．G の部分集合 H が

(i) $e \in H$,

(ii) $x, y \in H \Longrightarrow x \star y \in H$,

(iii) $x \in H \Longrightarrow x^{-1} \in H$

をみたすとき $(H, \star, e)$ はそれ自身が群の構造を持つ．このとき H は G の**部分群**であるという．

例 B.1.7　一般線型群 $\mathrm{GL}_n(\mathbb{C})$ の元であって対角行列全体がなす集合を $\mathbb{T}$ とすると $\mathbb{T}$ は $\mathrm{GL}_n(\mathbb{C})$ の部分群である． ∎

例 B.1.8　S_k に含まれる偶置換全体がなす集合 $\mathfrak{A}_k$ は S_k の部分群である．これを k **次交代群**（alternating group）と呼ぶ． ∎

例 B.1.9　集合 $\{1, 2, \ldots, k\}$ を互いに共通元のない（空でない）部分集合の和集合として $X_1 \sqcup \cdots \sqcup X_l$ と分割する．$\sigma \in S_k$ であって $\sigma(X_i) \subset X_i$ $(1 \le$

$i \leq l$) をみたす置換 σ の全体 H は S_k の部分群をなす. ■

B.2 部分群による剰余

　G を群, H をその部分群とする. $g \in G$ に対して gh $(h \in H)$ という元全体を gH と書く. G の部分集合 C は $C = gH$ と表せるとき H を法とする**左剰余類** (left coset) といわれる. $g_1 H = g_2 H$ ならば $g_1 \in g_2 H$ である. 逆に, $g_1 \in g_2 H$ ならば $g_1 H = g_2 H$ が成り立つ. したがって, 左剰余類 C_1, C_2 は共通元を持たないか, もしくは完全に一致するかのどちらかである. また, $g_1 H = g_2 H$ は $g_2^{-1} g_1 \in H$ とも同値である. $H = eH$ なので H は 1 つの左剰余類である. $h \in H$ に対して $gh \in gH$ を対応させる写像 $H \to gH$ は全単射である. **右剰余類** Hg も同様に定義できる.

　群 G は左剰余類たちの互いに共通元を持たない和集合になっている. 特に G が有限群ならば

$$G = C_1 \sqcup C_2 \sqcup \cdots \sqcup C_k, \quad C_i = g_i H \ (1 \leq i \leq k)$$

となる $g_1, \ldots, g_k \in G$ が存在する. このような $\{g_1, \ldots, g_k\}$ は**左 H 剰余類の代表系**と呼ばれる. 剰余類の個数 k を H の**指数** (index) と呼び $(G : H)$ と書く. $|g_i H| = |H|$ $(1 \leq i \leq k)$ なので $|G| = \sum_i |g_i H| = k|H|$ となる. したがって $|H|$ は $|G|$ の約数であって

$$(G : H) = |G|/|H|$$

が成り立つ. これは右剰余類の個数とも一致する.

例 B.2.1　S_k の部分群として交代群 $\mathfrak{A}_k$ を考える. $\mathfrak{A}_k$ に属さない元, つまり奇置換 σ を任意にとると剰余類 $\sigma \mathfrak{A}_k$ は奇置換全体がなす集合である. $\mathfrak{A}_k$ を法とする左剰余類はこの 2 つだけで S_n は共通部分が空である和集合として $S_n = \mathfrak{A}_n \sqcup \sigma \mathfrak{A}_n$ と表せる. ■

例 B.2.2　$\mathrm{GL}(V) = \mathrm{GL}_n(\mathbb{C})$ と同一視して以下のような部分群を考える.

$$H = \left\{ \begin{pmatrix} * & * & \cdots & * \\ 0 & * & \cdots & * \\ \vdots & \vdots & \ddots & \vdots \\ 0 & * & \cdots & * \end{pmatrix} \right\}.$$

$gH = g'H$ は行列 g, g' のそれぞれの第一列ベクトル $\boldsymbol{v}_1, \boldsymbol{v}_1'$ が $\mathbb{C}\boldsymbol{v}_1 = \mathbb{C}\boldsymbol{v}_1'$ をみたすことと同値である．したがって剰余類は V の 1 次元部分空間ごとに 1 つ存在する．V の 1 次元部分空間のすべてからなる集合を $\mathbb{P}(V)$ と書き，**射影空間**と呼ぶ．上記のことから全単射 $\mathrm{GL}(V)/H \cong \mathbb{P}(V)$ が得られる． ■

例 B.2.3 $H := S_m \times S_n$ を S_{m+n} の部分群とみなす．S_m は $\{1, \ldots, m\}$ を，S_n は $\{m+1, \ldots, m+n\}$ を保つ置換の集合とみなす．$\sigma H = \sigma' H$ が成り立つことは $\{\sigma(1), \ldots, \sigma(m)\} = \{\sigma'(1), \ldots, \sigma'(m)\}$ が成り立つことと同値である．したがって m 個の元からなる部分集合 $\{i_1, \ldots, i_m\} \subset \{1, \ldots, m+n\}$ ごとに 1 つの剰余類がある．よって剰余類の個数は $\binom{m+n}{m} = \frac{(m+n)!}{m!n!}$ である． ■

B.3 群の作用

集合 X に群 G が（左から）**作用する**とは $g \in G$, $x \in X$ に対して $g \cdot x \in X$ が与えられていて

$$e \cdot x = x, \quad g \cdot (h \cdot x) = (gh) \cdot x$$

が成り立つことをいう．

例 B.3.1 一般線型群 $\mathrm{GL}(V)$ は V に作用する．$g \in \mathrm{GL}(V), \boldsymbol{v} \in V$ に対して $g\boldsymbol{v} \in V$ は g による $\boldsymbol{v}$ の像である． ■

例 B.3.2 k 次対称群 S_k は $\{1, 2, \ldots, k\}$ に作用する．$\sigma \in S_k, i \in \{1, \ldots, k\}$ に対して $\sigma(i) \in \{1, \ldots, k\}$ は σ による i の像である． ■

例 B.3.3 群 G とその部分群 H を考える．$h \in H$, $x \in G$ に対して

$$h \cdot_L x = hx, \quad h \cdot_R x = xh^{-1}, \quad h \cdot_C x = hxh^{-1}$$

と定めると，いずれも H の G への作用になる．それぞれ，**左乗法**（left multiplication）による作用，**右乗法**（right multiplication）による作用，および
共役作用（conjugate action）と呼ぶ．　　　　　　　　　　　　　　　■

例 B.3.4　群 G とその部分群 H を考える．G は，G 自身への左乗法による
作用を通して，剰余集合 G/H に作用する．$g \in G, xH \in G/H$ に対して
$g(xH) = gxH \in G/H$ とするのである．　　　　　　　　　　　　　　　■

　群 G が 集合 X に作用するとき $g \in G$ に対して

$$x \mapsto g \cdot x$$

は X から X への写像である．これを $\pi(g)$ と書くとき

$$\pi(e) = \mathrm{Id}_X, \quad \pi(g) \circ \pi(h) = \pi(gh)$$

が成り立つ（Id_X は恒等写像）．$\pi(g^{-1})$ として逆写像が得られるから $\pi(g)$ は
$S(X)$（例 B.1.6）の元である．
　G, G' を群とする．G から G' への写像 φ が

$$\varphi(gh) = \varphi(g)\varphi(h) \quad (g, h \in G)$$

をみたすとき，φ は G から G' への**準同型写像**（homomorphism）であるとい
う．準同型写像であって全単射であるものを**同型写像**（isomorphism）という．
G から G' への同型写像が存在するとき G と G' は（群として）**同型**であると
いう．

例 B.3.5　群 G が集合 X に作用するとき上で述べた $\pi : G \to S(X)$ は準同型
写像である．　　　　　　　　　　　　　　　　　　　　　　　　　　　■

例 B.3.6　G を群，H を G の部分群とする．H から G への包含写像は H か
ら G への準同型写像である．　　　　　　　　　　　　　　　　　　　■

例 B.3.7　$S_k \ni \sigma$ に対してその符号 $\mathrm{sgn}(\sigma) \in \{1, -1\}$ を対応させる写像は
S_k から群 $\{1, -1\}$（積により演算を定める）への準同型写像である．つまり

$$\mathrm{sgn}(\sigma\tau) = \mathrm{sgn}(\sigma)\mathrm{sgn}(\tau) \tag{B.2}$$

が成り立つ. ∎

群 G が集合 X に作用しているとき $x \in X$ に対して

$$\mathrm{Stab}(x) = \{g \in G \mid g \cdot x = x\}$$

は G の部分群である. これを x の**固定化群**と呼ぶ. また, X の部分集合

$$Gx = \{g \cdot x \mid g \in G\}$$

を x の G **軌道** (orbit) と呼ぶ. X が 1 つの G 軌道であるとき, つまり $Gx = X$ となる $x \in X$ が存在するとき, 作用は**推移的** (transitive) であるという. G の作用による X 内の軌道全体の集合を X/G で表そう.

例 B.3.8 G の G 自身への左乗法, 右乗法による作用はいずれも推移的である. H を部分群とするとき, 左剰余類 gH は, H の G への右乗法による作用の軌道である. ∎

左剰余類の集合を G/H で表す. 右剰余類全体の集合を $H\backslash G$ で表す.

定理 B.3.9 群 G が集合 X に作用するとする. $x \in X$ に対して, 自然な全単射

$$G/\mathrm{Stab}(x) \to Gx$$

が存在する.

証明 $H = \mathrm{Stab}(x)$ とおく. $gH \in G/H$ に対して $g \cdot x \in X$ を対応させることで写像が定義できる. 実際 $g_1 H = g_2 H$ とするとき $g_2^{-1}g_1 \in H = \mathrm{Stab}(x)$ なので

$$g_1 \cdot x = g_2 \cdot (g_2^{-1}g_1) \cdot x = g_2 \cdot x$$

である. この写像は明らかに全射である. また $g_1 \cdot x = g_2 \cdot x$ $(g_1, g_2 \in G)$ ならば $g_2^{-1} \cdot (g_1 \cdot x) = x$ なので $g_2^{-1}g_1 \in \mathrm{Stab}(x) = H$, すなわち $g_1 H = g_2 H$ で

ある. したがって単射である.   □

例 B.3.10 G を有限群として $x \in G$ の共役類を C とする. G は $g \cdot x = gxg^{-1}$（共役作用）により C に推移的に作用する. $x \in C$ の固定化部分群 $\mathrm{Stab}(x)$ は x の**中心化部分群**（centralizer）$Z(x) = \{g \in G \mid gx = xg\}$ と一致する. したがって定理 B.3.9 から全単射 $G/Z(x) \cong C$ が存在するので

$$|C| = \frac{|G|}{|Z(x)|}$$

が成り立つ.   ■

B.4   有限可換群

G を群とする. G から $\mathbb{C}^\times = \mathrm{GL}_1(\mathbb{C})$ への群準同型 χ は G の 1 次元表現であり, その指標でもあるので, 単に G の**指標**と呼ぶ.

定理 B.4.1 G を有限可換群とし H をその部分群とする. χ を H の指標とする. χ は G の指標に拡張できる. つまり群準同型 $\tilde{\chi} : G \to \mathbb{C}^\times$ であって $\tilde{\chi}|_H = \chi$ となるものが存在する.

証明 $H = G$ ならば自明なので $H \subsetneq G$ として $g \in G \setminus H$ をとる. $g^d \in H$ となる最小の自然数 d をとる. $g^n \in H$ は n が d で割り切れることと同値である. $\chi(g^d) = c^d$ となる $c \in \mathbb{C}^\times$ をとる. $K = \{hg^n \mid h \in H, \, n \in \mathbb{Z}\}$ とおく. K は H を真に含む G の部分群である. $\tilde{\chi} : K \to \mathbb{C}^\times$ を $\tilde{\chi}(hg^n) = c^n \chi(h)$ と定める. $\tilde{\chi}$ が定義できて, K の指標になることがわかる. $\tilde{\chi}$ は χ の拡張なので $K = G$ ならばよい. そうでなければ K を真に含む部分群にまで拡張することができる. G は有限なので, これを繰り返せば G まで拡張できる.   □

B.5   加法群

M を可換な群であるとする. 演算を $+$ で書くとき, 単位元を 0 と書き, x の逆元を $-x$ と書くのは, 習慣として自然であろう. このとき M を**加法群**（additive group）と呼ぶ. 抽象的な構造に関しては可換群というのと同じだ

が，記法の習慣を込めてこの用語を使う．あとで述べる加群は言葉が似ているが，加法群にさらに構造を付加した代数系である．

例 B.5.1 整数全体の集合 $\mathbb{Z}$ は加法群である．線型空間 V は（スカラー倍という構造を忘れれば）加法群である． ∎

M, N を加法群とする．加法群としての準同型写像 $\varphi : M \to N$ は

$$\varphi(x + y) = \varphi(x) + \varphi(y) \quad (x, y \in M)$$

をみたす写像である．これは群準同型と同じ（記法上だけの問題）である．φ の核は

$$\mathrm{Ker}(\varphi) = \{x \in M \mid \varphi(x) = 0\}$$

と定義される．φ がさらに全単射ならば加法群としての同型という．

M を加法群，N をその部分加法群（つまり部分群）とするとき，商集合 M/N が加法群の構造を持つことは，線型写像の場合と同様である．M/N を商加法群もしくは剰余加法群と呼ぶ．

定理 B.5.2（加法群の準同型定理）M, N を加法群とする．加法群の準同型写像 $\varphi : M \to N$ が与えられたとき，加法群の同型

$$\overline{\varphi} : M/\mathrm{Ker}(\varphi) \to \mathrm{Im}(\varphi) \quad (x \bmod \mathrm{Ker}(\varphi) \mapsto \varphi(x))$$

が自然に定まる．

証明 線型写像の準同型定理 2.1.13 と証明は同様であり，スカラー倍の議論を忘れるだけである． □

B.6 環

加法群 A が**環**（ring）であるとは次が成り立つことをいう：

(1) A は '積' 演算 $(a, b) \mapsto ab$ に関して，単位元 1_A を持つモノイドである．

(2) 分配律：$a(b + c) = ab + ac$, $(a + b)c = ac + bc$ $(a, b, c \in A)$.

0 だけを元に持つ環を**零環**と呼ぶ（0 は単位元である）．任意の $a, b \in A$ に対

して $ab = ba$ が成り立つとき A は**可換環**（commutative ring）であるという．環 A の元 a に対して $ab = ba = 1_A$ となる $b \in A$ が存在するとき a は**可逆**（invertible）である（単元である）という．A に属す可逆な元全体の集合を $A^\times$ で表す．$A^\times$ が積に関して群の構造を持つことは明らかである．これを A の**単元群**（unit group）と呼ぶ．A が零環でない可換環であって $A^\times = A - \{0\}$ であるとき，A は**体**（field）であるという．A の加法部分群 S が 1_A を含み，積で閉じているとき，つまり $a, b \in S \implies ab \in S$ が成り立つとき，S は A の**部分環**（subring）であるという．

例 B.6.1　通常用いる加法や積に関して次のような例が挙げられる．整数全体の集合 $\mathbb{Z}$ は可換環である．$\mathbb{Z}$ の単元群 $\mathbb{Z}^\times$ は $\{1, -1\}$ である．複素数全体の集合 $\mathbb{C}$ や，有理数全体の集合 $\mathbb{Q}$ は体である．$\mathbb{Z}$ は $\mathbb{C}$ の（$\mathbb{Q}$ の）部分環である．A を可換環とするとき A 係数の n 次正方行列の全体 $M_n(A)$ は環である（A が零環でなく，$n \geq 2$ ならば可換ではない）．　∎

例 B.6.2　G を有限群とする．K を体とするとき $K[G]$ を K 係数の G の群環とする．つまり $K[G]$ の元は $\sum_{g \in G} c_g \boldsymbol{v}_g$ $(c_g \in K)$ と書かれる．積は $\boldsymbol{v}_g \boldsymbol{v}_h = \boldsymbol{v}_{gh}$ $(g, h \in G)$ を線型に拡張して定める．　∎

　A, B を環とする．A から B への加法群としての準同型 $\varphi : A \to B$ が

$$\varphi(1_A) = 1_B, \quad \varphi(ab) = \varphi(a)\varphi(b) \quad (a, b \in A) \tag{B.3}$$

をみたすとき**環準同型写像**（ring homomorphism）であるという．環準同型写像が全単射であるとき**環同型**（ring isomorphism）であるという．

命題 B.6.3　$\varphi : A \to B$ を環準同型写像とする．像 $\mathrm{Im}(\varphi)$ は B の部分環である．

　核 $\mathrm{Ker}(\varphi)$（定義は加法群としての核と同じ）は積で閉じてはいるが（A が零環でない限り）部分環ではない（A が零環でなければ $1_A \neq 0_A$ だが $0_A \in \mathrm{Ker}(\varphi)$ である）．次に定義するイデアルと呼ばれるものになる．環 A の部分加法群 I に対して

　(i) $a \in A$, $x \in I \implies ax \in I$,

(ii) $a \in A$, $x \in I \Longrightarrow xa \in I$

という条件を考える. (i) が成り立つとき I は**左イデアル** (left ideal) である
という. (ii) が成り立つとき I は**右イデアル** (right ideal) であるという. (i),
(ii) が成り立つとき I は**両側イデアル** (two-sided ideal) であるという.

例 B.6.4 任意の環 A に対して $I = A$ は両側イデアルである. これを**単位イ
デアル** (unit ideal) という. $I = \{0\}$ も両側イデアルである. $a \in A$ に対し
て $I = Aa := \{xa \mid x \in A\}$ は左イデアルである. これを a によって生成され
る左イデアルという.   ■

命題 B.6.5 $\varphi : A \to B$ を環準同型写像とする. 核 $\mathrm{Ker}(\varphi) = \{a \in A \mid \varphi(a)$
$= 0\}$ は A の両側イデアルである.

定理 B.6.6 (剰余環) A を環とし I を A の両側イデアルとする. 商加法群
A/I には環の構造が自然に定まる.

証明 $a \in A$ の剰余類を $[a] \in A/I$ と書くとき $[a] \cdot [b] = [ab]$ $(a, b \in A)$
が well-defined であることが確かめられる (確認は読者にまかせる). 積が定
義できれば, 加法群 A/I がこの積で環の構造を持つことはほぼ明らかである.
                                                              □

定理 B.6.7 (環準同型定理) A, B を環とする. 環準同型写像 $\varphi : A \to B$ が
与えられたとき, 自然な環同型

$$\overline{\varphi} : A/\mathrm{Ker}(\varphi) \to \mathrm{Im}(\varphi) \quad (a \bmod \mathrm{Ker}(\varphi) \mapsto \varphi(a))$$

が存在する.

証明 加法群として全単射 $\overline{\varphi}$ が存在する (定理 B.5.2). $\overline{\varphi}$ が環準同型の条件
(B.3) をみたすことは φ が環準同型であることからすぐにしたがう.   □

B.7 体の標数, 代数的閉包

A を環とするとき $\mathbb{Z}$ から A への環準同型 φ が唯一つ存在する. 1 は 1_A に
写され, $2 = 1 + 1$ は $1_A + 1_A$ に写される. また -3 は $-(1_A + 1_A + 1_A)$ に写

される，というふうにである．K が体である場合は $\varphi: \mathbb{Z} \to K$ の核は，ある
素数 p により $(p) = p\mathbb{Z}$ と表されるか，もしくは $\{0\}$ と一致する[*1]．前者の場
合，K の**標数**が p であるといい，後者の場合は標数が 0 であるという．K の
標数が p の場合は K は $\mathbb{Z}/p\mathbb{Z}$ を部分環として含む（環準同型定理より）．標数
が 0 の場合は K は有理数体 $\mathbb{Q}$ を部分環（部分体）として含む．

　K を体とする．K 係数の 1 変数の多項式 $f(x) = a_n x^n + \cdots + a_1 x + a_0$ ($n \geq$
1, $a_n \neq 0$) に対して $f(\alpha) = 0$ をみたす $\alpha \in K$（α は K における $f(x)$ の根）
が必ず存在するとき K は**代数的閉体**（algebraicaly closed field）であるとい
う．K が代数的閉体ならば $f(x) = a_n(x - \alpha_1) \cdots (x - \alpha_n)$ と因数分解する
（高校数学の因数定理を繰り返し使えばわかる）．複素数体 $\mathbb{C}$ が代数的閉体で
あることは代数学の基本定理と呼ばれる．複素関数論におけるリウヴィルの定
理[*2]を用いる証明が簡明である．

　任意の体 K に対して，K を含む代数的閉体 $\overline{K}$ であって $\overline{K}$ の任意の元 α が
K 係数多項式の根であるものが存在することが知られている．$\overline{K}$ を K の**代数
的閉包**（algebraic closure）と呼ぶ．これはシュタイニッツの定理と呼ばれる
（証明については [3] などを参照するとよい）．本書でこの事実を用いることは
ないが，体の理論の基礎付けにおいて基本的である．

B.8　環上の加群

　A を環とする．加法群 M が**左 A 加群**（left A-module）であるとは，写像
$A \times M \to M$, $(a, m) \mapsto am$（A の M への左作用）が与えられていて

$$1_A m = m, \quad a(bm) = (ab)m, \quad (a+b)m = am + bm,$$
$$a(m+n) = am + an \quad (a, b \in A, m, n \in M)$$

が成り立つことをいう．

命題 B.8.1　I が環 A の左イデアルであるとき，剰余加法群 A/I は左 A 加群

[*1]　$\mathbb{Z}/\mathrm{Ker}(\varphi)$ は体 K の部分環 $\mathrm{Im}(\varphi)$ と同型なので整域（「$ab = 0$ ならば $a = 0$ または $b = 0$」が成り立つ可換環）である．$\mathbb{Z}$ のイデアルは $n\mathbb{Z}$ と表されるものしかない．n は 0 または正の整数である．$\mathbb{Z}/n\mathbb{Z}$ が整域であるのは n が素数であるか，$n = 0$ の場合に限る．

[*2]　全平面で有界な正則な関数は定数に限る．

の構造を持つ.

証明 $(a, [x]) \mapsto [ax] \in A/I \; (a, x \in A)$ により A の作用が定まる.   □

M, N を左 A 加群とする. 加法群としての写像 $f : M \to N$ が

$$f(ax) = af(x) \quad (a \in A, \; x \in M)$$

をみたすとき, f は A 準同型（A-homomorphism）であるという. M から N への A 準同型全体の集合を $\mathrm{Hom}_A(M, N)$ により表す. これは加法群の構造を持つ.

右 A 加群の定義も同様にできる. 写像 $M \times A \to M, \; (m, a) \mapsto ma$（$A$ の M への右作用）が与えられていて

$$m1_A = m, \quad (ma)b = m(ab), \quad m(a+b) = ma + mb,$$
$$(m+n)a = ma + na \; (a, b \in A, m, n \in M)$$

とするのである. 加法群 M が 左 A 加群であり, かつ右 B 加群であって, お互いの作用が可換, すなわち $(ax)b = a(xb)$ $(a \in A, b \in B, x \in M)$ が成り立つとき M は**両側 (A, B) 加群**であるという. 例えば A は両側 (A, A) 加群である. A が可換環ならば, 左 A 加群と右 A 加群は区別する必要がなく, 単に A 加群と呼ぶ. K を体とするとき, K 加群と K 上の線型空間は同じ概念である.

B.9 K 代数

A を環とする. 体 K から A への環準同型写像 $\varphi : K \to A$ が与えられているとする. $K \times A \to A$ を $(c, a) \mapsto \varphi(c)a$ により定めると, A は K 加群, すなわち K 上の線型空間の構造を持つ. さらに φ の像が A の元と可換であるとき, つまり $\varphi(c)a = a\varphi(a)$ $(c \in K, a \in A)$ が成り立つとき A は K **代数**（K-algebra）であるという. φ を**構造射**と呼ぶ. 通常は $\varphi(c)a$ を単に ca と書く.

例 B.9.1 K を体とし, $A = M_n(K)$ とする. $c \in K$ に対して $\varphi(c) = c \cdot E_n \in$

$M_n(K)$ とすることで A は K 代数の構造を持つ. ■

　A, B を K 代数とする. 環準同型 $f : A \to B$ は K 上の線型写像でもあるとき K 代数の準同型であるという. これは $\varphi_B = f \circ \varphi_A$ が成り立つことと同値である. ただし φ_A, φ_B はそれぞれ A, B の構造射である. K 代数の準同型が全単射であるとき K 代数の同型という.

例 B.9.2　K を体とし, V を K 上の線型空間とする. $\mathrm{End}(V)$ を V の線型変換全体がなす環とする. 単元群 $\mathrm{End}(V)^\times$ は $\mathrm{GL}(V)$ である. $\mathrm{End}(V)$ は K 代数の構造を持つ. V が K 上 n 次元ならば $\mathrm{End}(V)$ は K 代数として $M_n(K)$ と同型である. ■

例 B.9.3　G を有限群とするとき, 体 K 上の群環 $K[G]$ は K 代数である. 構造射は $K \ni c \mapsto c\boldsymbol{v}_e \in K[G]$ により定める ($e \in G$ は単位元). ■

　K 代数 A の部分環 S が K 上の線型空間としての部分空間であるとき, S は A の部分 K 代数であるという.

例 B.9.4　G を有限群, H をその部分群とする. $K[H]$ は $K[G]$ の部分 K 代数である. ■

G の表現と $K[G]$ 加群

　G を群とする. G の体 K 上の表現とは, K 上の線型空間 V と群準同型 $\rho : G \to \mathrm{GL}(V)$ の組 (V, ρ) のことである. G を有限群とするとき, G の体 K 上の表現 (V, ρ) が与えられると V は左 $K[G]$ 加群の構造を持つ. $K[G]$ の V への作用 $K[G] \times V \to V$ を

$$\left(\sum_g c_g \boldsymbol{v}_g, \boldsymbol{v} \right) \mapsto \sum_g c_g \rho(g) \boldsymbol{v}$$

とするのである. 逆に K 上の有限次元線型空間 V が左 $K[G]$ 加群の構造を持つならば, $g \in G$ に対して $\rho(g)(\boldsymbol{v}) = g\boldsymbol{v}$ によって $\rho(g) \in \mathrm{GL}(V)$ が定まり, (V, ρ) は G の表現となる.

B.10 次数付き環

環 A が部分加法群 A_k $(k = 0, 1, \ldots)$ の直和 $\bigoplus_{k=0}^{\infty} A_k$ になっていて，$a_k \in A_k$, $a_l \in A_l$ に対して $a_k a_l \in A_{k+l}$ が成り立つとき A は**次数付き環**（graded ring）であるという．A_0 は A の部分環になる．$A = \bigoplus_{k=0}^{\infty} A_k$, $B = \bigoplus_{k=0}^{\infty} B_k$ を次数付き環とする．環準同型 $f : A \to B$ は任意の $k \geq 0$ に対して $f(A_k) \subset B_k$ をみたすとき，次数付き環としての準同型であるという．

定義 B.10.1 $A = \bigoplus_{k=0}^{\infty} A_k$ を次数付き環とする．A のイデアル I は $I = \bigoplus_{k=0}^{\infty} A_k \cap I$ をみたすとき**斉次イデアル**（homogeneous ideal）であるという．

次数付き環の準同型の核は斉次イデアルである．

命題 B.10.2 $A = \bigoplus_{k=0}^{\infty} A_k$ を次数付き環とし，I を斉次イデアルとする．A/I は次数付き環の構造を持つ．

証明 $I_k = A_k \cap I$ とおく．$a = \sum_k a_k$, $b = \sum_k b_k$ $(a_k, b_k \in A_k)$（有限和）に対して $a - b \in I$ とすると $a_k - b_k \in I_k$ $(k \geq 0)$ となるから $[a_k] = [b_k] \in A_k/I_k$ となる．加法群の準同型 $A/I \to \bigoplus_{k=0}^{\infty} A_k/I_k$ ができる．これは明らかに同型である．$A_k \times A_l \to A_{k+l}$ から $A_k/I_k \times A_l/I_l \to A_{k+l}/I_{k+l}$ が引き起こされる．実際 $a_k \equiv a_k' \bmod I_k$, $b_l \equiv b_l' \bmod I_k$ とするとき

$$a_k b_l - a_k' b_l' = (a_k - a_k')b_l + a_k'(b_l - b_l') \in I_k A_l + A_k I_l \subset I_{k+l}$$

が成り立つ．この積構造によって $\bigoplus_{k=0}^{\infty} A_k/I_k$ が次数付き環の構造を持つことは容易にわかる．　$\square$

次数付き環 $A = \bigoplus_{k=0}^{\infty} A_k$ の部分環 S が $S = \bigoplus_{k=0}^{\infty}(A_k \cap S)$ をみたすとき S は A の次数付き部分環であるという．次数付き環の準同型 $\varphi : A \to B$ に対して，その像 $\mathrm{Im}(\varphi)$ は B の次数付き部分環である．

次数付き K 代数

$A = \bigoplus_{k=0}^{\infty} A_k$ を次数付き環とし，体 K から A_0 への環準同型 φ が与えられ

ているとき，A は **次数付き K 代数** (graded K-algebra) であるという．$c \in K$，$a_k \in A_k$ に対して $\varphi(c)a_k \in A_k$ を a_k の c 倍と定めることによって A_k は K 上の線型空間の構造を持つ．このように次数付き K 代数は，次数付き環，K 上の線型空間の両方の構造を持つ代数系である．A, B を次数付き K 代数とする．次数付き環の準同型 $f : A \rightarrow B$ が K 線型写像であるとき，次数付き K 代数の準同型であるという．$\mathrm{Im}(f)$ は B の次数付き部分 K 代数（つまり次数付き部分環かつ，部分 K 代数）である．次数付き環の準同型がさらに全単射ならば次数付き K 代数の同型という．

定理 B.10.3　（次数付き K 代数の準同型定理）$A = \bigoplus_{k=0}^{\infty} A_k$, $B = \bigoplus_{k=0}^{\infty} B_k$ を次数付き K 代数とする．次数付き K 代数の準同型 $f : A \rightarrow B$ が与えられるとき，次数付き K 代数の同型 $A/\mathrm{Ker}(f) = \mathrm{Im}(f)$ が存在する．

B.11　環上のテンソル積

A を環とし，M を右 A 加群，N を左 A 加群とする．X を加法群として，直積集合 $M \times N$ から X への写像 Φ を考える．$x, x' \in M$, $y, y' \in N$, $a \in A$ に対して

$$\Phi(x + x', y) = \Phi(x, y) + \Phi(x', y),$$
$$\Phi(x, y + y') = \Phi(x, y) + \Phi(x, y'), \tag{B.4}$$
$$\Phi(x\,a, y) = \Phi(x, a\,y) \tag{B.5}$$

という条件が成り立つとき Φ は **A バランス写像** であるという．$M \times N$ から X への A バランス写像の集合を $\mathcal{B}_A(M, N; X)$ と表すことにする．加法群 $M \otimes_A N$ は次の普遍写像性質によって定義される：A バランス写像 $\Phi_0 : M \times N \rightarrow M \otimes_A N$ が与えられていて，任意の加法群 X と A バランス写像 $\Phi \in \mathcal{B}_A(M, N; X)$ に対して，加法群の準同型 $f : M \otimes_A N \rightarrow X$ であって $\Phi = f \circ \Phi_0$ をみたすものが一意的に存在する．

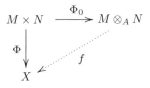

したがって次の加法群の同型が存在する：

$$\mathcal{B}_A(M, N; X) \cong \mathrm{Hom}_{\mathbb{Z}}(M \otimes_A N, X).$$

テンソル積 $M \otimes_A N$ の存在の証明については [19] などを参照せよ.

M を右 A 加群, N を左 A 加群とする. M がさらに両側 (B, A) 加群であるならば, $M \otimes_A N$ への左からの B の作用を $b(x \otimes y) = (bx) \otimes y$ ($b \in B, x \in M, y \in N$) によって定めることができる. 同様に, N がさらに両側 (A, C) 加群であるならば, 右からの C の作用を $(x \otimes y)c = x \otimes (yc)$ ($c \in C, x \in M, y \in N$) によって定めることができる.

例 B.11.1 A は両側 (A, A) 加群である. 左 A 加群 M に対して A 加群の同型 $A \otimes_A M \cong M$ が存在することが示せる. ∎

命題 B.11.2（テンソル積の結合律）　L を右 A 加群, M を両側 (A, B) 加群, N を左 B 加群とする. このとき加法群の同型

$$(L \otimes_A M) \otimes_B N \cong L \otimes_A (M \otimes_B N)$$

が存在する.

証明　双線型写像 $(L \otimes_A M) \times N \to L \otimes_A (M \otimes_B N)$ を

$$\varphi : (x \otimes y, z) \mapsto x \otimes (y \otimes z) \quad (x \in L,\, y \in M,\, z \in N)$$

と定めよう. 実際, $a \in A$ のとき $xa \otimes (y \otimes z) = x \otimes a(y \otimes z) = x \otimes (ay \otimes z)$ なので φ は定義できる. また明らかに φ は B バランス写像である. よって加法群の準同型

$$(L \otimes_A M) \otimes_B N \to L \otimes_A (M \otimes_B N) \quad ((x \otimes y) \otimes z \mapsto x \otimes (y \otimes z))$$

が引き起こされる．同様に $L\otimes_A(M\otimes_B N) \to (L\otimes_A M)\otimes_B N$ が $x\otimes(y\otimes z) \mapsto$ $(x \otimes y) \otimes z$ と定まる．これらは互いに逆写像である．　　　　　　□

　環 A が K 代数であれば，A 加群は K 上の線型空間の構造を持ち，テンソル積などもすべて K 上の線型空間になる．

例 B.11.3（誘導表現）　G を有限群，H を G の部分群とする．V を H の（$\mathbb{C}$ 上の）有限次元表現とする．V は左 $\mathbb{C}[H]$ 加群である．$\mathbb{C}[G]$ の右 $\mathbb{C}[H]$ 加群の構造を用いて $\mathbb{C}[G] \otimes_{\mathbb{C}[H]} V$ を定義することができる．これは左 $\mathbb{C}[G]$ 加群の構造を持つので，G の表現であると考えられる．　　　　　　■

　誘導表現の構成は**係数拡大**（extension of scalars）という操作の具体例である．$A \to B$ を環準同型とする．左 A 加群 M に対して，B の右 A 加群構造を用いて $B \otimes_A M$ を作ると，左 B 加群になる．$B \otimes_A M$ を A 加群 M からの B への係数拡大と呼ぶ．左 B 加群 N に対して，$A \to B$ を通して左 A 加群とみなせる．これを係数制限と呼ぶ．このとき

$$\operatorname{Hom}_B(B \otimes_A M, N) \cong \operatorname{Hom}_A(M, N) \tag{B.6}$$

が成り立つ．定理 5.6.7 と同様に証明できる．

問・問題のヒントあるいは解答例

第 1 章

問 1.1 $P = \begin{pmatrix} a & b \\ c & d \end{pmatrix}$ とおいて $\begin{pmatrix} 0 & 1 \\ 0 & 0 \end{pmatrix} P = P\operatorname{diag}(c_1, c_2)$ $(c_1, c_2 \in \mathbb{C})$ とする.
$c_1 \neq 0$ とすると $a = c = 0$ が導かれて P が正則であることに反する. よって $c_1 = 0$
である. 同様に $c_2 \neq 0$ とすると $b = d = 0$ が導かれるので $c_2 = 0$ である. このとき
$c = d = 0$ となる. これは P が正則であることに矛盾する.

問 1.2 $P_i = P_i \cdot \operatorname{Id}_V = P_i \sum_{j=1}^s P_j = \sum_{j=1}^s P_i P_j = \sum_{j \neq i} P_i P_j + P_i^2 = P_i^2$.

問 1.3 固有値がすべて 0 の対角行列は零行列しかない.

問 1.4 二項定理を用いる.

問 1.5 等比数列の和の公式を用いる.

問 1.6 (1) $A^{l-1} \boldsymbol{v}, \ldots, A\boldsymbol{v}, \boldsymbol{v}$ に線型関係があるとして $A^{l-1}, A^{l-2}, \ldots, A$ を次々と
かけると係数が順に 0 となることがわかる. (2) 容易. (3) 巾零ジョルダン細胞 J_l にな
る.

問 1.7 A が対角化可能であるとき $S = A, N = O$ とすれば A のジョルダン分解にな
る. ジョルダン分解の一意性から巾零部分 N は O である.

問題 1.1 ジョルダン分解を $A = S + N$ とする. A は正則なので固有値は 0 でない.
よって S も正則である. $U = E + S^{-1}N$ とおくと $A = SU$ である. このとき $S^{-1}N$
は巾零行列である (S^{-1} と N が可換であることより). よって U は巾単行列である. また
$SN = NS$ より $A = US$ も成り立つ. 一意性はジョルダン分解の一意性からしたがう.

問題 1.2 (1) S^m は明らかに対角化可能である. $U^m - E = (U - E)(U^{m-1} + U^{m-2} + \cdots + U + E)$ なので, $(U - E)^n = O$ より $(U^m - E)^n = O$ となる. よって U^m は巾
単行列である. また S, U が可換なので S^m と U^m は可換である. (2) $N := U - E$ と
する. $O = U^m - E = (E + N)^m - E = \sum_{i=1}^m \binom{m}{i} N^i = N(mE + \sum_{i=2}^m \binom{m}{i} N^{i-1})$.
$mE + \sum_{i=2}^m \binom{m}{i} N^{i-1}$ は正則なので $N = O$ である. したがって $U = E$ である.

問題 1.3 k に関する帰納法を用いる. $k = 1$ のときは示すべきことはない. A_1 に関
する固有空間分解を $\mathbb{C}^n = W(\alpha_1) \oplus \cdots \oplus W(\alpha_s)$ とする. $2 \leq j \leq k$ とするとき各
$W(\alpha_i)$ は A_j の不変部分空間である. また A_j が引き起こす $W(\alpha_i)$ の線型変換 f_j は
対角化可能である (定理 1.4.6 の証明より). 帰納法の仮定より $W(\alpha_i)$ の基底を適当に
選ぶと f_j $(2 \leq j \leq k)$ は対角行列になる. その基底に関して A_1 は $\alpha_i E$ である. この
ような基底を各 $W(\alpha_j)$ について選べばよい.

問題 1.4 (1) $A(B\boldsymbol{v}) = [A, B]\boldsymbol{v} + BA\boldsymbol{v} = cB\boldsymbol{v} + \alpha B\boldsymbol{v} = (\alpha + c)B\boldsymbol{v}$. (2) U は A
不変であるが, もしも B に関しても不変ならば (ii) より $U = \mathbb{C}^n$ となって U のとり方

に反する（U は 0 ではない）．よって $B\boldsymbol{u} \notin U$ となる $\boldsymbol{u} \in U$ が存在する．一方 (1) より $B\boldsymbol{u}$ は A の固有ベクトルゆえ $B\boldsymbol{u} \in U$ である．これは矛盾である．

第 2 章

問 2.1 (1)$\sum_{i=1}^{m} \dim W_i/W_{i-1} = \sum_{i=1}^{m}(\dim W_i - \dim W_{i-1}) = \dim W_m - \dim W_0$ $= \dim V$. (2)$\{\boldsymbol{v}_1^{(1)}, \ldots, \boldsymbol{v}_{d_1}^{(1)}\}$ は W_1 の基底である．$\{[\boldsymbol{v}_1^{(2)}], \ldots, [\boldsymbol{v}_{d_2}^{(2)}]\}$ は W_2/W_1 において線型独立なので命題 2.1.10 により $\{\boldsymbol{v}_1^{(1)}, \ldots, \boldsymbol{v}_{d_1}^{(1)}, \boldsymbol{v}_1^{(2)}, \ldots, \boldsymbol{v}_{d_2}^{(2)}\}$ は線型独立であり，W_2 の基底である（$\dim W_2 = d_1 + d_2$ に注意）．以下同様．

問 2.2 (1) $A\boldsymbol{v}_j = \sum_{i=1}^{j} a_{ij}\boldsymbol{v}_i$ $(a_{jj} = \alpha_j)$ なので $(A - \alpha_j E)\boldsymbol{v}_j = \sum_{i=1}^{j-1} a_{ij}\boldsymbol{v}_i \in W_{j-1}$ である．(2) 次のように見れば $\phi_A(A)$ は 0 写像であることがわかる：

$$\mathbb{C}^n = W_n \xrightarrow{A - \alpha_n E} W_{n-1} \xrightarrow{A - \alpha_{n-1} E} \cdots \xrightarrow{A - \alpha_2 E} W_1 \xrightarrow{A - \alpha_1 E} W_0 = \{\boldsymbol{0}\}.$$

問 2.3 S_0 は対角行列で N_0 が巾零だから，S は対角化可能で N は巾零行列である．明らかに $S_0 N_0 = N_0 S_0$ なので $SN = NS$ もしたがう．

問 2.4 A がジョルダン標準形であるとしてかまわない．広義固有空間分解に合わせて $A = \bigoplus_{i=1}^{s} A_i$ と分解する．$f(x)$ を多項式とするとき $f(A) = \bigoplus_{i=1}^{s} f(A_i)$ となるから，これが O になるのはすべての i について $f(A_i) = O$ となることである．最小多項式の候補は $f(x) = \prod_{i=1}^{s}(x - \alpha_i)^{t_i}$ $(0 \leq t_i \leq k_i)$ と書ける．

$$f(A_i) = (A_i - \alpha_i E_{k_i})^{t_i} \prod_{j \neq i}(A_i - \alpha_j E_{k_i})^{t_j}$$

であるが $j \neq i$ に対して $A_i - \alpha_j E_{k_i}$ は対角成分がすべて $\alpha_i - \alpha_j \neq 0$ の上三角行列なので正則行列である．よって $f(A_i) = O$ は $(A_i - \alpha_i E_{k_i})^{t_i} = O$ と同値である（$j \neq i$ なる t_j は関係ない）．$A_i - \alpha_i E_{k_i}$ は巾零ジョルダン標準形なので $(A_i - \alpha_i E_{k_i})^{t_i} = O$ となる t_i の最小値はそこに現れるジョルダン細胞のサイズの最大値 l_i である．

問題 2.1 $\pi : V \to V/W$ を自然な射影とする．左辺から右辺へは π による像をとることで，右辺から左辺へは π による逆像をとることで写像が得られる．これらは互いに逆写像になっている．

問題 2.2 (3.6) の右辺に現れる行列（同伴行列）の転置になる．

第 3 章

問 3.1 $e^{t\alpha_1}, \ldots, e^{t\alpha_n}$ の線型関係式 $\sum_{i=1}^{n} c_i e^{t\alpha_i} = 0$ を t でどんどん微分する．ヴァンデルモンド行列式を用いよ．

問題 3.1 行列の三角化を用いよ．

問題 3.2 $e^{tA}Be^{-tA} = B + t[A, B] + \cdots$（$\cdots$ は t の 2 次以上）なので $\lim_{t \to 0}(e^{tA}Be^{-tA} - B) = [A, B]$.

問題 3.3 (1) 問題 3.1 より明らか．(2) $X \in M_n(\mathbb{R})$ に対して $g := e^{\varepsilon X} \in O(n)$ が成り立つとする．${}^t g g = e^{\varepsilon {}^t X} e^{\varepsilon X} = (E_n + \varepsilon {}^t X + o(\varepsilon))(1 + \varepsilon X + o(\varepsilon)) = E_n + \varepsilon({}^t X + $

$X)+o(\varepsilon)$ なので $^tX+X=O$ でなければならない．逆に $^tX+X=O$ ならば $g:=e^{\varepsilon X}$ とするとき $^tgg=e^{\varepsilon{}^tX}e^{\varepsilon X}=e^{-\varepsilon X}e^{\varepsilon X}=E_n$ である．

問題 3.4　$\boldsymbol{v}={}^t(v_1,\ldots,v_n)$ が固有値 α の固有ベクトルならば $v_{i+1}=\alpha v_i$ $(1\le i\le n-1)$ が成り立つことに注意せよ．

第 4 章

問 4.1　命題 4.2.1 は $U=\mathbb{C}$ の場合であることに注意しよう．$\phi\in\mathrm{Hom}(V,U)$ が $\phi|_W=0$ をみたすとする．このとき線型写像 $\overline{\phi}:V/W\to U$ を $\overline{\phi}([\boldsymbol{v}])=\phi(\boldsymbol{v})$ $(\boldsymbol{v}\in V)$ が成り立つように定義できる．$\phi\mapsto\overline{\phi}$ は $\{\phi\in\mathrm{Hom}(V,U)\mid\phi|_W=0\}$ から $\mathrm{Hom}(V/W,U)$ への線型写像を与える．$\psi\in\mathrm{Hom}(V/W,U)$ に対して $\tilde{\psi}(\boldsymbol{v})=\psi([\boldsymbol{v}])$ $(\boldsymbol{v}\in V)$ とすることで $\tilde{\psi}:V\to U$ が定義できる．$\psi\mapsto\tilde{\psi}$ は上記の $\phi\mapsto\overline{\phi}$ の逆写像である．

問 4.2　$\boldsymbol{u}=a\boldsymbol{e}_1+b\boldsymbol{e}_2,\ \boldsymbol{v}=c\boldsymbol{e}_1+d\boldsymbol{e}_2$ とする．$\boldsymbol{e}_1\otimes\boldsymbol{e}_2+\boldsymbol{e}_2\otimes\boldsymbol{e}_1=\boldsymbol{u}\otimes\boldsymbol{v}$ は $ac=bd=0,\ ad=bc=1$ と同値である．これをみたす $ac=0$ なので $a=0$ または $c=0$ であるが $a=0$ ならば $ad=1$ に矛盾，$c=0$ ならば $bc=1$ に矛盾する．

問 4.3　それぞれ $\begin{pmatrix}a&0&b&0\\0&a&0&b\\c&0&d&0\\0&c&0&d\end{pmatrix},\ \begin{pmatrix}a&b&0&0\\c&d&0&0\\0&0&a&b\\0&0&c&d\end{pmatrix}.$

問 4.4　双線型写像 $\Phi_0:\mathbb{C}\times V\to V$ を $(\alpha,\boldsymbol{v})\mapsto\alpha\boldsymbol{v}$ により定める．これが普遍写像性質をみたすことを示せば V は $\mathbb{C}\otimes V$ とカノニカルに同型であるといえる．U を任意の線型空間として $\Phi\in\mathcal{L}(\mathbb{C},V;U)$ を任意にとる．$f\in\mathrm{Hom}(V,U)$ を $f(\boldsymbol{v})=\Phi(1,\boldsymbol{v})$ $(\boldsymbol{v}\in V)$ により定める．f は $f\circ\Phi_0=\Phi$ をみたす唯一つの $\mathrm{Hom}(V,U)$ の元であることがわかる．

問 4.5　(1) 略．(2) $\boldsymbol{t}\in A^k(V)$ ならば $\boldsymbol{t}=P_A\boldsymbol{s}$ となる $\boldsymbol{s}\in T^k(V)$ がある．このとき $P_\sigma\boldsymbol{t}=P_\sigma P_A\boldsymbol{s}=\mathrm{sgn}(\sigma)P_A(\boldsymbol{s})=\mathrm{sgn}(\sigma)\boldsymbol{t}$．逆に $P_A\boldsymbol{t}=\boldsymbol{t}$ とすると $P_\sigma\boldsymbol{t}=P_\sigma P_A\boldsymbol{t}=\mathrm{sgn}(\sigma)P_A\boldsymbol{t}=\mathrm{sgn}(\sigma)\boldsymbol{t}$．

問 4.6　$\boldsymbol{b}_i=B\boldsymbol{a}_i$ $(1\le i\le n)$ として $A\boldsymbol{b}_1\wedge\cdots\wedge A\boldsymbol{b}_n$ を 2 通りに計算する．

問 4.7　$\boldsymbol{t}\in T^k(V),\ \boldsymbol{s}\in T^l(V)$ に対して $P_A(P_A(\boldsymbol{t})\otimes\boldsymbol{s})=P_A(\boldsymbol{t}\otimes P_A(\boldsymbol{s}))=P_A(\boldsymbol{t}\otimes\boldsymbol{s})$（補題 4.6.3 と同様，より簡単）が成り立つ．(1) 上で述べたことを用いて補題 4.6.3 の証明と同様．(2) $\sigma\in S_{k+l}$ を補題 4.6.3 の証明で用いたのと同じ置換とする．(3) $P_S(\boldsymbol{t})\cdot P_S(\boldsymbol{s})=P_S(P_S(\boldsymbol{t})\otimes P_S(\boldsymbol{s}))=P_S(\boldsymbol{t}\otimes\boldsymbol{s})$．(4) 結合律と (3) より $P_S(\boldsymbol{v}_1\otimes\cdots\otimes\boldsymbol{v}_k)=P_S(\boldsymbol{v}_1)\cdots P_S(\boldsymbol{v}_k)$ が成り立つ．$\boldsymbol{v}\in V$ に対しては $P_S(\boldsymbol{v})=\boldsymbol{v}$ なので (4) がしたがう．(5) 略．

問題 4.1　(1) $\phi\in(\mathrm{Im}(f))^\perp\iff 0=\langle\phi,f(\boldsymbol{v})\rangle=\langle{}^tf(\phi),\boldsymbol{v}\rangle$（すべての $\boldsymbol{v}\in V$）$\iff{}^tf(\phi)=0$．(2) (1) の両辺の零化空間をとると $\mathrm{Ker}({}^tf)^\perp=\mathrm{Im}(f)$ が得られる．$g={}^tf$ とすれば $^tg=f$ であり $\mathrm{Ker}(g)^\perp=\mathrm{Im}({}^tg)$．(3) $\mathrm{rank}({}^tf)=\dim\mathrm{Im}({}^tf)=\dim\mathrm{Ker}(f)^\perp=\dim V-\dim\mathrm{Ker}(f)=\dim\mathrm{Im}(f)=\mathrm{rank}(f)$．

問題 4.2　略．

問題 4.3 (1) グラスマン代数と近い. $T(V)$ の標準基底 $\{e_{i_1} \otimes \cdots \otimes e_{i_k}\}$ の像を考える. $i \neq j$ のとき $e_i \otimes e_j \equiv -e_j \otimes e_i \bmod I_n$ なので $e_{i_1} \otimes \cdots \otimes e_{i_k}$ $(1 \leq i_1 \leq \cdots \leq i_k \leq n)$ で生成される. $i_j = i_{j+1}$ の場合に $e_i \otimes e_i \equiv -1 \bmod I_n$ を繰り返し代入すれば $1 \leq i_1 < \cdots < i_k \leq n$ の場合だけで生成されることがわかる. (2) $\mathbb{C}$ 代数の準同型 $\tilde{\psi} : T(\mathbb{C}^2) \to M_2(\mathbb{C})$ を

$$\tilde{\psi}(e_1) = \sqrt{-1} \begin{pmatrix} 0 & 1 \\ 1 & 0 \end{pmatrix}, \quad \tilde{\psi}(e_2) = \begin{pmatrix} 0 & 1 \\ -1 & 0 \end{pmatrix}$$

により定める. $\tilde{\psi}(e_1^2) = \tilde{\psi}(e_2^2) = -E$, $\tilde{\psi}(e_1 e_2) = -\tilde{\psi}(e_2 e_1)$ が確認できる. よって $\mathbb{C}$ 代数の準同型 $\psi : \mathscr{C}_2 \to M_2(\mathbb{C})$ が引き起こされる. また $\tilde{\psi}(e_1 e_2) = \sqrt{-1} \begin{pmatrix} -1 & 0 \\ 0 & 1 \end{pmatrix}$ である. これから ψ が全射であることがわかる. よって $\dim \mathscr{C}_2 \geq \dim M_2(\mathbb{C}) = 4$ である. 一方 (1) より $\dim \mathscr{C}_2 \leq 4$ である. したがって $\dim \mathscr{C}_2 = 4$ であり ψ は線型同型である. よって $\mathbb{C}$ 代数の同型である. (3) $\mathbb{C}$ 代数の準同型 $\tilde{\phi} : T(\mathbb{C}^{n+2}) \to \mathscr{C}_n \otimes \mathscr{C}_2$ を $\tilde{\phi}(e_i) = \sqrt{-1}\, e_i \otimes e_1 e_2$ $(1 \leq i \leq n)$, $\tilde{\phi}(e_{n+1}) = 1 \otimes e_1$, $\tilde{\phi}(e_{n+2}) = 1 \otimes e_2$ により定めることができる (テンソル代数の普遍性). $I_n \subset \mathrm{Ker}(\tilde{\phi})$ が確認できる. 例えば $1 \leq i \leq n$ のとき

$$\tilde{\phi}(e_i \otimes e_i) = \tilde{\phi}(e_i)^2 = (\sqrt{-1}\, e_i)^2 \otimes (e_1 e_2)^2 = 1 \otimes (-1) = -1 = \tilde{\phi}(-1)$$

である. よって $\mathbb{C}$ 代数の準同型 $\phi : \mathscr{C}_{n+2} \to \mathscr{C}_n \otimes \mathscr{C}_2$ が引き起こされる. (4) $\mathscr{C}_n \otimes \mathscr{C}_2$ は $\mathbb{C}$ 代数として $e_i \otimes e_1 e_2$ $(1 \leq i \leq n)$, $1 \otimes e_1$, $1 \otimes e_2$ で生成されるので ϕ は全射である. よって $\dim \mathscr{C}_{n+2} \geq \dim \mathscr{C}_n \otimes \mathscr{C}_2$ が成り立つ. このことと, $\dim \mathscr{C}_1 = 2$ および, (2) よりしたがう $\dim \mathscr{C}_2 = 4$ から帰納的に $\dim \mathscr{C}_n \geq 2^n$ がしたがう. 一方 (1) より $\dim \mathscr{C}_n \leq 2^n$ である. よって $\dim \mathscr{C}_n = 2^n$. ゆえに ϕ は単射でもある.

問題 4.4 略.

問題 4.5 $v_i \otimes v_j \otimes v_k$ を v_{ijk} と略記する. v_{123} の像は両辺とも

$$v_{321} + (u+v)(v_{231} + v_{312} + u \cdot v_{132} + v \cdot v_{213} + uv\, v_{123})$$

となる.

第 5 章

問 5.1 次元が最小の部分表現をとることができる.

問 5.2 G は有限群なので $g^m = e$ となる $m \geq 1$ がある. このとき $\rho(g)^m = \mathrm{Id}$ である. 問題 1.2 が適用できる.

問 5.3 写像 $R_g : G \to G$ を $R_g(h) = hg$ と定める. $R_{g^{-1}}$ は R_g の逆写像なので R_g は全単射である. このことから $\sum_{h \in G} F(hg)$ は G の各元ごとに F の値を足していることになるので $\sum_{h \in G} F(h)$ と一致する. $\sum_{h \in G} F(gh)$ も同様である.

問 5.4 定義の通り. 略.

問 5.5 V_1, V_2 の基底 $\{v_i\}, \{w_k\}$ をとって f_1, f_2 の表現行列をそれぞれ $A = (a_{ij})$, $B = (b_{kl})$ とする. このとき $(f_1 \otimes f_2)(v_j \otimes w_l) = \sum_{i,k} a_{ij} b_{kl} v_i \otimes w_k$ なので $\mathrm{tr}(f_1 \otimes$

$f_2) = \sum_{j,l} a_{jj} b_{ll} = (\sum_j a_{jj})(\sum_l b_{ll}) = \mathrm{tr}(f_1) \cdot \mathrm{tr}(f_2).$

問 5.6 (5.14) と同様.

問 5.7 略.

問 5.8 V は 1 次元なので χ_V は G から $\mathrm{GL}(V) = \mathbb{C}^\times$ への群準同型である. よって $\overline{\chi_V(g)} = \chi_V(g^{-1}) = \chi_V(g)^{-1}$ すなわち $|\chi_V(g)| = 1$ である. このことから $(\chi_{V \otimes W} \,|\, \chi_{V \otimes W}) = |G|^{-1} \sum_{g \in G} |\chi_{V \otimes W}(g)|^2 = |G|^{-1} \sum_{g \in G} |\chi_W(g)|^2 = (\chi_W \,|\, \chi_W)$ $= 1$ を得る.

問 5.9 略. **問 5.10** (1)-(5), (7), (8) 略. (6) 単位元でない $g \in G$ に対して $\chi(g)$ $\neq 1$ となる $\chi \in G^V$ が存在することを示せばよい（命題 4.1.3 と比較せよ）.

問 5.11 $\varepsilon \in \mathbb{C}[G]$ を巾等元とし, $W = \mathbb{C}[G]\varepsilon$ が既約であると仮定する. $\varepsilon = \varepsilon_1 + \varepsilon_2,\ \varepsilon_1 \varepsilon_2 = \varepsilon_2 \varepsilon_1 = 0$ をみたす $\varepsilon_1, \varepsilon_2 \in \mathbb{C}[G]$ があるとすると $W_1 = \mathbb{C}[G]\varepsilon_1, W_2 = \mathbb{C}[G]\varepsilon_2$ とおけば G の表現としての直和分解 $W = W_1 \oplus W_2$ ができる. W の既約性から $W = W_1$ または $W = W_2$ となる. これは, それぞれ $\varepsilon = \varepsilon_1$ または $\varepsilon = \varepsilon_2$ を意味する. 逆に ε が原始的であるとする. $W = \mathbb{C}[G]\varepsilon$ の部分表現 W_1 があれば, マシュケの定理から $W = W_1 \oplus W_2$ となる部分表現 W_2 が存在する. このとき命題 5.5.2 と同様に $\varepsilon = \varepsilon_1 + \varepsilon_2,\ \varepsilon_1 \varepsilon_2 = \varepsilon_2 \varepsilon_1 = 0$ をみたす $\varepsilon_1, \varepsilon_2 \in \mathbb{C}[G]$ ができる. ε が原始的であるから $\varepsilon = \varepsilon_1$ または ε_2 となり, $W = W_1$ または $W = W_2$（つまり $W_1 = \{0\}$）がしたがう.

問 5.12, 問 5.13, 問 5.14, 問 5.15 略.

問題 5.1 V が 1 次元表現なので $V^* \otimes V$ は自明表現である. $V \otimes W$ の非自明な不変部分空間 U があると, $W \cong_G V^* \otimes (V \otimes W)$ において $V^* \otimes U$ も非自明な不変部分空間である.

問題 5.2 $s_i s_{i+1} s_i = s_{i+1} s_i s_{i+1}\ (1 \leq i \leq n-1)$ を用いて計算する.

問題 5.3 (1) $h \in G$ とするとき $A(h)CB^{-1}(h) = C$ が成り立つ. (2) $\mathrm{Hom}_G(V, W)$ $= 0$ なので明らか. (3) $C = \alpha \cdot E_n$ を成分を用いて書くと $\sum_{g \in G} \sum_{j,k} a_{ij}(g) x_{jk} \hat{a}_{lk}(g)$ $= \delta_{il} \sum_{j,k} \alpha_{jk} x_{jk}$ となる. x_{jk} は任意なので $x_{jk} = \delta_{jk}$ とする. (4) (5.41) において $i = l$ として $i = 1, \ldots, n$ に関する和をとる. $\sum_i a_{ij}(g) \hat{a}_{ik}(g) = \delta_{jk}$ を用いる. (5) $V \not\cong W$ のとき

$$(\chi_V \,|\, \chi_W) = \sum_{i,j} \frac{1}{|G|} \sum_{g \in G} a_{ii}(g) \hat{b}_{jj}(g) = 0.$$

また

$$(\chi_V \,|\, \chi_V) = \sum_{i,j} \frac{1}{|G|} \sum_{g \in G} a_{ii}(g) \hat{a}_{jj}(g) = \sum_{i,j} \delta_{ij} \frac{1}{n} = 1.$$

問題 5.4 $V^G \otimes W^H \subset (V \boxtimes W)^{G \times H}$ は明らかである. 逆の包含関係を示すために, $t = \sum_{i=1}^r v_i \otimes w_i \in (V \boxtimes W)^{G \times H}$ をとる. ここで $w_1, \ldots, w_r$ が線型独立であるとしてよい. このとき, 任意の $g \in G$ に対して. $\sum_{i=1}^r \rho_V(g) v_i \otimes w_i = \sum_{i=1}^r v_i \otimes w_i$ となるが, $w_1, \ldots, w_r$ が線型独立なので, $\rho(g) v_i = v_i\ (1 \leq i \leq r)$ でなければならない. よって $v_i \in V^G$ である. そこで, 今度は $t = \sum_{i=1}^m v_i' \otimes w_i'\ (v_1', \ldots, v_m' \in V^G$

は線型独立）と書く. 任意の $h \in H$ に対して $\sum_{i=1}^{m} \boldsymbol{v}'_i \otimes \rho_W(h)\boldsymbol{w}'_i = \sum_{i=1}^{m} \boldsymbol{v}'_i \otimes \boldsymbol{w}'_i$ だから $\boldsymbol{v}'_1, \ldots, \boldsymbol{v}'_m$ の線型独立性から $\boldsymbol{w}'_i \in W^H$ となる.

問題 5.5 略.

第 6 章

問 6.1 $g \in \mathcal{H}_T$ とする. $\sigma g \sigma^{-1}$ は $\sigma(T)$ の各行の数字たちを同じ行の数字に写す. つまり $\sigma \mathcal{H}_T \sigma^{-1} \subset \mathcal{H}_{\sigma(T)}$ である. これより $\sigma^{-1} \mathcal{H}_{\sigma(T)} \sigma \subset \mathcal{H}_T$ なので $\mathcal{H}_{\sigma(T)} \subset \sigma \mathcal{H}_T \sigma^{-1}$ である. よって $\sigma \mathcal{H}_T \sigma^{-1} = \mathcal{H}_{\sigma(T)}$.

問 6.2 右から a_T をかけることで $f : \mathbb{C}[S_k]c_T \to \mathbb{C}[S_k]\hat{c}_T$ を, 右から b_T をかけることで $g : \mathbb{C}[S_k]\hat{c}_T \to \mathbb{C}[S_k]c_T$ を定義する. いずれも S_k 準同型である. 合成 $g \circ f$ は右から c_T をかける写像である. これは恒等写像の 0 でないスカラー倍である. よって f, g は線型同型であって表現の同値を与える.

問 6.3 $\alpha \in \mathbb{C}[S_k]\varepsilon^\star$ に対して $\alpha^\star \in \mathbb{C}[S_k]\varepsilon$ である. $\alpha \in \mathbb{C}[S_k]\varepsilon^\star$ に対して $\alpha^\star \otimes 1_{\mathrm{sgn}} \in \mathbb{C}[S_k]\varepsilon \otimes \mathbb{C}_{\mathrm{sgn}}$ を対応させる線型写像は S_k 準同型である. 逆写像が $\beta \otimes 1_{\mathrm{sgn}} \mapsto \beta^\star$ により与えられる.

問 6.4 $\mathbb{C}[S_k]b_\lambda$ の部分空間 $W := \mathbb{C}[\mathcal{V}_\lambda]b_\lambda = \mathbb{C}b_\lambda$ は $\mathcal{V}_\lambda$ の表現として $\mathrm{sgn}_{\mathcal{V}_\lambda}$ と同値である. $\mathbb{C}[S_k]b_\lambda$ は線型空間として $\bigoplus_{\gamma \in S_k/\mathcal{V}_\lambda} \mathbb{C}\gamma$ と同型である. 各 $\gamma \in S_k/\mathcal{V}_\lambda$ に対して γW は $\mathbb{C}\gamma$ に対応する. よって $\mathbb{C}[S_k]b_\lambda$ は $W \cong_{\mathcal{V}_\lambda} \mathrm{sgn}_{\mathcal{V}_\lambda}$ から誘導される表現である.

問題 6.1 (1) 表 1. (2) $\chi_{41} = (-1, 0, -1, 1, 0, 2, 4)$. (3) $a = b = 1$. (4) $\eta_{31^2} = \chi_{31^2} + \chi_{32} + 2\chi_{41} + \chi_5$ が得られる. (5) χ_{2^21}, χ_{21^3} のそれぞれは χ_{32}, χ_{41} に符号指標 $\chi_{1^5} = (1, -1, -1, 1, 1, -1, 1)$ をかければ得られる（完成した指標表は表 2）.

表 1 S_5 の誘導表現 U_λ の指標

表現 \ 共役類	(5)	(41)	(32)	(31^2)	(2^21)	(21^3)	(1^5)
(5)	1	1	1	1	1	1	1
(41)	0	1	0	2	1	3	5
(32)	0	0	1	1	2	4	10
(31^2)	0	0	0	2	0	6	20
(2^21)	0	0	0	0	1	6	30
(21^3)	0	0	0	0	0	6	60
(1^5)	0	0	0	0	0	0	120

問題 6.2 (1) 多項定理 $p_{1^k} = (x_1 + \cdots + x_k)^k = \sum_{\nu_i \geq 0, \sum \nu_i = k} \frac{k!}{\nu_1! \cdots \nu_k!} x^\nu$ と $\prod_{1 \leq i < j \leq l}(x_i - x_j) = \det(x_i^{l-j})$ の展開を使う. (2) $a_i - l + j$ が負のときは $(a_i | l - j) = 0$ であることに注意. (3) 行列式の列に関する変形で $\det((a_i | l - j)) = \det(a_i^{l-j})$ となる.

表 2　S_5 の既約表現 V_λ の指標

既約表現 \ 共役類	(5)	(41)	(32)	(31^2)	(2^21)	(21^3)	(1^5)
(5)	1	1	1	1	1	1	1
(41)	-1	0	-1	1	0	2	4
(32)	0	-1	1	-1	1	1	5
(31^2)	1	0	0	0	-2	0	6
(2^21)	0	1	-1	-1	1	-1	5
(21^3)	-1	0	1	1	0	-2	4
(1^5)	1	-1	-1	1	1	-1	1

第 7 章

問 7.1　b_λ は (6.11) に合わせて積に分解する．特に $S_{\ell(\lambda)}$（ただし $\ell(\lambda) = \lambda_1'$ に注意）に対応する $\sum_{\sigma \in S_{\ell(\lambda)}} \mathrm{sgn}(\sigma)\, \boldsymbol{v}_\sigma$ は $V^{\otimes k}$ の $\ell(\lambda)$ 個の成分に交代化作用素として作用する．$\ell(\lambda) > n = \dim V$ ならば $A^{\ell(\lambda)}(V) = 0$ なので $\rho(b_\lambda)V^{\otimes k} = 0$ である．

問 7.2　$\dim U_{\square\square\square} = \binom{6}{4} = 15$ である．$\dim U_{\square\square} = 15$ である：

$\dim U_{\square\square} = 6$ である：

$\dim U_{\square} = 3$ である：

また $\dim V_{\square\square\square} = 1$, $\dim V_{\square\square} = 3$, $\dim V_{\square} = 2$, $\dim V_{\square} = 2$ なので

$$15 \cdot 1 + 15 \cdot 3 + 6 \cdot 2 + 3 \cdot 3 = 81 = 3^4$$

である．

問 7.3　$\rho(a_\lambda)$ は T_λ° の各行に対応するテンソル成分に作用する対称化作用素たちの積である．また $\rho(b_\lambda)$ は T_λ° の各列に対応するテンソル成分に作用する交代化作用素たちの積である．

第 8 章

問 8.1 $P(-t) = E'(t)/E(t)$ については省略. (8.17) の両辺に ω を施して得られる式と (8.18) を比較する.

問 8.2 ヤング図形 λ 上のウェイト μ の半標準タブロー T が存在するとする. 各列の数字は下に向かって増加するという条件から, 数字 $1, 2, \ldots, r$ は r 行目よりも下には存在できない. 1 行目から r 行目までの箱の個数は数字 $1, 2, \ldots, r$ の個数以上であるはずである. このことは (8.31) を意味する.

問題 8.1 (1) W_1, W_2 をそれぞれ S_k, S_l の既約表現とする. $(\mathrm{Ind}_{S_k \times S_l}^{S_{k+l}} W_1 \boxtimes W_2)^\star \cong \mathrm{Ind}_{S_k \times S_l}^{S_{k+l}} W_1^\star \boxtimes W_2^\star$ が成り立つ (証明は略) ので $\iota(\chi_{W_1} \cdot \chi_{W_2}) = \iota(\chi_{W_1})\iota(\chi_{W_2})$. これを $\tilde{\omega}$ で写せばよい. また $V^{\star\star} = V$ から $\tilde{\omega}^2 = \mathrm{Id}$ がしたがう. (2) $\tilde{\omega}(h_k) = \vartheta(\iota(\chi_{(k)})) = \vartheta(\chi_{(1^k)}) = e_k$. (3) は (1), (2) より明らか. (4) 定理 6.3.13 を用いて $\omega(s_\lambda) = \tilde{\omega}(s_\lambda) = \vartheta(\iota(\chi_\lambda)) = \vartheta(\chi_{\lambda'}) = s_{\lambda'}$. (5) $s_\lambda = \omega(s_{\lambda'}) = \omega(\det(h_{\lambda'_i+j-i})) = \det(\omega(h_{\lambda'_i+j-i})) = \det(e_{\lambda'_i+j-i})$.

問題 8.2 既約分解 (8.49) に対応する指標の等式 $\chi_{E_{\lambda'}} = \chi_\lambda + \sum_{\mu < \lambda} K_{\mu'\lambda'}\chi_\mu$ の両辺を特性写像で写すと

$$e_{\lambda'} = s_\lambda + \sum_{\mu < \lambda} K_{\mu'\lambda'} s_\mu$$

である. これを導けばよい. (8.32) の両辺に ω を施すと問題 8.1(4) より $e_\lambda = s_{\lambda'} + \sum_{\mu > \lambda} K_{\mu\lambda} s_{\mu'}$ を得る. λ を λ' に置き換え μ' を μ で置き換えると $e_{\lambda'} = s_\lambda + \sum_{\mu' > \lambda'} K_{\mu'\lambda'} s_\mu$ である. $\mu' > \lambda' \iff \lambda > \mu$ (証明は略) に注意すればよい.

第 9 章

問 9.1 $[E_{kk}, E_{ij}] = E_{kk}E_{ij} - E_{ij}E_{kk} = \delta_{ki}E_{kj} - \delta_{jk}E_{ik} = \delta_{ki}E_{ij} - \delta_{jk}E_{ij} = (\delta_{ik} - \delta_{jk})E_{ij} = ((\epsilon_i - \epsilon_j)(E_{kk})) E_{ij}$.

問 9.2 $\bar{\epsilon}_i - \bar{\epsilon}_j = \alpha_i + \alpha_{i+1} + \cdots + \alpha_{j-1} \ (i < j)$.

問 9.3 E_i, F_i で生成される部分リー環を $\mathfrak{g}'$ とする. $H_i = [E_i, F_i]$ なので $\mathfrak{h} \subset \mathfrak{g}'$. 正のルート・ベクトルについて, 例えば $\mathfrak{sl}_4(\mathbb{C})$ の場合 $E_{13} = [E_1, E_2]$, $E_{24} = [E_2, E_3]$, $E_{14} = [E_1, [E_2, E_3]]$ となる. 一般には $E_{ij} \ (i < j)$ の $j - i$ に関する帰納法を用いればよい. $E_{ij} \ (i > j)$ の方は F_i を使って同様.

問 9.4 対角成分はすべて 2 であって, 対角の上下に -1 がある. $n = 5$ ならば

$$\begin{pmatrix} 2 & -1 & & & \\ -1 & 2 & -1 & & \\ & -1 & 2 & -1 & \\ & & -1 & 2 & -1 \\ & & & -1 & 2 \end{pmatrix}.$$

問 9.5 $w \in W$ をウェイト・ベクトル $v_i \in V(\mu_i)$ の和として書く. $\mu_1, \ldots, \mu_r \in \mathfrak{h}^*$ が相異なるとして, $w = v_1 + \cdots + v_r$ とする. このとき $v_i \in W \ (1 \leq i \leq r)$ を示す. もしも仮にこのことが成立しないとすると v_i がいずれも W に属さず, $w = v_1 + \cdots + v_r \in W$ となるウェイト・ベクトルの集まり $v_1, \ldots, v_r$ であって r が最小であるものを選ぶことができる. このとき $r \geq 2$ である. $h \in \mathfrak{h}$ を $\mu_1(h) \neq \mu_2(h)$ と

なるようにとる。$\rho(h)\,\boldsymbol{w} = \mu_1(h)\,\boldsymbol{v}_1 + \cdots + \mu_r(h)\,\boldsymbol{v}_r \in W$ から $\mu_1(h)\,\boldsymbol{w}$ を引いて $(\mu_2(h) - \mu_1(h))\,\boldsymbol{v}_2 + \cdots + (\mu_r(h) - \mu_r(h))\,\boldsymbol{v}_r \in W$ を得る。これは $\boldsymbol{v}_2 \in W$ を意味する。これは矛盾である。

問 9.6　E_{1n} は極大ベクトルである。また $\bar{\epsilon}_1 - \bar{\epsilon}_n = \varpi_1 + \varpi_{n-1}$ をウェイトに持つ。E_{1n} から $\mathfrak{n}_-$ によって生成されることは行列の直接計算により示せる。

問 9.7　略。

問題 9.1　(1) $\mathrm{ad}(A)|_\mathfrak{t}$ は対角化可能なので 0 でなければ 0 でない固有値 c を持つ。(2) $\mathrm{ad}(B)A = [B, A] = -cB$ なのでリー括弧の交代性よりしたがう。(3) $\mathrm{ad}(B)$（対角化可能）の固有ベクトル $X_1, \ldots, X_m \in \mathfrak{t}$ によって $A = X_1 + \cdots + X_m$ と書く。$\mathrm{ad}(B)A$ は 0 でない固有ベクトルを持つ $\mathrm{ad}(B)$ の固有ベクトルの線型結合である。これは (3) と矛盾する。(4) 任意の $A \in \mathfrak{t}$ に対して $\mathrm{ad}(A)|_\mathfrak{t} = 0$ である。

問題 9.2　(1) 明らか。(2) 与えられた $f \in \mathrm{Hom}(\mathfrak{g}, A)$ に対して次を可換にする $\mathbb{C}$ 代数の準同型 ϕ が一意的に存在する。j は $\mathfrak{g}$ を $T^1(\mathfrak{g}) = \mathfrak{g}$ と同一視する写像である。

$f(X)f(Y) = \phi(X)\phi(Y) = \phi(X \otimes Y)$ に注意すれば、$\phi([X, Y]) = \phi(X \otimes Y - Y \otimes X)$、すなわち $[X, Y] - X \otimes Y - Y \otimes X \in \mathrm{Ker}(\phi)$ がわかる。よって ϕ が合成 $T(\mathfrak{g}) \xrightarrow{\pi} U(\mathfrak{g}) \xrightarrow{\tilde{f}} A$ と一致するような $\mathbb{C}$ 代数の準同型 $\tilde{f}$ が唯一つ存在する。

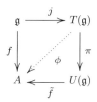

$i = \pi \circ j$ なので図式の可換性から $\tilde{f} \circ i = f$ がしたがう。(3) $\mathbb{C}$ 代数の準同型 $\tilde{\rho} : U(\mathfrak{g}) \to \mathrm{End}(V)$ であって $\tilde{\rho} \circ i = \rho$ をみたすものが一意的に存在する。$U(\mathfrak{g}) \times V \to V$ を $(a, \boldsymbol{v}) \mapsto \tilde{\rho}(a)\,\boldsymbol{v}$ と定める。$X \in \mathfrak{g}$ のとき $\tilde{\rho}(i(X))\,\boldsymbol{v} = \rho(X)\,\boldsymbol{v}$。

問題 9.3　(1) $X = E, F, H$ のときに示せばよい。$[C, H] = 0$ を示そう。$\frac{1}{2}H^2 + H$ は H と可換である。$[FE, H] = [F, E]H + F[E, H] = 2FE + F(-2E) = 0$ なので成り立つ。また $[\frac{1}{2}F^2, E] = \frac{1}{2}[H, E]H + \frac{1}{2}H[H, E] = HE + EH = HE + [E, H] + HE = 2HE - 2E$ である。$[H, E] = 2E$ と $[2FE, E] = 2[F, E]E = -2HE$ なので成り立つ。$X = F$ は省略する。(2) $\rho_k(E)\boldsymbol{v}_k = \boldsymbol{0}$ なので $\rho_k(C)\,\boldsymbol{v}_k = (\frac{1}{2}\rho_k(H)^2 + \rho_k(H) + 2\rho_k(F)\rho_k(E))\,\boldsymbol{v}_k = (\frac{1}{2}k^2 + k)\,\boldsymbol{v}_k = c(k)\boldsymbol{v}_k$ である。$\rho(C)$ は $\mathfrak{sl}_2(\mathbb{C})$ の作用と可換なので $\rho(C)\boldsymbol{v}_{k-2i} = \frac{1}{i!}\,\rho(F^i)\rho(C)\boldsymbol{v}_k = c_k\boldsymbol{v}_{k-2i}$。(3) V_i/V_{i-1} 上の $\rho(C)$ の固有値を $c(k_i)$ とする。V における $\rho(C)$ の固有値はいずれかの $c(k_i)$ と一致する。(4)

$v \in \widetilde{W}(c_k)$ とすると $(\rho(C) - c(k))^m \boldsymbol{v} = \boldsymbol{0}$ となる $m \geq 1$ がある. $X \in \mathfrak{sl}_2(\mathbb{C})$ に対して $(\rho(C) - c(k))^m \rho(X)\boldsymbol{v} = \rho(X)(\rho(C) - c(k))^m \boldsymbol{v} = \boldsymbol{0}$ である. (5) $\widetilde{W}(c_k)$ に対して (3) のような部分表現の列をとる. V_i/V_{i-1} における $\rho(C)$ の固有値は $c(k)$ なので $V_i/V_{i-1} \cong L(k)$ である ($k \neq k'$ ならば $c(k) \neq c(k')$ である). よって V_i/V_{i-1} 上の $\rho(H)$ の固有値は $k - 2i$ $(0 \leq i \leq k)$ のみである. V 上の $\rho(H)$ の固有ベクトル $\boldsymbol{v}$ に対して $\boldsymbol{v} \in V_i$, $\boldsymbol{v} \notin V_{i-1}$ になる i をとるとき, 固有値が $k - 2i$ であるとする. $\boldsymbol{v} \bmod V_{i-1}$ は V_i/V_{i-1} 上における固有ベクトルなのでその固有値は $k - 2i$ と一致する.

問題 9.4　(1) V を $\rho(C)$ の広義固有空間に分解する. 各広義固有空間 $\widetilde{W}(c_k)$ は $\mathfrak{sl}_2(\mathbb{C})$ 不変 (問題 9.3(4)) である. よって $V = \widetilde{W}(c_k)$ が完全可約であることを示せばよい. (2) U の存在についての注意: $V \neq 0$ には既約な部分表現が存在する. それは完全可約である. U' の存在も同様. $\rho(C)$ の固有値は c_k であることにより, $\rho(H)$ の固有値は $k - 2i$ $(0 \leq i \leq k)$ に限られる. $\rho(H)(U'_{k-2i}) \subset U'_{k-2i}$ は明らか. $U(\mathfrak{sl}_2)$ において $(H - (\alpha + 2))^m E = E(H - \alpha)^m$ $(m \geq 1, \alpha \in \mathbb{C})$ が成り立つ. これから, $(\rho(H) - (k - 2i))^m \boldsymbol{v} = 0$ $(m \geq 1)$ とするとき $(\rho(H) - (k - 2i + 2))^m \rho(E)\boldsymbol{v} = \boldsymbol{0}$ がしたがう. よって $\rho(E)(U'_{k-2i}) \subset U'_{k-2i+2}$ である. $\rho(F)(U'_{k-2i}) \subset U'_{k-2i-2}$ も同様. (3) π は H の作用と可換であり, U'/U 上では H の作用は対角化可能なので, $\pi(U_{k-2i}) \subset (U'/U)(k - 2i)$ が成り立つ. また $U' = \oplus_{i=0}^{k} U'_{k-2i}$ なので $\pi(U') = \sum_{i=0}^{k} \pi(U'_{k-2i})$ である. π は全射であって $\dim(U'/U)(k-2i) = 1$ $(0 \leq i \leq k)$ なので $\pi(U'_{k-2i}) = (U'/U)(k-2i)$ が成り立つ. (4) $\rho(H)\boldsymbol{v} = k\boldsymbol{v}$ を示そう. $\pi(\rho(H)\boldsymbol{v}) = \rho_{U'/U}(H)\pi(\boldsymbol{v}) = k\pi(\boldsymbol{v})$ が成り立つので, $\boldsymbol{w} := \rho(H)\boldsymbol{v} - k\boldsymbol{v}$ とおくとき, $\boldsymbol{w} \in \mathrm{Ker}(\pi) = U$. また (2) より $\boldsymbol{w} \in U'_k$ である. U は $L(k)$ のいくつかの直和と同値なので H の作用は U 上で対角化可能である. よって $U'_k \cap U = U(k)$ (U のウェイト空間) である. したがって $\boldsymbol{w} \in U(k)$ が得られた. ここで (2) よりしたがう $\rho(F)^{k+1} \boldsymbol{v} = \boldsymbol{0}$, $\rho(E)\boldsymbol{v} = \boldsymbol{0}$ より (9.9) から (9.10) を導くのと同様の計算で

$$\boldsymbol{0} = \rho(E)\rho(F)^{k+1}\boldsymbol{v} = \rho(F)^{k+1}\rho(E)\boldsymbol{v} + (k+1)\rho(F)^k(\rho(H)-k)\boldsymbol{v} = (k+1)\rho(F)^k\boldsymbol{w}$$

が得られ, $\rho(F)^k \boldsymbol{w} = \boldsymbol{0}$ がしたがう. U は $L(k)$ の直和と同値なので $\rho(F)^k : U(k) \to U(-k)$ は線型同型であることがわかる. よって $\boldsymbol{w} = \boldsymbol{0}$ である. したがって $\rho(H)\boldsymbol{v} = k\boldsymbol{v}$ である. このとき $\boldsymbol{v}$ によって生成される部分加群 W は $L(k)$ と同値である. 実際, $\boldsymbol{v}_{k-2i} := \frac{1}{i!}\rho(F)^i \boldsymbol{v}$ $(0 \leq i \leq k)$ と定めると (9.4), (9.5), (9.6) が成り立つ. (5) $W \cap U$ は既約表現 W の部分表現なので $W \cap U \neq 0$ とすると $W \cap U = W$, すなわち $W \subset U$ となる. これは $\boldsymbol{v} \in U$ を意味するので矛盾である. よって $W \cap U = 0$ である. したがって $W + U$ は直和になり U のとり方に矛盾する.

参考文献

[1] 岩堀長慶『対称群と一般線型群の表現論――既約指標・Young 図形とテンソル空間の分解』岩波オンデマンドブックス (2019)

[2] 岡田聡一『古典群の表現論と組合せ論（上・下）』培風館 (2006)

[3] 桂利行『代数学 III　体とガロア理論』東京大学出版会 (2005)

[4] 小林俊行・大島利雄『リー群と表現論』岩波書店 (2005)

[5] 斎藤毅『線形代数の世界――抽象数学の入り口』東京大学出版会 (2007)

[6] 佐武一郎『新版　リー環の話』日評数学選書 (2002)

[7] 佐武一郎『線型代数学（新装版）』裳華房 (2015)

[8] 庄司俊明『代数群の幾何的表現論 I　代数群のシュプリンガー対応と指標層』朝倉数学大系 16 (2021)

[9] 庄司俊明『代数群の幾何的表現論 II　コストカ関数と対称空間のシュプリンガー対応』朝倉数学大系 17 (2021)

[10] 神保道夫『量子群とヤン・バクスター方程式』シュプリンガー現代数学シリーズ, 丸善出版 (2012)

[11] J.-P. セール『有限群の線型表現』岩堀長慶・横沼健雄（翻訳）, 岩波オンデマンドブックス (2019)

[12] 竹山美宏『ベクトル空間』日本評論社 (2016)

[13] 谷崎俊之『リー代数と量子群』共立出版 (2002)

[14] 永田雅宜『理系のための線型代数の基礎』紀伊國屋書店 (1987)

[15] 服部昭『線型代数学』新数学講座 2, 朝倉書店 (1982)

[16] W. フルトン『ヤング・タブロー――表現論と幾何への応用』池田岳・井上怜・岩尾慎介（翻訳）, 丸善出版 (2019)

[17] 堀田良之『加群十話――代数学入門』朝倉書店 (1988)

[18] 堀田良之『線型代数群の基礎』朝倉数学体系 (2016)

[19] 堀田良之『代数入門――群と加群（新装版）』裳華房 (2021)

[20] 三宅敏恒『入門代数学』培風館 (1999)

[21] P. Etingof, O. Golberg, S. Hensel, T. Liu, A. Schwendner, D. Vaintrob, E. Yudovina, with historical interludes by S. Gerovitch "Introduction to Representation Theory", American Mathematical Society, Student Mathematical Library 59 (2011)

[22] W. Fulton and J. Harris "Representation Theory: A First Course", Springer, Graduate Texts in Mathematics 129 (2013)

[23] J. E. Humphreys "Introduction to Lie Algebras and Representation Theory", Springer Graduate Texts in Mathematics 9 (1972)

[24] J. C. Jantzen "Lectures on Quantum Groups", Springer Graduate Studies in Mathematics (1995)

[25] V. G. Kac "Infinite Dimensional Lie algebras", Third Edition, Cambridge University Press (2010)

[26] I. G. Macdonald "Symmetric Functions and Hall Polynomials", Second Edition, Oxford Classic Texts in the Physical Sciences: Oxford Mathematical Monographs (2015)

[27] A. Prasad "Representation Theory, A Combinatorial Viewpoint", Cambridge studies in advanced mathematics 147 (2015)

[28] B. E. Sagan "The Symmetric Group, Representations, Combinatorial Algorithms, and Symmetric Functions", Second Edition, Springer, Graduate Texts in Mathematics 203 (2000)

[29] T. A. Springer "Linear Algebraic Groups", Modern Birkhäuser Classics (1998)

[30] H. Weyl "The Classical Groups: Their Invariants and Representations", Second Revised ed., Princeton Landmarks in Mathematics and Physics (1997)

　全般にわたって影響を受けた本として [7] を挙げる．この本の V 章の「テンソル代数」，特にそのなかの "研究課題 群の表現" について，より平易な解説を試みようというのが，本書を執筆するにあたっての動機のひとつであった．本書のジョルダン標準形の項は，この本にある解説を商空間を使って述べ直したものである．

　線型代数学の発展編という意味で本書の内容と重複の多い本として [5], [12] がある．特に，テンソル代数に関係する構成に関して [5] を参考にした．線型代数学の教科書は他にも数え切れないほどあるけれど [14], [15] だけを挙げておく．どちらも，記述のスタイルは簡潔かつ緻密で，味わい深い．

　表現論については [1], [2], [4], [11], [17], [21], [22], [30] を参考にした．[17] は加群（作用，表現）の問題意識からていねいに説き起こし，少ない予備知識を仮定してかなり深い内容まで扱っている．本書の第 6, 7, 8 章の内容についてさらに詳しいことを知りたい場合は [1], [2] を見るとよい．[2] は直交群など，いわゆる古典群の表現論も含んでいる．[4] はリー群の表現論の教科書である．[21], [22] はともに具体例が豊富で読みやすい．群に限らずリー環を含むさまざまな代数系の表現論を紹介している．[11] の第 I 部は本書の第 5 章に相当する．後半はモジュラー表現論を含むさらに高度な内容を扱っている．対称群の表現の組合せ論的な側面については [16], [27], [28] も参考になるだろう．[30] はシューア・ワイル双対群についての原典である．記号の使い方が現代と違うので慣れるのが大変だが，著者一流の言葉使いは格調が高い．不変式論，対称群と一般線型群，直交群やシンプレクティック群などの表現について書かれている．

　対称関数については [26] の I 章を参考にした．また対称群の既約指標に関しては [26] の I 章, §7 も参考にした．

　9.1 節において紹介したリー環 $\mathfrak{sl}_2(\mathbb{C})$ の表現論は半単純リー環に関する壮麗な理論の

ごく一部である．教科書として [6], [23] を勧める．半単純リー環を含む一般には無限次元のリー環のクラスとして Kac-Moody Lie algebra が重要である．Kac による教科書 [25] の他に [13] がある．量子群については [10], [13] の他に [24] を勧める．

　対称群の既約表現とジョルダン標準形の記述において，どちらもヤング図形が現れたことに読者は気が付いて何らかの関係があるのかと疑問に思うであろう．その疑問への（1 つの美しい）答えは [18] の第 8 章を見るとわかる．巾零行列全体のなす集合（代数多様体）の幾何学を用いて対称群の既約表現（Springer 表現）が構成される．また，最近 Springer 表現の周辺の話題を扱う [8], [9] が出版された．これを読むのには線型代数群（代数多様体の構造を持つ群）の知識が必要だが，教科書として日本語で読める [18] がある．その他には代数幾何学の予備知識がなくても読める [29] を勧める．

記号索引

事項索引

著者略歴

池田　岳（いけだ・たけし）

1996 年　東北大学大学院理学研究科数学専攻博士課程修了
　　　　　岡山理科大学理学部応用数学科教授を経て,
現　　在　早稲田大学基幹理工学部数学科教授
　　　　　博士（理学）
主要著書・訳書　『数え上げ幾何学講義──シューベルト・カル
　　　　　キュラス入門』（東京大学出版会, 2018）,
　　　　　『ヤング・タブロー──表現論と幾何への応
　　　　　用』（共訳, 丸善出版, 2019）

テンソル代数と表現論　　線型代数続論

2022 年 3 月 23 日　初　版
2022 年 5 月 2 日　　第 2 刷

［検印廃止］

著　者　池田　岳

発行所　一般財団法人　東京大学出版会

代表者　吉見俊哉

153-0041 東京都目黒区駒場 4-5-29
電話 03-6407-1069　Fax 03-6407-1991
振替 00160-6-59964
URL http://www.utp.or.jp/

印刷所　大日本法令印刷株式会社
製本所　牧製本印刷株式会社

ⓒ2022 Takeshi Ikeda
ISBN 978-4-13-062929-4　Printed in Japan

大学数学ことはじめ 新入生のために	東京大学数学部会編 松尾　厚　著	B5/2400 円
線型代数学	足助太郎	A5/3200 円
数え上げ幾何学講義 シューベルト・カルキュラス入門	池田　岳	A5/4200 円
大学数学の入門 1 代数学 I　群と環	桂　利行	A5/1600 円
大学数学の入門 2 代数学 II　環上の加群	桂　利行	A5/2400 円
大学数学の入門 3 代数学 III　体とガロア理論	桂　利行	A5/2400 円
大学数学の入門 4 幾何学 I　多様体入門	坪井　俊	A5/2600 円
大学数学の入門 5 幾何学 II　ホモロジー入門	坪井　俊	A5/3500 円
大学数学の入門 6 幾何学 III　微分形式	坪井　俊	A5/2600 円
大学数学の入門 7 線形代数の世界 抽象数学の入り口	斎藤　毅	A5/2800 円
大学数学の入門 8 集合と位相	斎藤　毅	A5/2800 円
大学数学の入門 9 数値解析入門	齊藤宣一	A5/3000 円
大学数学の入門 10 常微分方程式	坂井秀隆	A5/3400 円

ここに表示された価格は本体価格です．御購入の
際には消費税が加算されますので御了承下さい．